国家职业资格培训教程
国家基本职业培训包教材资源

焊 工

（焊接设备操作工）（机器人焊接）（初级 中级 高级）

国家职业资格培训教程编审委员会

主　任　吴礼舵　张　斌
副主任　刘文彬　葛　玮
委　员　葛恒双　赵　欢　王小兵　张灵芝　刘永澎
　　　　吕红文　张晓燕　贾成千　高　文　瞿伟洁

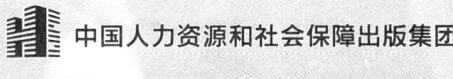

中国人力资源和社会保障出版集团

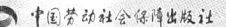 

图书在版编目（CIP）数据

焊工. 焊接设备操作工. 机器人焊接：初级 中级 高级 / 中国就业培训技术指导中心组织编写. -- 北京：中国劳动社会保障出版社：中国人事出版社，2021
　　国家职业资格培训教程
　　ISBN 978-7-5167-4881-7

　　Ⅰ.①焊… Ⅱ.①中… Ⅲ.①焊接设备－操作－技术培训－教材 Ⅳ.①TG4

中国版本图书馆CIP数据核字（2021）第136030号

中国劳动社会保障出版社
中国人事出版社 出版发行

（北京市惠新东街1号 邮政编码：100029）

＊

三河市华骏印务包装有限公司印刷装订　新华书店经销

787毫米×1092毫米　16开本　31.25印张　511千字
2021年9月第1版　2021年9月第1次印刷
定价：88.00元

读者服务部电话：（010）64929211/84209101/64921644
营销中心电话：（010）64962347
出版社网址：http://www.class.com.cn

版权专有　　侵权必究

如有印装差错，请与本社联系调换：（010）81211666
我社将与版权执法机关配合，大力打击盗印、销售和使用盗版图书活动，敬请广大读者协助举报，经查实将给予举报者奖励。
举报电话：（010）64954652

国家职业资格培训教程·焊工 编审委员会

主　任：李连胜

副主任：杨玉亭　龙伟民　刘长城　樊险峰　陈树君　刘　申
　　　　王鲁君　李　东　侯云昌　柳　铮　张宁红　袁兆富

委　员：徐　锴　吴九澎　金李梅　朱志明　曲文卿　李宪政
　　　　李　桓　杨春利　何　鹏　吕晓春　李宜男　钟素娟
　　　　薛小怀　尹立孟　李海超　陈玉华　张秀珊　杨庆轩
　　　　林　尧　崔晓东　欧阳黎健　侯润石　黄瑞生　王永东
　　　　戴建树　方乃文

本书编审人员

主　编：李宪政

副主编：刘　伟　黄瑞生

编　者：周广涛　陈建武　贾瑞燕　郭广磊　吴福森　徐睦忠
　　　　陈照春　李　波　黄　栋　李志鑫　段　彪　武鹏博

主　审：陈树君

副主审：李海超　方乃文

前　言

为加快建立劳动者终身职业技能培训制度，全面推行职业技能等级制度，推进技能人才评价制度改革，促进国家基本职业培训包制度与职业技能等级认定制度的有效衔接，进一步规范培训管理，提高培训质量，中国就业培训技术指导中心组织有关专家在《焊工国家职业技能标准（2018年版）》（以下简称《标准》）制定工作基础上，编写了焊工国家职业资格培训教程（以下简称资格教程）。

焊工资格教程紧贴《标准》要求编写，内容上突出职业能力优先的编写原则，结构上按照职业功能模块分级别编写。该资格教程共包括《焊工（基础知识）》《焊工（电焊工）（初级）》《焊工（电焊工）（中级　高级）》《焊工（电焊工）（技师　高级技师）》《焊工（气焊工）（初级　中级　高级）》《焊工（钎焊工）（初级　中级）》《焊工（钎焊工）（高级　技师）》《焊工（焊接设备操作工）（自动焊）（初级　中级）》《焊工（焊接设备操作工）（自动焊）（高级　技师）》《焊工（焊接设备操作工）（机器人焊接）（初级　中级　高级）》《焊工（焊接设备操作工）（机器人焊接）（技师　高级技师）》11本。《焊工（基础知识）》是各级别焊工均需掌握的基础知识，其他各级别教程内容分别包括各级别焊工应掌握的理论知识和操作技能。

本书是焊工国家职业资格教程中的一本，是焊工职业资格培训推荐教材，已纳入国家基本职业培训包教材资源，适用于焊工职业资格培训和各类职业技能培训。

本书在编写过程中得到中国焊接协会、中国焊接协会焊接设备分会、中国焊接协会机器人焊接（厦门）培训基地、哈尔滨焊接研究院有限公司、华侨大学、上海正特焊接设备有限公司、哈尔滨电机厂有限责任公司、福建省特种设备检验研究院、北京工业大学、哈尔滨工业大学、厦门市集美职业技术学校、唐山开元自动焊接装备有限公司等单位的大力支持与协助，在此一并表示衷心感谢。

中国就业培训技术指导中心

目 录 CONTENTS

第一篇 初级工

职业模块一　熔化极气体保护焊 ··· 1
　培训项目一　焊前准备 ·· 3
　培训项目二　焊接操作 ·· 5

职业模块二　弧焊机器人及其基本操作 ·· 21
　培训项目一　示教编程 ··· 23
　培训项目二　焊前准备 ··· 55
　培训项目三　焊接操作 ··· 71
　培训项目四　焊后检查 ··· 87

第二篇 中级工

职业模块一　机器人弧焊 ·· 95
　培训项目一　示教编程 ··· 97
　培训项目二　焊前准备 ·· 125
　培训项目三　焊接操作 ·· 130
　培训项目四　焊后检查 ·· 150

职业模块二　机器人点焊 ·· 157
　培训项目一　示教编程 ·· 159
　培训项目二　焊前准备 ·· 174
　培训项目三　焊接操作 ·· 179
　培训项目四　焊后检查 ·· 205

职业模块三　机器人激光焊 ··· 215
  培训项目一　示教编程 ··· 217
  培训项目二　焊前准备 ··· 241
  培训项目三　焊接操作 ··· 244
  培训项目四　焊后检查 ··· 256

第三篇　高级工

职业模块一　机器人弧焊 ··· 261
  培训项目一　示教编程 ··· 263
  培训项目二　焊前准备 ··· 277
  培训项目三　焊接操作 ··· 306
  培训项目四　焊后检查 ··· 341

职业模块二　机器人点焊 ··· 361
  培训项目一　示教编程 ··· 363
  培训项目二　焊前准备 ··· 389
  培训项目三　焊接操作 ··· 415
  培训项目四　焊后检查 ··· 445

职业模块三　机器人激光焊 ··· 453
  培训项目一　示教编程 ··· 455
  培训项目二　焊接准备 ··· 457
  培训项目三　焊接操作 ··· 471
  培训项目四　焊后检查 ··· 481

第一篇 初级工

职业模块 一
熔化极气体保护焊

培训项目一

焊前准备

培训单元一 焊前坡口的清理

能进行工件焊前坡口的清理。

清理坡口表面的油污、水分、氧化膜、灰尘及其他有害杂质,保证焊接质量。对于熔化极气体保护焊可采用机械方法或化学方法将坡口表面及两侧 20 mm 内的污物清理干净。

培训单元二 工件组对及定位焊

掌握工件组对及定位焊的基本工艺要领。

知识要求

1. 组对方法及常用工具

（1）划线定位组对

划线定位组对是将待组对工件按划好的组对位置线固定后进行定位焊。可利用简单的螺旋、楔形夹紧器来固定工件，划线、测量、拉紧和顶开的常用工具有钢直尺、钢卷尺、90°角尺、水平尺、线坠、撬棍、定位板、楔块、千斤顶等。划线定位组对适用于单件生产或大型结构。

（2）定位夹具组对

定位夹具组对是成批、大量生产的结构利用定位夹具及在带有定位夹具的专用工装上进行组对。定位元件主要有挡铁、支撑钉、定位销、V形块、定位样板等。

（3）安装孔组对

安装孔组对适用于有安装孔的结构件在现场或工地组对。

2. 工艺要领

（1）工件组对时，不得强力组装。

（2）确定组对间隙。按规范要求及间隙控制方法满足间隙要求，一般终焊端间隙略大于始焊端。

（3）根据工艺规范要求确定是否预留一定的反变形。

（4）工件组对后，不得有错边。

（5）定位焊时应在坡口内引弧，且在焊缝坡口内侧两端进行定位焊，定位焊缝的宽度、高度、长度要满足工艺规范要求，定位焊缝的长度一般在 10～15 mm。定位焊缝要牢固，特别是终焊端，以免焊接过程中开裂或因焊缝收缩造成未焊段坡口间隙变小，影响焊接。

（6）定位焊应严格控制焊接质量，所用焊接材料应与产品材料相同。

（7）定位焊缝存在缺陷时，应铲除缺陷重新焊接。

培训项目 二

焊接操作

培训单元一 熔化极气体保护焊的基本原理及设备基本构成

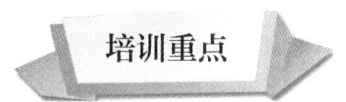

掌握熔化极气体保护焊的基本原理及设备的基本构成。

1. 熔化极气体保护焊的基本原理

熔化极气体保护焊（gas metal arc welding，GMAW）的原理是利用连续送进可熔化的焊丝与工件间的电弧作为热源，熔化焊丝和母材金属，形成熔池和焊缝，并利用保护气体来保护熔滴、熔池金属及焊接区高温金属免受周围空气的有害作用。熔化极气体保护焊工作原理如图 1-1 所示。

2. 熔化极气体保护焊设备的基本构成

熔化极气体保护焊设备主要由焊接电源、送丝系统、控制系统、焊枪及供气系统构成，如图 1-2 所示。

（1）焊接电源

熔化极气体保护焊通常采用直流焊接电源，可分为变压器－整流式电源、原动机－发电机式电源和逆变式电源。电流通常为 50～500 A，电源负载持续率通常为 60%～100%。

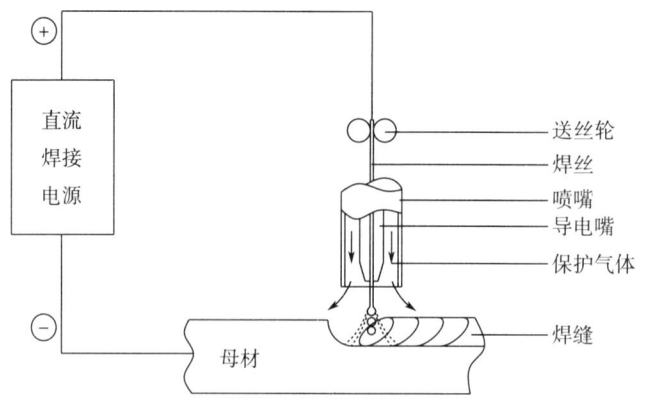

图 1-1 熔化极气体保护焊原理示意图

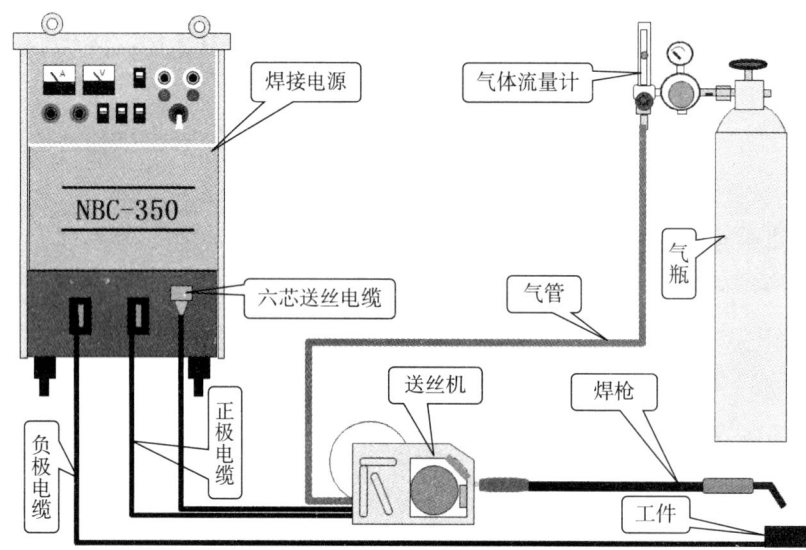

图 1-2 熔化极气体保护焊设备组成

（2）送丝系统

送丝系统通常由送丝机（包括电动机、减速器、矫直轮和送丝轮）、送丝软管、焊丝盘等组成。送丝方式可分为推丝式（图1-3a）、拉丝式（图1-3b、c、d）、推拉丝式（图1-3e）。常见的推丝式是盘绕在焊丝盘上的焊丝经过矫直轮后，再经过安装在减速器输出轴上的送丝轮，最后经过送丝软管送到焊枪。

（3）控制系统

控制系统由基本控制系统和程序控制系统组成。基本控制系统主要包括焊接电源输出调节系统、送丝速度调节系统、小车或工作台行走速度调节系统和气体流量调节系统。它们的作用是在焊前或焊接过程中调节焊接电流、电压、送丝速度和气体流量的大小。

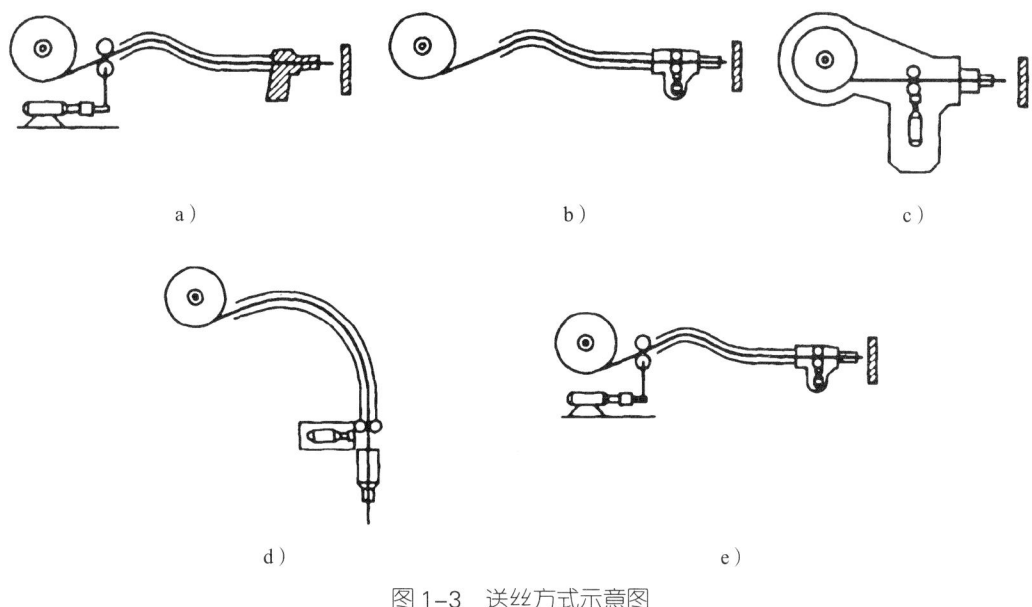

图 1-3 送丝方式示意图
a) 推丝式 b)、c)、d) 拉丝式 e) 推拉丝式

焊接设备程序控制系统的主要作用是：

1) 控制焊接设备的启动和停止。

2) 控制电磁气阀动作，实现提前送气和滞后停气，使焊接区受到良好的保护。

3) 控制水压开关动作，保证焊枪受到良好的冷却。

4) 控制引弧和熄弧。

5) 控制送丝和小车、机器人或工作台移动。

除程序系统外，高档焊接设备还有参数自动调节系统，作用是当焊接参数受到外界干扰而发生变化时可自动调节，以保护有关焊接参数的恒定，维持正常稳定的焊接过程。

（4）焊枪

焊枪的作用是导电、导气和导丝。按应用方式不同分为半自动焊枪和自动焊枪；按形状分为鹅颈式和手持式焊枪；按送丝方式分为推丝式焊枪和拉丝式焊枪；按冷却方式分为水冷式和风冷式焊枪。图 1-4 为典型鹅颈式气冷 GMAW 焊枪，图 1-5 为带有焊丝盘的拉丝式焊枪。

3. 供气系统构成

（1）气瓶

常用的存储焊接保护气体的气瓶有二氧化碳气瓶、氩气瓶、混合气瓶等。常见规格有 40 L、50 L 及小容量气瓶。二氧化碳气瓶为铝白色,氩气(混合气)瓶为灰色。

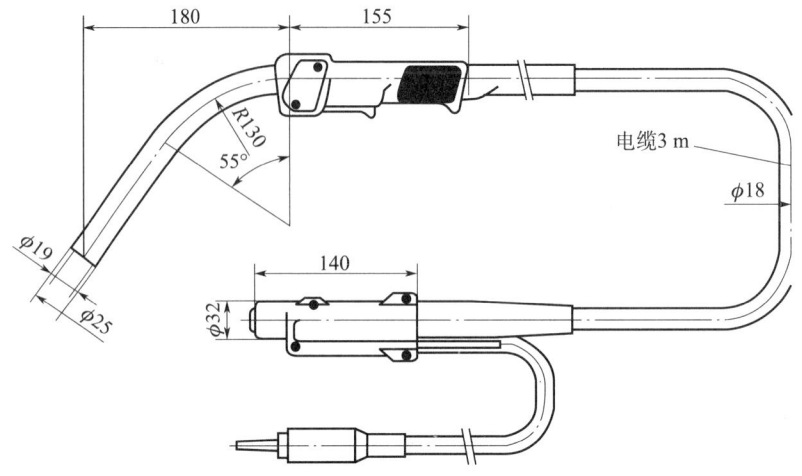

图 1-4 典型鹅颈式气冷 GMAW 焊枪

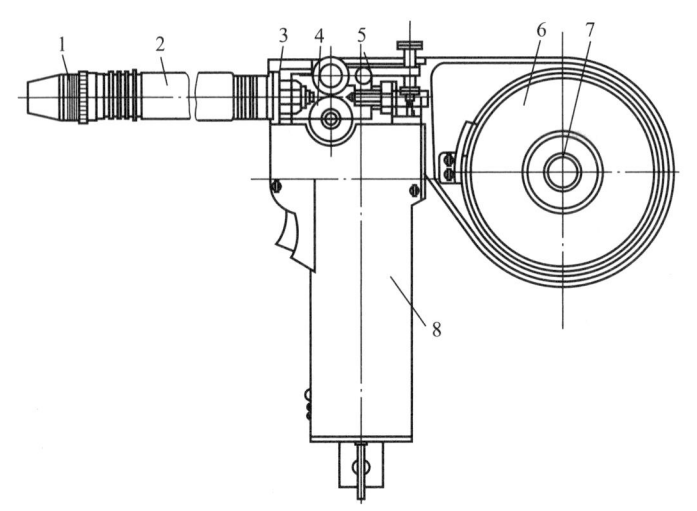

图 1-5 带有焊丝盘的拉丝式焊枪
1—喷嘴 2—枪体 3—绝缘外壳 4—送丝轮 5—螺母 6—焊丝盘 7—压栓 8—电动机

使用过程中应防止气瓶受热。使用中的气瓶不应放在烈日下暴晒,不要靠近火源及高温区,距明火不应小于 10 m;禁止用热水解冻或明火烘烤,严禁用温度超过 40 ℃ 的热源对气瓶加热。二氧化碳气瓶如图 1-6 所示。

注意:当开启气瓶阀门时,应站在气体减压器的侧面,调压手柄必须处于完全旋开的状态。

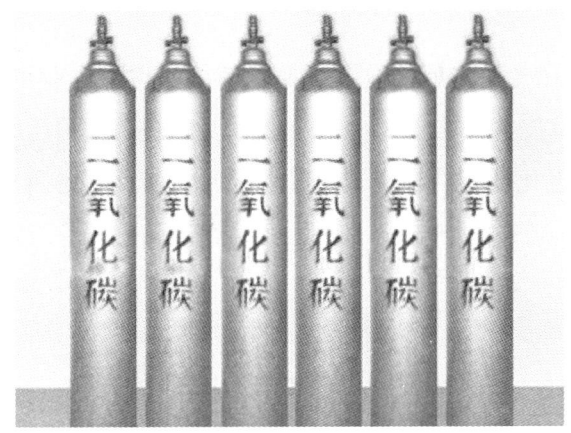

图 1-6 二氧化碳气瓶

（2）减压器及气管

1）减压器

减压器是将高压气体降为低压气体的调节装置，其作用是将气瓶内的高压气体降为使用压力的气体（减压），且能调节所需的使用压力（调压），并保持使用压力稳定不变（稳压）。

CO_2 减压器应有加热功能，由于瓶装的 CO_2 为液态，瓶内压力为 5~15 MPa，液态 CO_2 变成气态 CO_2 时吸热，在气瓶瓶口处会出现结冰现象，因此，需要加热来防止结冰堵塞出气口。瓶装的 Ar 为气态，瓶内压力为 14~15 MPa。当使用瓶装混合气（富氩）焊接时，由于 Ar 占 80%（体积分数），无须加热，同样使用 Ar 减压流量计。CO_2 加热减压流量计如图 1-7 所示，Ar 减压流量计如图 1-8 所示。

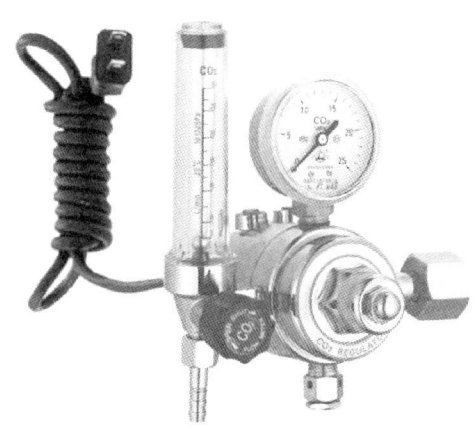

图 1-7 CO_2 加热减压流量计

图 1-8 Ar 减压流量计

2)气管

GB/T 2550—2016《气体焊接设备焊接、切割和类似作业用橡胶软管》规定了胶管的规格、颜色及技术要求。CO_2（Ar）胶管为黑色，试验压力为 4 MPa。在使用过程中若发现胶管老化变脆、出现裂纹等情况，必须及时更换 CO_2 胶管，如图1-9所示。

图1-9 CO_2胶管

培训单元二 焊接参数的选择及其对焊缝成形的影响

掌握焊接参数的选择及其对焊缝成形的影响。

常用的熔化极气体保护焊有 CO_2 气体保护焊（carbon dioxide arc welding，简称 CO_2 焊）和混合气体保护焊（mixed gas arc welding，简称 MAG），影响焊缝成形的焊接参数主要有焊丝直径、焊接电流（送丝速度）、电弧电压、焊接速度、保护气

体成分及流量、焊丝干伸长、电源极性、焊枪倾角等。

1. 焊丝直径

焊丝直径（ϕ）根据焊件厚度、焊缝空间位置及生产率的要求等条件来选择。对于碳钢而言，不同直径焊丝的适用范围见表1-1。

表1-1 不同直径焊丝的适用范围

焊丝直径/mm	可焊板厚/mm	施焊位置	熔滴过渡形式
0.5~0.8	1~2.5	全位置	短路过渡
	2.5~4	平焊	射滴过渡
1.0~1.4	2~8	全位置	短路过渡
	2~12	平焊	射滴过渡（CO_2焊）
	>6	平焊	射流过渡（MAG焊）
	2~9	全位置	脉冲射滴过渡
1.6	3~12	全位置	短路过渡
	>8	平焊	射滴过渡（CO_2焊）
	>8	平焊	射流过渡（MAG焊）
	>3	全位置	脉冲射滴过渡（MAG焊）
2.0~5.0	>10	平焊	射滴过渡（CO_2焊）
	>10	平焊	射流过渡（MAG焊）
	>6	平焊	脉冲射滴过渡（MAG焊）

2. 焊接电流

其他条件不变，焊接电流I（送丝速度）增大时，作用在工件上的电弧力和热输入均增大，焊缝的熔深和熔宽增加，熔敷率提高，焊道尺寸增大。

焊接电流大小的选择与工件的厚度、焊丝直径、施焊位置以及熔滴过渡形式有关。对碳钢而言，焊丝直径与焊接电流的关系见表1-2。

表1-2 焊丝直径与焊接电流的关系

焊丝直径/mm	CO_2焊电流范围/A	MAG焊电流范围/A	脉冲MAG焊平均电流范围/A
0.8	50~120	30~120	—
1.0	70~180	50~300（260）	—
1.2	80~350	60~440（320）	60~350
1.6	140~500	120~550（360）	80~500
2.0	200~550	450~650（400）	

3. 电弧电压

在电流一定的情况下，当电弧电压（U）增大时，焊道宽而平坦，电压过高时，将会产生气孔、飞溅和咬边。当电弧电压减小时，将会使焊道变得窄而高，熔深减小，电压过低时，产生焊丝插桩现象。

CO_2 焊短路过渡时焊接电流一般在 200 A 以下，对应于某一焊接电流，合适的电弧电压范围较窄，其变化范围一般仅为 2~3 V，电弧电压与焊接电流之间的关系为

$$U = 0.04I + 14 \sim 18$$

当焊接电流在 200 A 以上时，即使采用较小的电弧电压，也难以获得稳定的短路过渡过程，电弧电压往往较高。这时基本不发生短路，飞溅较小且电弧稳定，成为射滴过渡形式。电弧电压与焊接电流之间的关系为

$$U = 0.04I + 18 \sim 22$$

4. 焊接速度

在其他条件不变，中等焊接速度（v）时，熔深最大。焊接速度减小时，单位长度焊缝上的熔敷金属量增加。焊接速度很低时，焊接电弧直接冲击熔池，而不是母材，会降低有效熔深，焊道加宽。当焊接速度较高时，焊接热输入（UI/v）减小，熔宽和熔深都减小，余高也减小。再提高焊接速度就会产生咬边倾向。一般熔化极气体保护焊焊接速度在 20~40 cm/min。

5. 保护气体成分及流量

熔化极气体保护焊的保护气体是惰性气体（如 Ar、He）、活性气体（如 CO_2）或者是二者的混合气体。保护气体种类应与焊丝合理搭配，保护气体的流量应随焊接位置、焊丝直径、焊接电流大小等调整，气流量经验公式为

$$气体流量 = 焊丝直径 \times 10 + （0 \sim 5）\text{L/min}$$

6. 焊丝干伸长

焊接时，焊丝干伸长（L）是指导电嘴端头到焊丝端头之间的距离，也称焊丝伸出长度，如图 1-10 所示。适用的焊丝干伸长因焊丝直径而异，一般为焊丝直径的 10~15 倍。L 过长，气体保护效果不好，易产生气孔，电弧不稳，且焊丝指向性变差，焊道成形恶化。L 过短，喷嘴易被飞溅物堵塞，飞溅大，焊丝易与导电嘴粘连。

7. 电源极性

使用熔化极气体保护焊焊接时，为减少焊接飞溅，提高电弧稳定性一般采用直流反接，即工件接负极，焊枪接正极。

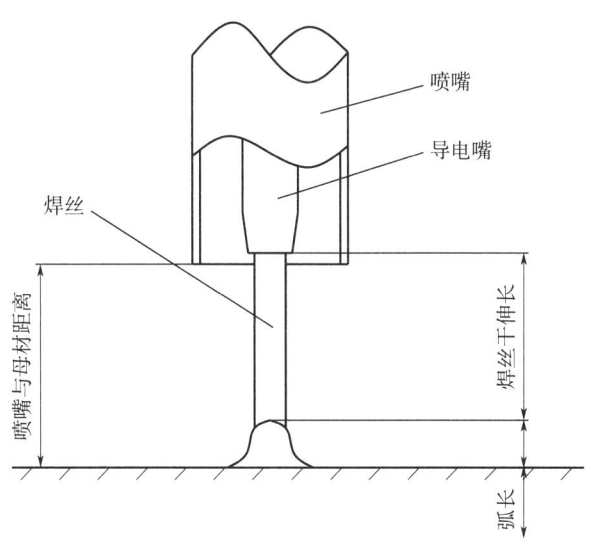

图 1-10 焊丝干伸长

8. 焊枪倾角

焊枪倾角及焊接方向对焊道的形状和熔深有影响，焊枪倾角对焊缝成形的影响见表 1-3。

表 1-3 焊枪倾角对焊缝成形的影响

焊接方法	左焊法	右焊法
焊枪角度	10°~15°，焊接方向	10°~15°，焊接方向
焊道断面形状		

培训单元三 焊接操作方法

掌握熔化极气体保护焊引弧、焊接、收弧的操作方法。

知识要求

1. 引弧的方法

（1）引弧之前剪断焊丝端头的熔滴，经剪断的焊丝端头为锐角，为下次引弧创造良好的条件。

（2）引弧时，注意保持焊接姿势与正式焊接时一致。在焊丝端头与工件表面之间距离 2~3 mm 处按焊枪按钮，随后自动送气、送电、送丝，直至焊丝与工件表面相碰而短路起弧。由于焊丝与工件接触时产生反弹力，应握紧焊枪，保持喷嘴与工件表面距离恒定。

（3）焊接接头处通常采用后退引弧法（图 1-11），使焊道充分熔合，达到完全消除前一道弧坑的目的。

（4）采用环焊缝引弧法时，引弧后快速移动（图 1-12），得到较窄的焊道，为随后焊道接头创造条件。

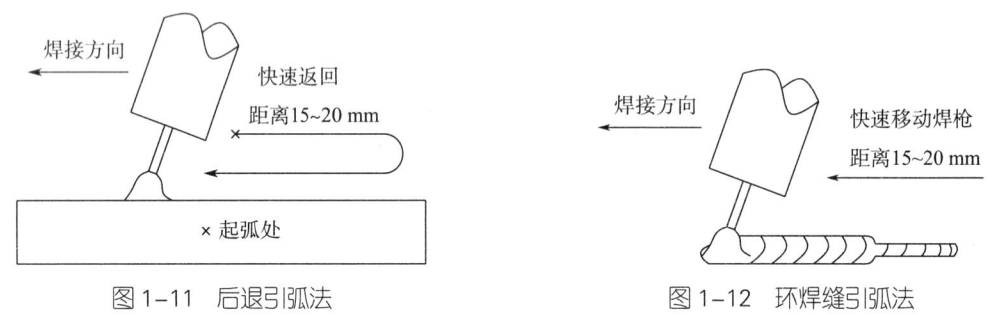

图 1-11 后退引弧法　　　　　　图 1-12 环焊缝引弧法

（5）重要产品进行焊接时，为消除引弧时产生的飞溅、烧穿、气孔、未焊透等缺陷，可采用引弧板。

2. 收弧的方法

焊接结束前必须收弧，若收弧不当则容易产生弧坑，并出现弧坑裂纹、气孔等缺陷。对于重要产品可以采用收弧板，将弧坑引到工件外，省去弧坑处理操作。

将焊接电源收弧转换开关置于"有收弧"处，先后 2 次将焊接开关按下、松开进行焊接，焊接结束收弧时，焊接电流、电弧电压会自动减小至适宜数值，填满弧坑。将焊接电源收弧转换开关置于"无收弧"处，开、关焊枪开关的同时，焊接电弧产生或停止焊接。焊接结束收弧时，通常采用多次断续引弧填充弧坑的方法，直至填平。操作时动作要快，若熔池已凝固再引弧，容易产生气孔、未焊透等缺陷。

为保证熔池凝固时得到可靠的保护，收弧时即使弧坑填满，电弧已熄灭，也要让焊枪在弧坑处停留几秒才能离开。

3. 焊接操作

（1）焊枪摆动

为了保证焊缝的宽度和两侧坡口熔合，有时需要根据接头类型及焊接位置做横向摆动，摆动时常在两侧停留 0.5 s。常见的摆动方式和应用范围见表 1-4。

表 1-4 常见的摆动方式和应用范围

摆动方式	应用范围
←	薄板及中厚板的第一层焊接
∧∧∧∧∧	小间隙及中厚板打底焊接，减小焊缝余高
∧∧∧∧∧（带点）	厚板对接接头、角接接头的填充焊

（2）接头处理

在焊接过程中，焊缝接头是不可避免的。常见的接头处理方式如下：

1）无摆动焊接时，可在弧坑前方约 20 mm 处引弧，然后快速将电弧引向弧坑，待熔化金属填满弧坑后，立即将电弧引向前方，进行正常操作；摆动焊接时，在弧坑前方约 20 mm 处引弧，然后快速将电弧引向弧坑，到达弧坑中心后开始摆动并向前推进，同时加大摆动进入正常焊接，如图 1-13 所示。

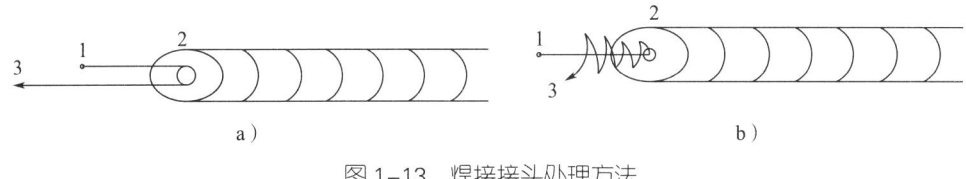

图 1-13 焊接接头处理方法

a）无摆动焊接时　b）摆动焊接时

2）首先将接头处打磨成斜面，然后在斜面顶部引弧，引燃电弧后，将电弧斜移至斜面底部，转 1 圈后返回引弧处再继续焊接，如图 1-14 所示。

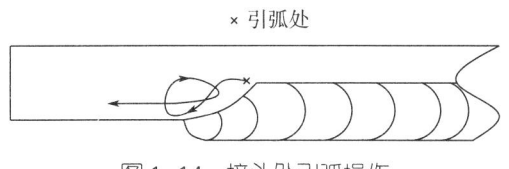

图 1-14 接头处引弧操作

操作名称1：熔化极气体保护焊的堆焊

操作实施步骤

焊前钢板清理 ⇒ 焊接参数设置 ⇒ 摆正焊接姿态和焊枪姿态 ⇒ 焊接

选择尺寸为200 mm×150 mm×（10～20）mm的Q235B钢板进行MAG堆焊，焊接材料为ϕ1.2 mm的AWS ER309L焊丝，保护气体为95%Ar+5%CO_2（体积分数），如图1-15所示。

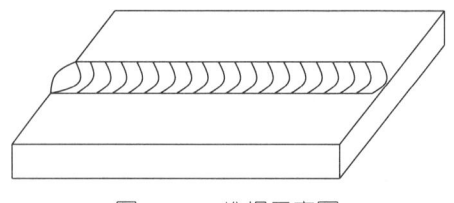

图1-15 堆焊示意图

步骤1：焊前钢板清理

采用角向磨光机将待焊区域及其两侧20 mm内的锈蚀、油污、氧化物、水分等打磨并清理干净，使其露出金属光泽。为防止飞溅不好清理和堵塞喷嘴，焊前在焊件表面涂上一层飞溅防黏剂，在喷嘴上涂一层喷嘴防堵剂。

步骤2：焊接参数设置

MAG堆焊焊接参数见表1-5。

表1-5 MAG堆焊焊接参数

焊丝直径/ mm	焊丝干伸长/ mm	焊接电流/A	焊接电压/V	气体流量/ ($L \cdot min^{-1}$)	焊接速度/ ($cm \cdot min^{-1}$)
1.2	15～18	200～230	24～26	15～20	25～30

步骤3：焊接姿势与焊枪姿态

焊接姿势：操作姿势应该自然，上半身稍向前倾，脚呈半开步，用力使肩膀保持水平。焊枪不要握得太紧，不要让电缆线妨碍操作，如果电缆线过重，可以把它搭在肩膀上进行操作。

焊枪姿态：握住焊枪，使焊丝前段距离母材 1~2 mm，焊枪与竖直方向成 10°~20°，采用左焊法进行焊接。

步骤 4：焊接

1. 引弧

试板固定并调试好焊接参数后，在试板的右端引弧。引弧前，将焊丝端头剪去，剪断的焊丝端头应为锐角。引弧时，保持喷嘴与工件表面距离恒定。

2. 焊接

焊接过程中，焊枪对准的位置要正确，焊接速度要适中，保证焊缝成形良好，焊缝宽度不大于 16 mm。

3. 收弧

焊缝焊完时，不应在焊缝尾部出现弧坑。收弧时，应保持焊丝干伸长不变，并把燃烧点拉到熔池边缘处停弧，焊机自动完成回烧、消球、延时气体保护。

操作名称 2：熔化极气体保护焊的平角焊

操作实施步骤

| 焊前清理 | ⇒ | 设置焊接参数 | ⇒ | 装配和定位焊 | ⇒ | 摆正焊接姿式与焊枪姿态 | ⇒ | 焊接 |

选择两块尺寸为 200 mm×100 mm×10 mm 的 Q235B 钢板进行 T 形接头的 MAG 平角焊，焊脚尺寸为 10 mm，焊接材料为 ϕ1.2 mm 的 AWS ER70S-6 焊丝，保护气体为 80%Ar+20%CO_2（体积分数），如图 1-16 所示。

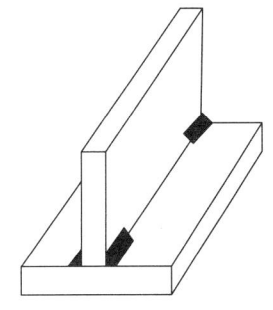

图 1-16 T 形接头试板及其装配示意图

步骤 1：焊前清理

将坡口和靠近坡口上、下两侧 20 mm 内的钢板上的油、锈、水分及其他污物打磨干净，直至露出金属光泽。为防止因飞溅不好清理、堵塞喷嘴，可在焊件表面涂上一层飞溅防黏剂，在喷嘴上涂一层喷嘴防堵剂。

步骤2：设置焊接参数

MAG平角焊焊接参数见表1-6。

表1-6　MAG平角焊焊接参数

焊丝直径/mm	焊丝干伸长/mm	焊接电流/A	焊接电压/V	气体流量/（L·min^{-1}）	焊接速度/（cm·min^{-1}）
1.2	13~18	220~250	25~27	15~20	35~45

步骤3：装配和定位焊

1. 组对间隙：调整组对间隙为0~2 mm。

2. 定位焊缝：在T形接头两端双侧分别进行定位焊，长为10~15 mm，焊脚尺寸约为6 mm。

步骤4：摆正焊接姿势与焊枪姿态

焊接姿势：操作姿势应该自然，上半身稍向前倾，脚呈半开步，用力使肩膀保持水平。焊枪不要握得太紧，不要让电缆妨碍操作，如果电缆过重，可以把它搭在肩膀上进行操作。

焊枪姿态：握住焊枪，使焊丝前段距离母材1~2 mm，焊枪与底平面夹角为45°~55°，如图1-17a所示；焊枪与竖直方向成10°~20°角，如图1-17b所示。采用左焊法，1层1道。

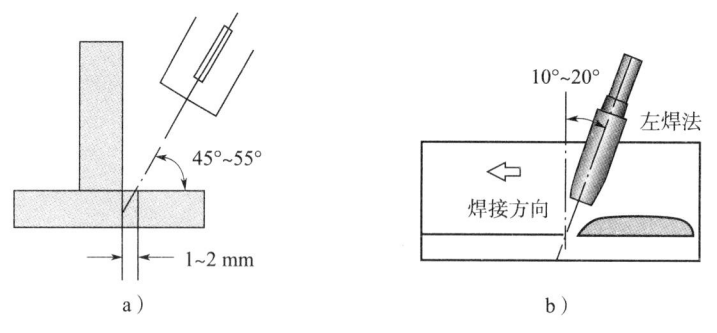

图1-17　平角焊焊枪角度
a）正面　b）侧面

步骤5：焊接

1. 引弧

试板固定并调试好焊接参数后，在试板的右端引弧。引弧前，将焊丝端头剪去，剪断的焊丝端头应为锐角。引弧时，保持喷嘴与工件表面距离恒定。

2. 焊接

焊接过程中，焊丝指向距根部 1~2 mm 处，由于采用较大的焊接电流，焊接速度可稍快，同时要适当地做横向摆动，保证焊缝成形良好，焊脚尺寸约为 10 mm。

3. 收弧

焊缝焊完时，不应在焊缝尾部出现弧坑。收弧时，应保持焊丝干伸长不变，并把燃烧点拉到熔池边缘处停弧，焊机自完成回烧、消球、延时气体保护。

职业模块 二
弧焊机器人及其基本操作

培训项目一

示教编程

培训单元一　弧焊机器人系统（工作站）的基本构成

掌握所用弧焊机器人系统（工作站）的基本构成。

1. 弧焊机器人系统（工作站）的构成

弧焊机器人系统（工作站）主要由机器人设备（含机器人本体、控制柜、示教盒）和焊接设备（含焊接电源、送丝机构、焊枪）及焊接相关部件构成，如图 1-18 所示。

2. 机器人本体

机器人本体是执行任务的机械结构，是由臂、关节和末端执行器构成的 1 套互相连接的运动机构。在工程实际中，机器人本体也被称为机械手或机械臂等。

焊接机器人本体通常是具有 6 个自由度的关节式机械机构。

（1）各关节轴的定义

松下机器人各轴（关节）的名称见表 1-7。

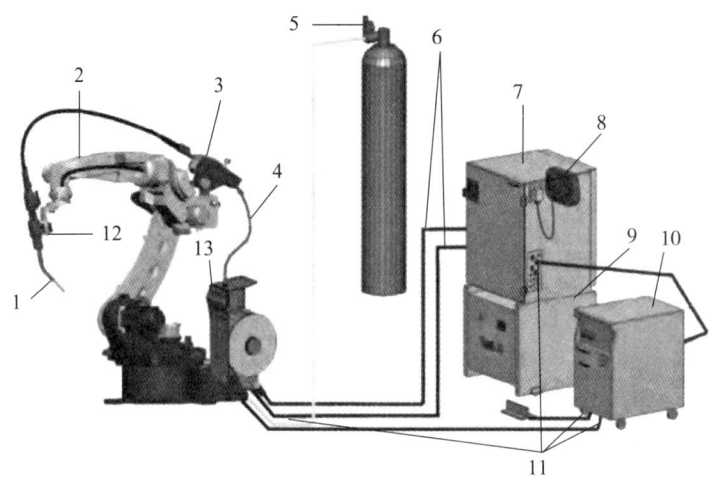

图 1-18 焊接机器人设备构成

1—焊枪 2—机器人本体 3—送丝机 4—后送丝管 5—气体流量计 6—机器人连接电缆 7—机器人控制器 8—示教盒 9—变压器（380 V/200 V）10—焊接电源 11—电缆单元 12—安全支架 13—焊丝盘架（焊接量较大时多选用桶装焊丝）

表 1-7 松下机器人各轴（关节）的名称

轴的名称	含义	轴的名称	含义
RT 轴	回转 Rotate Turn	RW 轴	手臂旋转 Rotate Wrist
UA 轴	上举 Upper Arm	BW 轴	手腕弯曲 Bent Wrist
FA 轴	前伸 Front Arm	TW 轴	手腕扭转 Twist Wrist

（2）机器人本体技术参数

以松下机器人 TM 系列 1400、1800 为例，本体技术参数见表 1-8。

表 1-8 松下 TM 系列机器人本体技术参数

项目			规格	
本体名称			TM-1400	TM-1800
结构			6 轴独立多关节型	
动作范围	手臂	RT（转动）正面基准	±170°	±170°
		UA（上臂）垂直基准	−90°～155°	−90°～165°
		FA（前臂）水平基准	−195°～240°	−205°～240°
		上臂基准	−85°～180°	−85°～180°
	手腕	RW（回转）	±190°	±190°
		BW（弯曲）前臂基准	−130°～110°	
		TW（扭转）	焊枪电缆外置型：±400°（出厂默认设定） 焊枪电缆内置型：±220°；电缆分离型：±220°	

续表

项目			规格	
本体名称			TM-1400	TM-1800
结构			6轴独立多关节型	
动作领域	手臂动作断面积	P 点	3.80 m²	6.10 m²
		O 点	3.52 m²	6.47 m²
	手臂前后动作距离（转动轴中心基准）	P 点	−1 117～1 437 mm	−1 489～1 809 mm
		O 点	−1 093～1 413 mm	−1 465～1 785 mm
	手臂上下动作距离（机器人上下面基准）	P 点	−803～1 697 mm	−1 204～2 069 mm
		O 点	−779～1 673 mm	−1 180～2 045 mm
瞬时最大速度	手臂	RT（转动）	3.93 r/s（225°/s）	3.40 r/s（194°/s）
		UA（上臂）	3.93 r/s（225°/s）	3.43 r/s（196°/s）
		FA（前臂）	3.93 r/s（225°/s）	3.57 r/s（204°/s）
	手腕	RW（回转）	7.42 r/s（425°/s）	
		BW（弯曲）	7.42 r/s（425°/s）	
		TW（扭转）	10.98 r/s（629°/s）	
最大可搬质量			6 kg	
手腕部最大负荷	转矩	RT（转动）	12.2 N·m（1.24 kgf·m）	
		UA（上臂）	12.2 N·m（1.24 kgf·m）	
		FA（前臂）	5.29 N·m（0.54 kgf·m）	
	惯量	RT（转动）	0.283 kg·m²（0.028 kgf·m·s²）	
		UA（上臂）	0.283 kg·m²（0.028 kgf·m·s²）	
		FA（前臂）	0.057 kg·m²（0.005 8 kgf·m·s²）	
重复定位精度			±0.08 mm 以内	
位置检出器			带多旋转数据备份	
驱动动力	手臂	RT（转动）	750 W（AC 伺服电动机）	1 600 W（AC 伺服电动机）
		UA（上臂）	1 600 W（AC 伺服电动机）	2 000 W（AC 伺服电动机）
		FA（前臂）	750 W（AC 伺服电动机）	750 W（AC 伺服电动机）
	手腕	RT（转动）	100 W（AC 伺服电动机）	150 W（AC 伺服电动机）
		UA（上臂）	100 W（AC 伺服电动机）	100 W（AC 伺服电动机）
		FA（前臂）	100 W（AC 伺服电动机）	100 W（AC 伺服电动机）
制动			带全轴制动	
安全姿态			普通（天吊）	
搬运及保存温度			−25～60 ℃	
本体质量			170 kg	215 kg

松下 TM1400 机器人动作范围如图 1-19 所示。

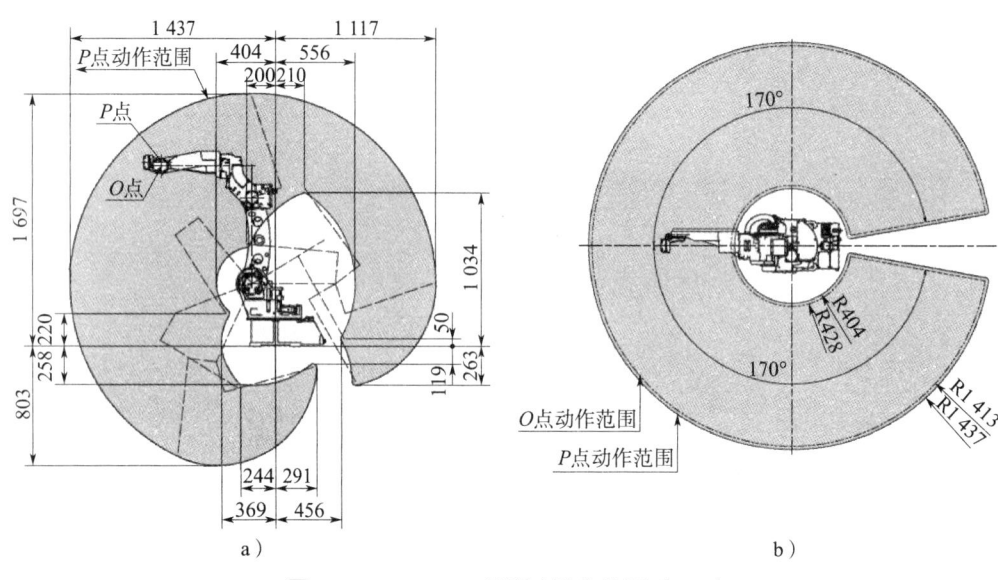

图 1-19 TM1400 机器人动作范围（mm）
a）纵向 b）水平

3. 机器人控制柜与示教盒

（1）控制柜

机器人控制柜是整个机器人系统的神经中枢，它由计算机硬件、软件和一些专用电路构成，其软件包括控制器系统软件、机器人专用语言、机器人运动学及动力学软件、机器人控制软件、机器人自诊断及自保护软件等。控制柜负责处理机器人工作过程中的全部信息和控制其全部动作。松下机器人控制柜及变压器如图 1-20 所示。

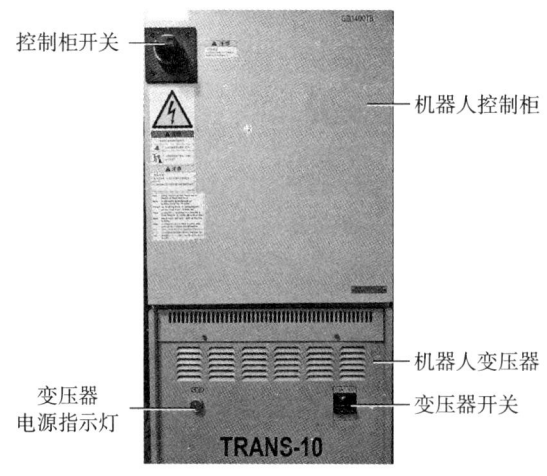

图 1-20 松下机器人控制柜及变压器

以松下 G_{III} 机器人控制箱为例，技术规格见表 1-9。

表 1-9 松下 G_{III} 机器人控制箱技术规格

项目	规格
名称	G_{III}
外形尺寸	（w）553 mm×（d）550 mm×（h）681 mm
质量	60 kg
冷却方式	间接风冷（内部循环方式）
存储容量	标准 40 000 点（可无限扩容）
控制轴数	同时 6 轴（最多 27 轴）
位置控制方式	软件伺服控制
输入电源	3 相 AC 200 V±20 V、3 kV·A、50/60 Hz 通用
输入输出信号	专用信号：输入 6/ 输出 8 通用信号：输入 40/ 输出 40 最大输入输出：输入 2 048/ 输出 2 048
外部存储器插口	SD 卡插槽×1、USB×2
示教盒质量	约 0.98 kg（不含电缆）

（2）示教盒

机器人示教盒（又称示教器或 TP）是控制系统和操作者的人机交互界面，具备机器人操作、轨迹示教、编程、控制、显示等功能。ABB 机器人示教盒外形如图 1-21 所示。

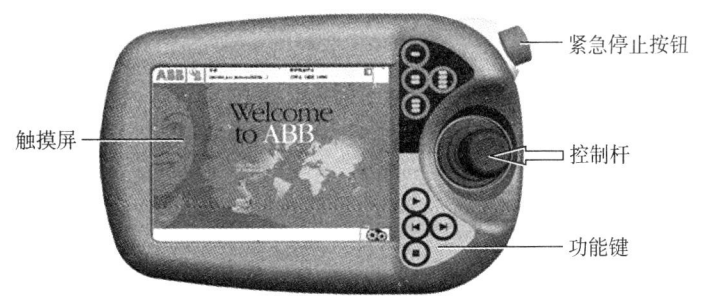

图 1-21　ABB 机器人示教盒外形

4. 焊接电源与送丝机构

（1）焊接电源

对机器人焊接配套的焊接电源，主要有以下几方面的要求：

1）焊接电源的工艺性能优良。

2）高可靠性。

3）具有能与机器人之间进行数据通信并符合相关标准的通信接口。

4）需采用数字信号传输的全数字焊机,以便能够在示教盒上设定和修改焊接参数。

以松下 YD-350GR$_3$ 焊接电源为例,焊接电源的主要技术参数见表 1-10。

表 1-10 YD-350GR$_3$ 焊接电源的主要技术参数

焊接电源型号	YD-350GR$_3$
输入相数、电压、频率	三相、AC380 V、50 Hz
额定输入	14.5 kV·A（14 kW）
输出电流范围	30～350 A
输出电压范围	12～35.5 V
额定负载持续率	60%
质量	50 kg
适用焊丝直径	0.8 mm/1.0 mm/1.2 mm

（2）送丝机构

GMAW 机器人焊接对送丝机构主要有以下几方面的要求：

1）送丝平稳、精确度高,保证电弧及焊接过程的稳定性。一般配套带编码器的送丝机构。

2）送丝力矩大。机器人焊接时,送丝路径一般都比较长,送丝阻力较大,应采用双驱动四轮送丝机构。必要时增设助力的推、拉丝机构。

5. 外围设备

机器人外围设备包括变位机、移动装置、焊枪清理装置、排烟除尘设备、工装夹具、防护围栏等。

（1）变位机

外部轴变位机是机器人焊接常用的外围设备,焊接作业前变位机通过夹具定位和夹紧被焊工件,焊接过程中通过对焊接工件的变位或移位,使得空间位置焊缝转变为平焊、平角焊、船型焊等焊接位置,提高焊接质量和焊接效率。常见的焊接变位机有单轴变位机、单持双轴回转倾斜变位机、双持双轴回转倾斜变位机等,如图 1-22 所示。

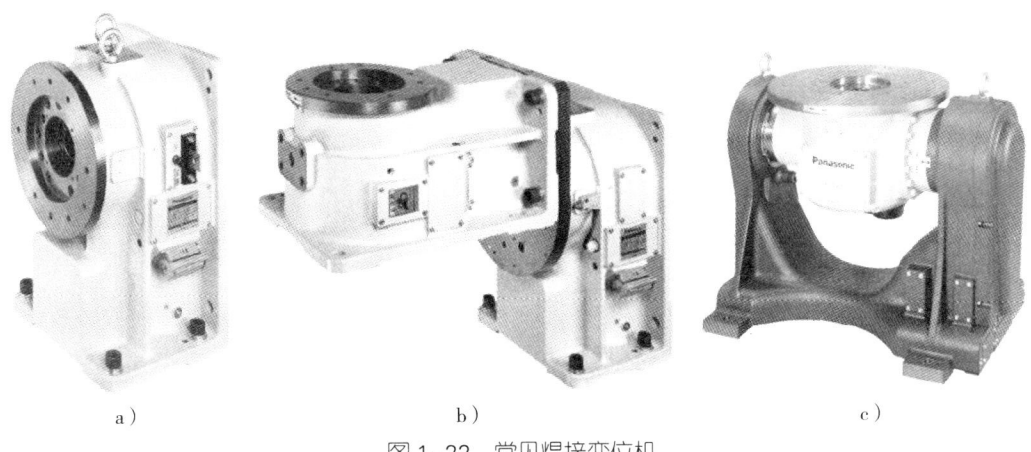

图 1-22 常见焊接变位机

a）单轴变位机　b）单持双轴回转倾斜变位机　c）双持双轴回转倾斜变位机

（2）清枪装置

在熔化极气体保护焊的焊接过程中，电弧会产生金属飞溅物，部分飞溅物会粘到焊枪的喷嘴上和导电嘴上。作为与机器人自动化焊接相匹配的清枪装置应为标准配置：代替人工定期对焊枪进行清理；减少机器人焊接时人员的参与，既可以减少人工，也能提高安全性；可以提高机器人作业效率。

根据需要，清枪装置每个工作周期启动一次或数次，其具体工作过程和目的为：自动清理焊枪喷嘴内的飞溅物，使喷嘴内的保护气体通道畅通，保证气体保护效果，提高焊缝质量；给焊枪喷嘴喷洒清枪剂，降低焊接飞溅对喷嘴、导电嘴的死粘连，增加喷嘴和导电嘴的寿命；自动剪切焊丝，保证每次重新开始工作时焊丝干伸长一致，保证机器人接触传感功能和引弧性能的可靠稳定。清枪装置如图 1-23 所示。

（3）净化、除尘设备

根据焊接环境的要求，在机器人焊接时，越来越多的配套焊接烟尘的净化、除尘设备。

图 1-23 清枪装置

净化、除尘设备可分为固定式和可移动式。可移动式焊接烟尘净化器可用于焊接、抛光、切割、打磨等工序中产生烟尘和粉尘的净化，可净化大量悬浮在空气中对人体有害的细小金属颗粒，具有净化效率高、噪声低、使用灵活、占地面积小等特点。图 1-24 为可移动式焊接烟尘净化器。

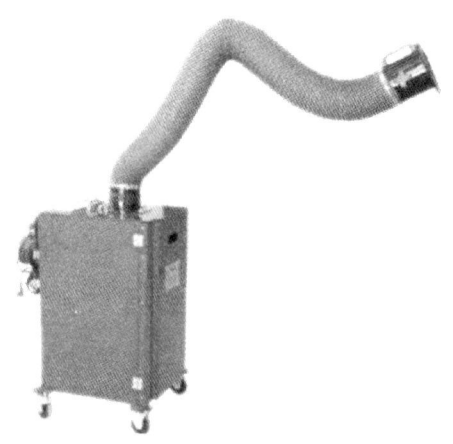

图1-24 可移动式焊接烟尘净化器

6. 安全防护用品

常用的机器人焊接操作工的安全防护用品有焊接面罩（手持式和头戴式）、焊接服装、焊接手套、安全帽等，如图1-25、图1-26所示。

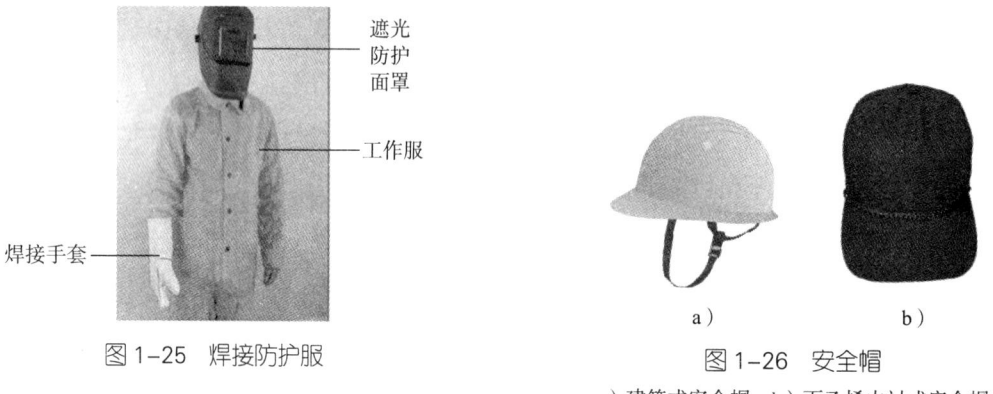

图1-25 焊接防护服

图1-26 安全帽
a）建筑式安全帽 b）丙乙烯内衬式安全帽

培训单元二　示教盒及其功能

1. 掌握示教盒的基本组成及功能。
2. 正确使用示教盒。

1. 示教盒按钮的名称

（1）示教盒正面

以松下 TM 系列机器人为例，G_{III} 型示教盒按钮及功能（正面）如图 1-27 所示。

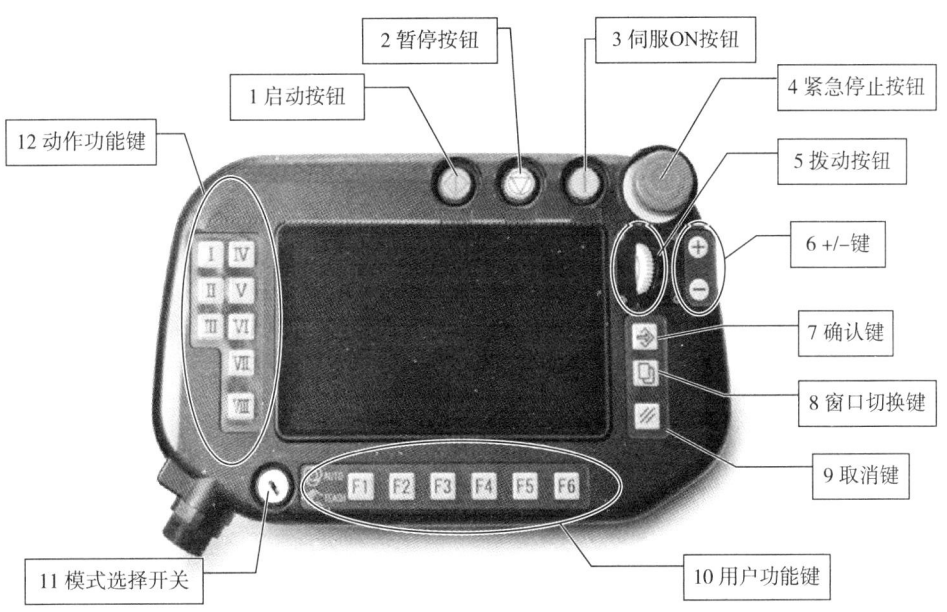

图 1-27　G_{III} 型示教盒按钮及功能（正面）

（2）示教盒背面

G_{III} 型示教盒按钮及功能（背面）如图 1-28 所示。

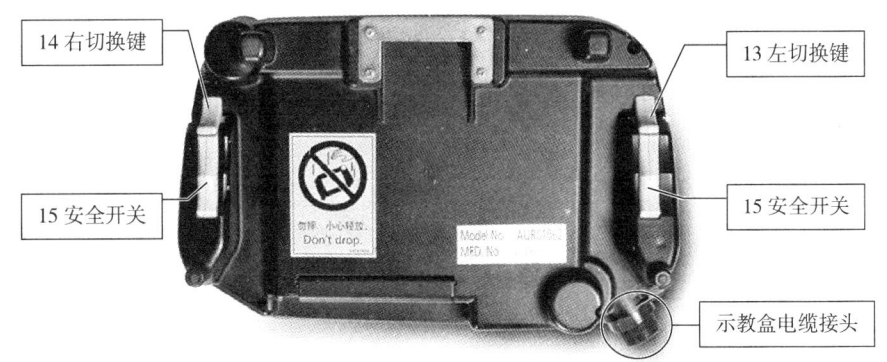

图 1-28　G_{III} 型示教盒按钮及功能（背面）

（3）示教盒底部

G_Ⅲ型示教盒的底部有外部存储器插口、两个USB接口和一个SD卡插槽，便于数据的导入和导出，如图1-29所示。

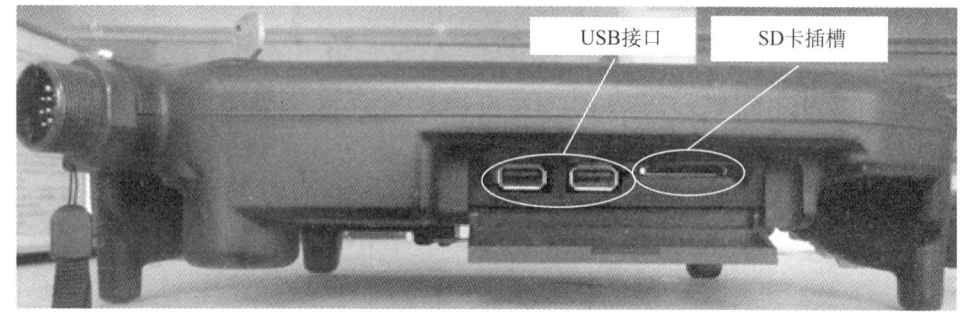

图1-29　G_Ⅲ型示教盒外部存储器插口

2. 示教盒按钮的功能

（1）安全保护开关

1）紧急停止按钮

紧急停止按钮通过切断伺服电源立刻停止机器人和外部轴操作。一旦按下，开关保持紧急停止状态（保留程序动作功能）。紧急停止按钮如图1-30所示。顺时针方向旋转开关可释放紧急停止状态。

2）安全开关

安全开关（图1-31）是起安全保护功能的装置，确保操作者的安全。操作过程中，当2个开关同时被释放或任何其中1个开关被用力按下时，切断伺服电源。轻按1个或2个安全开关打开伺服电源，再按下伺服ON按钮后，即可使机器人本体通电。

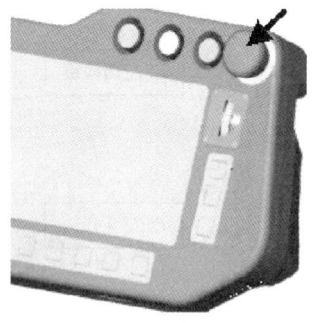

图1-30　紧急停止按钮

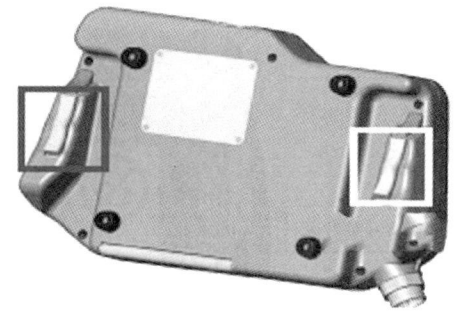

图1-31　安全开关

（2）启动、暂停及伺服启动

1）启动按钮

在自动模式下启动按钮用于启动或重新启动机器人操作，开始执行选定程序，如图1-32所示。

2）暂停按钮

暂停按钮用于在伺服闭合的状态下暂停机器人正在执行的程序动作，如图1-32所示。

3）伺服ON按钮

伺服ON按钮用于接通伺服电源（给伺服电机上电），如图1-32所示。

（3）模式选择开关

模式选择开关是一个两位置的钥匙开关，用于切换手动模式和自动模式。将该开关置于示教"Teach"（手动）模式时，用于操作机器人示教编程；机器人操作时，则将该开关置于"Auto"（自动）模式。模式选择开关如图1-32所示。

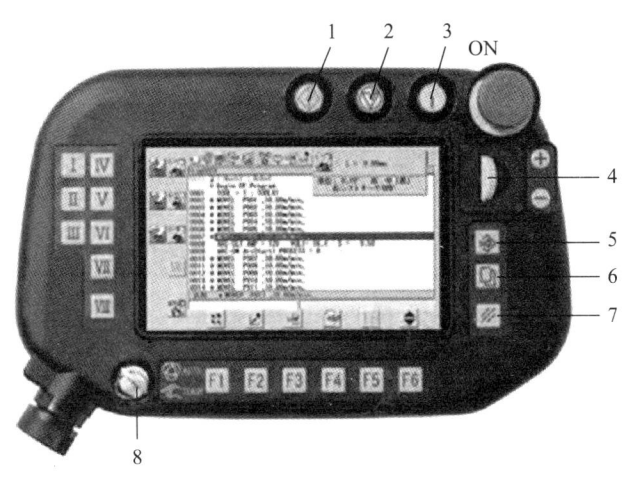

图1-32 启动、暂停及伺服启动按钮

1—启动按钮 2—暂停按钮 3—伺服ON按钮 4—拨动按钮 5—登录键 6—窗口切换键
7—取消键 8—模式选择开关

（4）拨动按钮

拨动按钮（Jog键）用来控制机器人手臂和外部轴的运动，以及屏幕上的光标移动和对光标选项进行确认（按压+/-键，可代替拨动按钮，但动作幅度较大）。拨动按钮如图1-32所示。

拨动按钮有3个不同的操作方式：向上/向下轻微拨动；侧压；侧压的同时向上/向下轻微拨动，见表1-11。

表 1-11 拨动按钮的操作方式

操作方式图示	作用
向上/向下轻微拨动 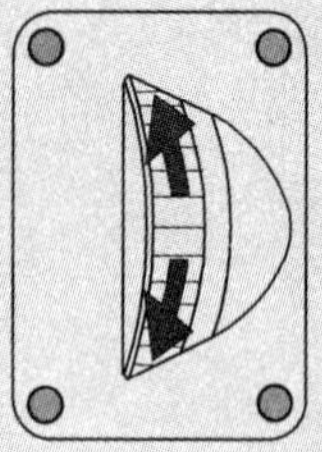	对照拨动量移动机器人 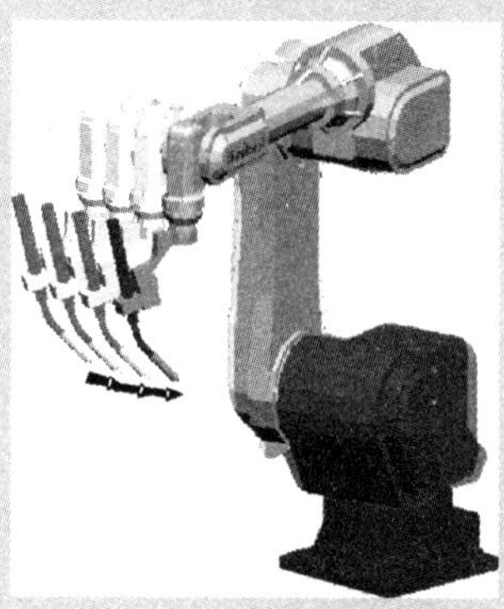 移动机器人手臂或外部轴 向上微拨动：向+方向移动 向下微拨动：向-方向移动 移动荧屏上的光标 改变数据或选择一个选项
侧压的同时向上/向下轻微拨动 	小幅度拨动时低速移动 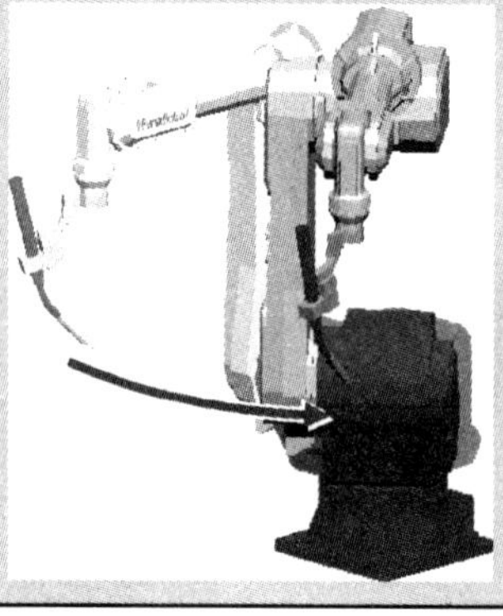　　大幅度拨动时高速移动 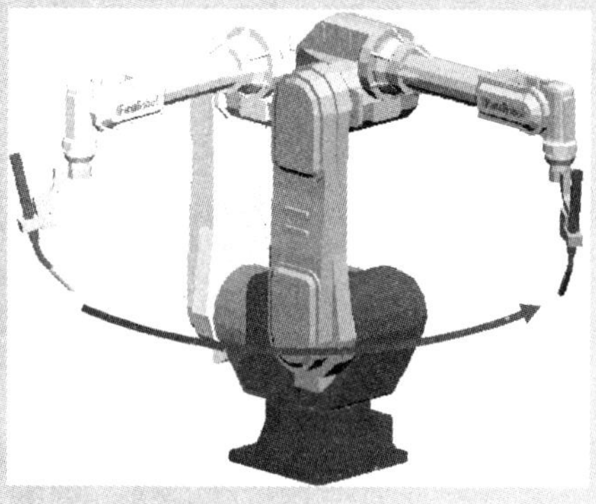

（5）窗口切换键

示教盒显示屏能同时显示多个窗口，窗口切换键的主要功能是使光标在编辑窗口中移动以及切换菜单图标栏与窗口。窗口切换键如图 1-32 所示。

（6）登录键与取消键

1）登录键

登录键又称回车键，该键用于保存或确定一个选择，等同于在窗口对话框中单击"OK"按钮的操作。示教时，登录键用于保存或者增加示教点，如图 1-32 所示。

2）取消键

取消键又称退出键，该键用于取消当前进行的操作或返回上一界面，如

图1-32所示。

（7）功能键

1）动作功能键

每个动作功能键的作用分别与显示屏上对应位置所显示的功能图标的作用对应，如图1-33所示。

2）用户功能键

每个用户功能键的作用分别与用户功能键上方显示的用户功能图标的作用对应。它能设定每个键的功能，如图1-33所示。

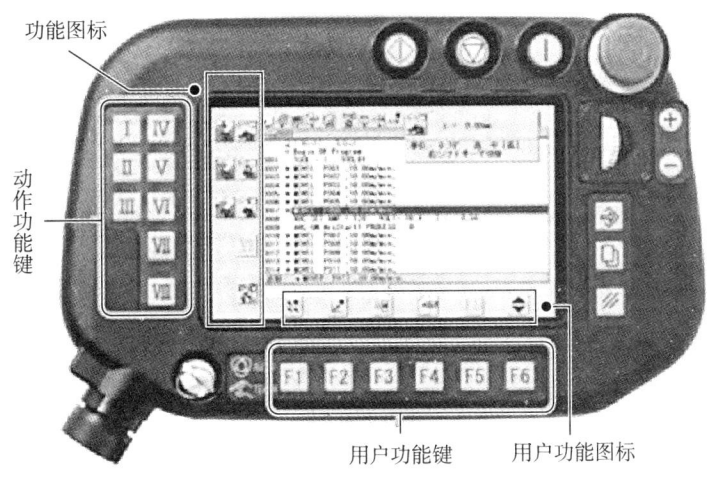

图1-33 功能键及图标

（8）左、右切换键

左、右切换键又称平移键或移动键，位于示教盒背面、安全开关的上方，用左、右手的食指进行操作，与其他功能键配合使用时，用于坐标系的切换和"外部轴"切换、修改数值以及机器人"高、中、低"速移动切换等操作，如图1-34所示。

3. 示教盒的持握方法

不同品牌机器人的示教盒的持握方法有所不同，ABB、KUKA、OTC机器人示教盒的持握方法见表1-12。

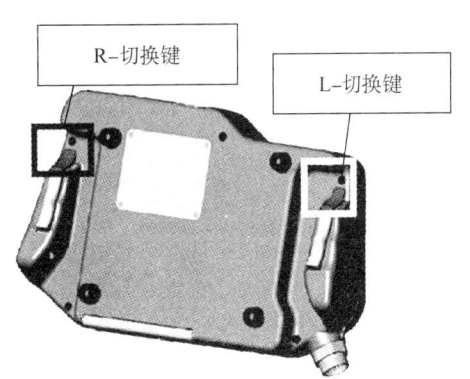

图1-34 左右切换键

表 1-12 机器人示教盒的持握方法

机器人品牌	示教盒正面持握	示教盒背面持握
ABB		
KUKA（库卡）	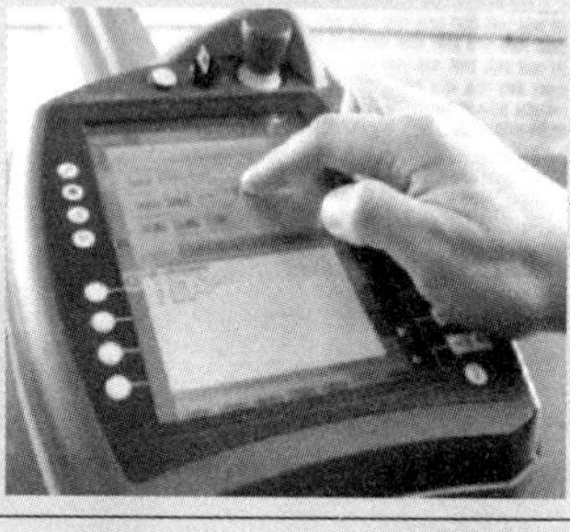	
OTC（欧地希）	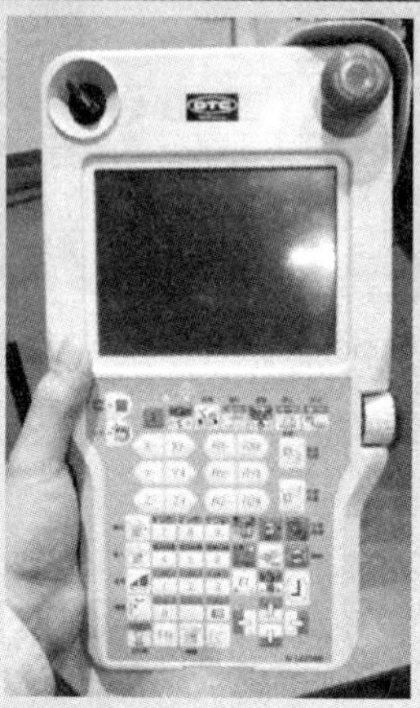	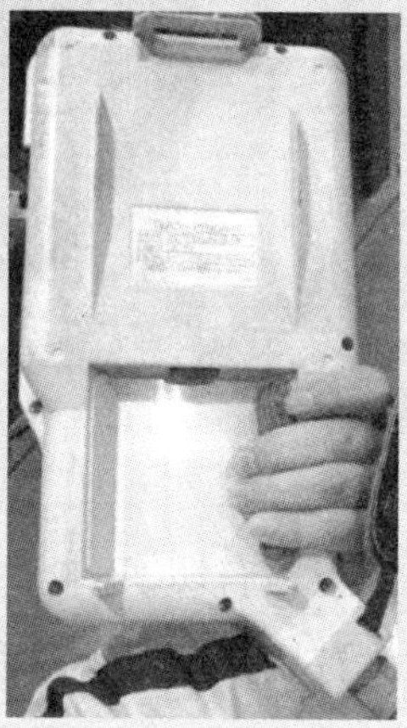

技能要求

操作名称：机器人示教盒的持握方法及操作

操作实施步骤

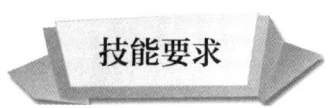

步骤 1：持握方法

1. 以松下机器人示教盒为例，首先将挂带套在左手上，以免示教盒脱落摔坏。左、右手分别握住示教盒的两侧，拇指在上，其余四指在下呈拿握状。

2. 示教盒的正面显示屏位置应便于观看，根据示教盒正面按钮所在位置，使用双手拇指进行操作。

3. 双手食指搭在示教盒背面的左、右切换键，双手中指、无名指和小指自然握在安全开关的位置上，如图 1-35、图 1-36 所示。

图 1-35　示教盒正面持握　　　　图 1-36　示教盒背面持握

4. 将示教盒水平持握在靠近眼睛下方易于观察的地方，眼睛距离示教点的最佳位置为 100～500 mm。注意：不要将示教盒顶靠在工作台上或置于工作台下方，以免造成示教盒损坏。编程人员示教姿态如图 1-37 所示。

图 1-37　编程人员示教姿态

步骤 2：使用示教盒操纵机器人各轴运动

1. 机器人动作操作界面

点亮机器人动作图标灯 后，右手食指扣动右切换键，左手拇指按动功能

键 Ⅳ 转换坐标系,点亮示教盒机器人图标灯,出现机器人动作操作界面,如图 1-38 所示。

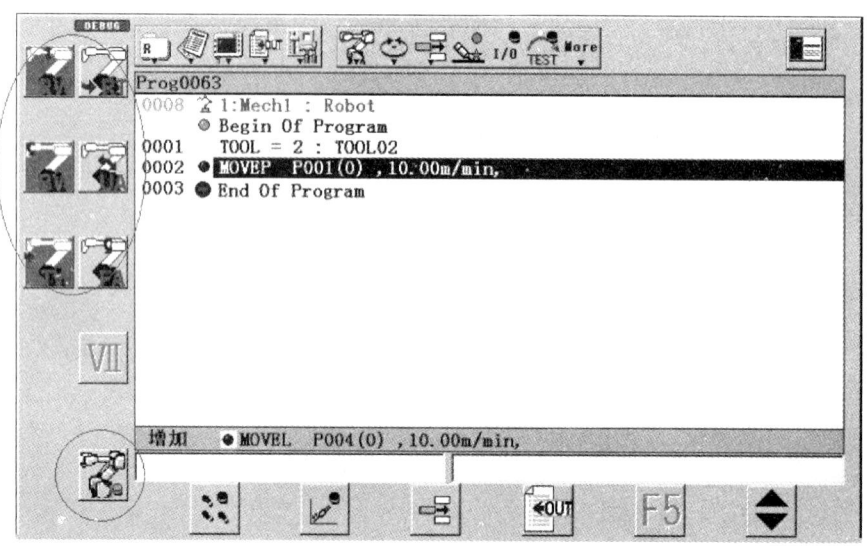

图 1-38　机器人动作操作界面

2. 操纵机器人各轴运动

左手拇指按住动作功能键,右手拇指侧压并旋动拨动按钮,机器人随之在选定的坐标系按照动作功能键模式移动,按压动作功能键对应的轴,分别操作机器人 RT、UA、FA、RW、BW、TW 6 个轴。动作方式如图 1-39 所示。

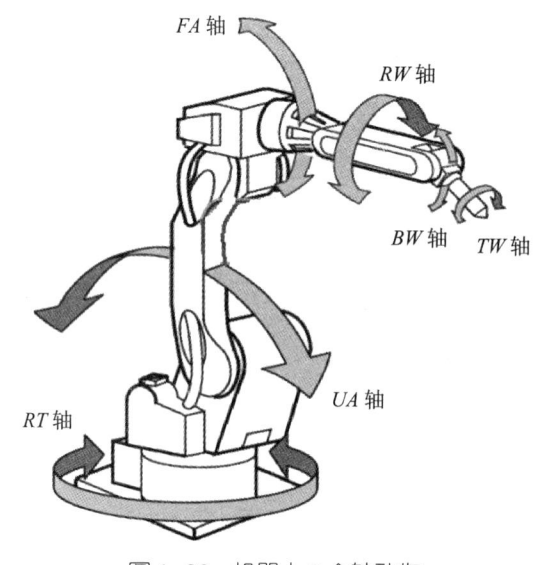

图 1-39　机器人 6 个轴动作

培训单元三　坐标系的类别及选择

1. 理解常用坐标系及各坐标轴方向。
2. 坐标系的使用方法。

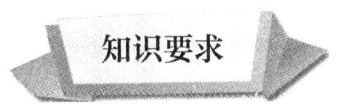

1. 机器人坐标系类别

以 KUKA 机器人为例，在机器人控制系统中给出了以下几种坐标系：

（1）JOINT：轴坐标系（有些品牌称之为关节坐标系）。

（2）WORLD：世界坐标系（有些品牌称之为直角坐标系）。

（3）ROBROOT：机器人足部坐标系。

（4）BASE：基坐标系（有些品牌称为工件坐标系或用户坐标系）。

（5）TOOL：工具坐标系。

KUKA 机器人坐标系定义如图 1-40 所示。

KUKA 机器人上的坐标系名称、应用与特点见表 1-13。

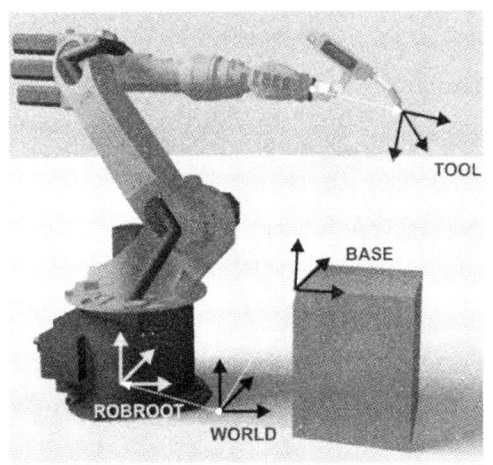

图 1-40　KUKA 机器人坐标系定义

表 1-13　KUKA 机器人上的坐标系名称、应用与特点

名称	位置	应用	特点
JOINT 坐标系	各个关节轴零位	回零点	各个轴单独动作
WORLD 坐标系	可自由定义	ROBROOT 和 BASE 的原点	大多数情况下位于机器人足部

续表

名称	位置	应用	特点
BASE 坐标系	可自由定义	工件，工装	说明基坐标在世界坐标系中的位置
TOOL 坐标系	可自由定义	工具（这里指焊接机器人的焊枪）	TOOL 坐标系的原点被称为"TCP"（Tool Center Point，即工具中心点）

2. 常用坐标系

机器人常用的坐标系主要有 5 个，分别是关节坐标系、直角坐标系、工具坐标系、圆柱坐标系和用户坐标系。常用坐标系图标如图 1-41 所示。

（1）关节坐标系

机器人各轴能够进行单独转动，称关节坐标系。松下机器人的关节坐标系 6 组动作如图 1-42 所示。

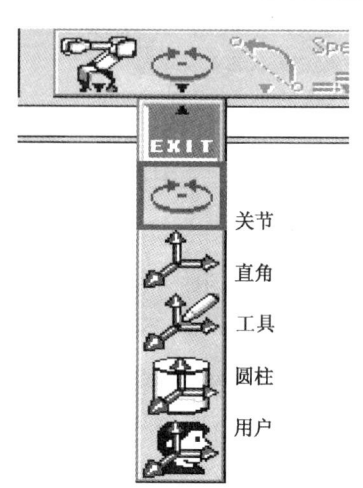

图 1-41 常用坐标系图标

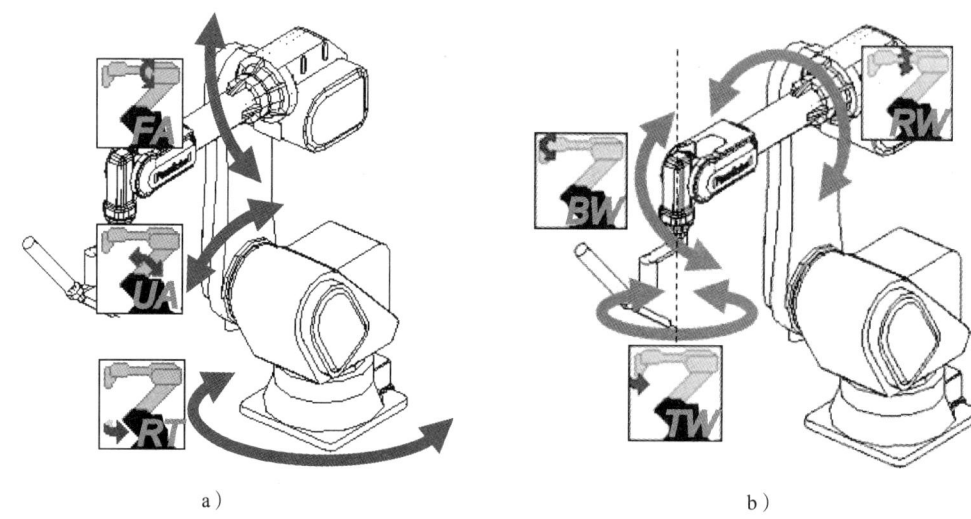

图 1-42 关节坐标系 6 组动作
a）基本轴 b）腕部轴

（2）直角坐标系

不管机器人处于什么位置，均可沿设定的 X、Y、Z 平行移动和转动。直角坐标系 6 组动作如图 1-43 所示。

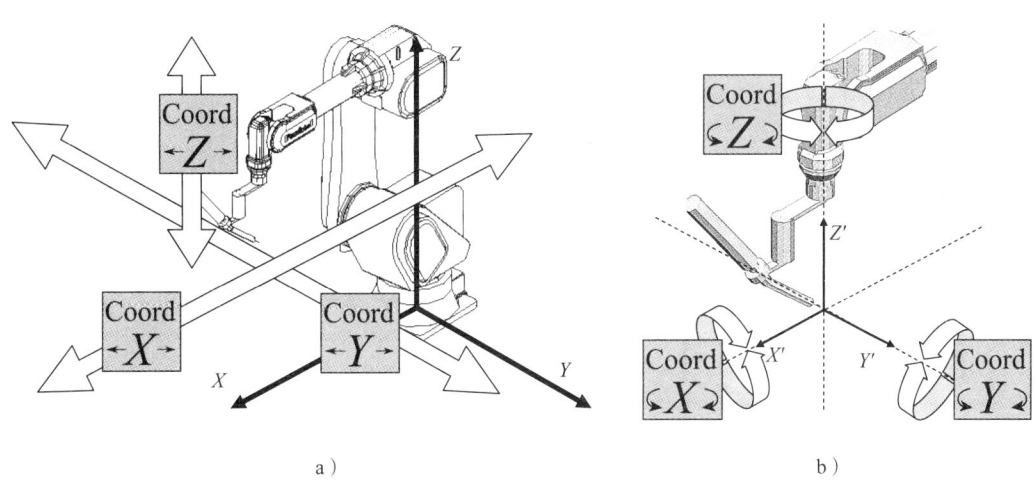

图 1-43 直角坐标系 6 组动作
a) 轴向移动　b) 轴向转动

(3) 工具坐标系

工具坐标系把机器人腕部法兰盘所握工具的有效方向定为 Z 轴,把坐标原点定义在工具尖端点,所以工具坐标的方向随腕部的移动而发生变化。工具坐标系 6 组动作如图 1-44 所示。

工具坐标轴向移动,以工具的有效方向为基准,与机器人的位置、姿势无关,所以进行相对于工件不改变工具姿势的平行移动操作最为适宜。

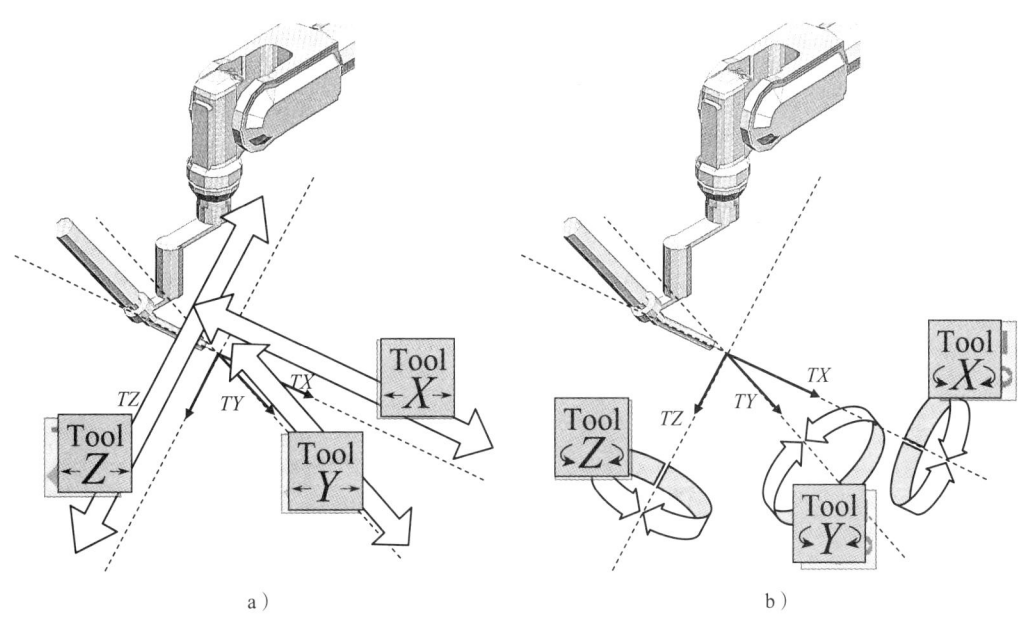

图 1-44 工具坐标系 6 组动作
a) 轴向移动　b) 轴向转动

（4）圆柱坐标系

θ 为方位角，r 为径向距离，Z 为高度，如图1-45所示。

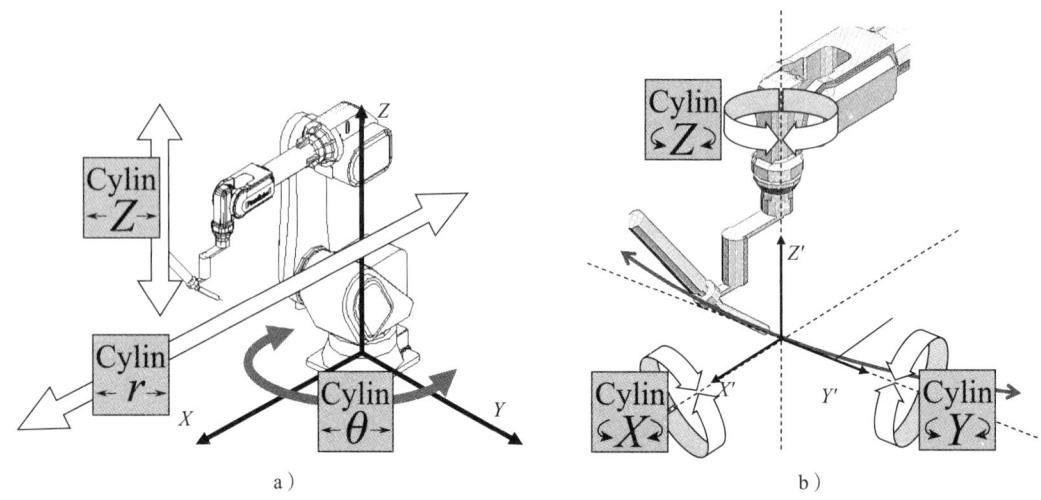

图1-45　圆柱坐标系6组动作

a）平动　b）转动

设定为圆柱坐标系时，机器人控制点以本体轴 Z 轴为中心回旋运动，或与 Z 轴成直角平行移动。

（5）用户坐标系

在机器人动作允许范围内的任意位置，设定任意角度的 X、Y、Z 轴，机器人均可沿所设各轴移动和转动，此坐标系称作用户坐标系（又称工件坐标系），如图1-46所示。

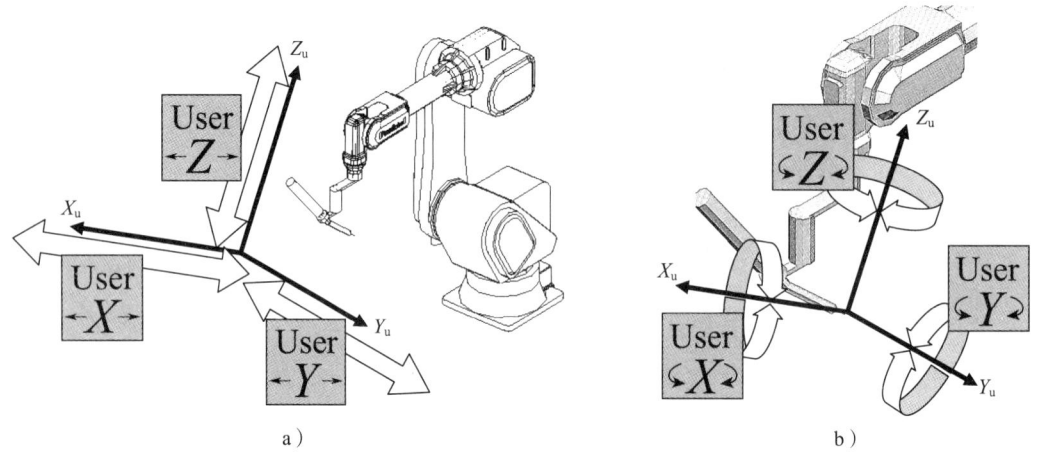

图1-46　用户坐标系6组动作

a）轴向移动　b）轴向转动

3. 绝对坐标系与相对坐标系

（1）绝对坐标系

在坐标系中所有的坐标点均以固定的坐标原点为起点来确定坐标值，这种坐标系称为绝对坐标系，它的原点是相对世界坐标系的原点。

（2）相对坐标系

相对坐标系的坐标值是相对于某一基点的 X、Y、Z 的绝对值。

技能要求

操作名称：直角坐标系的使用方法

操作实施步骤

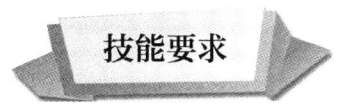

步骤1：选择坐标系

将模式转换开关旋至示教模式（"Teach"），用右手食指扣住右切换键，左手拇指按动功能键 Ⅳ，切换至直角坐标系 ，见表1-14。

表1-14　切换机器人运动坐标系

坐标系名称	关节坐标系	直角坐标系	工具坐标系
图标			

步骤2：选择坐标轴

点亮机器人图标灯，选择机器人在直角坐标系中的坐标轴，如图1-47所示。

步骤3：机器人沿坐标轴方向移动

1. 按压相应动作功能键，使机器人焊枪沿坐标轴 X、Y、Z 方向直线移动。

2. 按压相应动作功能键，使机器人焊枪沿坐标轴 Z、Y 及工具轴向转动。直角坐标系及动作图标见表1-15。

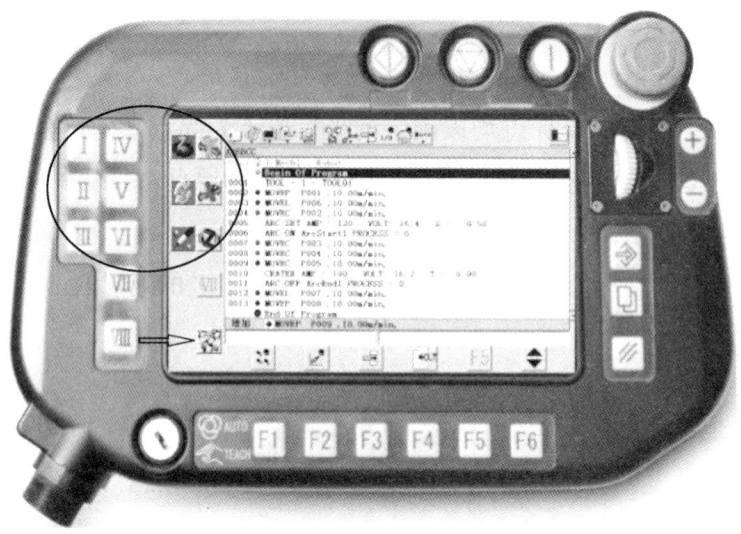

图 1-47 选择坐标轴

表 1-15 直角坐标系及动作图标

动作功能键	沿 X、Y、Z 轴方向平动	动作功能键	沿 Z、Y 及工具轴方向转动
Ⅰ		Ⅳ	
Ⅱ		Ⅴ	
Ⅲ		Ⅵ	

培训单元四　基本示教指令及应用

1. 理解基本示教指令。
2. 能正确使用各示教指令。

1. 术语

（1）示教点

由于机器人行走轨迹是通过若干个"点"来描述的，所以，示教过程就是示教"点"的过程，并要将这些示教点按顺序保存下来，示教点信息（或称属性）包括：机器人坐标数据、运行速度以及向示教点移动方式等，如图 1-48 所示。

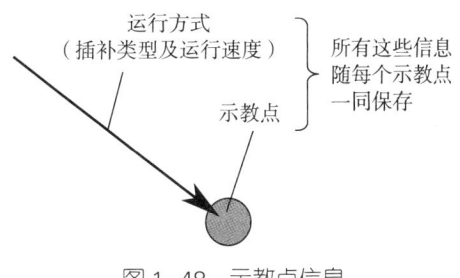

图 1-48 示教点信息

（2）插补

插补是一种算法，可以理解为示教点之间的移动方式。对于有规律的轨迹，仅示教几个特征点，机器人系统就能利用插补计算法获得中间点的坐标。直线插补和圆弧插补是机器人系统中的基本算法，对于非直线和非圆弧轨迹，可以采用直线或圆弧逼近，以实现这些轨迹。

2. 程序文件的新建

在开始示教操作之前，必须新建一个文件来保存示教数据。在生成的文件中，存储由示教或者编辑文件时生成的示教点数据或机器人指令。

（1）在文件菜单中，选择新建文件，弹出如图 1-49 所示的对话框。

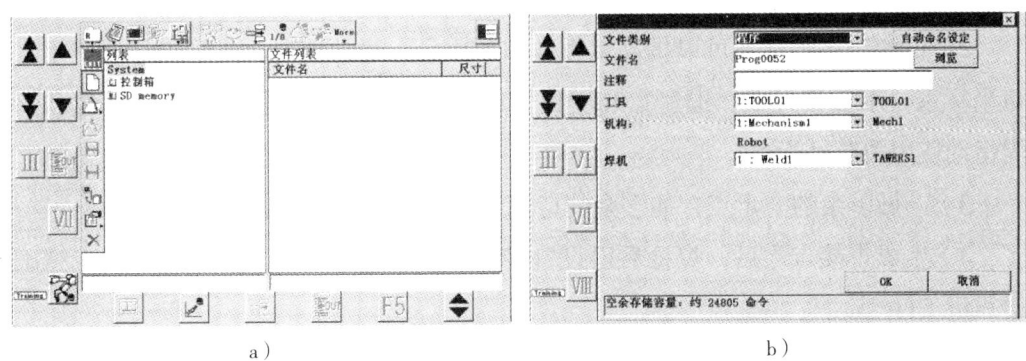

a)　　　　　　　　　　　　　　　b)

图 1-49 新建文件
a）进入新建文件图标　b）新文件对话框

"文件类别"示教时选择"程序"。

"文件名"最初的文件名由机器人自动生成,可使用该名字或重新命名。

"工具"选择机器人本体上所带工具(焊枪等)的设置数据中登录的工具号,出厂时的标准工具登录为"1:TooL01"。

"机构"仅有机器人的为"1:Mech1",有外部轴时为"2:Mech1+G1"。

(2)对话框中有一个顺序文件名"Prog×××",如需重新命名,应通过功能键编辑另一个文件名,单击"OK"按钮作为一个新的文件保存。

(3)通过文件编辑操作能将在示教操作中追加的示教点数据和机器人次序命令保存在文件中。

3. 机器人示教要领

(1)示教编程的基本步骤

编写程序的作业称为"示教作业"或"Teaching作业",包括编写和修订作业程序以及优化作业程序,编写作业程序的基本步骤是→在示教模式下手动操作机器人移动焊枪→记录作业程序→检查作业程序→动作确认(有些机器人厂家称为跟踪或再生)→应用命令的修订、追加或删除→动作确认,直至完成,如图1-50所示。

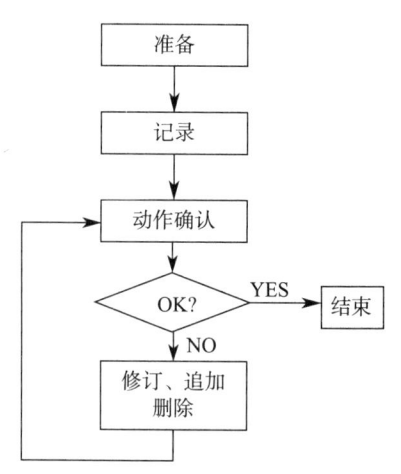

图1-50 编写(示教)作业程序的步骤

(2)示教编程技巧

1)实践中很难做到示教一遍就编出理想的程序,需要在初步示教后进行跟踪(再生)操作来修改和优化。

2)正确选择坐标系可以提高示教效率和质量;通常情况,点到点移动使用直角坐标系,示教接近点、退避点和变换焊枪角度采用工具坐标系;变换工位和圆周运动使用关节坐标系。

3)不做多余的空走点,如多余的待机点、过渡点和中间点等。

4)生成焊接点之后,焊枪后退设置接近点,为防止与夹具发生碰撞,应精确地靠近工件。

5)熟练使用点动动作,掌握微动调整。固定干伸长,增加示教准确度。

4. 机器人示教点设定方法

(1)使用用户功能键将编辑类型切换为增加。

（2）点亮机器人运动图标 。
（3）将机器人移动到焊接开始点，按确认键，弹出示教点属性编辑对话框。
（4）设置示教点的插补命令为"MOVEL"，
（5）将该点设为"焊接"点，按确认键或单击"OK"保存示教点，如图1-51所示。

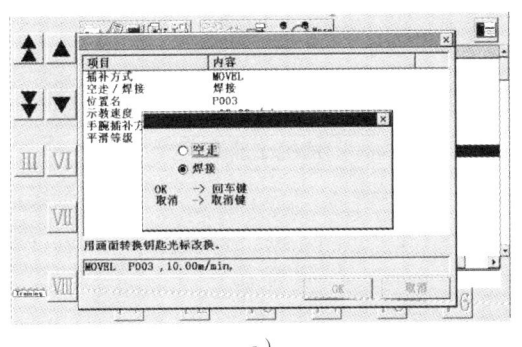
a）

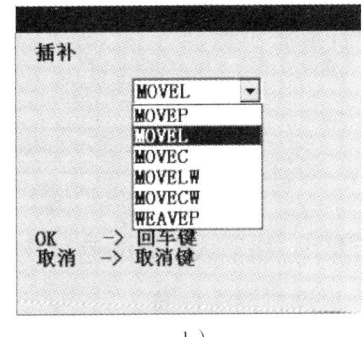
b）

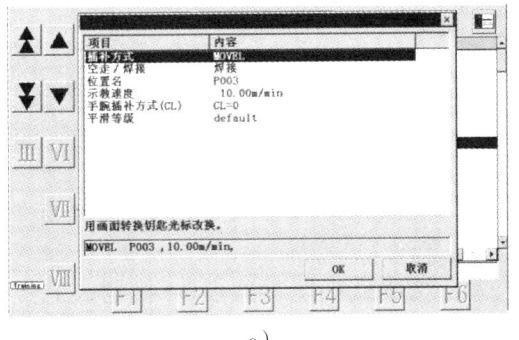
c）

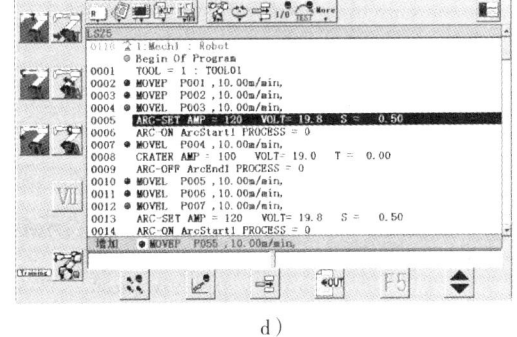
d）

图1-51 示教点属性编辑存储步骤图

a）示教点属性编辑点选"焊接" b）插补命令选"MOVEL" c）中间点选"焊接" d）示教点存储完成

"插补命令"描述示教点间的插补类型，即运动方式。例如，"MOVEL"表示机器人做直线运动。

"空走"设置示教点为"MOVEP"，非焊接点或焊接结束点。

"焊接"设置示教点为焊接起始点或焊接中间位置点。

"位置名"描述示教点位置参数。

"示教速度"描述从前一示教点到当前示教点的机器人运行速度。

"平滑等级"机器人运行的平滑程度，有10个等级（1~10），系统默认为6。

"手腕差补方式（CL）"通常设置为"0"（自动计算），手腕计算时可以指定为1~3，当插补类型为"MOVEP"时，此项没有显示。

技能要求

操作名称：移动焊枪至指定位置，记录示教点并实现跟踪

操作实施步骤

机器人设备的启动及准备 ⇨ 记录机器人原点位置的示教点 ⇨
移动焊枪至指定位置并保持指定姿态 ⇨ 选择正确的示教指令记录示教点 ⇨
⇨ 实现示教点之间的跟踪

步骤1：机器人设备的启动及准备

1. 启动机器人设备

按照机器人设备启动步骤：变压器→焊接电源→机器人控制柜的顺序启动机器人，正确持握示教盒。

2. 给机器人伺服系统上电

左手（或右手）中指轻轻握压安全开关，待伺服ON按钮显示灯闪烁时，右手拇指按下伺服ON按钮，此时伺服电源接通，伺服ON按钮显示灯常亮。

步骤2：记录机器人原点位置的示教点

按下动作功能键 Ⅷ 点亮机器人图标，按确认键保存原点。（机器人原点位置是工具零点，机器人结束程序后还要回到原点位置，以便下一次运行）

步骤3：移动焊枪至指定位置并保持指定姿态

通过切换直角坐标系的6种动作模式，使用拨动按钮从原点开始移动机器人焊枪，使机器人焊枪慢慢移动至目标点。此时，可按住右切换键调节"高、中、低"挡位，改变机器人移动速度。使焊枪及焊丝末端轴向对准尖点，如图1-52所示。

步骤4：选择正确的示教指令记录示教点

1. 示教原点 $P1$：在机器人原点位置

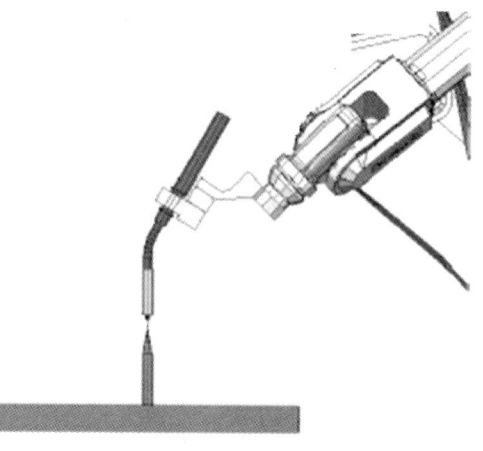

图 1-52 尖点与焊丝末端对点示意图

示教插补指令为"MOVEP""空走"。保存该示教点。

2. 示教目标点 $P2$：移动到目标位置后，示教插补指令为"MOVEP""空走"。保存该示教点。

3. 回到原点 $P3$：移动到原点位置后，示教插补指令为"MOVEP""空走"。保存该示教点。示教点程序见表1–16。

表1–16 示教点程序

程序实例	程序解读	说明
1：Mech1：Robrt	机器人设备	机构
Begin of Program	程序开始	程序开始
TOOL=1：TOOL01	工具	指定为焊枪
MOVEP P1 10.00 m/min	示教起始点	机器人原点位置
MOVEP P2 10.00 m/min	目标点	焊枪移动至目标点
MOVEP P3 10.00 m/min	示教结束点	机器人回到原点位置
End of Program	程序结束	

步骤5：实现示教点之间的跟踪

采用单步跟踪操作，以检验示教点及轨迹的正确性。跟踪操作方法及步骤见表1–17。

表1–17 跟踪操作方法及步骤

步骤	图标灯操作	跟踪操作方法
1		按下功能键，使跟踪图标灯点亮，开始跟踪操作
2		左手按下该键进行正向运行程序，同时，右手一直按住拨动按钮，向下跟踪到示教点，直到机器人停止，右手再侧压拨动按钮，使机器人逐条执行命令，如图1–53所示，跟踪速度可通过右切换键选择
3		左手按下该键进行反向运行程序，同时，右手一直按住拨动按钮，向上跟踪到示教点，直到机器人停止，右手再侧压拨动按钮，机器人便逐条反向执行命令，跟踪操作界面如图1–54所示
4		按功能键，使跟踪图标灯关闭，结束跟踪操作

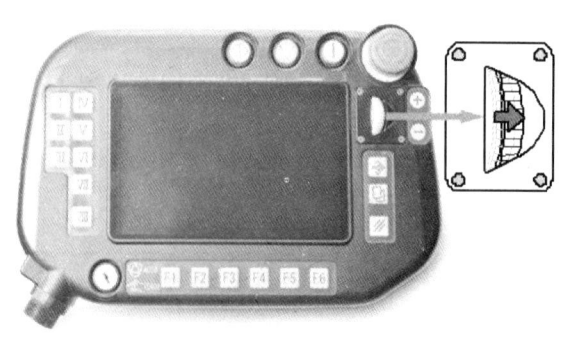
图 1-53 侧压拨动按钮进行跟踪

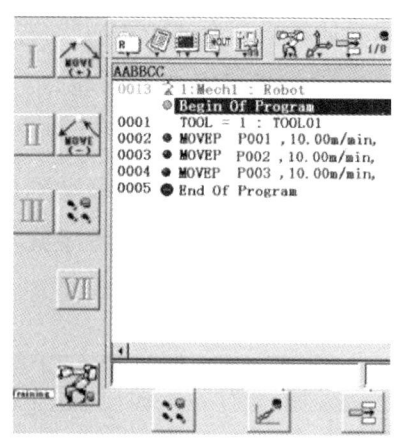
图 1-54 跟踪操作界面

培训单元五　平面直线、圆弧轨迹的示教编程

能实现平面直线、圆弧轨迹的示教编程。

1. 插补指令

（1）关节插补"MOVEP"

关节插补"MOVEP"即点到点移动，机器人工具 TCP 在两点之间以自身算法最优的路径移动，但是，无法精确地预计机器人的轨迹。"MOVEP"常应用于非焊接段插补。点到点移动如图 1-55 所示。

（2）直线插补"MOVEL"

直线插补也称为线性移动，机器人工具 TCP 沿着直线向目标点移动。直线轨迹通过起始点和结束点来描述。"MOVEL"通常用于焊接段插补。线性移动如图 1-56 所示。

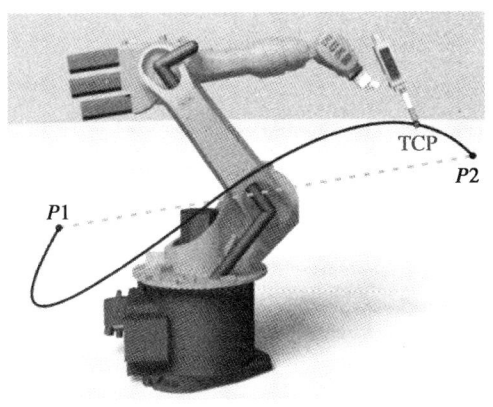

图 1-55 点到点移动

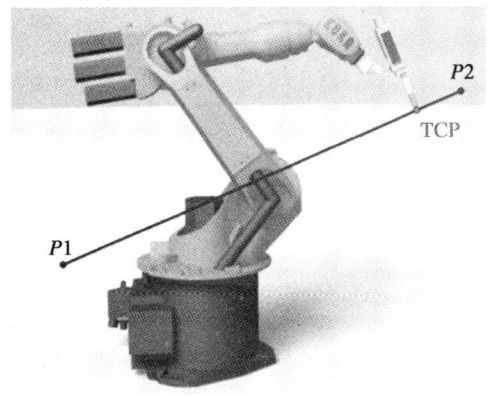

图 1-56 线性移动

（3）圆弧插补"MOVEC"

圆弧移动也称为圆周运动，机器人工具 TCP 沿着一条圆弧向目标点移动。这条圆弧轨迹通过起始点、中间点和结束点来描述。"MOVEC"通常应用于焊接段插补。圆周运动如图 1-57 所示。

2. 直线示教编程

根据两点确定一条直线的原则，焊接开始点的插补命令为"MOVEL"，并设为"焊接点"；焊接结束点插补命令也为"MOVEL"，设为"空走"。直线示教如图 1-58 所示。

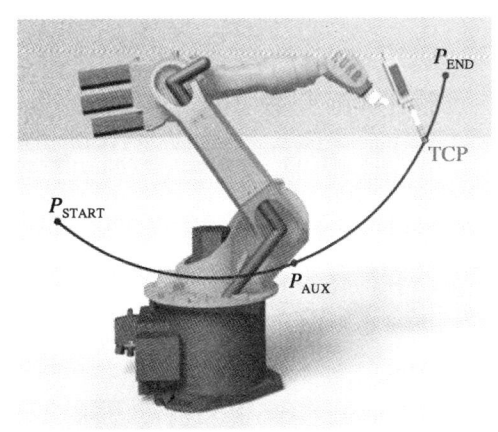

图 1-57 圆周运动

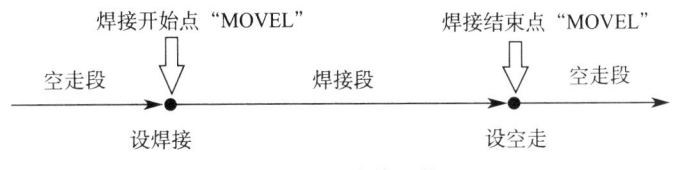

图 1-58 直线示教

3. 圆弧示教编程

一条圆弧路径至少由三个连续的圆弧插补命令（"MOVEC"）才能实现，圆弧焊接的示教方法是：圆弧开始点的插补命令"MOVEC"，设为"焊接点"；圆弧中间点的插补命令"MOVEC"，设为"焊接点"；圆弧结束点插补命令"MOVEC"，设为"空走"，三个示教点应均匀分布。圆弧示教如图 1-59 所示。

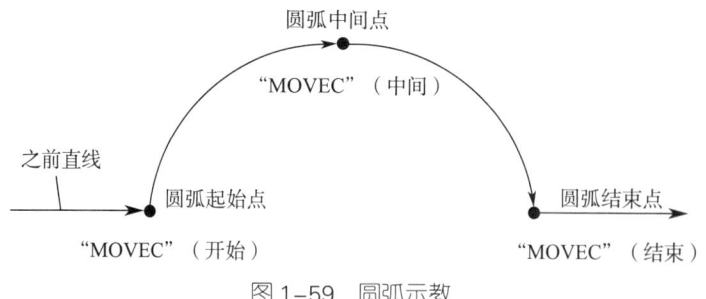

图1-59 圆弧示教

技能要求

操作名称1：平面直线轨迹的示教编程

操作实施步骤

步骤1：示教平面直线轨迹的起始点

将焊枪移至 $P1$ 点，该点为焊接开始点，插补指令设为"MOVEL""焊接点"，保存该示教点，如图1-60所示。

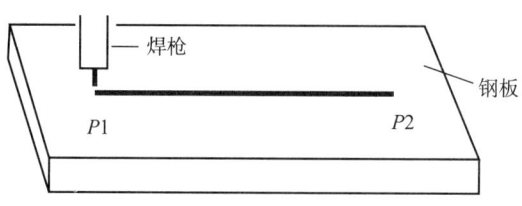

图1-60 $P1$ 焊接开始点示教

步骤2：示教平面直线轨迹的结束点

将焊枪移至 $P2$ 点，该点为焊接结束点，插补指令设为"MOVEL""空走点"，保存该示教点，如图1-61所示。

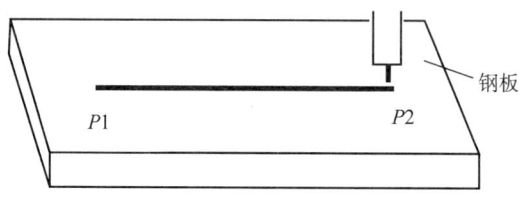

图1-61 $P2$ 焊接结束点示教

步骤3：对平面直线轨迹的跟踪

正向跟踪：由 $P1 \rightarrow P2$ 方向移动，如图 1-62 所示。

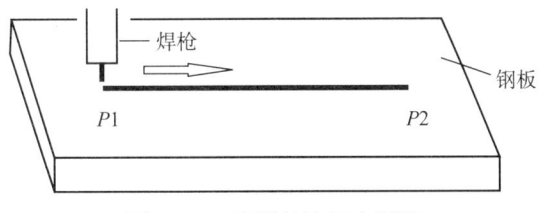

图 1-62　直线轨迹正向跟踪

如果逆向跟踪：由 $P2 \rightarrow P1$ 方向移动。

操作名称 2：平面圆弧轨迹的示教编程

操作实施步骤

步骤1：示教平面圆弧轨迹的第 1 个点（起始点）

将焊枪移至 $P1$ 点，插补指令设为"MOVEC""焊接点"，保存该示教点，如图 1-63 所示。

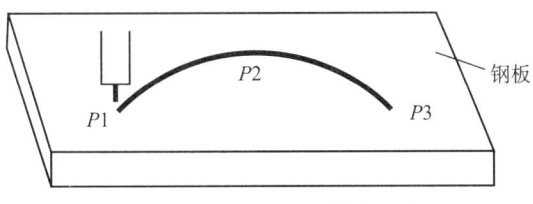

图 1-63　$P1$ 焊接起始点示教

步骤2：示教平面圆弧轨迹的第 2 个点（中间点）

将焊枪移至 $P2$ 点，插补指令设为"MOVEC""焊接点"，保存该示教点，如图 1-64 所示。

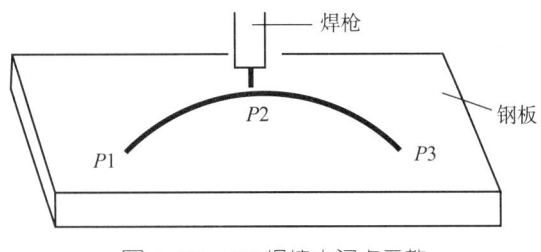

图 1-64　$P2$ 焊接中间点示教

步骤3：示教平面圆弧轨迹的第3个点（结束点）

将焊枪移至 P3 点，插补指令设为"MOVEC""空走点"，保存该示教点，如图 1-65 所示。

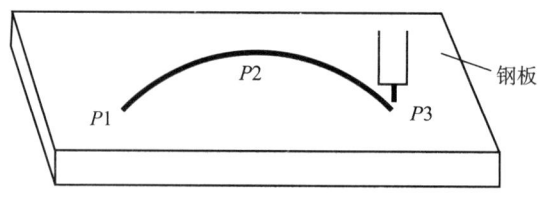

图 1-65　P3 焊接结束点示教

步骤4：对平面圆弧轨迹的跟踪

正向跟踪：由 P1 → P2 → P3 方向移动。

逆向跟踪：由 P3 → P2 → P1 方向移动，如图 1-66 所示。

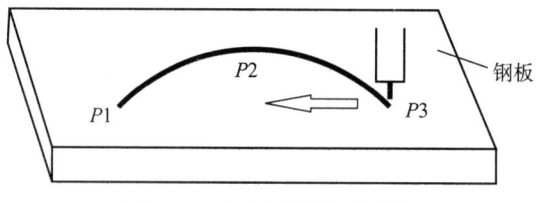

图 1-66　圆弧轨迹逆向跟踪

培训项目 二

焊前准备

培训单元一 设备状态及安全注意事项

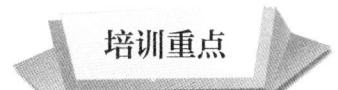

1. 人员的安全。
2. 设备的安全。
3. 设备安全操作要求。

1. 工作人员的安全

（1）遵守机器人用电安全

安装和维修机器人作业时，应关闭总电源。避免产生触电、烧伤或其他伤害。

（2）与机器人保持足够的安全距离

机器人动作区域属于危险区域，机器人设备应设定防护栏和安全警戒线，机器人工作时，严禁所有人员在防护栏内活动。

工作人员在调试与运行机器人时，机器人可能会执行一些意外的或不规范的动作。并且，所有的运动都会产生很大的力，从而可能会严重伤害人或损坏机器人工作范围内的任何设备。所以，应时刻警惕与机器人保持足够的安全距离，无关人员严禁在安全警戒线内逗留。

（3）工作中的安全

1）如果在机器人工作范围内有工作人员，请立即停止操作。

2）当人员必须进入通电的机器人工作范围时，另一个人请拿好示教盒，以便随时控制机器人。

3）注意工件和机器人系统的高温表面，因为机器人的电动机长期运行后温度会很高。

4）注意夹具并确保夹紧工件。如果夹具打开，工件会脱落，可能导致人员受到伤害或设备损坏。夹具非常有力，如果不正确操作，可能会导致人员受到伤害。

5）注意液压、气压系统及带电部件。即使断电，这些电路上残余的电量也很危险。

（4）示教操作过程中，请确认以下事项：

1）示教时，应确保操作员可及时避让至机器人动作范围外。

2）操作机器人时，请尽量面向机器人进行操作，视线切勿离开机器人。

3）不操作机器人时，也请尽量避免站立于机器人的动作范围内。

4）在配备安全防护围栏等设备时，须有协助监视人员陪同，监视人员不在场时，避免操作机器人。

（5）自动运行时，请注意以下事项：

1）禁止站立在安全防护围栏内、机器人工作范围内。

2）禁止从安全防护围栏的缝隙将手或工具伸入。

3）一旦发现异常，应立即按下紧急停止按钮。

（6）自动运行后，请确认以下事项：

1）进入安全防护围栏前，请将操作模式切换至手动模式（示教模式），另外，还需停止机器人运行。

2）自动运行结束后，请按下紧急停止按钮使机器人停止。

2. 非工作人员的安全

（1）非工作人员未经许可，不得随意进入机器人设备防护栏和安全警戒线内的工作区域。

（2）不得随意触碰机器人设备按钮和设备。

（3）不得在机器人设备工作范围内坐卧或长时间停留。

（4）不得在机器人设备通电的情况下进入动作区域。

3. 设备安全注意事项

（1）将试件固定在工作台面上，并用夹具固定好，确保试件稳妥且夹紧，工装夹具不影响焊接过程。

（2）增加焊接程序中的过渡点，使这些示教点都处在焊接过程中的安全位置。对于变位机上的示教点，可以考虑在焊接程序中插入一个延迟或者等待命令。

（3）注意旋转或运动的工具，确保在接近机器人之前这些工具已经停止运动。

（4）机器人设备连接电缆的安全检查及解决方法见表1-18。

表1-18 连接电缆的安全检查及解决方法

序号	检查内容	检查事项	方法及对策
1	机器人本体安装螺钉	机器人本体的安装螺钉是否紧固 焊枪本体安装螺钉、母材线、地线是否紧固	紧固螺钉 紧固螺钉和各零部件
2	机器人本体与伺服电动机相连的电缆	接线端子的松紧程度 电缆外观有无损伤	用手确认松紧程度 目测外观有无损伤，如果有应紧急处理，损坏严重时应进行更换
3	焊机及接口相连的电缆		
4	机器人本体与控制装置相连的电缆（包括示教盒及外部轴电缆）		
5	接地线	本体与控制装置间是否接地 外部轴与控制装置间是否接地	目测并连接接地线
6	其他部件的接线及连接	接线及连接是否牢固可靠	保证其可靠连接

（5）示教盒使用安全注意事项

1）小心操作示教盒，不要摔打、抛掷或重击示教盒，以免导致破损或故障；在不使用时，将它挂到专门位置或支架上，以防意外掉到地上。

2）应避免踩踏电缆或用力拉拽示教盒电缆。

3）切勿使用锋利的物体（例如螺丝刀或笔尖）操作触摸屏。

4）切勿使用溶剂、洗涤剂或擦洗海绵清洁示教盒。可使用软布蘸少量水或中性清洁剂清洁示教盒。

5）未使用示教盒的USB端口，务必关上USB端盖。否则，其防尘性、防水性、耐飞溅性将会可能受损，导致故障。

技能要求

操作名称：机器人、焊接电源、周边设备的状态及安全检查

操作实施步骤

检查机器人的安全 ⇨ 检查焊接电源的安全 ⇨ 检查周边设备的安全

步骤1：机器人的状态及安全检查

1. 检查机器人本体、控制箱、控制电缆有无破损。

2. 手动操作机器人，确认机器人各关节轴有无异响及异常。

3. 伺服电源供电状态下测试紧急停止开关，确认机器人的伺服供电能否正常切断。

4. 伺服电源供电状态下测试示教盒背面的安全开关，确认机器人伺服供电能否正常切断。

5. 检查机器人控制柜面板上的开关、按钮是否正常。

6. 检查机器人焊枪防碰撞安全保护系统是否正常。

7. 检查机器人的动作速度是否过快。

步骤2：焊接电源的状态及安全检查

1. 检查焊接电缆有无松动或破损。

2. 检查焊接电源是否有接地保护。

3. 检查焊接电源开关是否正常。

4. 检查焊枪、气筛、送丝轮和导电嘴的完好情况，确认是否需要更换这些部件。

5. 检查操作示教盒送丝系统是否正常，送丝电动机是否转动正常。

6. 检查焊接电源开机后是否有异响，冷却风扇是否转动正常。

步骤3：周边设备的状态及安全检查

1. 检查安全防护围栏有无松动或破损。

2. 检查电线、电缆，控制线等有无破损。

3. 检查变位机是否有接地保护，是否能正常运转。

4. 检查工装夹具是否稳定、牢固。

5. 检查示教盒是否放置在合适的位置，按钮及开关是否正常。

6. 检查机器人动作范围内是否存在旋转类工具和易燃易爆物品。

7. 检查机器人工作站安全门、安全光栅是否正常工作。

8. 确认按下紧急停止按钮机器人能否紧急停止。

培训单元二　机器人工作站水、电、气及焊丝的检查

能正确检查机器人工作站水、电、气及焊丝状态。

1. 机器人焊接冷却系统

（1）检查水箱水位是否正常，冷却水箱是否有流量显示，水循环系统是否正常工作。

（2）检查水箱、通水管道和水质，是否定期更换水箱内冷却液（蒸馏水，冬季加防冻液）。

（3）检查水箱的过滤网是否清洁。

（4）检查水冷焊枪各接头位置是否有漏水现象。清理水冷焊枪喷嘴处的飞溅等杂质，水冷焊枪工作时必须打开水循环系统，否则焊枪有可能烧损。

（5）为使水冷焊枪工作期间得到充分冷却，检查冷却水压力为 0.2 MPa，流量为 1.6~2.0 L/min。

（6）如果在电缆法兰处出现漏水现象，请及时检查枪颈的安装是否正确；如果枪颈电缆的接触面已经出现损坏，请及时送厂家维修，水冷却的检查内容见表 1–19。

表 1-19 水冷却的检查内容

序号	检查内容	检查事项	方法及对策
1	水箱	外观上有无脏污及损伤	清扫并进行处理
2	水冷焊枪	焊枪接头有无漏水	密封、拧紧
3	水路	水路有无漏水和堵塞现象	修理或更换
4	水箱冷却风扇	检查冷却风扇运转状态是否正常	目测风扇运转状态,损坏时进行更换

2. 机器人焊接供气系统

(1)及时清理保护气气瓶出气口处的过滤网,保持其洁净。

(2)检查气体压力表及流量计是否正常显示。

(3)及时检查气路的接头处是否存在松动及漏气,检查气管是否存在老化情况。

(4)确保保护气气瓶处于竖立状态并固定牢靠,确保其放置在无太阳光直射的位置,检查其开关手柄是否完好。

气体减压流量计构成如图 1-67 所示。

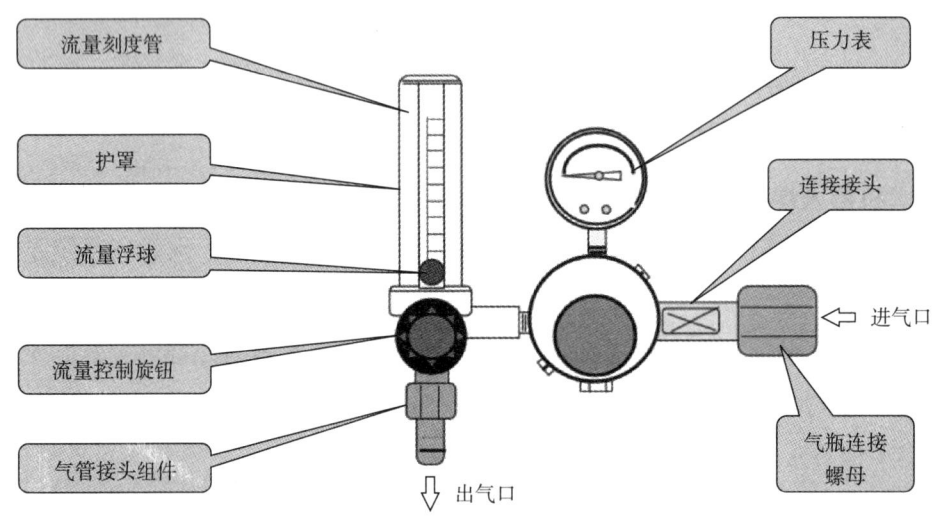

图 1-67 气体减压流量计构成示意图

3. 机器人焊接供电系统

(1)目测配电柜总开关及支路电源开关是否正常。

(2)目测动力连接电缆及设备间电缆是否有破损或异常。

(3)发现供电系统异常时,操作人员应及时联系电工或维修人员处理,切勿盲目处置。

4. 机器人焊接用焊丝

（1）确认焊丝的材质、规格、型号是否符合要求。

（2）检查焊丝表面是否存在生锈、油污、水等污染物。

（3）检查焊丝是否存在变形。

操作名称：机器人工作站水、电、气及焊丝的检查

操作实施步骤

检查机器人焊接电路连接可靠性 ⇨ 检查机器人焊接冷却系统运行情况 ⇨ 检查机器人焊接供气系统 ⇨ 检查机器人焊接焊丝状态

步骤1：检查机器人焊接电路连接可靠性

1. 检查设备电缆的连接是否可靠。

2. 闭合配电柜总开关。

3. 依次闭合变压器、焊接电源、控制柜的电源开关。

步骤2：检查机器人焊接冷却系统运行情况

1. 检查水箱水位是否在正常范围内，冷却水箱是否有流量显示，水循环系统是否正常工作。

2. 检查水箱、通水管道和水质，是否定期更换水箱内冷却液（蒸馏水，冬季加防冻液）。

3. 检查水箱的过滤网是否清洁。

4. 检查水冷焊枪各接头位置是否有漏水现象。清理水冷焊枪喷嘴处的飞溅等杂质，水冷焊枪工作时必须打开水循环系统，否则焊枪有可能被烧损。

5. 为使水冷焊枪工作期间得到充分冷却，检查冷却水压力是否达到 0.2 MPa，流量是否在 1.6~2.0 L/min。

6. 如果在电缆法兰处出现漏水现象，请及时检查枪颈的安装是否正确；如果枪颈电缆的接触面已经出现损坏，请及时送厂家维修。

步骤3：检查机器人焊接供气系统

逆时针旋开二氧化碳气瓶开关，通过压力表检查瓶内压力情况，确保压力大于1 MPa。按亮检气图标进行检气，调整保护气体流量计旋钮，调整气体流量至15 L/min左右。检查气路是否存在漏气现象，检查喷嘴内是否存在大量金属飞溅，若存在应及时清理，避免影响气体流动状态，影响保护效果。

步骤4：检查机器人焊接焊丝状态

1. 焊丝外观检查

检查焊丝是否排布平整，表面是否有锈及油污，镀铜是否均匀。

2. 送丝路径畅通的检查

按动示教盒上的"送丝"图标"+"按钮，观察送丝轮是否转动和送丝，直至将焊丝送出导电嘴外12 mm左右的长度，停止送丝。

培训单元三　焊丝的更换

掌握送丝路径的检查与维护方法，能正确更换焊丝。

1. 焊丝及工具准备

（1）焊丝：ϕ1.0 mm，ER50-6焊丝1盘。

（2）更换工具准备：斜口钳1把，活扳手1把，手套1副。

2. 焊丝送丝路径

焊丝盘的焊丝先经过一段外部送丝管，再进入送丝机构，在压臂轮和送丝轮的挤压推送作用下，焊丝经过导套帽的引导后进入焊枪送丝软管，再经过导电嘴送出。送丝路径如图1-68所示。

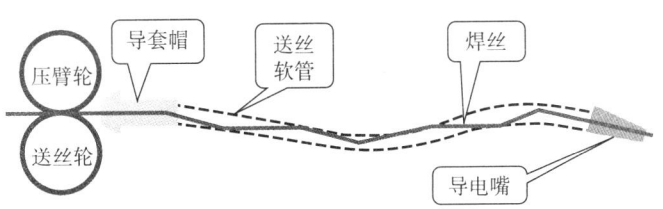

图 1-68 送丝路径示意图

3. 送丝系统

（1）送丝管入口处的矫正轮起到矫正焊丝作用，调整矫正轮使焊丝处于矫正和无窜动状态后，锁紧矫正轮。

（2）焊接机器人送丝系统采用推丝方式，机器人手臂上的4个送丝轮和加压手柄组成送丝机构，焊丝经过机器人送丝机构至焊枪，送丝机构及焊丝盘部分如图 1-69、图 1-70 所示。

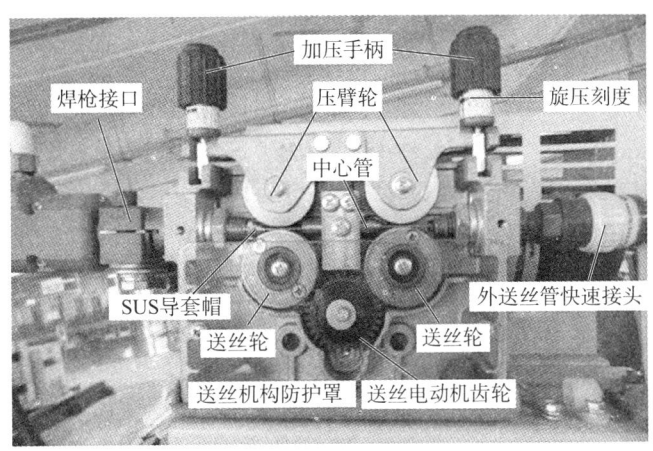

图 1-69 四轮送丝机构

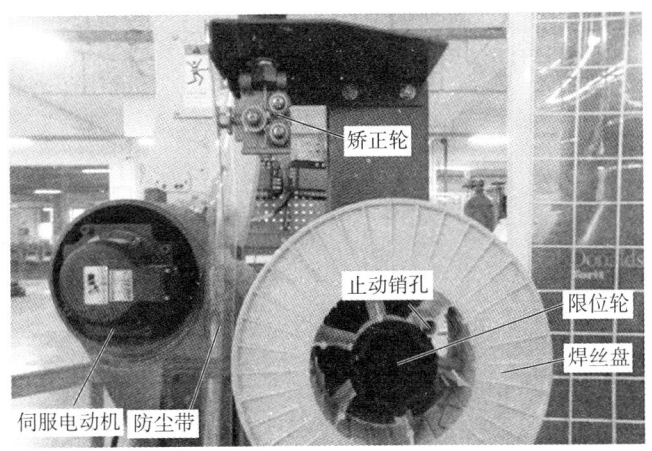

图 1-70 焊丝盘部分

（3）压臂轮的压力应适当，压力过大会导致焊丝截面变形及损伤焊丝表面涂层、压力太小会出现焊丝打滑导致送丝不稳定。如：直径为1.0 mm的焊丝，应旋动加压手柄至旋压刻度1.0 mm位置。如果发现送丝轮打滑不送丝，通常是焊丝卡在了导电嘴与枪管的连接处，此时不要继续按动送丝按钮，以免送丝回路电流增大，烧坏送丝保险。解决方法是：用扳手将导电嘴逆时针旋下，再按动送丝按钮，待焊丝送出枪管后，再将焊丝穿进导电嘴，导电嘴旋紧后，剪掉多余长度的焊丝。

（4）送丝系统关键部件的检查事项，见表1-20。

表1-20 送丝系统关键部件的检查事项

序号	检查内容	检查事项	方法及对策
1	送丝轮	送丝轮有无油污及金属屑附着，磨损是否严重，是否紧固好	清理送丝轮槽的油污及金属屑，磨损严重须及时更换
2	送丝电动机齿轮	送丝电动机齿轮部位有无脏污、金属屑	清扫送丝电动机齿轮部位脏污，去除金属屑
3	压臂轮	加压手柄压力是否可调	确保加压手柄压力及刻度一致
4	SUS导套帽	SUS导套帽与送丝轮槽是否同心	调整SUS导套帽与送丝轮槽同心
5	中心管	中心管是否有堵塞	清理中心管有无堵塞
6	送丝机构	送丝力矩是否正常，送丝管是否损坏，有无异常报警	更换送丝管，消除报警

技能要求

操作名称：更换焊丝

操作实施步骤

步骤1：拆卸焊丝盘

1. 打开机器人手臂上四轮送丝机构的两个加压手柄。

2. 逆时针旋动焊丝盘，退出送丝管内的焊丝，结束时要注意避免焊丝回弹。

3. 全部焊丝退出后，把焊丝盘上的焊丝头穿进焊丝盘侧面的小孔里打结，防止焊丝松脱。

4. 旋下机器人腰部焊丝盘中心轴的限位手轮，取下焊丝盘。

步骤2：送丝系统的状态确认

1. 检查送丝轮和导电嘴是否过度磨损，及时更换磨损件。

2. 及时清理送气软管及送丝路径中存在的金属屑。

3. 按亮"焊丝/气体检测"图标，确认送丝电动机转动是否正常。

4. 示教盒出丝"+"、退丝"-"及气体检测操作界面，如图1-71所示。

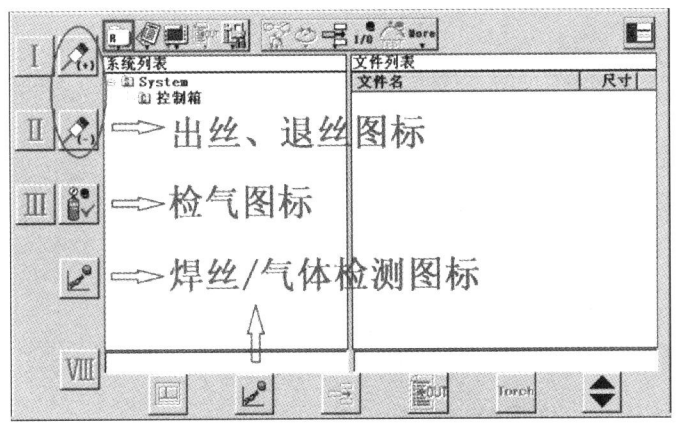

图1-71 示教盒出丝、退丝及气体检测操作界面

步骤3：安装焊丝盘

1. 把准备好的焊丝直径为1.0 mm的焊丝盘对准止动销的位置安装至机器人腰部送丝盘中心轴上（焊丝方向要与送丝管入口同向）。

2. 旋紧送丝盘限位轮。

3. 使用斜口钳剪断打结弯曲部分的焊丝，将焊丝穿过矫正轮，并调节矫正轮保证焊丝无窜动。

4. 对准送丝管入口将焊丝慢慢往上推，手动送丝速度不宜过快，如果出现卡丝，回抽一下再尝试送丝，在送丝机构处观察。

5. 当焊丝穿到机器人手臂上的送丝机构时，打开送丝机构防护罩，调整引导焊丝穿过送丝机构的中心管，直到焊丝穿过四轮送丝机构进入焊枪连接处的内送丝管。

6. 合上2个压臂轮手柄，转动手柄至旋压刻度1.0 mm位置，保持适度压力。

步骤4：确认焊丝盘安装是否正确

1. 按下安全开关、再按下伺服ON按钮。

2. 按动示教盒上的"送丝"图标"+"按钮，观察送丝轮是否转动、送丝是否正常，直至将焊丝送出导电嘴外 10 mm 左右的长度，停止送丝。

培训单元四　机器人焊接参数要点

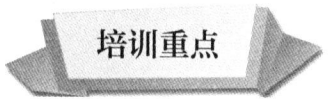

1. 熟悉机器人熔化极气体保护焊工艺要点。
2. 能正确设置机器人焊接参数。

1. 机器人熔化极气体保护焊工艺

（1）CO_2 气体保护焊概述

CO_2 气体保护焊是以 CO_2 气体作为电弧介质并保护电弧和焊接区的一种电弧焊。焊接电源提供直流电，母材（工件）接电源负极，焊丝接电源正极，焊丝作为填充材料经送丝机构推送，通过送丝软管送到焊枪，与导电嘴接触导电，在 CO_2 气体中与母材之间产生电弧，利用电弧热熔化焊丝及母材进行焊接。CO_2 焊示意图如图 1-72 所示。

"电弧"在两极间产生强烈而持久的气体放电现象。

"熔滴"焊丝前端受热后熔化，并向熔池过渡的液态金属滴。

"熔池"熔焊时焊件上所形成的具有一定几何形状的液态金属部分。

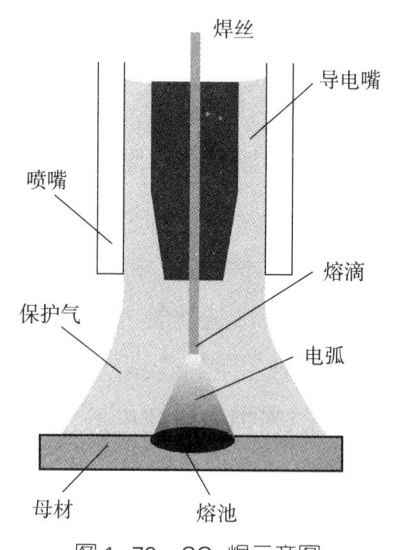

图 1-72　CO_2 焊示意图

机器人焊接使用 80%Ar+20%CO_2（体积分数）混合气作为保护气，称为熔化极活性气体保护电弧焊（metal active gas arc welding，MAG），也称富氩混合气体保护焊。MAG焊具有提高焊缝的外观质量，改善热影响区韧性的作用。

（2）焊接方法

焊接工艺与焊接方法等因素有关，操作时需根据被焊工件的材质、板厚、焊件结构类型、焊接性能要求来确定焊接方法，如：CO_2/MAG（熔化极活性气体保护电弧焊）、MIG（熔化极惰性气体保护焊）、TIG（非熔化极惰性气体钨极保护焊）等。

确定焊接方法后，再制定焊接参数，如电流、电压、焊接电源种类、极性接法、焊接层数、道数、检验方法等。

2. 常规焊接参数

（1）焊接电流

根据焊接条件（板厚、焊接位置、焊接速度、材质等）选定相应的焊接电流。焊接电流与送丝速度成正比，焊接电流越大，送丝速度越快，熔透力越强。

（2）电弧电压

电弧电压与电弧长度有关，焊接电流与电弧电压之间存在一定的匹配关系。电弧电压越高，焊接热输入越大。电弧电压的选择可以点击参数设定界面的标准值按钮与电流值进行匹配。

（3）焊接速度

焊接速度是指焊枪行走的速度。在电弧电压和焊接电流一定的情况下，焊接速度的选择决定了单位长度焊缝热能量（即焊接热输入）的大小，即

$$Q = IU/S$$

式中　I——焊接电流，A；

　　　U——电弧电压，V；

　　　S——焊接速度，mm/s。

如果焊接速度过快，焊缝变窄，熔深和余高变小，可能会出现未焊透及未熔合等缺陷。

（4）焊接气体

根据不同的材料和工艺要求，应选择不同的保护气体。

1）CO_2（体积分数 >99.98%）适用药芯焊丝及实心焊丝的普通钢材焊接，用于实心焊丝焊接时飞溅较大。

2）混合气体（体积分数，80%Ar+20%CO_2），主要应用于焊缝质量要求高的场合，焊接成形好，飞溅小。采用混合气体作为保护气体焊接的特点如下：

具有氩弧的特性，电弧燃烧稳定、飞溅小、喷射过渡；具有一定的氧化性，降低熔池的表面张力；克服纯氩气保护时的熔池液体金属黏稠、易咬边和斑点漂移等问题。改善焊缝成形，具有深圆弧状熔深。可用于喷射过渡、脉冲射滴过渡、短路过渡等电弧熔滴过渡形态。

3. 机器人焊接工艺规程

（1）母材的确认

首先应确认母材（被焊工件）的材质、板厚、形状、焊接位置等基本情况。机器人焊接工艺规程要根据材质、板厚、焊接位置、工艺要求等进行制定。

（2）焊前准备

1）母材表面清理

根据母材特点和工艺要求，对焊接接头部位进行表面清理，去除油、水、锈及氧化层。

2）焊材准备

焊丝型号及规格：所选焊材的化学成分或者力学性能应与母材相匹配。对于MAG焊一般选用常见碳钢类材质的金属，ER50-6（H08Mn2SiA）型号的焊丝均可满足工艺要求，MAG气保焊丝的适用范围比较广。焊丝直径规格则根据板厚和电流范围进行选取。不同焊丝直径电流范围及适应板厚见表1-21。

表1-21 不同焊丝直径电流范围及适应板厚

焊丝直径/mm	电流范围/A	适用板厚/mm
0.8	50～150	0.8～4
1.0	90～250	1.2～12
1.2	120～350	2.0～16
1.6	200～550	>6.0

保护气体：选用CO_2或20%CO_2+Ar80%（体积分数）组成的混合气体都可对碳钢进行焊接。

（3）工艺方案制定

1）焊接方法

如果母材（被焊工件材质）是碳钢，通常采用生产率较高的熔化极气体保护焊。

2）焊接参数

根据母材的特点和工艺要求，初步选定焊接电流、电弧电压、焊接速度、焊丝干伸长、焊枪角度等参数,再根据实际施焊效果进行调整具体焊接参数。

(4)焊后检测

焊后检测分为无损检测及破坏性检测。

无损检测包括借助测量尺、放大镜等工量具进行的焊缝外观检测,以及射线探伤检测、超声探伤检测、磁粉检测等手段。

破坏性检测包括常规力学性能检测,如拉伸试验、弯曲试验、硬度试验等。

操作名称:机器人焊接前的注意要点

操作实施步骤

确认母材和焊材 ⇨ 确认示教点的准确性 ⇨ 确认焊接参数 ⇨ 确认机器人示教轨迹的精度 ⇨ 确认机器人运行是否平稳

步骤1:确认母材和焊材

母材:碳钢板 Q235。

焊材:ϕ1.0 mm,20 kg,ER50-6(H08Mn2SiA)焊丝1盘。

注:国家标准 GB/T 8110——2020《熔化极气体保护电弧焊用非合金钢及细晶粒钢实心焊丝》中的焊丝型号,牌号为 H08Mn2SiA,其中,H:焊接用钢;08:$w(C)$ 为 0.08%;Mn2:$w(MnO)=2\%$;Si:$w(SiO_2)=1\%$;A:$w(S、P)\leqslant 0.03\%$,无 A 则 $w(S、P)\leqslant 0.04\%$。

步骤2:确认示教点的准确性

通过跟踪功能对已完成示教的程序进行跟踪操作,在该过程中认真核对各示教点位置的准确性及焊枪姿态、机器人姿态的合理性。通过及时调整,保证各示教点的焊丝干伸长、焊枪角度和机器人姿态处于合适的状态。

步骤3:确认焊接工艺参数

在示教盒编程界面,将光标移至焊接参数行,按确认键进入设置焊接参数的界面:电流值为 120 A、电压值为 16.4 V、焊接速度为 0.5 m/min,如图1-73所示。

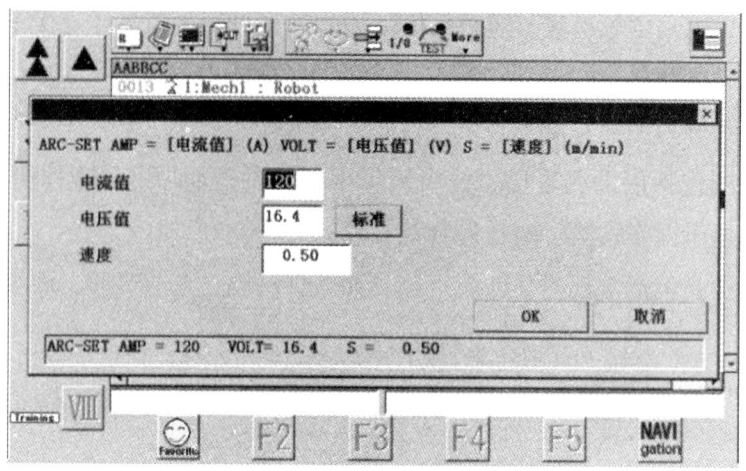

图 1-73 设置焊接工艺参数界面

步骤 4：确认机器人示教轨迹的精度

对于每个示教点，都要从上、下、左、右、前、后几个方向进行观察，确认无误后再保存示教点（机器人运行轨迹与焊缝不得偏离 0.5 mm 以上，否则会出现焊偏）。

步骤 5：确认机器人运行是否平稳

点亮"TEST"图标灯，再按"TEST"键，程序进入连续运行测试状态，在此过程中，观察机器人整体运行是否平稳，以及轨迹位置的准确性，如图 1-74 所示。

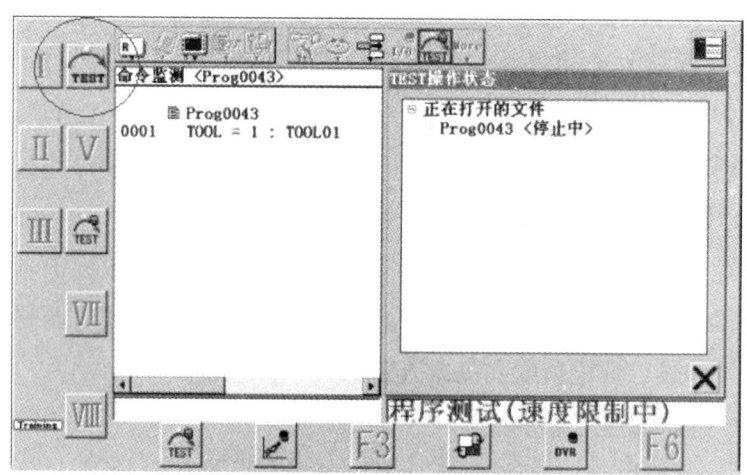

图 1-74 "TEST"程序测试

培训项目三 焊接操作

培训单元一 正确启停焊接设备及程序

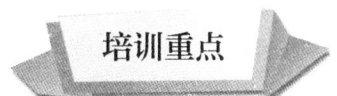

培训重点

1. 能正确启停焊接设备、周边设备。
2. 能正确选择、执行、暂停及启动程序。

知识要求

1. 启停设备

（1）暂停

打开一个编辑好的目标程序,将光标调至程序的起始位置,再将机器人运行模式开关切换至自动状态（Auto）,按下伺服 ON 按钮（若无须焊接,将电弧关闭）,再按下启动按钮,机器人开始运行程序,运行过程中,如果按下暂停按钮机器人将停止运行。暂停按钮、启动按钮、伺服 ON 按钮、紧急停止开关如图 1-75 所示。

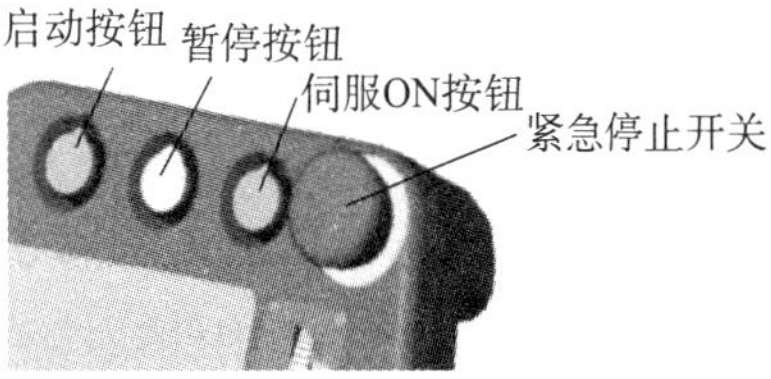

（2）启动

机器人在执行程序的过程中被暂停后,再按下启动开关,机器人则从暂停的位置继续运行目标程序。

图 1-75 暂停按钮、启动按钮、伺服 ON 按钮、紧急停止开关图示

（3）紧急停止及其解除

紧急停止优先于任何其他机器人控制操作，按下紧急停止开关时，它会断开机器人电动机的驱动电源，停止所有部件的运行，并切断由机器人工作站控制且存在潜在危险的功能部件的电源。

确认并排除危险因素后，顺时针旋转紧急停止按钮，即可实现释放，单击紧急停止解除提示，按下伺服ON按钮，再按下启动按钮，机器人恢复动作。

（4）机器人设备启停顺序

1）机器人设备开机顺序：变压器→焊接电源→机器人控制柜→送气系统。

2）机器人设备关机顺序：送气系统→机器人控制柜→焊接电源→变压器。

注意：机器人关机前，示教盒要退出全部程序到根目录，以免造成未退出的程序丢失。

2. 按顺序启停设备的重要性

根据机器人工作站的复杂程度，它们的启动、关机顺序也不一样，正确开关机，不仅可以确保机器人工作站正常运行，还可以延长机器人设备的使用寿命。

动力电属于强电，机器人控制柜属于弱电。关机过程中要首先关闭机器人控制柜开关。因此，开机是由强电到弱电的开启顺序，关机是由弱电到强电的关闭顺序，目的是避免大功率设备对机器人工作站控制电路板造成影响和损坏。

技能要求

操作名称：正确启停焊接设备及程序

操作实施步骤

步骤1：打开机器人焊接设备、周边设备

1. 首先，闭合配电柜电源总开关，如图1-76所示。

2. 再闭合配电箱机器人设备支路电源开关，如图1-77所示。注意，每台机器人需要单独控制供电。

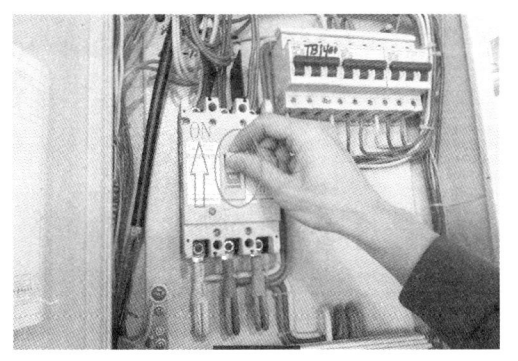
图 1-76 闭合配电柜电源总开关
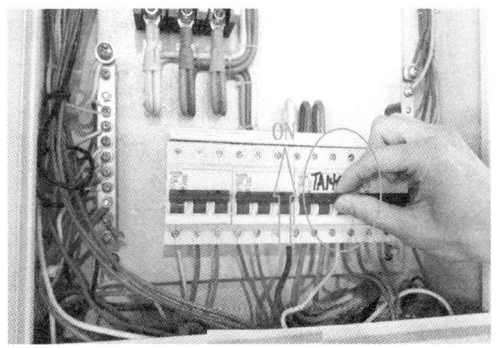
图 1-77 闭合机器人设备支路电源开关

3. 其次,打开机器人变压器电源开关,如图 1-78 所示。

4. 打开焊接电源开关,如图 1-79 所示。注意,向上扳动开关为开,向下扳动开关为关。

图 1-78 打开机器人变压器电源开关

图 1-79 打开焊接电源开关

5. 最后,旋开机器人控制柜电源开关,如图 1-80 所示。机器人控制柜送电后,系统启动(数据传输)需要一定时间,要等待示教盒的显示屏进入操作界面后即可进行操作。

步骤 2:选择焊接程序

1. 在"文件"菜单上,单击"打开",弹出"打开文件"对话框,找到要打开的程序,如图 1-81 所示。

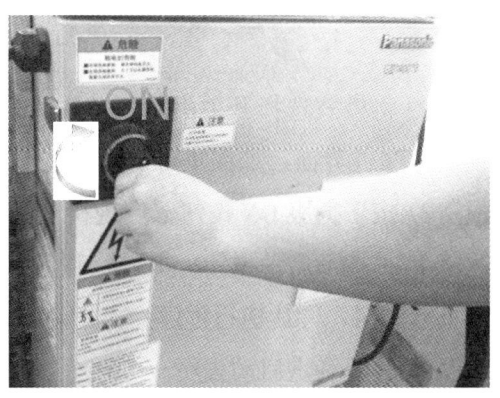
图 1-80 旋开机器人控制柜电源开关

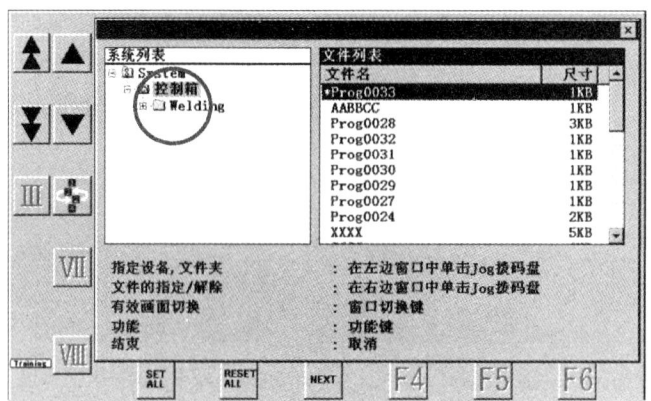

图 1-81　找到要打开的程序

2. 将光标移到要打开的程序文件，按下"OK"按钮或确认键即可打开已选择的程序文件。

步骤 3：执行选定的程序

1. 被选定的程序打开的界面，如图 1-82 所示。

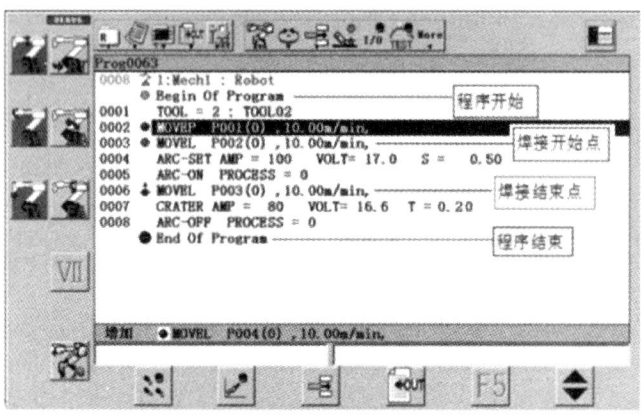

图 1-82　程序打开界面

2. 将模式选择开关由示教"Teach"切换到自动"Auto"位置。显示准备运行的程序文件界面，如图 1-83 所示。

3. 按下伺服 ON 按钮，实现机器人伺服电动机的通电。

4. 再按下启动按钮，被选定程序从光标所在行开始被运行。

步骤 4：停止执行程序

1. 暂停和重启动程序

按下暂停按钮，机器人停止运行，再按下启动按钮，机器人从暂停的程序位置继续运行。

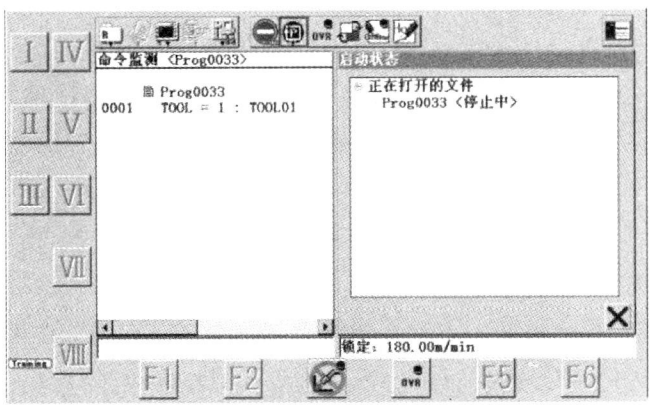

图 1-83 准备运行的程序文件界面

2. 紧急停止和解除

按下红色紧急停止开关，伺服系统断电，确认并排除危险因素后，顺时针旋转释放紧急停止开关，单击紧急停止解除提示，按下伺服 ON 按钮，再按下启动按钮，机器人恢复动作。

3. 停止执行程序

按下暂停按钮，机器人停止运行，再将模式选择开关由自动"Auto"切换到示教·"Teach"模式，即可实现停止执行程序。

步骤 5：关闭机器人焊接设备、周边设备

按照机器人设备关机顺序：送气系统→机器人控制柜→焊接电源→变压器，有序关闭设备电源。最后断开排烟除尘设备开关及总电源开关（空气开关）。

培训单元二 低碳钢板单道直线、圆弧堆焊的示教编程与焊接

实现平面单道直线、圆弧堆焊的示教编程与焊接。

1. 起弧指令与收弧指令

（1）起弧、收弧指令

有些品牌的机器人需要在焊接指令库里选择和设定起、收弧指令，还有一些品牌的机器人在示教焊接开始点和焊接结束点时，系统会自动调用起、收弧指令，这些指令已预先设置好参数，也可以进行修改，示教点登录时自动默认设定值。

以松下机器人为例，焊接开始点或焊接结束点自动保存的条件程序分别在"ARC-ON"和"ARC-OFF"指令中。焊接开始点和结束点可设置的起、收弧指令见表1-22。

表1-22 焊接开始点和结束点可设置的起、收弧指令

命令	含义	设置方法
ARC-ON	焊接开始	选择起弧子程序 ArcStart1～ArcStart5 中的一个
ARC-OFF	焊接结束	选择收弧子程序 ArcEnd1～ArcEnd5 中的一个
ARC-SET	焊接条件	设置焊接电流、电弧电压和焊接速度
CRATER	收弧条件	设置收弧电流、收弧电压和收弧时间

（2）起弧与收弧子程序

系统提供5个起弧开始子程序分别为 ArcStart1～ArcStart 5，以及5个收弧结束程序分别为 ArcEnd1～ArcEnd5，包括提前送气时间、滞后停气时间，以及焊枪开关 ON、OFF 控制等。出厂的系统默认设置为 ArcStart1 和 ArcEnd1 子程序，其程序解读见表1-23、表1-24。

表1-23 ArcStart1 起弧子程序示例解读

序号	ArcStart1	起弧子程序1
1	GASVALVE 有	气体 ON
2	TORCHSW 有	焊枪开关 ON
3	等弧	等待焊接电流检测

表 1-24 ArcEnd1 收弧子程序示例解读

序号	ArcEnd1	收弧子程序 1
1	TORCHSW 无	焊枪开关 OFF
2	延迟 0.40 s	等候 0.4 s
3	STICKCHK 有	粘丝检测信号 ON
4	延迟 0.30 s	等候 0.3 s
5	STICKCHK 无	粘丝检测信号 OFF
6	GASVALVE 无	气体 OFF

2. 焊接示教点的设置

（1）使用"用户功能键"将编辑类型切换为增加。

（2）点亮机器人运动图标。

（3）将机器人移动到焊接开始点，按确认键，弹出"示教点属性"编辑对话框。

（4）设置示教点的插补命令为"MOVEL"。

（5）将该点设为"焊接"点，按确认键或单击"OK"保存示教点，如图 1-84 所示。

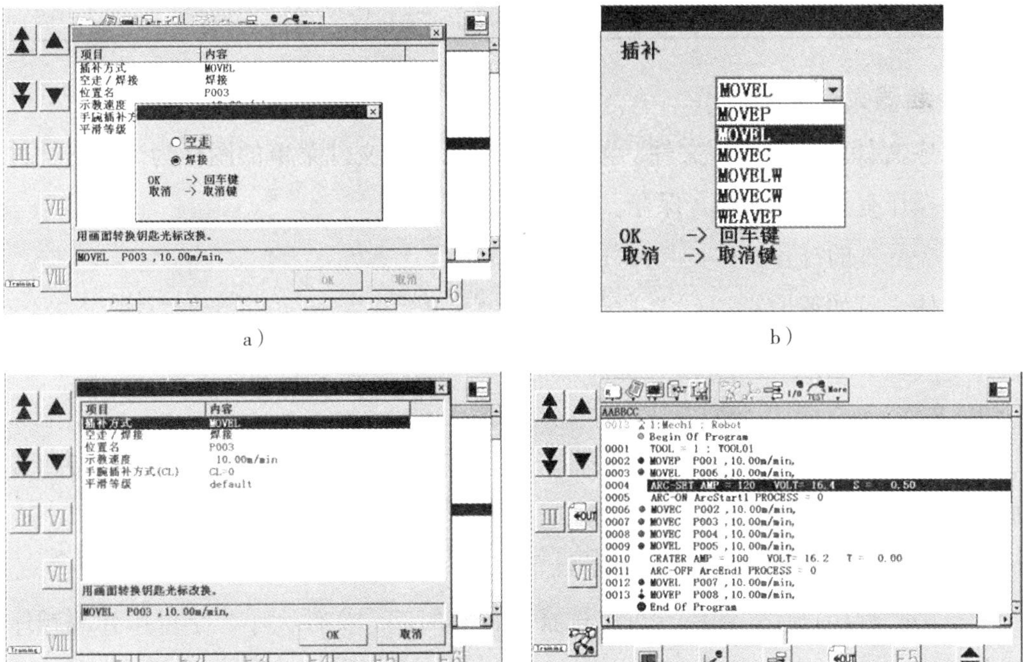

图 1-84 示教点属性编辑存储步骤

a）示教点属性对话框　b）插补命令选为"MOVEL"　c）中间点选焊接　d）示教点存储完成

"插补命令"描述示教点间的插补类型,即运动方式。例如,"MOVEL"表示机器人做直线运动。

"空走"设置示教点为PTP,用于非焊接点或过渡点。

"焊接"设置示教点为焊接起始点或焊接中间位置点。

"位置名"描述示教点位置参数。

"示教速度"描述从前一示教点到当前示教点的机器人运行速度。

"平滑等级"机器人运行的平滑程度,有10(1~10)个等级,系统默认为6。

"手腕差补方式(CL)"设置为"0"(自动计算),手腕计算时可以指定为1~3,当插补类型为"MOVEP"时,此项没有显示。

3. 焊接参数调整

焊接参数调整见表1-25。运用设备"一元化"功能,设定电流之后,点击"标准",系统自动匹配一个电压值。

表1-25 焊接参数调整表

焊接类型	焊接电流/A	电弧电压/V	焊接速度/(m·min^{-1})	收弧电流/A	收弧电压/V	收弧时间/s
堆焊	120	19.4	0.5	100	16.2	0.2~0.3

4. 机器人程序管理

程序文件的管理在"文件"菜单里进行操作,文件菜单的图标为 ，文件菜单的操作有文件的打开、保存、重命名、删除等。

(1)文件的打开

具体步骤如下:

1)在"文件"菜单上,单击"打开",出现打开文件对话框,如图1-85所示。

2)轻微旋动拨动按钮,将光标移到要打开的程序文件,按下"OK"按钮或确认键即可打开文件。

(2)程序文件的排序

点击"程序排序"图标,可以选择按保存时间、文件大小、字母排列等顺序进行排序,具体操作步骤如下:

1)在"文件"菜单上,单击"打开",进入"程序文件显示窗口"对话框。

2)点击程序文件排序图标 ，如图1-86所示(圆圈部位)。

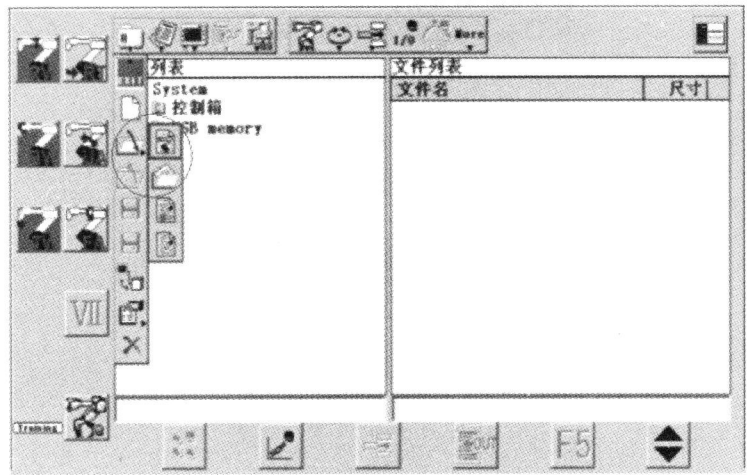

图 1-85　打开文件

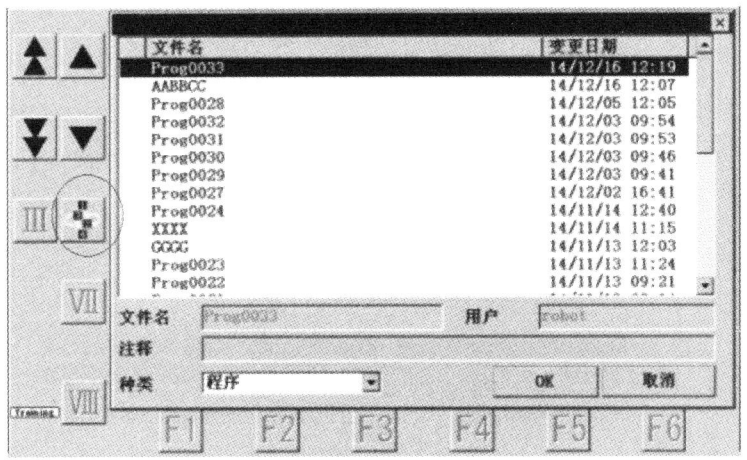

图 1-86　文件排序

3）在弹出的对话框里选择程序文件的排序方式，然后单击"OK"按钮，即可实现按照选定方式排序。

（3）文件的保存

在"文件"菜单上，单击"保存"图标并单击"OK"按钮保存，如图 1-87 所示。

（4）文件的关闭

当完成示教或编辑后，关闭文件的步骤如下：

在"文件"菜单上，单击"关闭"图标，弹出"是否保存文件"，根据需要选择"是"或"否"。选择"是"，保存对程序的更改并关闭；选择"否"，不保存对程序的更改并关闭。

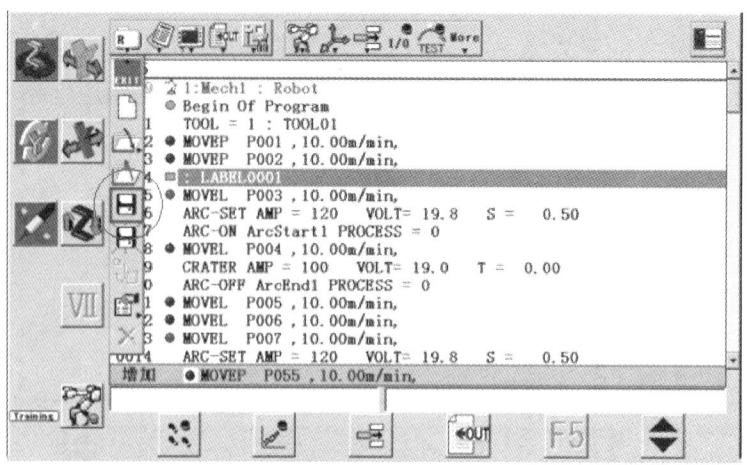

图1-87 文件的保存

（5）文件的删除

一个已保存的文件可以被删除，但需要注意，删除后的文件不能恢复，所以删除文件时应谨慎。删除文件的步骤如下：

1）在"文件"菜单上，单击"删除"，即打开"删除文件"对话框。

2）点击"NEXT"键，选择一个要从文件目录中删除的文件（打星号），单击"OK"按钮即可删除相应程序文件，如图1-88所示。

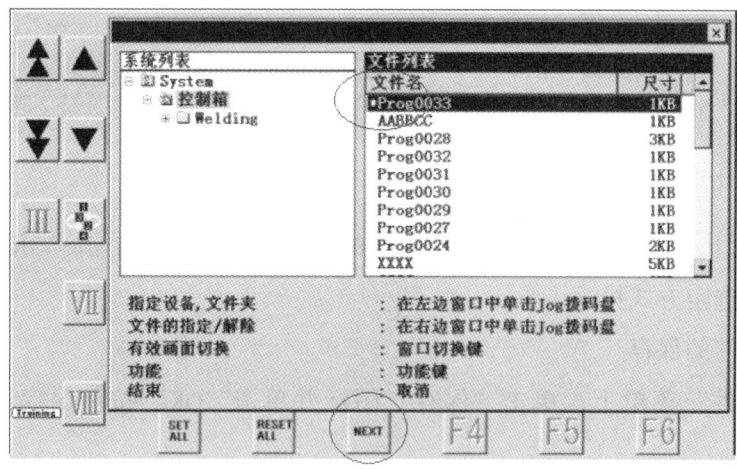

图1-88 文件的删除

（6）文件的重命名

对于已存在的文件，可以进行重命名，只改变文件名而不改变文件的内容。重命名文件的步骤如下：

1）在"文件"菜单上，选择"属性"，再单击"重命名"，出现"重命名"对话框,如图 1-89 所示。

2)从文件目录中,选择想要重命名的文件。

3)在文本框中输入新的文件名并单击"OK"按钮确定即可。

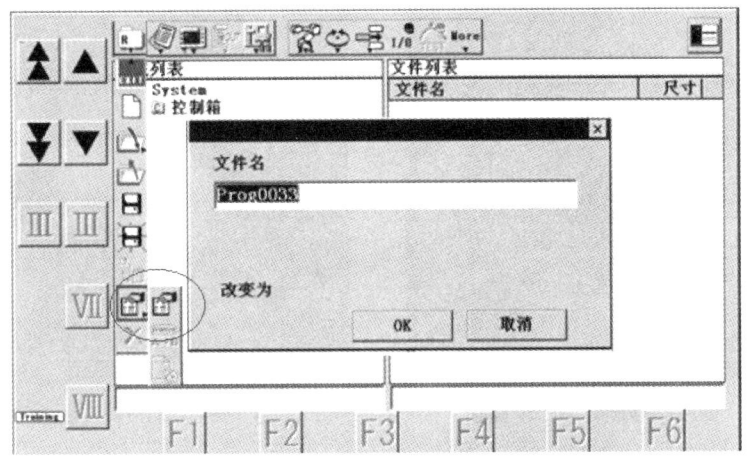

图 1-89 文件的重命名

操作名称:低碳钢板单道直线、圆弧堆焊的示教编程与焊接

操作实施步骤

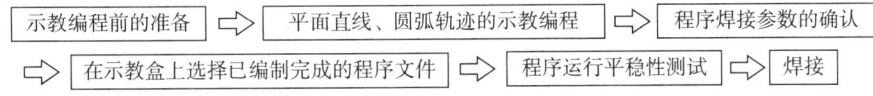

步骤 1:示教编程前的准备

1. 物品准备

尺寸为 300 mm × 300 mm × 4 mm 的钢板 1 块、普通胶带、A4 白纸 1 张、钢丝刷、敲渣锤、尖嘴钳或斜口钳、手持式面罩、焊接手套及焊工服。

2. 试件焊前表面清理

使用钢丝刷清理试件表面,去除油、水、锈及氧化皮,直到试件表面露出金属光泽为止,如图 1-90 所示。

3. 试件的固定

将打印好图形的 A4 白纸平铺并粘贴于钢板之上,用左、右两个夹具将钢板夹紧并固定在焊接工作台上,如图 1-91 所示。

图 1-90 使用钢丝刷清理试件表面

图 1-91 用夹具将钢板夹紧固定

4. 示教点规划

根据所要堆焊的轨迹做好示教点标记,按由右至左的焊接顺序,标出焊接轨迹各点的插补指令是焊接点还是空走点。规划好机器人本体整体运行路径,包括机器人各过渡点的位置及姿态等,示教点位置示意如图 1-92 所示。

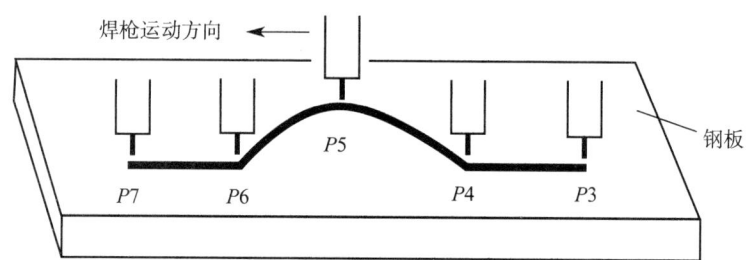
图 1-92 示教点位置示意图

步骤 2:平面直线、圆弧轨迹的示教编程

1. $P1$ 点示教

$P1$ 点为机器人原点,插补指令设为"MOVEP""空走",保存该示教点,如图 1-93 所示。

2. $P2$ 点示教

$P2$ 点为过渡点,示教机器人过渡点(接近点)插补指令设为"MOVEP""空走",保存该示教点,如图 1-94 所示。

图 1-93 机器人原点

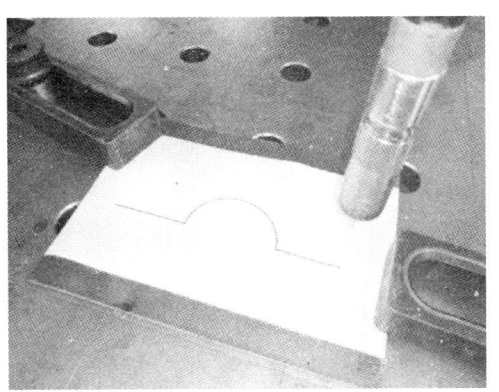

图 1-94 P2 过渡点示教

3. P3 点示教

将焊枪移至 P3 点，该点为焊接开始点，插补指令设为"MOVEL""焊接"，要求焊枪垂直于钢板，干伸长为 15 mm，保存该示教点，如图 1-95 所示。

4. P4 点示教

将焊枪移至 P4 点，插补指令设为"MOVEC""焊接"，保持焊枪始终垂直于试件，保存该示教点，如图 1-96 所示。

图 1-95 P3 焊接开始点示教

图 1-96 P4 圆弧起始点示教

5. P5 点示教

将焊枪移至 P5 点，插补指令设为"MOVEC""焊接"，保存该示教点，如图 1-97 所示。

6. P6 点示教

将焊枪移至 P6 点，插补指令设为"MOVEC""焊接"，保存该示教点，如图 1-98 所示。

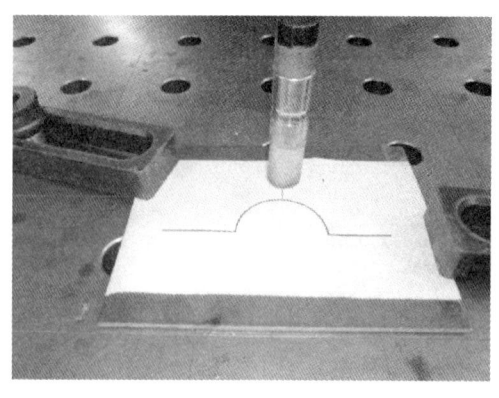

图 1-97 P5 圆弧中间点示教　　　　　图 1-98 P6 圆弧终了点示教

7. P7 点示教

将焊枪移至 P7 点,插补指令设为"MOVEL""空走",焊枪姿态始终处于垂直位置,并保持高度(干伸长)一致、速度一致。保存该示教点,如图 1-99 所示。

8. P8 点示教

P8 点为过渡点,示教机器人过渡点(退枪点),插补指令设为"MOVEP""空走",保存该示教点,如图 1-100 所示。

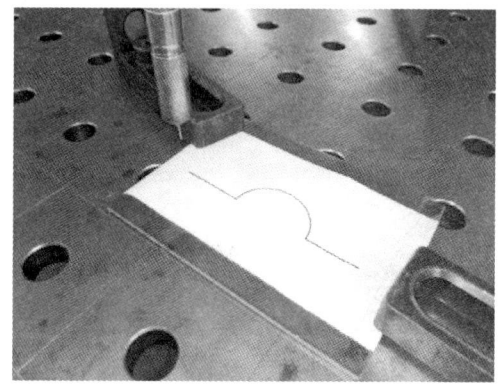

图 1-99 P7 焊接结束点示教　　　　　图 1-100 P8 退枪点示教

9. P9 点示教

机器人回到原点,插补指令设为"MOVEP""空走",保存该示教点。

步骤 3:程序焊接参数的确认

焊枪姿态始终处于垂直位置,并保持高度(干伸长)一致、速度一致。按照直线、圆弧的示教原理,力求示教点的准确性。减少多余的示教点,示教编辑完成后,跟踪检查示教轨迹的位置和准确性。

焊缝成形可通过改变焊接电流和焊接速度以及电弧电压来调整,电流大或焊接速度慢时,焊缝会凸起一些,适当增加电弧电压,焊缝会宽且平一些,可先在试板上进行试焊,找出最佳焊接参数后再焊接试件。低碳钢板单道直线、圆弧堆焊焊接参数见表 1-26。

表 1-26 低碳钢板单道直线、圆弧堆焊焊接参数

焊接类型	焊接电流 / A	电弧电压 / V	焊接速度 / (m·min^{-1})	收弧电流 / A	收弧电压 / V	收弧时间 / s	气体种类	气体流量 / (L·min^{-1})	焊丝规格 / mm	焊丝干伸长 / mm
堆焊	110~140	17~21	0.4~0.5	80~95	16~17	0.2~0.3	CO_2	12~15	1.0	12~15

步骤 4:在示教盒上选择已编制完成的程序文件

在正式焊接前,将 A4 白纸轻轻拿掉,注意不要挪动试件的位置。将光标移到程序首行,机器人直线连圆弧堆焊程序如图 1-101 所示。

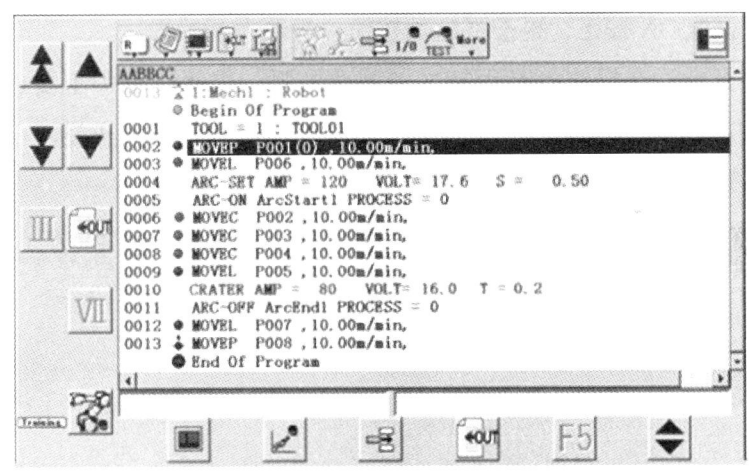

图 1-101 机器人直线连圆弧堆焊程序

步骤 5:程序运行平稳性测试

示教编辑完成后,通过点亮"TEST"图标灯,关闭电弧功能,再按压"TEST"键,进行程序测试,观察机器人运行是否平稳,以及轨迹位置的准确性,如图 1-102 所示。

步骤 6:焊接

程序确保无误后,做好焊接前的各项准备工作,包括打开除尘设备后按照下列步骤开展焊接:

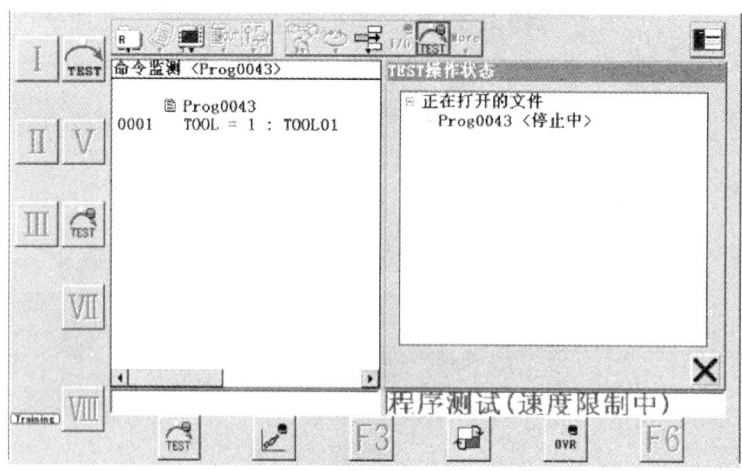

图 1-102　程序运行平稳性测试

1. 进入示教盒出丝、退丝及检气操作界面。
2. 逆时针旋开 CO_2 气瓶开关,按亮检气、调整气体流量计旋钮调至 15 L/min。
3. 将示教盒模式选择钥匙开关由"Teach"旋转至"AUTO"。
4. 按下伺服 ON 按钮,再按下启动按钮,机器人开始焊接。
5. 焊接开始后,操作人员手持面罩观察电弧。焊接过程中不要远离示教盒,如果发现焊接过程出现异常,要及时按下暂停按钮或紧急停止开关。

培训项目 四

焊后检查

培训单元一　机器人焊接接头表面清理

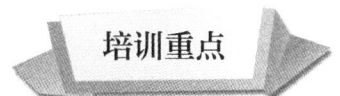

培训重点

掌握机器人焊接接头表面清理的方法。

知识要求

1. 机械清理

焊接结束后，待焊件冷却，再使用钢丝刷、錾子等清理焊缝表面。

（1）錾子

使用錾子清理焊件表面焊缝两侧较大的颗粒飞溅物，如图 1-103 所示。

图 1-103　用錾子清理

（2）钢丝刷

使用钢丝刷清理焊缝表面，去除氧化皮、小颗粒飞溅物等，如图 1-104 所示。

2. 化学清理

对于表面要求高的试件不宜采用机械清理。例如，汽车车身最好用化学方法清理，以免机械清理造成表面划伤。另外，对于不

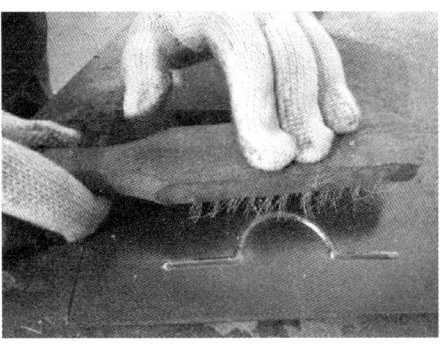

图 1-104　用钢丝刷清理

锈钢、铝及铝合金也多采用化学清理。常见的化学清理方法有如下几种：

（1）丙酮或四氯化碳溶剂：能去除焊件表面油污。

（2）酸洗：目的是去除氧化皮和锈蚀物，酸洗有酸液酸洗和酸膏酸洗两种方法。

（3）钝化处理：能使焊缝表面形成一层氧化膜，以增加其耐腐蚀性。钝化处理的流程为：焊件表面清理和修补→酸洗→水洗和中和→钝化→水洗和吹干。

技能要求

操作名称：机器人焊接接头表面机械清理

操作实施步骤

步骤1：清除表面熔渣

使用钢丝刷进行焊后清理，去除氧化皮、小颗粒飞溅等。

步骤2：清除表面大颗粒飞溅

使用錾子清理焊件表面焊缝两侧较大的颗粒飞溅。焊缝表面清理后的试件如图1-105所示。

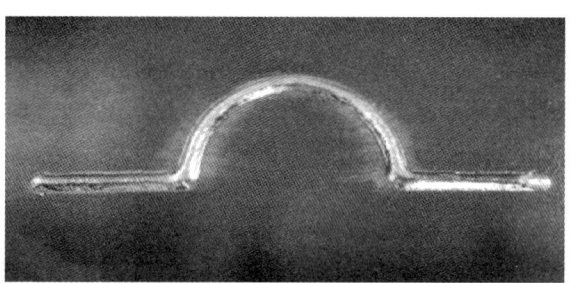

图1-105 焊缝表面清理后的试件

培训单元二　机器人焊接接头缺陷及外观质量检测

1. 了解机器人焊接接头常见缺陷。
2. 能对机器人焊接接头外观质量进行自检。

1. 缺陷的种类

焊接过程中出现的某些缺陷将会严重影响接头性能，因此，分析焊接缺陷产生的原因及解决方法，对焊接缺陷的防范及提高焊缝质量具有非常重要的意义。

焊缝表面缺陷是指在焊接完成仅靠肉眼及借助低倍放大镜就可以发现的焊接表面缺陷，常见的焊接表面缺陷主要有咬边、焊瘤、弧坑、烧穿、气孔、裂纹等。常见外观缺陷的种类如下：

（1）咬边

咬边是指沿着焊趾在试件接口部分所形成的凹陷或沟槽。咬边经常出现在焊缝的焊趾处，焊趾处的咬边往往会有锋利的尖角，造成应力集中。

（2）焊瘤

焊瘤是指焊接过程中金属流溢到加热不足的母材或焊缝上，未能和母材或前道焊缝熔合在一起而堆积的金属缺陷。

（3）弧坑

弧坑是指出现在收弧点，由于熄弧金属凝固收缩，没有继续填充金属而形成的凹坑。

（4）烧穿

焊接过程中，熔化的金属自坡口背面流出，形成穿孔的缺陷称为烧穿。绝对不允许这种情况发生，否则有可能造成工件报废，发现后应采取措施修补。

（5）气孔

焊接时空气或其他气体溶解在熔融的金属中而吸入熔池；一般随凝固过程逸出焊缝，但焊接操作不当会使得气体滞留在凝固焊缝金属里。气孔是焊接过程中常见的缺陷，常见的有氢气孔、氮气孔、一氧化碳气孔等。气孔通常是圆形或近似圆形，并且几乎无法产生应力集中。因此大多数规范都允许在一定长度的焊缝内小于规定直径的气孔存在。

1）氢气孔

氢气可以溶解于液态金属，高温下熔池中存在大量被溶解的氢，在金属结晶的过程中，氢气溶解度随温度降低而急剧减小，这些气体来不及从熔池中逸出，就会在焊缝中形成气孔。氢气主要来自焊丝和试件表面的油污、铁锈以及 CO_2 气体中所含的水分。氢气孔大多出现在焊缝表面，呈喇叭口形。

2）氮气孔

氮气能溶于液态金属，在熔池冷却结晶过程中来不及逸出会形成氮气孔。氮气孔主要是因为 CO_2 气体气流保护效果不好或者 CO_2 气体纯度不高。氮气孔多出现在焊缝表面，有时成堆出现，与蜂窝相似。

（6）裂纹

常见的裂纹形式有纵向裂纹、横向裂纹、弧坑裂纹和焊趾裂纹。

裂纹是对焊接结构件危害最大的缺陷，不论大小位置或焊缝等级，一律禁止出现表面裂纹。一旦发现需及时报告并加以处理。返工也需打磨至裂纹完全清除后再补焊，必要时需进行探伤。

（7）其他表面缺陷

除了以上6种表面缺陷外，还有未熔合、焊缝外观成形不良等缺陷。

2. 外观质量检测

焊后对外观质量进行检测，以确保焊接工件符合所有相关方面的要求。

（1）总体的外观检查：检查是否存在漏焊，焊后应对所有焊缝及工件进行焊后总体的检查，防止漏焊的发生。

（2）检测工器具准备：焊缝检测尺、钢直尺、钢卷尺、游标卡尺、低倍放大镜。

（3）试件焊完后应及时进行焊缝表面的清理，进行焊缝外观检测并做好检测记录。质量检测记录填写应真实、准确、完整，字迹清楚、工整。

（4）焊缝外观质量按"评分标准"中的数据进行评判。

操作名称：机器人焊接接头外观质量检测

操作实施步骤

了解焊缝外观尺寸及外观要求 ⇨ 焊缝外观尺寸检测 ⇨ 焊缝缺陷检测 ⇨ 填写焊缝外观质量检测记录表

步骤1：了解焊缝外观尺寸及外观要求

堆焊项目评分标准见表1-27。

表1-27 堆焊项目评分标准

检查项目	评判标准及得分	评判等级			
		I	II	III	IV
焊缝宽度	标准/mm	>4.5, ≤5.5	>5.5, ≤6.0	>6.0, ≤6.5	>6.5, ≤4.5
	分数	10	7	4	0
焊缝宽窄差	标准/mm	0~1	>1~2	>2~3	<0 或 >3
	分数	10	7	4	0
焊缝余高	标准/mm	0~1	>1~2	>2~3	<0 或 >3
	分数	10	7	4	0
焊缝高低差	标准/mm	0~1	>1~2	>2~3	<0 或 >3
	分数	10	7	4	0
咬边	标准/mm	无咬边	深度≤0.5		深度>0.5
	分数	20	每2mm扣1分		0分
所有焊缝外观成形	标准	成形美观，两侧熔合线平直，焊缝高低宽窄一致	成形较好，两侧熔合线平直，焊缝高低宽窄基本一致	成形尚可，两侧熔合线不平直，焊缝高低宽窄略有不一致	焊缝弯曲，高低宽窄明显，有表面焊接缺陷
	分数	40	28	16	0
总分					

步骤2：焊缝外观尺寸检测

1. 测量焊缝余高

首先把咬边尺对准零,并紧固螺钉,然后滑动高度尺与焊缝接触,高度尺所指示值,即为焊缝高度,如图1-106所示。

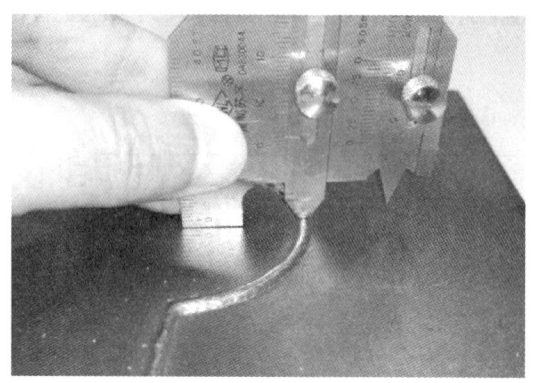

图1-106　测量平面焊缝高度

2. 测量焊缝宽度

先用主体测量角靠紧焊缝的一边,然后旋转多用尺的测量角靠紧焊缝的另一边,看多用尺上的指示值,即为焊缝宽度。也可用游标卡尺测量焊缝宽度,如图1-107所示。

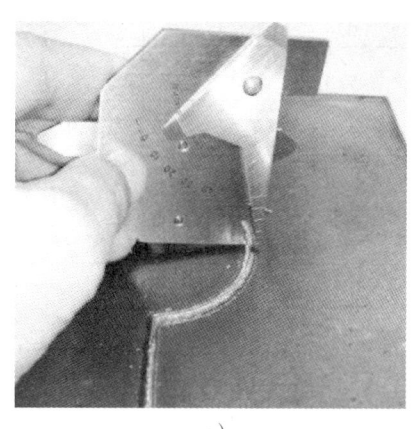
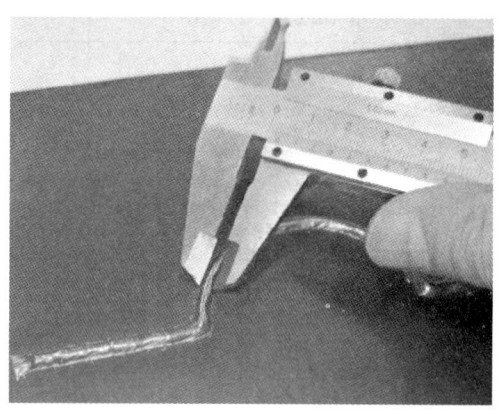

a)　　　　　　　　　　　　　　　b)

图1-107　测量焊缝宽度

a)使用焊缝检测尺测量　b)使用游标卡尺测量

3. 测量焊缝咬边深度

首先把高度尺对准零位,并紧固螺钉,然后使用咬边尺测量咬边深度,看咬边尺指示值,即为咬边深度,如图1-108所示。

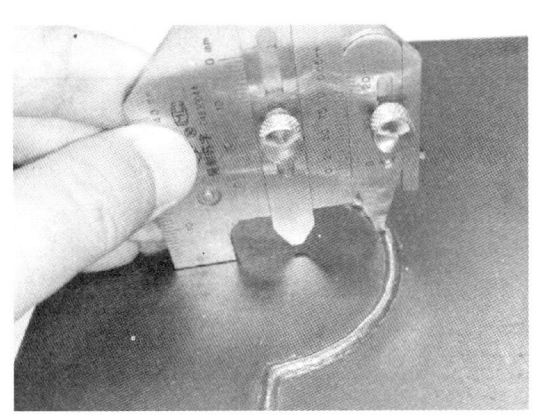

图 1-108　测量焊缝咬边深度

4. 测量焊缝宽度差

使用游标卡尺测量焊缝最宽处的值及焊缝最窄处的值，二者之差即为焊缝宽度差。

5. 测量焊缝高度差

使用焊缝检测尺测量焊缝余高最高处的值及焊缝最低处的值，二者之差即为焊缝余高的高度差。

步骤 3：焊缝缺陷检测

1. 气孔

通过目视或放大镜观察焊缝表面是否存在气孔，如图 1-109 所示。

2. 弧坑及弧坑裂纹

由于焊缝收弧处没有设置适当的收弧参数及收弧时间，可能会出现焊接弧坑，同时可能伴随出现弧坑裂纹。可使用焊缝检测尺测量弧坑的深度。

3. 其他缺陷检测及整体外观成形

目测焊缝表面是否光滑；焊缝两侧的熔合线是否平直；是否有大颗粒焊接飞溅和表面划伤；是否存在表面夹渣、未熔合及焊瘤缺陷。对于表面裂纹及表面未熔合的缺陷检测可借助于低倍放大镜进行检测。

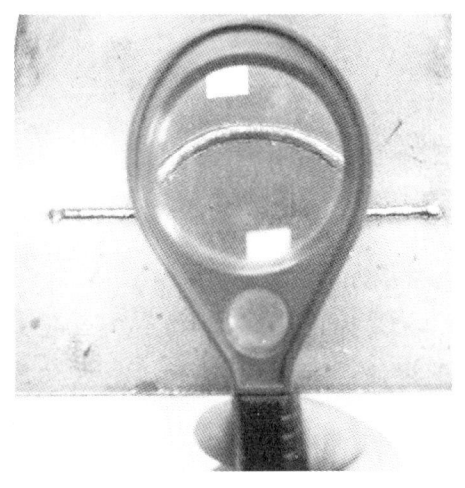

图 1-109　借助放大镜观测气孔

步骤 4：填写焊缝外观质量检测记录表

机器人焊缝外观质量检测记录表见表 1-28。

表1-28 机器人焊接焊缝外观质量检测记录表

操作者姓名		考核项目	平板堆焊	焊材型号	ER50-6	焊接方法	MAG焊
考核编号		工件试件材质	Q235	焊材规格	$\phi 1.0$ mm	标准依据	
外观质量检测记录							
检查部位	焊缝位置	焊缝余高/mm	焊缝余高差/mm	焊缝宽度/mm	焊缝宽窄差/mm	咬边深度及长度/mm	气孔/个
直线段	P3、P4						
圆弧段	P4~P6						
直线段	P6、P7						
操作者签字： 日期：		考评人员签字： 日期：			审核人员签字： 日期：		

第二篇 中级工

职业模块 一

机器人弧焊

培训项目一 示教编程

培训单元一 机器人弧焊指令的类别和应用

掌握机器人插补指令和弧焊指令的应用。

1. 机器人插补指令

（1）插补的概念

机器人系统依照一定计算方法确定焊枪运动轨迹的过程。也可以说，已知曲线上的某些数据，按照机器人逆运动学算法计算已知点之间中间点的方法，也称为"数据点的密化"；机器人控制器根据示教盒输入的顺序指令信息，将程序段所描述曲线的起点、终点之间的空间进行数据密化，从而形成要求的轮廓轨迹，这种"数据密化"机能就称为"插补"。

机器人轨迹规划控制过程如图 2-1 所示。

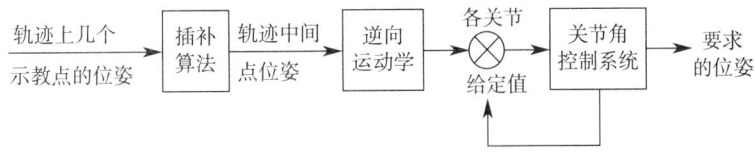

图 2-1 机器人轨迹规划控制过程

（2）直线插补

直线插补是机器人常用的一种插补方式，此种方式中，两点间的插补沿着直线的点群逼近，沿此直线控制焊枪的运动。

（3）圆弧插补

圆弧插补也是一种基本的插补方式，在此种方式中，根据两端点间的插补数字信息，计算出逼近实际圆弧的点群，控制焊枪沿这些点运动，焊接出圆弧轨迹焊缝。

插补算法独立于机器人结构，直线和圆弧插补是机器人系统中不可缺少的插补算法，对于非直线、非圆弧的轨迹，都可以采用直线、圆弧来逼近，以实现这些轨迹。

各类机器人品牌插补指令见表2-1。

表2-1 各类机器人品牌插补指令

机器人品牌	关节插补	直线插补	圆弧插补
松下	MOVEP	MOVEL	MOVEC
安川	MOVJ	MOVL	MOVC
FANUC	J	L	C
OTC	JOINT	LIN	CIR
ABB	MOVEJ	MOVEL（ArcL）	MOVEC（ArcC）
KUKA	PTP	LIN	CIRC

2. 机器人弧焊指令

机器人弧焊指令在焊接开始点和结束点可设置的起收弧程序见表2-2。

表2-2 机器人弧焊指令

类型	松下	ABB	安川	FANUC	OTC	KUKA
焊接开始	ARC-ON	ArcStart	ARCON	Arc Start	AS	ARC-ON
焊接结束	ARC-OFF	ArcEnd	ARCOF	Arc End	AE	ARC-OFF
焊接条件	ARC-SET	Weld	ARCON	Start [i]	AS	WDAT
收弧条件	CRATER	Seam	ARCOF	End [i]	AE	

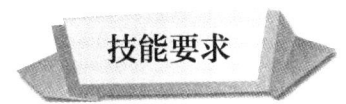

操作名称：管板角接焊缝示教编程

操作实施步骤

示教准备 ⇨ 示教编程 ⇨ 程序检查 ⇨ 非焊接状态试运行程序

选择直径为 50 mm 的管板工件进行角焊缝示教编程，如图 2-2 所示。

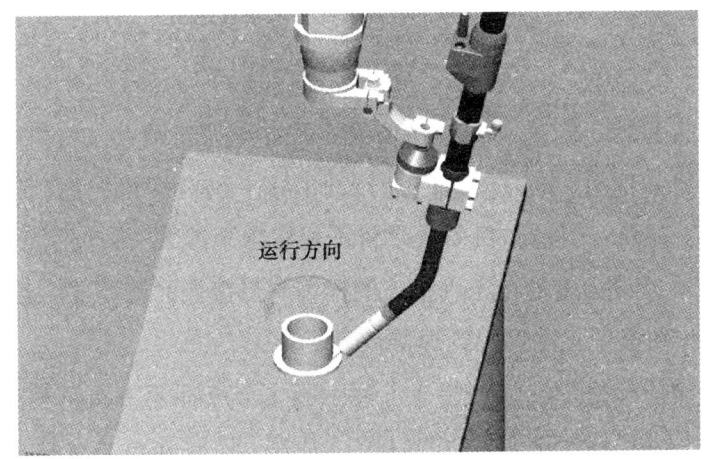

图 2-2　直径为 50 mm 的管板工件进行角焊缝示教编程示意图

步骤 1：示教准备

1. 机器人调至示教状态

以 ABB 焊接机器人（IRB1410）为例。先按操作程序开机，使机器人处于"示教"模式。

2. 固定干伸长（焊丝伸出长度）

把焊丝剪到合适的长度，保持固定干伸长（12～14 mm），与机器人 TCP 设定的干伸长数值一致。程序中的工具应与手动操作的工具保持一致，否则将无法修改目标点位置。

3. 示教点路径规划

依据三点确定一段圆弧的原则，结合焊枪角度要求，圆周轨迹选择由 5 个圆弧示教点构成，即焊接开始点、2 个焊接中间点和焊接结束点来描述。管板水平角焊缝示教点位置如图 2-3 所示。

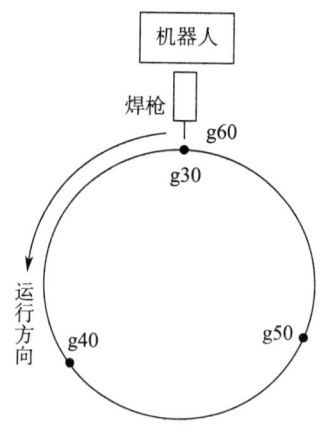

图 2-3　管板水平角焊缝示教点

步骤 2：示教编程

先确定焊接起始点位置，以工件与机器人近点为起始点，将机器人原点设为第 1 点，然后将焊枪沿 z 轴方向逆时针转动 180°（预设焊枪姿态，以保证焊枪能连续旋转 1 周，注意：焊枪与机器人手臂不要发生干涉），移动机器人焊枪至焊接点前 10～30 mm 处设为进枪点（进枪点的枪姿与焊接点的枪姿要一致），再使用工具坐标系的动作功能键移动焊枪到焊接点。

选择正确的插补指令和弧焊指令。每示教 1 个点都要重新调整枪姿，时刻保持焊枪工作角为 45°，行进角为 80°～90°，另外，还要注意每个示教点焊丝干伸长的变化。结束点与起始点要有 2～3 mm 的搭接距离，并且设置收弧时间。另外，焊接结束后要设退避点（进、退枪点的示教应在工具坐标系下进行，进、退枪速度可降低一些）。

步骤 3：程序检查

先单步执行程序，检查并修改各示教点位置。确定各点位置正确后再连续运行。

步骤 4：非焊接状态试运行程序

将焊接机器人调至"自动模式"、将焊接电源关闭并且锁定焊接功能，检查周围有无其他人员或障碍物，确定无误后按下操作面板启动按钮，使机器人自动运行。

以下是 ABB 机器人示教程序：

PROC guanbanjian（）

```
MoveJ g10, v1000, z50, Torch1;
MoveJ g20, v1000, z50, Torch1;
ArcLStart g30, v200, seam2, weld2, fine, Torch1;
ArcC g40, g50, v200, seam2, weld2, z10, Torch1;
ArcCEnd g60, v200, seam1, weld1, fine, Torch1;
MoveJ g70, v200, z50, Torch1;
MoveJ g80, v200, z50, Torch1;
MoveAbsJ jpos10\NoEOffs, v1000, z0, Torch1;
Stop;
ENDPROC
```

培训单元二　示教误差以及对弧焊焊接的影响

掌握示教误差对弧焊焊接的影响以及起因和消除方法。

1. 示教误差对焊接的影响

由于焊接机器人的编程示教过程是通过眼（观测）→脑（判断）→手（动作）的配合完成的，焊接机器人设备系统的重复定位精度一般小于 0.1 mm，焊丝端部的示教偏离程度不能大于焊丝直径的 0.5 倍，否则将导致焊偏或焊接失败。所以，示教的精度不仅取决于示教者的经验，还与目测方法和设备等多种因素相关。

2. 示教误差的成因及消除

示教误差的成因及消除如图 2-4 所示。

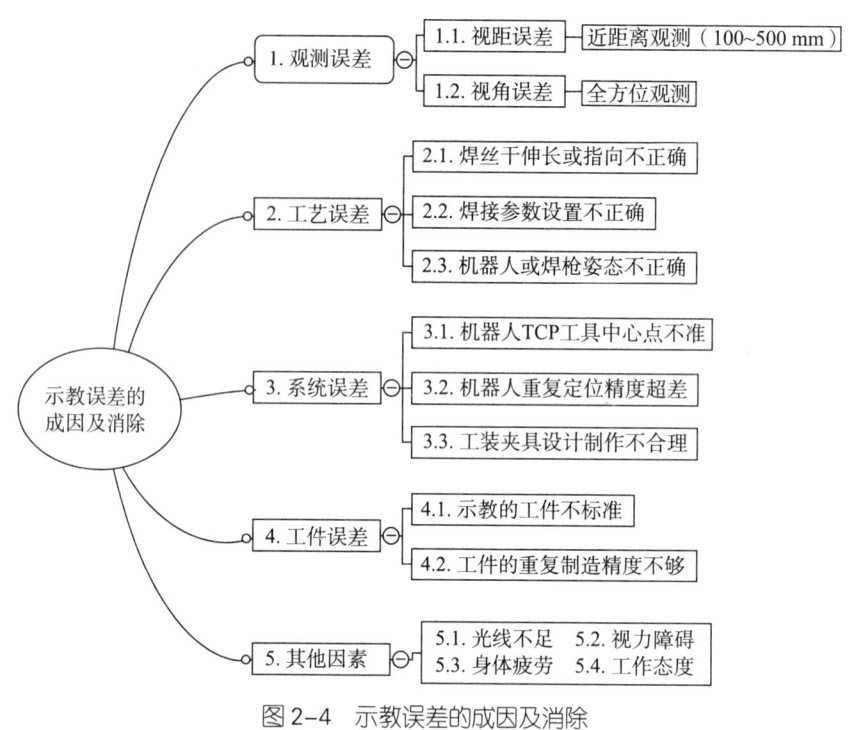

图 2-4 示教误差的成因及消除

操作名称：摆焊示教编程

操作实施步骤

摆焊的动作形式选择 ⇒ 摆焊的示教 ⇒ 直线摆焊程序的运行

步骤1：摆焊的动作形式选择

以安川机器人为例，摆焊的动作形式主要有3种：单摆（钟摆形弧线摆动，可应用于船型焊位置）、三角摆（截面为等腰三角形，可用于各类焊缝）和L摆（运行轨迹为L形，应用于焊脚不对称的场合）。以角焊缝"斜摆"为例，模式被设定为"三角摆"时，要设定速度、频率、振幅数值，如图2-5a所示。设定为"L摆"时还要设定纵向距离和水平距离，如图2-5b所示。本操作选择"三角摆"动作形式。

步骤2：摆焊的示教

1. 确认示教编程器上的模式旋钮对准"TEACH"，设定为示教模式。

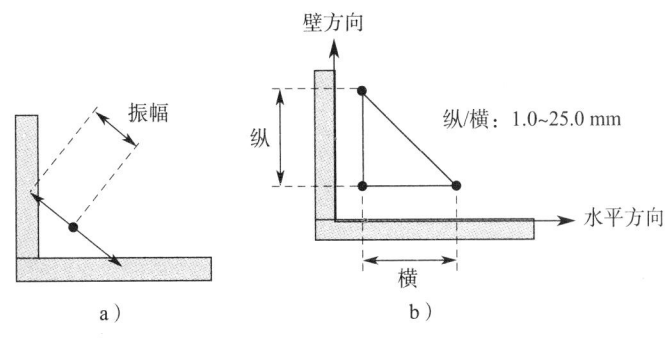

图 2-5 角焊缝"斜摆"
a) 三角摆 b) L 摆

2. 按伺服准备键。伺服电源接通的灯开始闪烁。如果不按伺服准备键,即使按住安全开关,伺服电源也不会接通。

3. 选择"作业"摆焊指令。

不同品牌机器人的摆焊指令见表 2-3。

表 2-3 不同品牌机器人的摆焊指令

机器人品牌	直线摆焊	圆弧摆焊	摆幅点
松下	MOVELW	MOVECW	WEAVEP(示教或设定)
	注:ARC-ON 焊接开始;ARC-OFF 焊接结束,相关摆焊参数在摆焊条件页面进行设定		
安川	MOVL	MOVC	REFP(示教或设定)
	注:WVON 摆焊开始;WVOF 摆焊结束。相关摆焊参数在摆焊条件页面进行设定		
FANUC	L	C	R_DW,L_DW(示教或设定)
	注:Weave [i]—焊接开始;Weave End—焊接结束;Weave Sine—正弦波摆焊;Weave Circle—圆形摆焊;Weave Figure 8—8 字形摆焊;Hz—摆焊频率;Mm—摆焊幅宽;Sec—摆焊左停留时间;Sec—摆焊右停留时间		
ABB	ArcL	ArcC	示教或设定
	注:Weave 摆焊参数设定:Weave_shape 摆焊类型;Weave_type 摆焊方式;Weave_length 摆焊一个周期的长度;Weave_width 摆焊一个周期的宽度;eave_height 摆焊一个周期的高度		
OTC	LIN	CIR	示教或设定
	注:固定模式 WFP,关节模式 WAX;开始条件 WS、结束条件 WE;摆焊停留时间通过数值设定		
KUKA	LIN	CIRC	示教或设定
	注:在联机表中设定摆焊条件,四个摆动图形分别是:三角形、梯形、不对称形和螺旋形		

以安川机器人为例，在菜单文件里选择摆焊指令"WVON"（摆焊开始）、"WVOF"（摆焊结束），如图2-6所示。

4. 操作调用想要的摆焊文件号"WEV#（1）"，如图2-7所示。

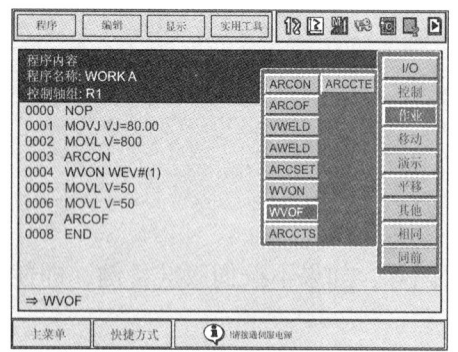

图2-6 摆焊指令调用

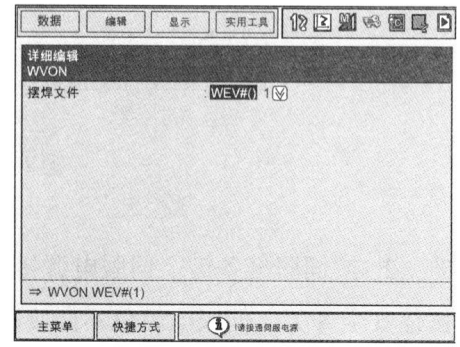

图2-7 摆焊文件号的调用

5. 用翻页键调出需要的摆焊条件设定界面，设定速度、频率、振幅数值、工作角度、行进角度、摆幅点延时方式等，摆焊形式选择"斜摆"（针对平角焊缝），如图2-8所示。

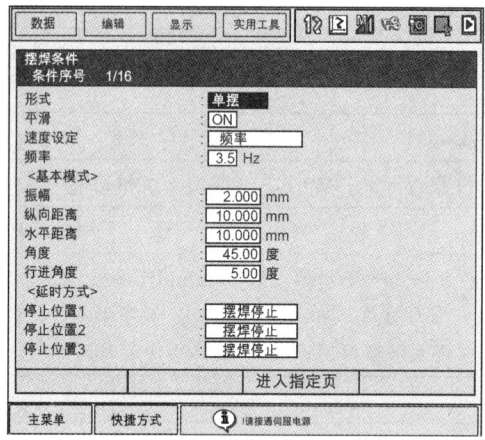

图2-8 摆焊条件设定界面

6. 输入振幅点位置的数值，壁方向REFP1和水平方向REFP2，如图2-9所示。

步骤3：直线摆焊程序的运行

直线摆焊是机器人焊枪沿直线移动的同时以一定振幅和频率向两侧进行摆动焊接的过程。

1. 把示教编程器上的模式旋钮设定在"PLAY"上，成为再现模式。
2. 按伺服准备键，接通伺服电源。

3. 按启动键。机器人在非焊接状态下把示教的程序运行一个循环后停止。角焊缝直线摆焊运行轨迹，如图 2-10 所示。

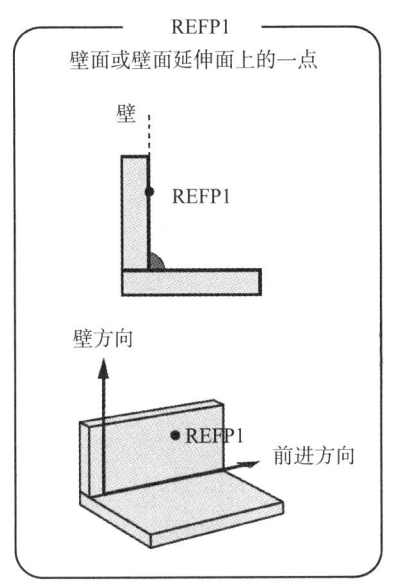
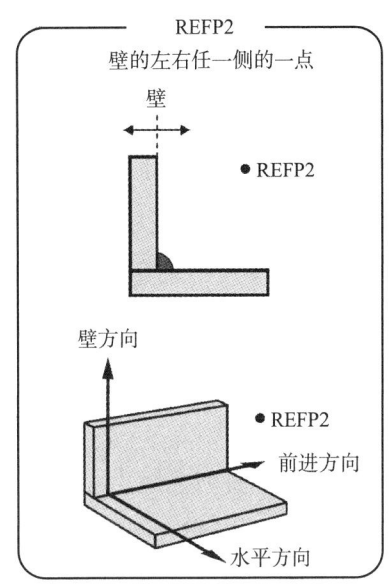

图 2-9　摆幅点的设定

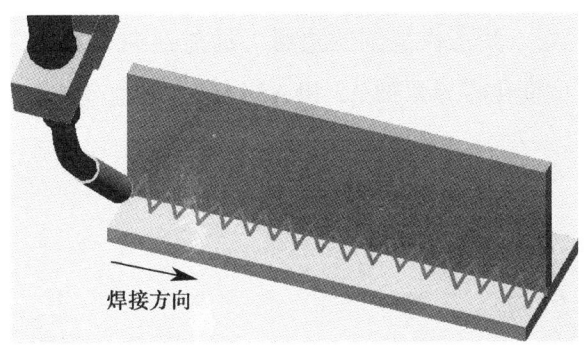

图 2-10　角焊缝直线摆焊轨迹

培训单元三　机器人弧焊特异姿态的产生及解决

掌握机器人弧焊特异姿态的产生及解决方法。

知识要求

1. 特异姿态（奇点位置）

以 6 个自由度的 KUKA 机器人为例，它具有 3 个不同的奇点位置。即便在给定状态和步骤顺序的情况下，也无法通过逆向运算（将笛卡尔坐标转换为轴坐标）得出唯一数值时，即可认为是 1 个奇点位置。这种情况下，或者当最小的笛卡尔变化也能导致非常大的轴角度变化时，即为奇点位置。奇点不是机械特性，而是数学特性，出于此原因，奇点只存在于轨迹运动范围内，而在轴运动时不存在。其他品牌机器人具有同样特点。

（1）顶置奇点 α1

在顶置奇点位置时，腕点（即轴 A5 的中点）垂直于机器人的轴 A1。轴 A1 的位置不能通过逆向运算进行确定，因此可以赋以任意值，如图 2-11 所示。

（2）延展位置奇点 α2

对于延伸位置奇点来说，腕点（即轴 A5 的中点）位于机器人轴 A2 和 A3 的延长线上。机器人处于其工作范围的边缘。通过逆向运算将得出唯一的轴角度，但较小的笛卡尔速度变化将导致轴 A2 和 A3 以较大轴速变化，如图 2-12 所示。

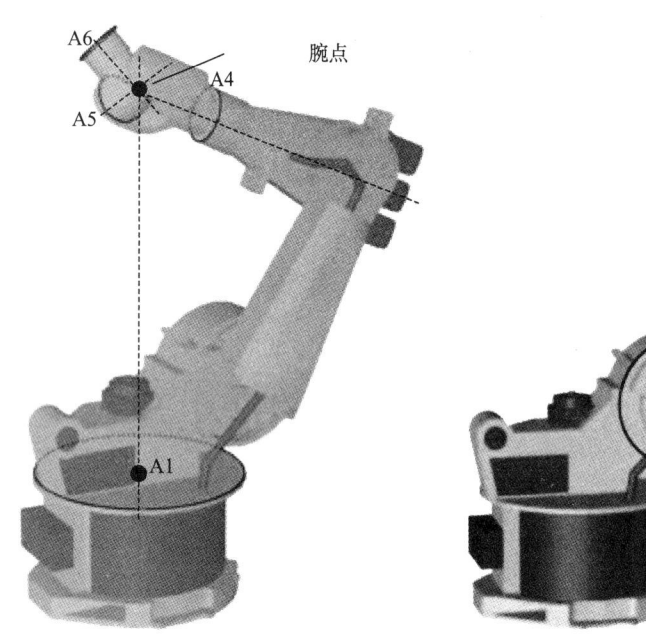

图 2-11 顶置奇点（α1 位置）

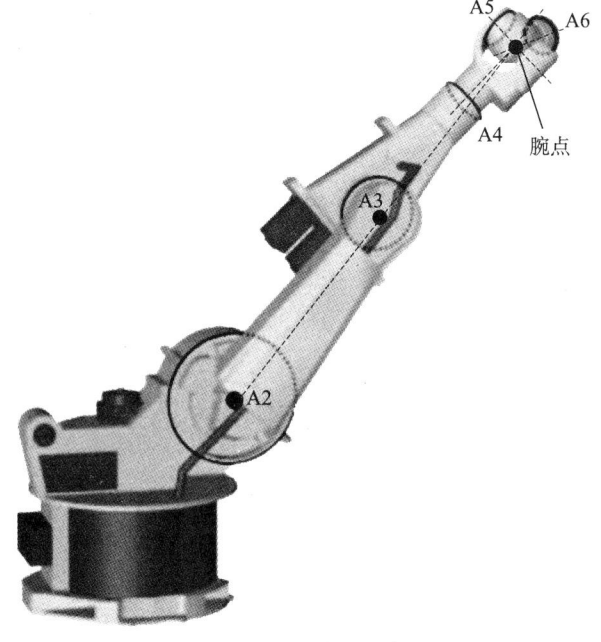

图 2-12 延伸位置奇点（α2 位置）

（3）手轴奇点 α5

对于手轴奇点来说，轴 A4 和 A6 彼此平行，并且轴 A5 处于 ±0.018 12° 的范围内。通过逆向运算无法确定两轴的位置。轴 A4 和 A6 的位置可以有任意种的可能性，但其轴角度总和均相同，如图 2-13 所示。由于焊接机器人不做仰焊，手轴奇点 α5 常出现。

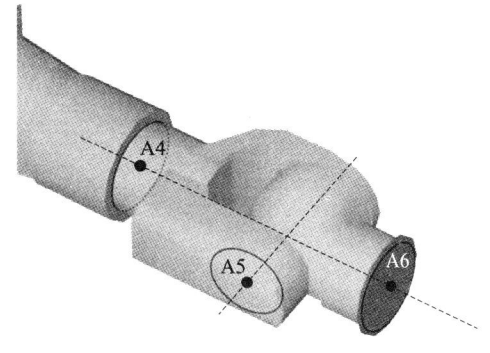

图 2-13　手轴奇点（α5 位置）

2. 机器人弧焊特异姿态的解决方法

（1）在运动方式"LIN"下的姿态引导

1）沿轨迹运动时的姿态引导

沿轨迹运动时可以准确定义姿态引导。工具在运动起点和目标点处的姿态可能不同。在运动方式"LIN"下的姿态引导，标准或手动 PTP。工具的姿态在运动过程中不断变化。因为机器人通过手轴角度的线性轨迹逼近（按轴坐标的移动）进行姿态变化，所以其以标准方式到达手轴奇点时就可以使用手动 PTP，如图 2-14 所示。

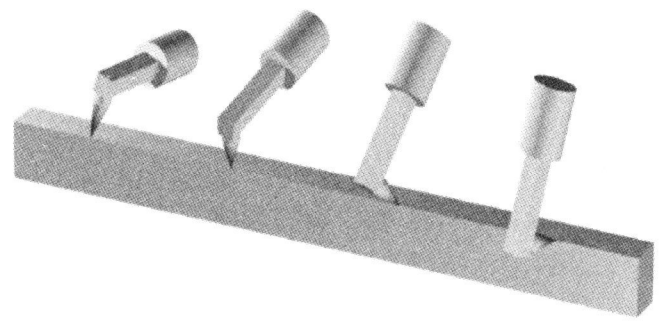

图 2-14　以标准方式到达手轴奇点

2）工具姿态固定不变

工具的姿态在运动期间保持不变，与在起点所示教的相同，在终点示教的姿态被忽略，如图 2-15 所示。

（2）在运动方式 CIRC 下的姿态引导

1）标准或手动 PTP

工具的姿态在运动过程中不断变化。因为机器人通过手轴角度的线性轨迹逼近（按轴坐标的移动）进行姿态变化，所以其以标准方式到达手轴奇点时就可以使用手动 PTP，如图 2-16 所示。

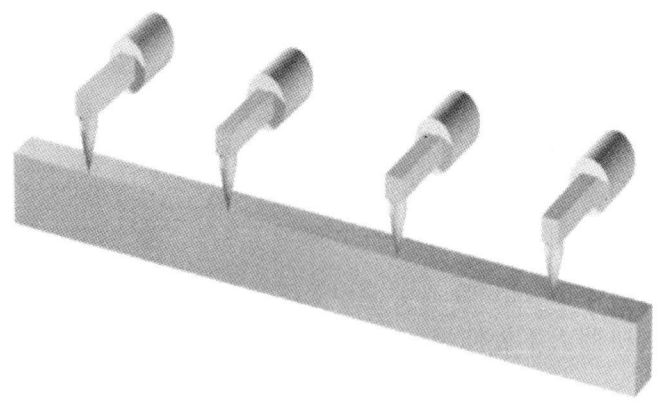

图 2-15 稳定的方向导引

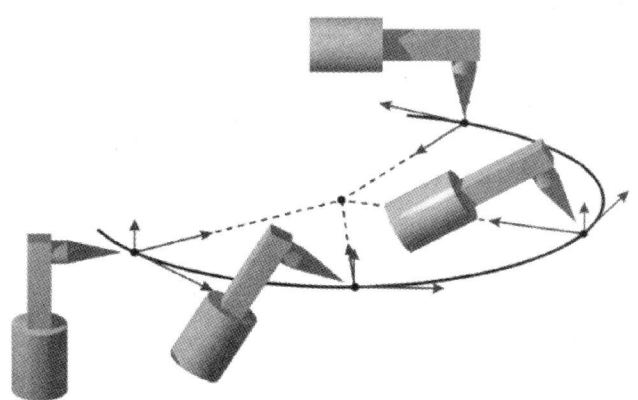

图 2-16 标准 + 以基准为参照

2）工具姿态固定不变

工具的姿态在运动期间保持不变，与在起点所示教的相同，在终点示教的姿态被忽略，如图 2-17 所示。

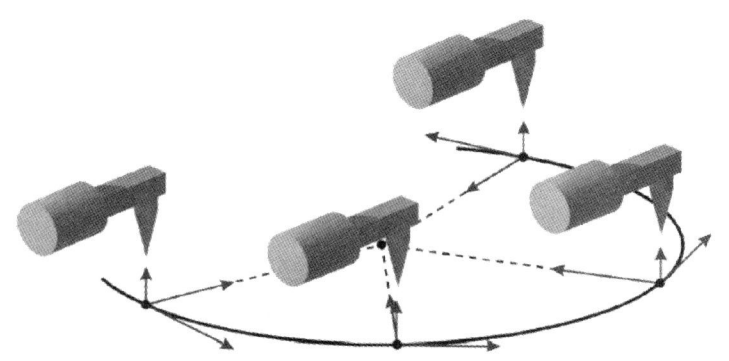

图 2-17 恒定的方向导引 + 以基准为参照

培训单元四　机器人弧焊的单步运行和连续运行

掌握机器人弧焊的单步运行和连续运行。

1. 单步运行

以 ABB 机器人为例，如果运行某个程序，对于编程控制的机器人运动可提供多种程序运行方式。ABB 机器人单步模式的设置如图 2-18 所示。

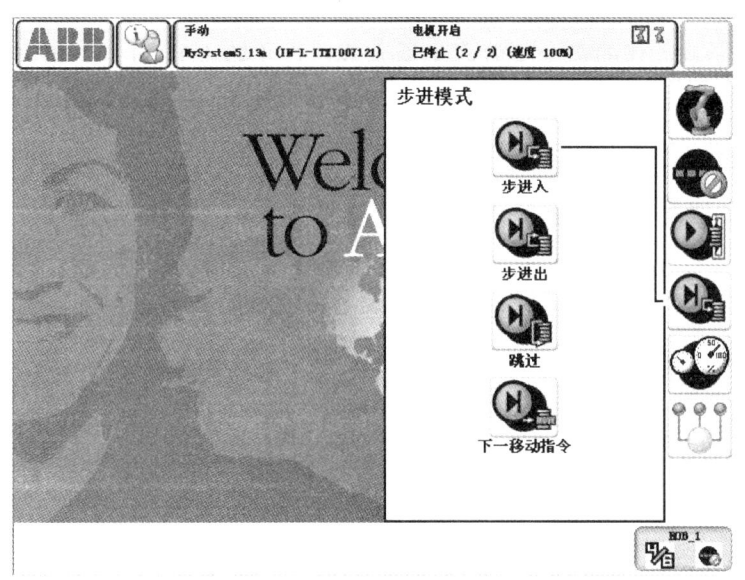

图 2-18　单步模式的设置

（1）单步的几种运动模式

单步模式在快速设置菜单中可以有以下几种运动模式：

1）步进入：单步进入已调用的例行程序并逐步执行。

2）步进出：执行当前例行程序的其余部分，然后在例行程序中的下一指令处调出。

3）当前例行程序的位置停止：无法在"Main"例行程序中使用。直接执行调用的例行程序。

4）下一移动指令：步进到下一条运动指令。在运动指令之前和之后停止（例如，修改位置）。

在所有的操作模式中，程序都可以步进或步退执行。当步进执行时，在程序代码中，程序指针指示下一步应该执行的程序指令，动作指针指示机器人的动作指令。当步退执行时，在程序代码中，程序指针指示的动作指令优先于动作指针指示的动作指令。当程序指针和动作指针指示不同的动作指令时，动作将会移动到程序指针指示的目标处，并使用动作指针指示的类型和速度。

（2）步退的限制

步退执行是有限制的，步退执行有以下限制：

1）当通过"MoveC"指令执行步退时，程序执行不会在圆周点停止。

2）步退时无法退出"IF""FOR""WHILE""TEST"语句。

3）到达某一例行程序的开头时将无法以步退方式退出该例行程序。

4）有些影响动作的指令不能以步退方式执行（如 ActUnit、ConfL 和 PDispOn）。如果要执行这些步退操作，就会出现一个警告框，告知无法执行此操作。

2. 连续运行

连续运行就是要执行整个例行程序，与单步运行不同的是，连续运行会将整个程序的功能都表现出来，而单步只是对点操作，没有执行功能。例如，在调试焊接程序时，单步运行程序不会执行焊接功能，但如果焊接在开启状态下连续运行程序时，只要执行动作收到焊接指令就会执行焊接功能。

技能要求

操作名称：程序运行方式的设定

操作实施步骤

步骤1：选择程序运行方式设置图标

以 KUKA 机器人为例，在示教盒上部的状态栏里，点击程序运行方式设置，如图 2-19 所示。

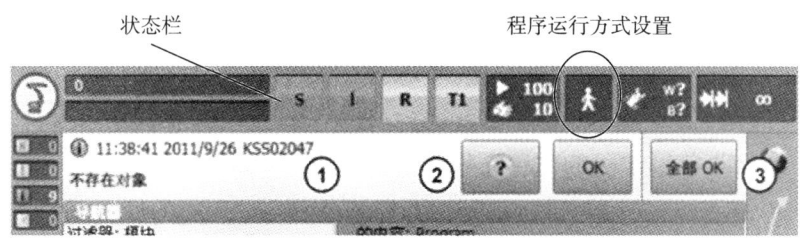

图 2-19　选择程序运行方式设置图标

步骤 2：设置连续运行

程序运行方式为连续运行，设置为"GO"，见表 2-4。

表 2-4　程序运行方式为连续运行

图标	运行指令和运行方式
	GO 程序连续运行，直至程序结尾。在测试运行中必须按住启动键

步骤 3：设置单步运行

程序运行方式为单步运行，设置为"MSTEP"，见表 2-5。

表 2-5　程序运行方式为单步运行

图标	运行指令和运行方式
	MSTEP 在运动步进运行方式下，每个运动指令都单个执行；每一个运动结束后，必须重新按下"启动"键

培训单元五　机器人弧焊程序编辑

掌握机器人弧焊程序编辑方法。

知识要求

以松下机器人为例,程序的编辑在"编辑"菜单里进行操作,编辑菜单的图标为 ,编辑菜单里常用的几种操作方法如下:

1. 剪切

从文件中剪切所选择的数据行,移动到剪切板的步骤如下:

(1)移动光标到想要剪切的行,如果要剪切连续几行,则继续移动光标进行选择,选择的行将被加黑。

(2)在"编辑"菜单上,单击"剪切"按钮 。

(3)单击"拨动"按钮键,剪切选择的行,出现剪切确认对话框,如图 2-20 所示。

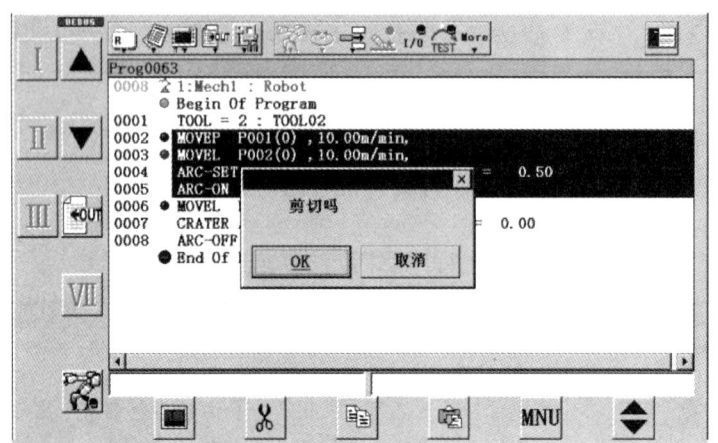

图 2-20 剪切操作示意图

图中,"OK":确定剪切选择的数据。

"取消":取消剪切操作。

2. 复制

复制文件中的数据行,并将其保存在剪切板的操作步骤如下:

(1)在文件中移动光标选择想要复制的数据行,选择的行将会被加黑。

(2)在"编辑"菜单上,单击"复制"按钮 。

(3)单击"拨动"按钮键,出现确认复制对话框,如图 2-21 所示。

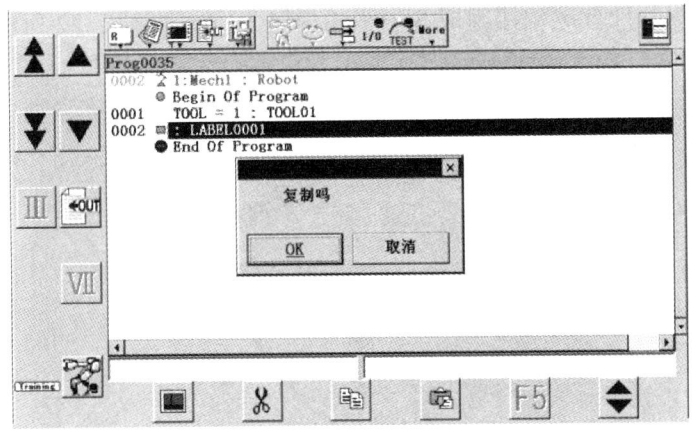

图 2-21 复制操作示意图

3. 粘贴

把剪切、复制的内容,粘贴到剪切板上的操作步骤如下:

(1)移动光标到想要插入数据的行。

(2)在"编辑"菜单上,单击"粘贴",可以选择【粘贴顺】或【粘贴逆】。

"粘贴顺"按剪切板已粘贴的数据的登录顺序依次粘贴各数据。

"粘贴逆"按与剪切板已粘贴数据的登录顺序的相反顺序,粘贴各数据。即先粘贴最后剪切、复制到剪切板上的内容。

4. 增加

"增加"图标：增加光标所在行的示教点或次序命令。

5. 更改

"更改"图标：更改光标所在行的示教点或次序命令。

6. 删除

"删除"图标：删除光标所在行的示教点或次序命令。

技能要求

操作名称：S 形平角焊缝示教编程

操作实施步骤

示教点规划 ⇨ 示教编程 ⇨ 修正示教轨迹 ⇨ 试运行程序

以 2 个半圆管件首尾相接组成 S 形平角焊缝为例，如图 2-22 所示。

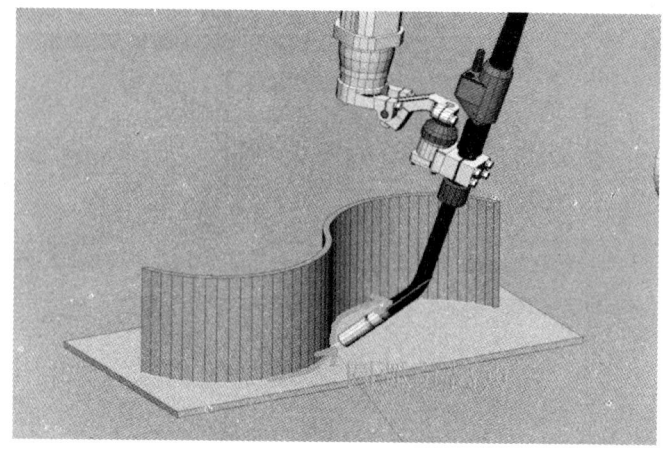

图 2-22　S 形平角焊缝图示

步骤 1：示教点规划

如图 2-23 所示，为 2 段圆弧和 2 段直线组合而成的复杂曲线，其中，直线段为空走，圆弧段为焊接。根据插补规则，标出各示教点相应的插补指令。以松下机器人为例，2 段圆弧的接合点位置需要设置圆弧分离点 a，并在同一点重复登录 3 次，中间插入 1 个"MOVEL"或"MOVEP"插补指令，否则会出现机器人计算错误的情况。

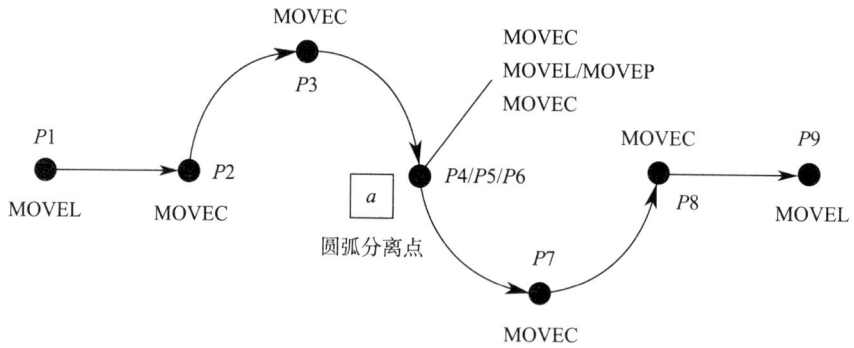

图 2-23　复杂曲线示教点规划

步骤 2：示教编程

使焊枪工作角为 45°、行进角为 80°，焊丝干伸长保持在 12～14 mm，从左至右（P1～P9）的顺序进行示教，示教程序及解读见表 2-6。

表 2-6 示教程序及解读

程序实例	程序解读	说明
MOVEL P1 10 m/min	速度为 10 m/min, 做直线移动	直线插补（空走点）
MOVEC P2 10 m/min	焊接开始点，第一段圆弧第 1 点	圆弧插补（焊接点）
ARC-SET AMP=120 VOLT=19 S=0.5	焊接参数设置焊接电流为 120 A、电弧电压为 19 V、焊接速度为 0.5 m/min	焊接参数设置
ARC-ON Arcstart1.prg RETRY=0	运行 Arcstart1 子程序，不使用引弧重试功能	起弧指令及起弧子程序
MOVEC P3 0.5 m/min	第一段圆弧第 2 点	圆弧插补（焊接点）
MOVEC P4 0.5 m/min	第一段圆弧第 3 点	圆弧插补（焊接点）
MOVEL P5 0.5 m/min	在 P4 点同一点登录，设置圆弧分离点，此点为 a 点	直线插补（焊接点）
MOVEC P6 0.5 m/min	再在 P4 点同一点登录，为第二段圆弧第 1 点	圆弧插补（焊接点）
MOVEC P7 0.5 m/min	第二段圆弧第 2 点	圆弧插补（焊接点）
MOVEC P8 0.5 m/min	第二段圆弧第 3 点	圆弧插补（空走点）
CRATER AMP=100 VOLT=18 T=0.2	收弧参数设置电流 =100 A、电压 =18 V、收弧时间 =0.2 s	收弧参数设置
ARC-OFF ArcEnd1.prg RELEASE=0	运行 ArcEnd1 程序，无粘丝解除功能	收弧指令及收弧子程序
MOVEL P9 10 m/min	速度为 10 m/min, 做直线移动	直线插补（空走点）

步骤 3：修正示教轨迹

1. 跟踪操作（单步运行）

跟踪操作是通过操作示教盒将机器人示教点位置程序一步一步复现的过程，有些机器人称为"再生"。松下机器人通过跟踪操作检查示教点是否偏离焊缝及焊枪运行轨迹是否顺畅合理。操作方法如下：

打开跟踪图标灯，启动跟踪操作。结束跟踪操作时关闭图标灯。跟踪操作通过按压拨动按钮实现单步运行，如图 2-24、图 2-25 所示。

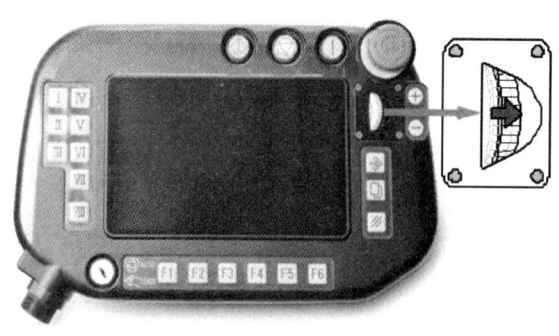
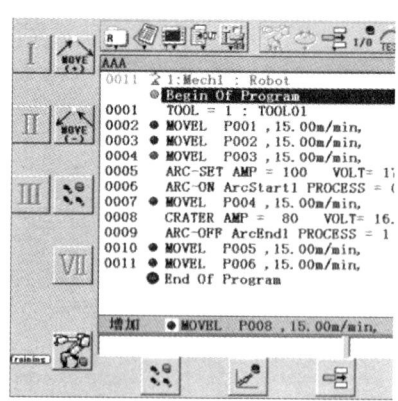

图 2-24 侧压拨动按钮进行跟踪　　　　　图 2-25 跟踪操作界面

跟踪操作方法见表 2-7。

表 2-7　跟踪操作方法

图标	解释
![icon]	当跟踪图标上的跟踪图标灯亮时（绿色），可进行跟踪操作。按下功能键，使跟踪图标灯点亮
![icon]	当绿色跟踪图标灯关闭时，不能进行跟踪操作。按功能键即到下一个功能图标，也可结束跟踪操作
![icon MOVE(+)]	顺序执行程序。左手按下该键的同时，右手一直按住拨动按钮，向前跟踪到示教点，机器人停止。右手不断侧压拨动按钮，机器人便逐条执行命令，如图 2-24 所示，跟踪速度可通过右切换键选择
![icon MOVE(-)]	反向执行程序。左手按下该键的同时，右手一直拨动按钮，向后跟踪到示教点，机器人停止。右手不断侧压拨动按钮，机器人便逐条反向执行命令，跟踪操作界面如图 2-25 所示
![icon]	点击跟踪图标灯使绿灯关闭，结束跟踪操作

2. 次序指令的增加、更改、删除

（1）增加图标 ：增加光标所在行的示教点或次序指令。

（2）更改图标 ：更改光标所在行的示教点或次序指令。

（3）删除图标 ：删除光标所在行的示教点或次序指令。

步骤 4：试运行程序（连续运行）

检查动作区域有无其他人员或障碍物，先锁定电弧，然后按稳"TEST"测试键（连续运行），将焊接图标锁定，观察焊枪姿态和焊丝对准焊缝的情况是否正确。

培训单元六　机器人工具中心点（TCP）标定

掌握机器人弧焊焊枪中心点（TCP）标定。

1. 工具坐标系

以国产埃夫特焊接机器人为例介绍工具坐标系。进入工具管理界面，对机器人末端法兰盘安装的工具进行管理。

（1）轴动作

设定为工具坐标系时，机器人控制点沿 x、y、z 轴平行移动，按住轴操作键时，各轴的动作见表 2-8。

表 2-8　工具坐标系的轴动作

轴名称		轴操作键	动作
移动轴	x 轴	X- / X+ (J1-/J1+)	沿 TCS 坐标系 x 轴平移运动
	y 轴	Y- / Y+ (J2-/J2+)	沿 TCS 坐标系 y 轴平移运动
	z 轴	Z- / Z+ (J3-/J3+)	沿 TCS 坐标系 z 轴平移运动
旋转轴	绕 x 轴	A- / A+ (J4-/J4+)	绕 TCS 坐标系 x 轴旋转运动
	绕 y 轴	B- / B+ (J5-/J5+)	绕 TCS 坐标系 y 轴旋转运动
	绕 z 轴	C- / C+ (J6-/J6+)	绕 TCS 坐标系 z 轴旋转运动

（2）TCP

工具坐标系把机器人腕部法兰盘所握工具的有效方向定为 z 轴，把坐标系原点定义在工具尖端点或中心点（Tool Center Point，TCP），所以工具坐标系的位姿随腕部的运动发生改变。

沿工具坐标系的移动，以工具的有效方向为基准，与机器人的位置、姿态无关，所以进行相对于工件不改变工具姿势的平行移动操作时最为适宜。

2. 机器人工具中心点标定（工具坐标系标定）

（1）机器人工具中心点的功能和作用

通过"机器人"菜单下的子菜单"工具管理"进入该标定界面。工具坐标系标定管理主界面如图 2-26 所示。

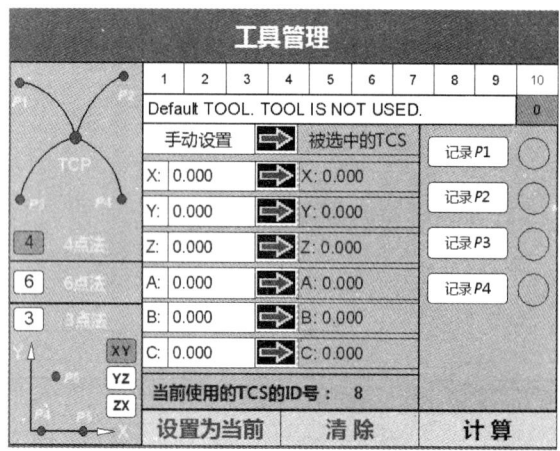

图 2-26 标定管理主界面

如图 2-27 所示，工具管理界面的最上端区域的 0～10 索引按钮用来方便操作者选择需要进行操作的工具序号。程序内部使用 11 个元素的工具坐标系数据队列。1～10 号坐标系队列元素为可编辑的队列元素。序号为 0 的坐标系队列元素不可编辑，为默认不使用工具的情况下使用。

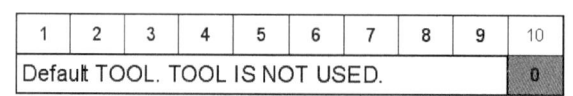

图 2-27 选择需要进行操作的工具序号

序号 0 旁边的编辑框为注释区域，操作者可以对相应序号的坐标系添加注释信息。注意，0 号坐标系的所有信息均不可以修改，包括注释信息。

工具坐标系序号及注释输入框下部的区域为坐标系数据显示区域及坐标系数

据手动设置区域。显示区域显示当前选中索引号的工具坐标系的实际数据。手动设置区域可以手动改变选中索引号的坐标系的数据，如图2-28所示。

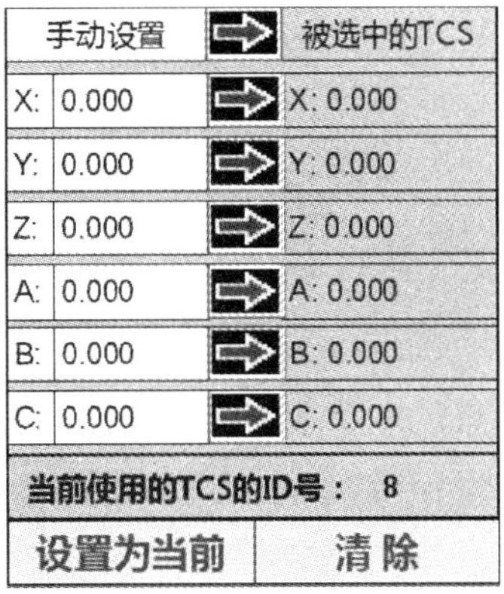

坐标系数据区域的下方显示当前正在使用的工具坐标系的索引号，用户选中相应序号的工具坐标系，点击"设置为当前"按钮，并保持按下的状态约3 s，当前使用的工作坐标系的序号变为当前选中的工具序号。点击"清除"按钮清除选中的工具序号里保存的工具坐标系数据。为了避免误操作，"设置为当前"按钮和"清除"按钮都是延时触发型按钮，用户需按下该按钮约3 s，相应的操作才会生效。

图2-28 手动设置坐标系数据及显示坐标系的实际数据

（2）机器人工具中心点标定方法

工具管理界面的最左侧为工具示教方法选择。目前机器人示教工具坐标系最常用的两种方法是"四点法"和"六点法"。"四点法"只能用于确定工具尖端（中心）点TCP。而"六点法"不但可以确定工具尖端点TCP，还能确定工具末端相对于机器人安装法兰面的姿态，如图2-29所示。

针对现场对安装工具的姿态进行校正的需求，还有一种"三点法"模式可以方便现场对工具姿态进行校准。"三点法"相当于六点法中的最后3个点（第4点、第5点、第6点）。这种方法只修正工具的姿态，不改变工具的TCP位置。

机器人末端法兰盘坐标系及其上面安装的工具如图2-30所示。

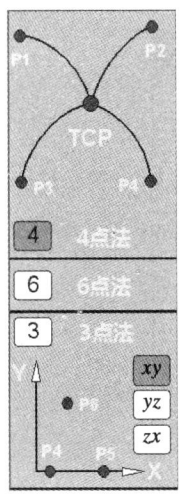

图2-29 工具示教方法选择

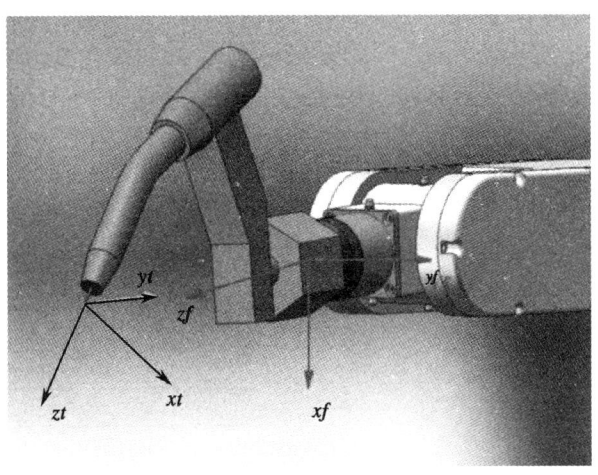

图2-30 机器人末端法兰盘坐标系及其上面安装的工具

（3）四点法标定概述

使用四点法时，用待测工具的尖端（中心）点 TCP 从 4 个不同的方向靠近同 1 个参照点，参照点可以任意选择，但必须为同 1 个固定不变的参照点。机器人控制器从 4 个不同的法兰位置计算出 TCP。机器人 TCP 运动到参考点的 4 个法兰位置必须分散足够的距离，才能使计算出来的 TCP 尽可能精确。四点法标定如图 2-31 所示。

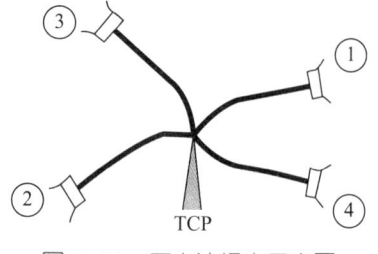

图 2-31　四点法标定示意图

操作名称：四点法示教并计算工具中心点 TCP 位置

操作实施步骤

选择要刷新的坐标系索引号 ⇨ 示教记录 P1 点 ⇨ 示教记录 P2 点 ⇨ 示教记录 P3 点 ⇨ 示教记录 P4 点 ⇨ 计算 TCP 位置数据 ⇨ 清除已记录的 P1、P2、P3 点 ⇨ 设置更新

步骤 1：选择要刷新的坐标系索引号

以国产埃夫特焊接机器人范例，本例中为第 7 号工具坐标系，选择四点法示教模式，如图 2-32 所示。

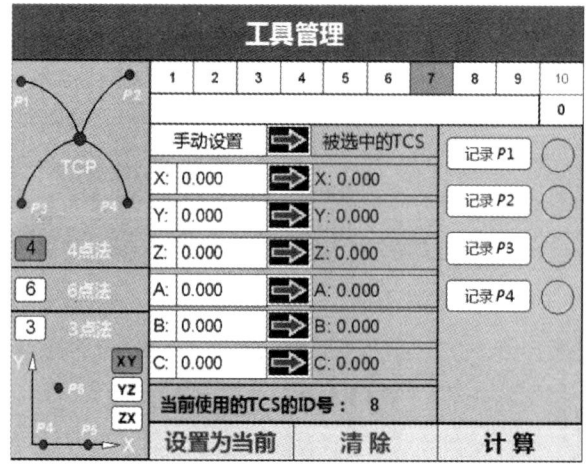

图 2-32　使用四点法需要保存记录 4 个位置点

步骤 2：示教记录 P1 点

将待测工具的尖端点 TCP 从第 1 个方向靠近 1 个固定参照点。在伺服电源接通的情况下点击"记录 P1"按钮，记录第 1 个位置点。记录按钮为延时触发型按钮，需要保持按下状态约 2 s，记录按钮才会生效。P1 点记录完成后"记录 P1"按钮旁边的指示灯会由灰色转变为绿色。如果重新记录 P1 点，则该指示灯由绿色变为灰色，再变为绿色，如图 2-33 所示。

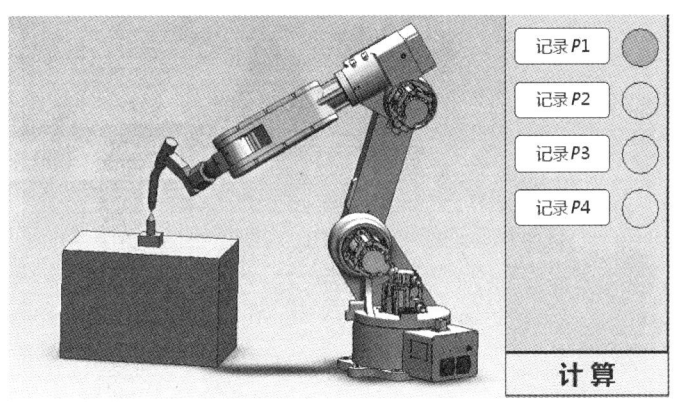

图 2-33　示教记录 P1 点

步骤 3：示教记录 P2 点

将待测工具的尖端点 TCP 从第 2 个方向靠近同 1 个固定参照点。在伺服电源接通的情况下点击"记录 P2"记录按钮，记录第 2 个位置点。记录按钮为延时触发型按钮，需要保持按下状态约 2 s，记录按钮才会生效。P2 点记录完成后"记录 P2"按钮旁边的指示灯会由灰色转变为绿色。如果重新记录 P2 点，则该指示灯由绿色变为灰色，再变为绿色，如图 2-34 所示。

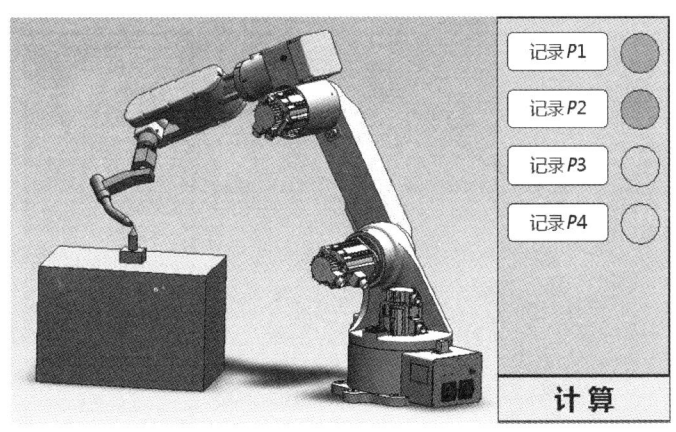

图 2-34　示教记录 P2 点

步骤 4：示教记录 P3 点

将待测工具的尖端点 TCP 从第 3 个方向靠近同一个固定参照点。在伺服电源接通的情况下点击"记录 P3"按钮，记录第 3 个位置点。记录按钮为延时触发型按钮，需要保持按下状态约 2 s，记录按钮才会生效。P3 点记录完成后"记录 P3"按钮旁边的指示灯会由灰色转变为绿色。如果重新记录 P3 点，则该指示灯由绿色变为灰色，再变为绿色，如图 2-35 所示。

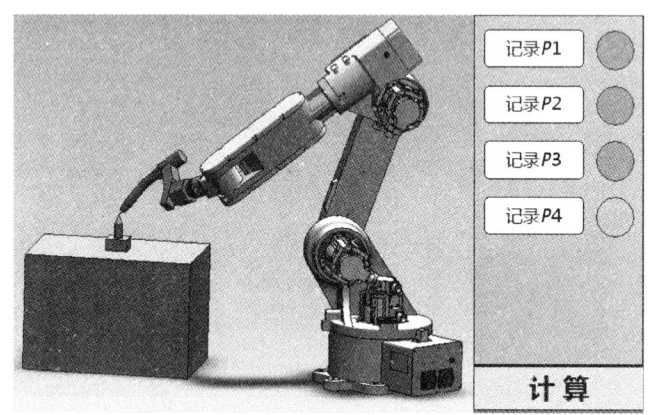

图 2-35　示教记录 P3 点

步骤 5：示教记录 P4 点

将待测工具的尖端点 TCP 从第 4 个方向靠近同一个固定参照点。在伺服电源接通的情况下点击"记录 P4"按钮，记录第 4 个位置点。记录按钮为延时触发型按钮，需要保持按下状态约 2 s，记录按钮才会生效。P4 点记录完成后"记录 P4"按钮旁边的指示灯会由灰色转变为绿色。如果重新记录 P4 点，则该指示灯由绿色变为灰色，再变为绿色，如图 2-36 所示。

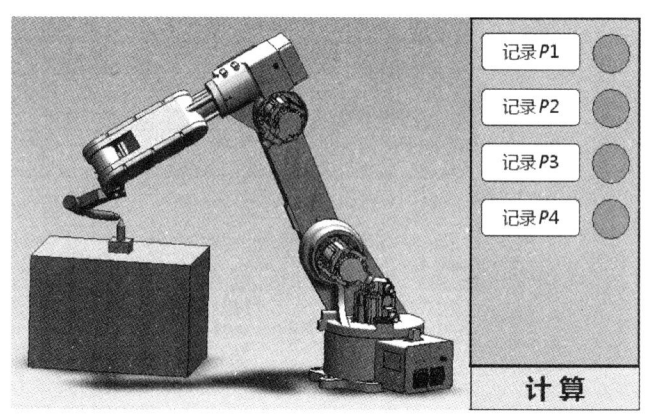

图 2-36　示教记录 P4 点

步骤 6：计算 TCP 位置数据

四点法所需的 4 个位置点记录完成，点击"计算"按钮，自动计算 TCP 位置数据并刷新工具坐标系数据，在注释区输入"Tool 7 tcp data"注释信息。"计算"按钮为延时触发型按钮，需要保持按下状态约 2 s，"计算"按钮才会生效。

注意，如果四点法中记录了 2 个或多个相同的位置点，则计算不能成功，程序会报告错误，如图 2-37 所示。

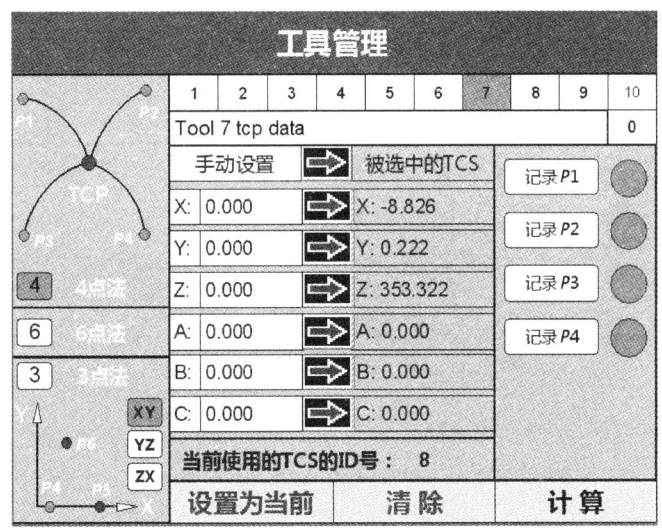

图 2-37　计算 TCP 位置数据

步骤 7：清除已记录的 P1、P2、P3 点

P1、P2、P3 点不再使用，清除已记录的 P1、P2、P3 点。清除方法：驱动器伺服电源断开的情况下点击"记录 P1""记录 P2""记录 P3"按钮，直到记录指示灯变灰。清除这些记录点的目的是防止操作者用这些点记录的数据意外刷新其余的工具坐标系数据，造成操作者不期望的更新效果。

步骤 8：设置更新

点击"设置为当前"按钮，将新计算的 TCP 工具作为法兰末端工具，工具管理界面显示"当前使用的工具坐标系的 ID 号：7"。到此为止，已完成从工具坐标系计算到切换新计算出来的工具为当前使用工具的所有步骤。工具坐标系计算并切换成功，可以在新工具下进行机器人的各种运动，如图 2-38 所示。

注意：使用四点法只能确定工具尖端（中心）点 TCP 相对于机器人末端法兰安装面的位置偏移值，当需要示教确定工具姿态分量时，再使用三点法，或者直接使用六点法。方法类似，这里不再讲述。

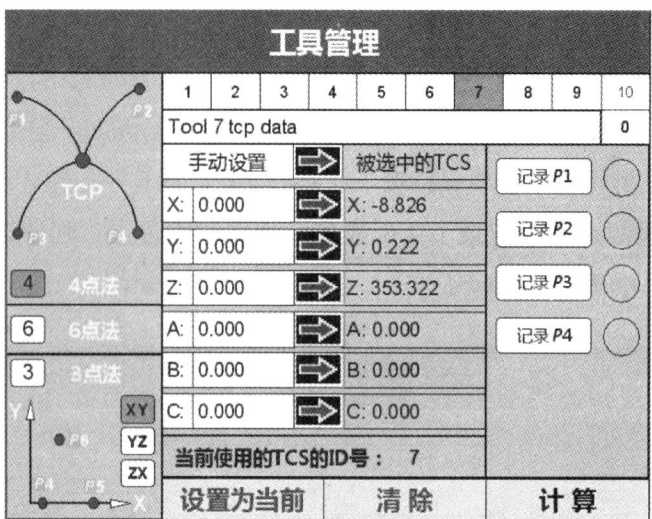

图 2-38　设置更新

培训项目 二

焊前准备

培训单元 机器人弧焊质量控制及提升效率的内容及方法

1. 掌握机器人弧焊质量控制和提升效率的内容及方法。
2. 掌握机器人弧焊焊接前的各项准备工作。

1. 机器人弧焊质量控制的内容及方法

焊接质量的优劣,主要由接头设计、材质、焊接工艺和焊接检测4个方面(即焊接质量控制的四要素)决定,这4个方面相互关联、相互制约,无论哪一个方面有问题,都会使整个焊件的焊接质量下降。掌握焊接质量评定标准和焊接质量控制因素,对提高焊接质量,确保焊接零部件,尤其是锅炉、压力容器等设备的安全运行十分重要。结合具体的工作环境,对整个焊接过程进行焊件质量控制分析,从而掌握焊接质量控制的主要内容和方法。

(1)接头设计因素的控制

接头设计对焊接质量的影响,主要表现在接头形式和焊缝布置的合理性上。

1)接头形式的合理性

接头形式的破坏大多源于接头区的裂纹。接头区裂纹的产生除了与材质、焊接工艺有关之外，还与接头形式的合理性有关。

2）焊缝布置的合理性

合理布置焊缝位置，可以减小结构变形和内应力，增加焊接结构的安全性和可靠性。

（2）材料因素的控制

1）母材的控制

母材对焊接质量的影响主要体现在金属材料的焊接性上。

2）焊接材料的控制

焊接材料对焊接质量的影响主要体现在焊接材料的选择上。为获得优质的焊接接头，在选择焊接材料时应遵循以下原则：

①在焊接同种材质的焊件时，一般应按焊接接头与母材等强的原则来选择焊接材料。

②在焊接碳钢与低合金钢或不同强度等级的低合金钢之间的异种钢接头时，可按两者中强度级别低的一种选择焊接材料。

③在焊接碳钢与不锈钢或低合金钢与不锈钢之间的异种接头时，则一律采用高镍铬焊丝进行焊接。

④对于厚板多层焊焊缝，可采用低强度焊接材料进行焊接，有利于减少冷裂纹的产生。

⑤焊接淬硬倾向大的中碳调质钢时，可采用奥氏体焊条进行焊接，有利于减少冷裂纹的产生。

（3）工艺因素的控制

1）焊前准备的控制

焊前准备主要包括坡口制备、接头装配和焊接区域的清理。

2）焊接顺序的控制

在确定焊接顺序时，应尽量使焊缝处于比较自由的收缩状态。原则是先焊收缩量大的焊缝，后焊收缩量小的焊缝，以保证焊缝在焊接时能有较大的收缩自由，产生较小的残余应力（主要为拉应力），可以防止裂纹的产生。

3）焊接工艺规范的控制

焊接工艺规范主要包括焊接参数、预热温度控制、焊后消氢处理、焊后热处理等。

（4）检测因素的控制

焊接检测是控制焊接质量的重要手段。焊接检测的方法种类繁多，每种方法都有其自身特点和应用范围。因此，在检测过程中应注意正确选择和灵活使用，才能全面准确地反映焊接质量。

2. 机器人弧焊工作效率的提升

机器人弧焊工作节拍是指完成一个工件（或一个工序）的焊接任务所需要的全部时间。其中包括焊接时间、机器人在焊缝间的跳转时间、起收弧时间等。针对一些焊点多、生产批量大的产品，缩短机器人焊接的节拍对于提升产能、提高工作效率能起到至关重要的作用。在满足生产工艺的前提下，一般采取以下方法缩短弧焊机器人工作节拍（以松下机器人为例）：

（1）减少起、收弧时间

删除或减少起收弧"DELAY·WAIT"时间。

（2）平滑度

平滑度等级为1~10，平滑度的设定对通过拐点的时间有一定影响。

（3）起弧重试

在焊接开始点未能起弧时，缩回焊丝并向旁边移动，再次起弧仍未能起弧时，缩回焊丝。

（4）粘丝解除

数据已在程序库中，在"示教设置"窗口中选择登录的表编号，并执行。

（5）电弧搭接功能

在焊接中发生暂停，重新启动时焊枪后退，在暂停位置前重新起弧，与前一段焊道搭接，实现良好过渡。

（6）焊丝自动回抽功能

通过简单的设定可以使焊丝在机器人空走时自动回抽，以保证在下一点的良好起弧，可以不必设点抬枪，避免引起焊丝与工件的刮擦。

（7）飞行起弧功能

提前起弧方式：在焊接开始点。一般的起弧方式：到达焊接开始点后开始送丝，到起弧成功需要一段时间。

（8）除以上几种缩短节拍途径，还可考虑以下方法：

1）删除多余的示教点。

2）提高焊接速度。通过增大电流、调整波形和下坡焊接实现。

3）提高空走速度。机器人的空走速度可达180 m/min，在生产安全允许范围内适当提高空走速度能提高效率。

4）提高送丝的速度。

5）修改起弧处理规范。

6）修改收弧处理规范。

7）修改和外部设备的通信时机。

8）合理规划机器人行走路径和焊接顺序。

技能要求

操作名称：弧焊机器人焊前准备

操作实施步骤

安全装置测试 ➡ 设备测试 ➡ 试件准备

步骤1：安全装置测试

操作人员应穿戴好安全防护用品，再进入弧焊机器人操作区域。

1. 在所有测试开始之前，检查机器人系统并确认是否有潜在的安全隐患。

2. 确认弧焊机器人系统中能对人身切断、挤压的危险点。

3. 机器人操作过程正常。

4. 安全进入机器人系统单元进行维护的过程。

5. 确认所有紧急停止按钮能进行正常操作。

6. 紧急停止条件下对机器人系统进行恢复的操作。

步骤2：设备测试

1. 检查以下各项弧焊机器人单元的组件处于正常：机器人控制器、机器人手臂、机器人的各轴、变位机、示教器、安全隔离装置、焊接电源、送丝单元、送丝轮、焊枪、送气系统、焊接单元安全开关、紧急停止开关、启动按钮。

2. 检查焊枪、气筛、送丝轮和导电嘴。有损坏和磨损严重的予以更换。

3. 按次序打开焊接电源和机器人控制器开关。

4. 将焊丝从焊丝盘通过送丝系统输送到导电嘴，保持一定焊丝干伸长12～15 mm。

5. 用示教器或者其他方法检查送丝系统处于正常。

6. 打开保护气开关,检查确认保护气供气系统正常。

7. 若使用水冷焊枪,水箱要注满水,打开水箱电源开关,确保焊枪冷却循环水系统正常运行。

步骤 3:试件准备

1. 使用示教器移动机器人,机器人各轴运行正常。

2. 检查是否为焊枪选好正确的 TCP 工具编号。

3. 用机器人系统示教存储下列相关的点:

(1)原点位置。

(2)焊接准备位置。

4. 将试件放到位,并用夹具固定好,使机器人焊枪能到达试件所需焊接的所有焊缝位置点并无干涉。

培训项目三 焊接操作

培训单元一　机器人典型接头示教编程要领

掌握机器人弧焊典型接头示教和工艺编程要领。

1. 机器人弧焊典型接头类型

（1）坡口形式：I、V、Y、X、U、J、K形等。

（2）接头类别：板状、管状、管板状。

（3）接头形式：对接（图2-39a）、搭接（图2-39b）、角接（图2-39c）、T形接头（图2-39d）等。

（4）焊接位置：平焊（图2-39e）、立焊（图2-39f）、横焊（图2-39g）、仰焊（图2-39h）等。

2. 机器人弧焊工艺要素

（1）焊丝指向

焊丝指向对焊缝成形影响较大，正确指向如图2-40所示。

1）焊接薄板时原则上指向焊缝，如图2-40a所示。

2）板厚不同时，焊丝指向较厚板，如图2-40b所示。

3）裙边焊接时，焊丝指向中心，同时应考虑焊丝弯曲因素，如图2-40c

所示。

解决办法：缩短焊丝干伸长、降低电压和电流，或工件倾斜放置，向下焊接。

4）焊接间隙。

有焊接间隙时，焊丝应指向离焊枪较近的一块板，防止烧穿，如图 2-40d 所示。

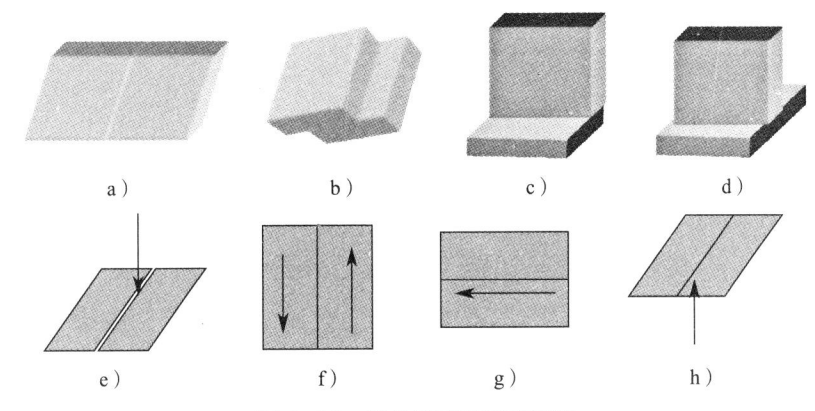

图 2-39 接头形式及焊接位置

a）对接 b）搭接 c）角接 d）T形接头 e）平焊 f）立焊 g）横焊 h）仰焊

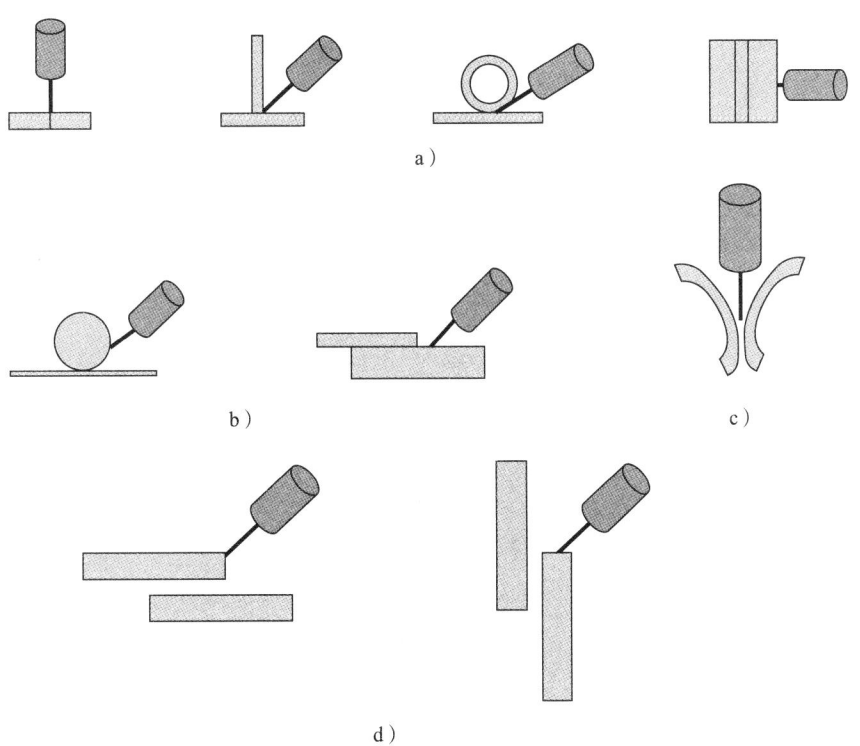

图 2-40 正确的焊丝指向

a）薄板焊接的焊丝指向 b）板厚不同时焊丝指向 c）裙边焊接时焊丝指向 d）焊接间隙时焊丝指向

（2）机器人弧焊起弧、收弧特性

1）起弧特性

起弧位置从常温瞬间达到熔化温度，需要给予足够热量，为实现顺畅良好的起弧、避免出现崩丝，一般的 CO_2/MAG 焊接电源在起弧时均具有"高电压、慢送丝"功能，为焊丝端部起弧聚集热量。

有些焊接机器人系统能够根据设置起弧规范在内部加以控制，避免在起弧时发生"焊丝扎向母材""焊丝跳动"等各种状况；而有些需要人工设置起弧条件，以改善起弧特性。

2）收弧特性

在结束焊接时，送丝控制随即停止，但由于送丝电动机的转动惯性，并不能立即停止送丝，致使焊接结束后可能发生粘丝情况，在收弧时发生"焊丝母材粘连""焊丝回烧""焊丝回烧过长"等状况，为改善收弧特性，除设置收弧电流，填满弧坑外，还要设置滞后停气时间，保护收弧处不被氧化。部分机器人带有"专家系统数据包"，方便操作者选择。

3）起弧不良

起弧不良是指在起弧前焊枪电缆内焊丝窜动，姿态变化引起不出丝，或者焊丝和母材碰触后不起弧焊接的状态，起弧不良将引起大颗粒飞溅、起弧部位无焊道、熔深不足等各种不良状况。其中，焊丝端部熔球过大是重要原因，与此同时，焊接结束后，在焊丝端部易形成一个熔球，如果熔球太大，会影响下一次的起弧效果，通常情况下，控制熔球直径为焊丝直径的1.2倍以内，由焊接电源内部的消熔球电路（FTT）解决，即焊接结束后，在极短的时间内，仍然输出部分电压，来消除焊丝端部形成的熔球，如图2-41所示。

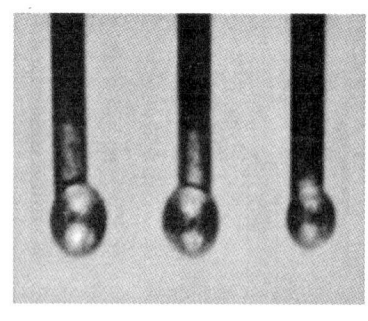
a)

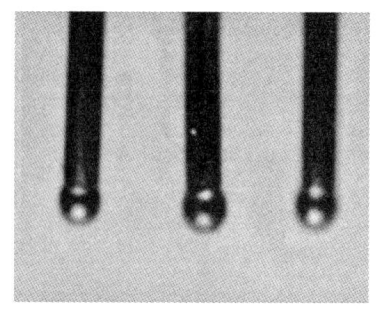
b)

图2-41 消熔球效果的对比
a）熔球过大 b）消熔球效果较好

3. 管板组合件机器人弧焊工艺

下面以管板组合件为例予以解析。

（1）焊接方法

工件材质：Q235；

焊接方式：MAG 焊；

焊丝：牌号 ER50-6，规格 ϕ1.0 mm，实心；

保护气体：80% Ar+20%CO_2（体积分数）。

（2）容易发生缺陷的位置

管板组合件有 4 条立焊缝，1 条平角焊缝，采用单层单道焊接，容易发生缺陷的位置如图 2-42 所示。

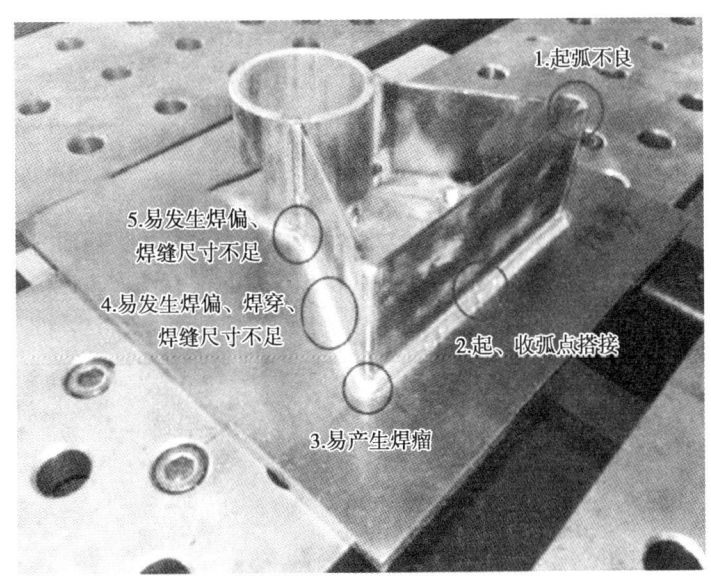

图 2-42 管板组合件及容易发生缺陷的位置

1）立焊位示教：主要考虑焊缝宽度（尺寸），采用由上至下焊接（立向下），中间设一个焊枪变姿点，避免在根部产生焊瘤。

2）平角位示教：焊枪沿 z 轴方向逆时针扭转 180°，起弧从机器人近点（管板组合件立板的中间位置）开始逐点示教，使焊枪绕 z 轴顺时针旋转 360°，起、收弧一次焊完。

（3）焊缝外观评分标准

管板组合件评分标准见表 2-9。

表2-9 管板组合件评分标准（100分）

检查项目	标准、分数	焊缝等级			
		Ⅰ	Ⅱ	Ⅲ	Ⅳ
角焊缝焊脚高	标准（mm）	>3.6，≤4.3	>4.3，≤4.7	>2.7，≤5.2	>5.2，≤3.6
	分数	20	14	7	0
立焊缝宽度	标准（mm）	>4.5，≤5.5	>5.5，≤6.0	>6.0，≤6.5	>6.5，≤4.5
	分数	20	14	7	0
立焊缝包满度	标准	焊缝饱满、平直、高低宽窄一致	高低宽窄基本一致，焊缝较饱满	高低宽窄不一致，焊缝总体高于棱边	焊缝弯曲，高低宽窄明显，或焊缝低于棱边
	分数	20	14	7	0
咬边	标准（mm）	0	深度≤0.5，且长度≤10mm。长度每2mm减1分		深度>0.5或总长度>10mm
	分数	20	按实际咬边长度计算		0
焊缝外观成形	标准	成形美观，焊纹均匀细密，高低宽窄一致	成形较好，焊纹均匀，焊缝平整	成形尚可，焊缝平直	焊缝弯曲，高低宽窄明显，有表面焊接缺陷
	分数	20	14	7	0

注：1. 焊缝表面如有修补，该试件作0分处理。
　　2. 焊缝表面有焊穿、裂纹、夹渣、未熔合、焊瘤等缺陷之一的，该试件为0分。

（4）焊接顺序及焊枪姿态

1）焊接顺序：先依次焊接4条立焊缝，最后焊接平角。

2）焊丝干伸长 L 始终保持在 12~14mm。

3）焊枪的移动方向：CO_2/MAG焊通常采用前进法或后退法移动焊枪，前进法即电弧推着熔池走，不直接作用在工件上，焊道平而宽，熔深小；后退法是电弧躲着熔池走，直接作用在工件上，焊道较窄、余高较高、熔深较深。水平角焊采用前进法焊接，焊枪行进角度为70°~80°（即夹角为10°~20°），如图2-43所示。

4）水平角焊工作角为45°，同时，必须考虑垂直侧与水平侧的散热情况（上板散热差，下板散热好），焊丝应指向下板，前进法焊接示意图及焊枪角度示意图如图2-43、图2-44所示。

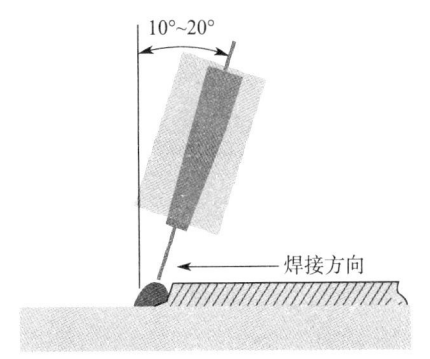
图2-43 前进法焊接示意图

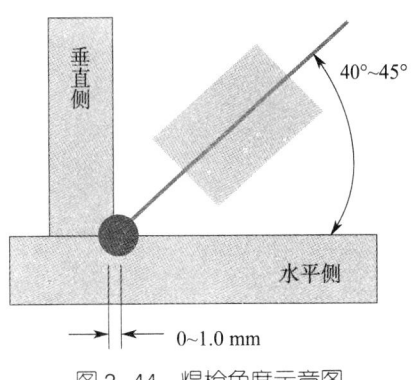
图2-44 焊枪角度示意图

操作名称：管板组合件焊接

操作实施步骤

工件准备 ⇨ 表面清理 ⇨ 画线 ⇨ 试件点焊组装 ⇨ 工件的定位 ⇨ 机器人示教点轨迹规划 ⇨ 焊接参数设置 ⇨ 机器人沿轨迹施焊

步骤1：工件准备

管板组合件材料及规格数量见表2-10。

表2-10 管板组合件材料及规格数量

试件类型	材质	底板/mm	管/mm	立板/mm	侧板/mm
管板组合件	Q235	200（长）×200（宽）×6（厚）/件	φ57×3（厚）×50（高）/件	120（长）×50（宽）×2（厚）/件	80（长）×50（宽）×2（厚）/2件

管板组合件零部件，如图2-45所示。

步骤2：表面清理

在台虎钳上将管板零部件固定好，再用钢丝刷将工件焊缝侧20～30 mm范围内外表面上的油、污物、铁锈等清理干净，使其露出金属光泽，如图2-46所示。

步骤3：画线

试件画线及装配尺寸如图2-47所示，使用画线针和钢直尺，根据零件所在位置进行画线，确定管、立板和侧板的位置。

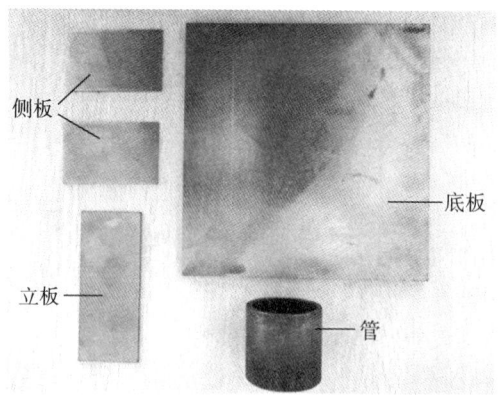

图 2-45 管板组合件零部件

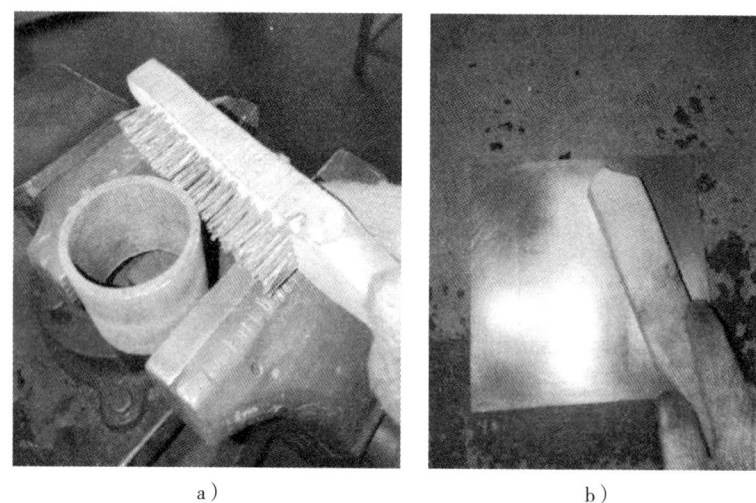

图 2-46 管板组合件零部件的表面清理

a)管的表面清理 b)板的表面清理

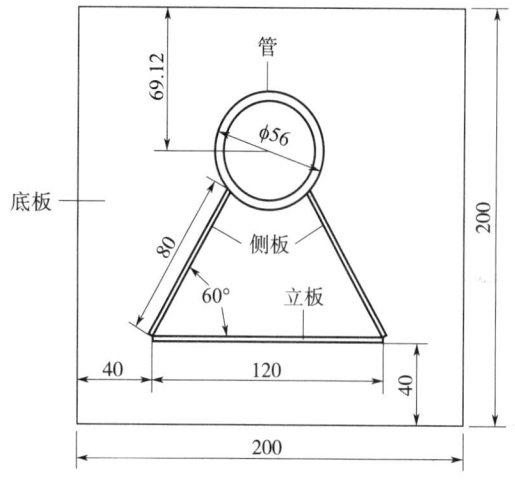

图 2-47 试件画线及装配尺寸（mm）

步骤 4：试件定位焊组装

在定位焊工作台上借助磁力夹，先将立板固定，再用二氧化碳气保焊机（或氩弧焊机）定位焊立板内侧，然后定位焊 2 个侧板内侧，最后把圆管靠紧 2 个侧板立端面定位焊好。每块板定位焊点 2 点，圆管定位焊 3~4 点为宜（内圆对称方向定位焊）。定位焊时注意动作要迅速，防止因焊接变形而产生位置偏差。定位焊缝长度不超过 20 mm。管板件装配顺序及定位焊位置如图 2-48 所示。

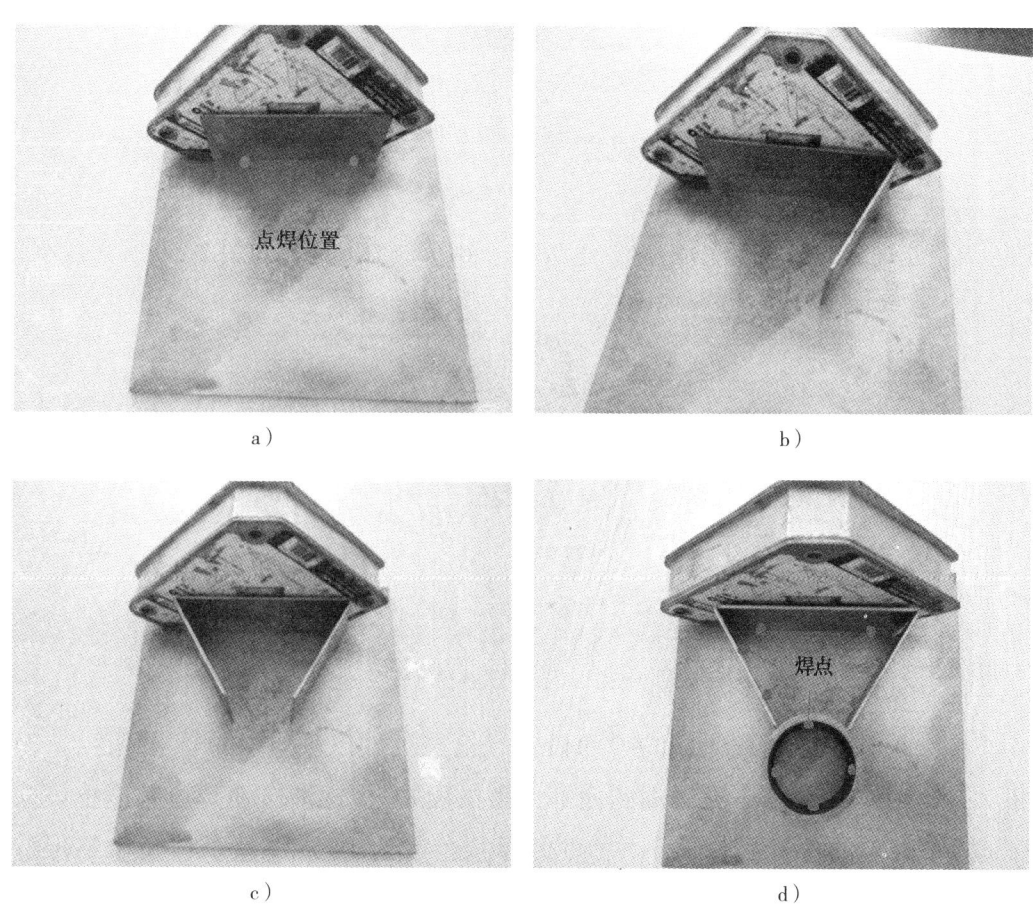

图 2-48 管板件装配顺序及定位焊位置
a）立板定位焊 b）右侧板定位焊 c）左侧板定位焊 d）圆管定位焊

步骤 5：工件的定位

1. 将工件放在机器人焊枪正下方，立板靠近机器人一侧，底板与工作台面紧密接触，用夹具对称定位、压紧，如图 2-49 所示。

2. 夹具的位置应保证焊枪的焊接位置空间，保证机器人焊枪在移动过程中不与夹具发生干涉，保证夹具位置不影响机器人焊枪行走轨迹和焊枪角度位置空间。

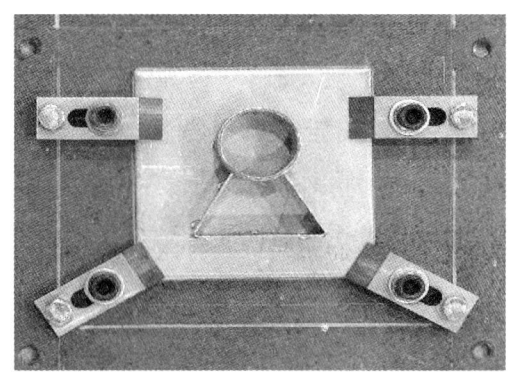

图 2-49 试件定位示意图

步骤 6：机器人示教点轨迹规划

1. 4 条立焊缝的示教

4 条立焊缝的示教顺序是 $ABC \rightarrow DEF \rightarrow GHI \rightarrow JKL$ 点，如图 2-50 所示。

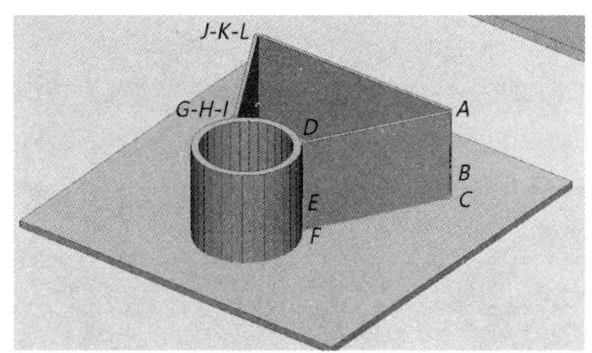

图 2-50 4 条立焊缝的示教点

将立焊缝 ABC 分成 AB 和 BC 两段，焊枪与工件以垂直（90°）夹角由上至下移动，由于这种枪姿无法焊到底部，第二段 BC 应逐渐转换焊枪角度枪姿向下推焊。B 点的位置尽量靠下，C 点的焊枪角度约 45°。焊丝干伸长始终保持 12~14 mm；管板组合件的 4 条立焊缝 ABC 示教的方法和步骤如图 2-51 所示。

其他 3 条立焊缝的示教方法与立焊缝 ABC 示教方法一致。

2. 平角焊的示教

平角焊的示教和焊接顺序是①~⑯，平角焊的焊枪工作角应始终保持 45°，前进角 80°，焊丝干伸长始终保持在 12~14 mm；起弧从机器人近点、管板组合件的立板中心位置开始，焊枪沿 z 轴方向逆时针扭转 180°，示教时，焊枪绕 z 轴逐点顺时针回转。起弧和收弧部位应有 2~3 mm 的搭接；平角位示教点及焊接方向示意如图 2-52 所示。

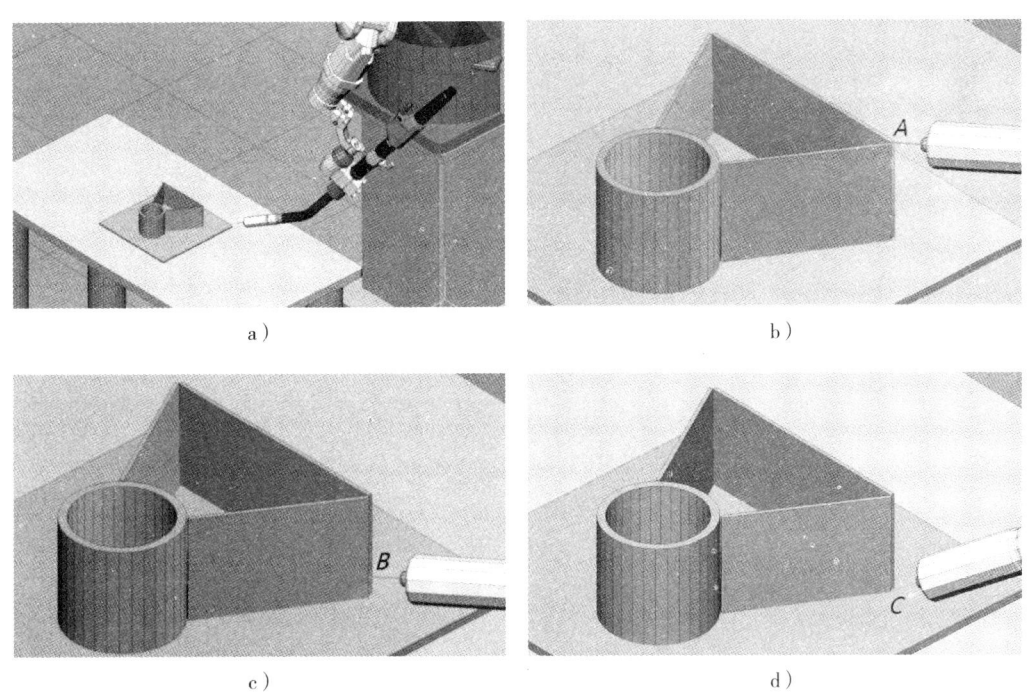

图 2-51 管板组合件的 4 条立焊缝示教的方法和步骤
a)过渡点 b)立焊缝 ABC 焊接开始点 c)立焊缝 ABC 焊接中间点 d)立焊缝 ABC 焊接结束点

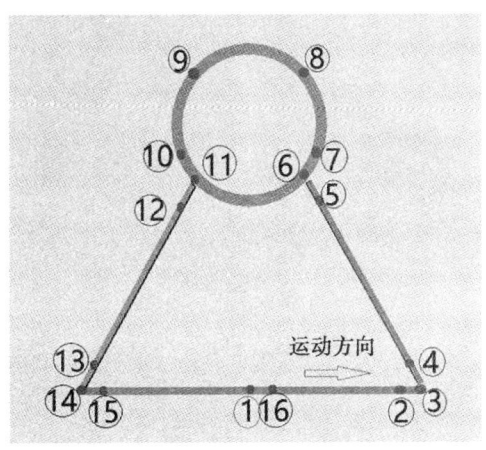

图 2-52 平角位示教点及焊接方向示意图

图中：①⑯为平角位焊接起始点和结束点，设为"MOVEL"；②③④转角位，设为"MOVEC"；⑤⑥⑦转角位，设为"MOVEC"；⑦⑧⑨⑩转角位，设为"MOVEC"；⑩⑪⑫⑬⑭⑮转角位，设为"MOVEC"。

注意：除⑯为空走点外，其他均为焊接点。其中⑤和⑫重复登录 2 次增设 1 个"MOVEL"点；⑦和⑩设为圆弧分离点。焊枪沿 z 轴顺时针旋转 180°，在焊接开始点斜上方设置过渡点后，示教平角焊焊缝各示教点，如图 2-53 所示。

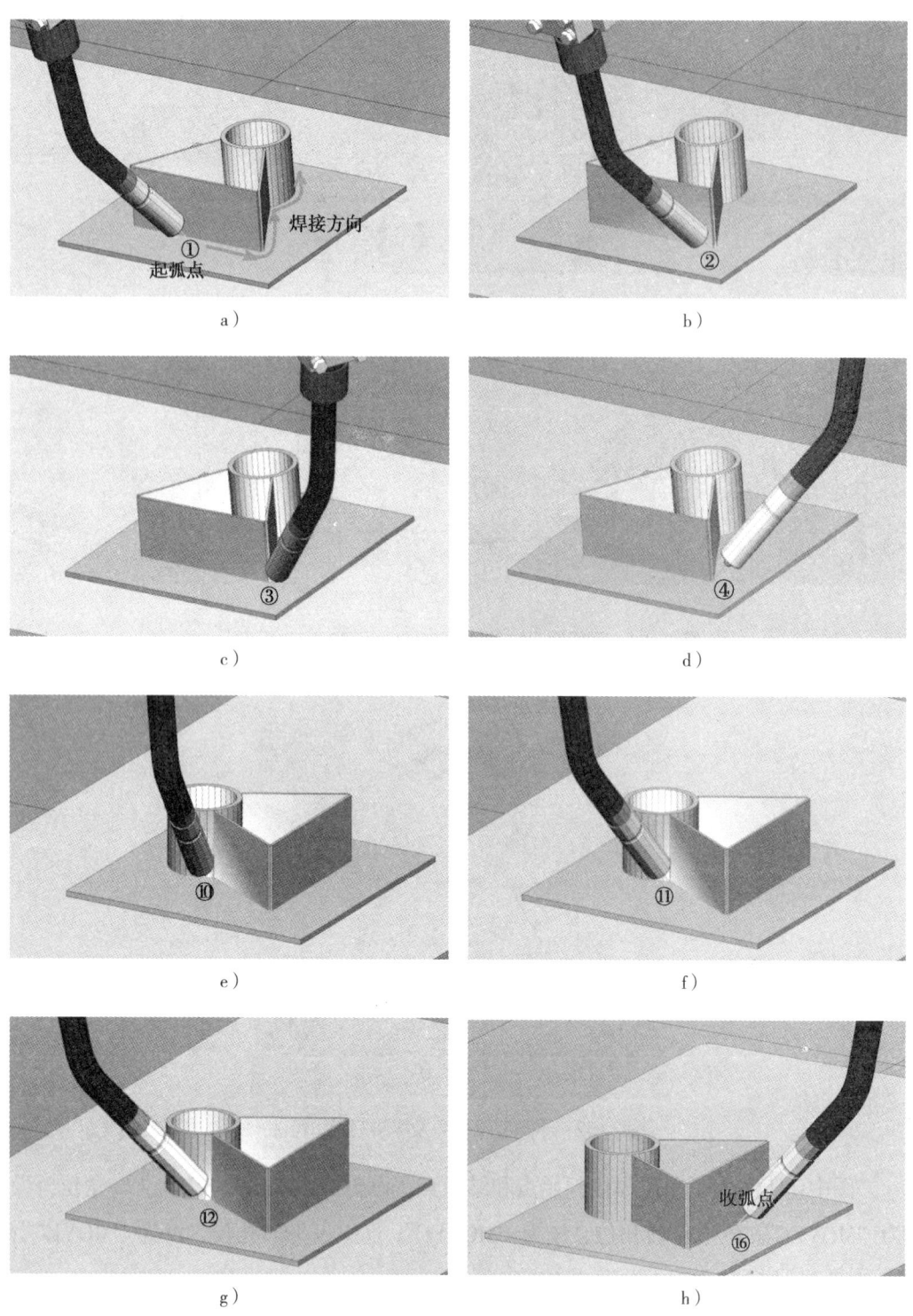

图 2-53 示教平角焊焊缝各示教点

a）平角焊接开始点①　b）②③④圆弧开始点　c）②③④圆弧中间点　d）②③④圆弧结束点
e）⑦⑧⑨⑩圆弧结束点　f）⑩⑪⑫圆弧中间点　g）⑩⑪⑫圆弧结束点　h）焊接结束点⑯

步骤7：焊接参数设置

根据焊接工艺指导书要求，管板组合件焊接参数见表2-11。

表2-11 管板组合件焊接参数

焊接位置	焊接电流/A	电弧电压/V	气体流量/(L·min^{-1})	焊接速度/(m·min^{-1})	收弧电流/A	收弧时间/s
立焊缝 ABC、JKL	120~130	17~18	14~15	0.5~0.6	80~90	0.0~0.1
立焊缝 DEF、GHI	130~140	18~19	14~15	0.45~0.55	90~100	0.0~0.1
底板平角焊	140~150	20~21	14~15	0.35~0.4	100~110	0.2~0.4

步骤8：机器人沿轨迹施焊

1. 机器人焊接程序检查（注："○"为空走或传感点；"●"为焊接点）

（1）管板组合件立焊缝程序

```
1：Mech1：Robot
Begin of Program
   TOOL=1：TOOL01
○  MOVEP  P001   20.00m/min
○  MOVEP  P002   20.00m/min
●  MOVEL  P003   20.00m/min
   ARC-SET   AMP=120   VOLT=17.5   S=0.60
   ARC-ON   ArcStart1.prg   RETRY=0
●  MOVEL  P004   20.00m/min
○  MOVEL  P005   20.00m/min
   CRATER   AMP=100   VOLT=16.0   T=0.00
   ARC-OFF   ArcEnd1.prg   RELEASE=0
○  MOVEP  P006   20.00m/min
○  MOVEP  P007   20.00m/min
```

（2）管板组合件平角焊程序

```
●  MOVEL  P030   20.00m/min
   ARC-SET   AMP=140   VOLT=20.0   S=0.35
```

```
ARC-ON   ArcStart1.prg   RETRY=0
● MOVEC   P031   20.00m/min
● MOVEC   P032   20.00m/min
● MOVEC   P033   20.00m/min
● MOVEL   P034   20.00m/min
● MOVEC   P035   20.00m/min
● MOVEC   P036   20.00m/min
● MOVEC   P037   20.00m/min
● MOVEL   P038   20.00m/min
● MOVEC   P039   20.00m/min
● MOVEC   P040   20.00m/min
● MOVEC   P041   20.00m/min
● MOVEL   P042   20.00m/min
● MOVEC   P043   20.00m/min
● MOVEC   P044   20.00m/min
● MOVEC   P045   20.00m/min
● MOVEL   P046   20.00m/min
● MOVEC   P047   20.00m/min
● MOVEC   P048   20.00m/min
● MOVEC   P049   20.00m/min
○ MOVEL   P050   20.00m/min
   CRATER   AMP=100   VOLT=16.0   T=0.3
   ARC-OFF   ArcEnd1.prg   RELEASE=0
○ MOVEP   P0051   20.00m/min
○ MOVEP   P0052   20.00m/min
```

2. 程序检查无误后，检查保护气瓶开关是否为开启状态，按下示教盒的检气按钮，使用流量调节旋钮将保护气流量调至14～15 L/min，确认供气装置无漏气情况，然后关闭检气按钮。减压流量计检气状态如图2-54所示。

3. 将光标移至程序起始处，将示教盒的模式转换开关由"Teach"旋至"AUTO"，模式转换开关如图2-55所示。然后按下伺服ON按钮，确定工作区无人后，再按下启动按钮。

 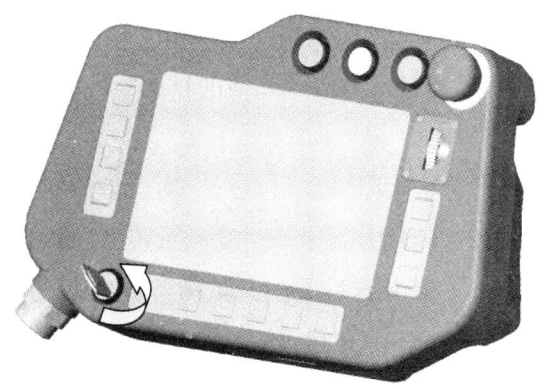

图 2-54　减压流量计检气状态　　　　图 2-55　示教盒模式转换开关

4. 焊接过程中时刻观察机器人系统工作状态，若因不明原因造成断弧，不要急于停止，应让机器人继续运行下去，机器人会重新自动起弧焊接。

5. 断弧后重新起弧仍不能正常焊接时，应停止运行程序，检查断弧原因。

培训单元二　机器人弧焊示教编程程序管理

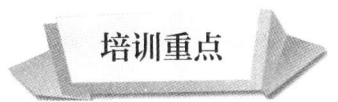

掌握机器人弧焊示教编程程序管理。

1. 系统数据的备份与恢复

以 ABB 机器人为例，定期对焊接机器人的数据进行备份，是保证焊接机器人正常工作的良好习惯，这样做可以防止误操作使数据丢失。

ABB 焊接机器人数据备份的对象是所有正在系统内存运行的 RAPID 程序和系

统参数。当机器人系统出现错乱或重新安装系统以后,可以通过备份快速地把机器人恢复到备份时的状态。

(1)备份包含的内容

备份可保存所有系统参数、系统模块、程序模块等。备份文件以目录形式存储,默认目录名后缀为当前日期。一般存储在系统的"BACKUP"目录中,包含以下内容:

1)BACKINFO 目录——当前备份的相关信息。

2)HOME 目录——复制系统"HOME"目录中的内容(建议程序存储目录)。

3)RAPID 目录——保存当前加载到内存中的程序。

4)SYSPAR 目录——保存系统参数配置文件(如 EIO.cfg,PROC.cfg)。

5)system.xml——可查看系统信息,如版本、控制器密匙、机器人型号、机器人密匙、软件配置选项等。

恢复功能仅限于使用本机的备份文件,在进行恢复时,要注意的是,备份数据是具有唯一性的,不能将一台机器人的备份恢复到另一台机器人中去,否则会造成系统故障。

(2)焊接机器人数据备份操作

1)打开系统主菜单"ABB",选择"备份与恢复"功能,如图 2-56 所示。

2)单击"备份当前系统",如图 2-57 所示。

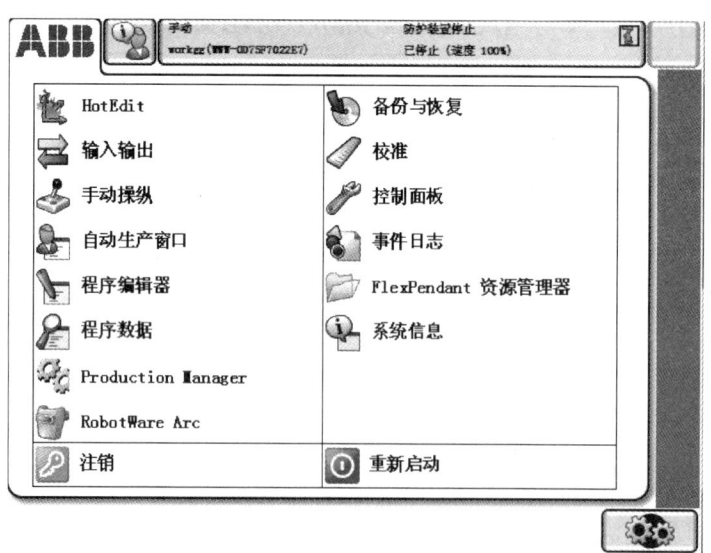

图 2-56 焊接机器人数据备份操作

图 2-57　备份当前系统

3）备份以文件夹的形式创建，单击"ABC"可以对其备份目录进行修改；单击"…"可以选择备份文件夹存放的位置，默认存放位置在系统的"BACKUP"目录下，如图 2-58 所示。

4）单击"备份"，等待备份完成。

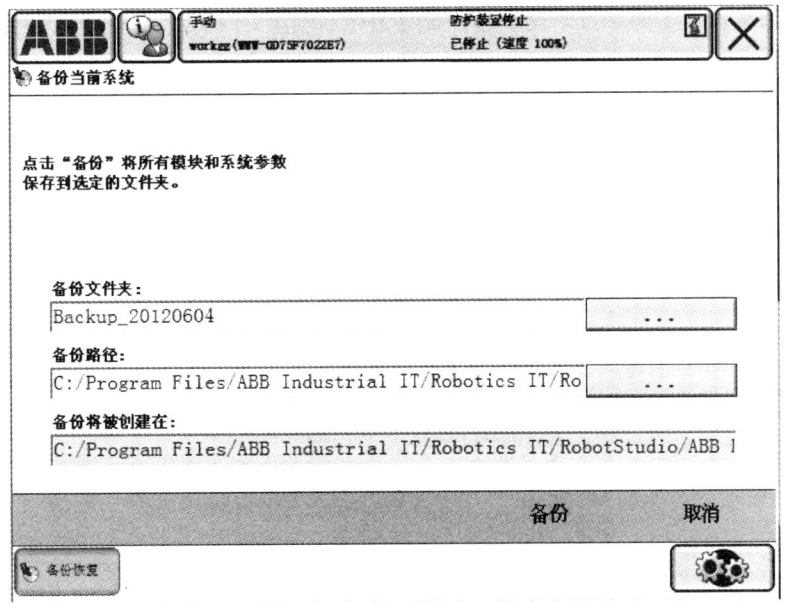

图 2-58　备份以文件夹的形式创建

(3) 焊接机器人数据恢复操作

1) 打开系统主菜单"ABB",选择"备份与恢复"功能,单击"恢复系统",如图 2-59 所示。

图 2-59 "备份与恢复"功能

2) 在备份文件夹选项中选择已有的备份文件夹,文件夹可以为机器人系统内存中的备份文件夹,也可以是外部存储卡中的备份文件夹,但是必须是同一系统、同一台计算机创建的备份文件夹;选择"恢复",系统重启后完成系统恢复操作。

2. 机器人弧焊程序管理操作

(1) 查看和修改程序信息

1) 以 FANUC 机器人为例,按"SELECT"键进入程序目录界面,如图 2-60 所示。

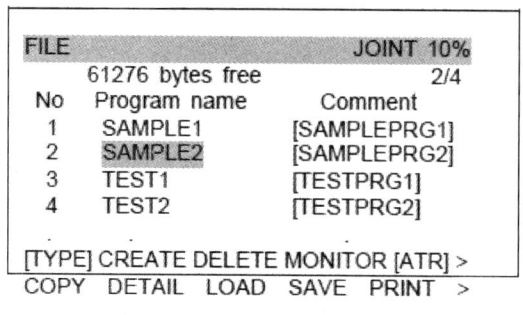

图 2-60 进入程序目录界面

2）按 F2 "DETAIL" 显示程序信息，如图 2-61 所示。

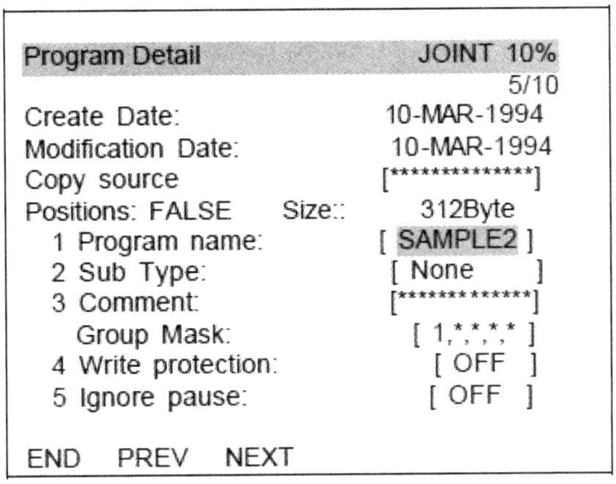

图 2-61 显示程序信息

3）移动光标到要修改的项目，进行具体修改。

4）按 F1 "END" 退出。查看和修改程序信息见表 2-12。

表 2-12 查看和修改程序信息

英文	中文
Create Date	创建日期
Modification Date	最后一次编辑时间
Copy source	复制来源
Positions	是否有点
Size	文件大小
Program name	程序名
Sub Type	子类型
Comment	注释
Group Mask	组掩码（定义程序中有哪几个组受控制）
Write protection	写保护
Ignore pause	是否忽略 Pause

（2）删除程序文件

1）按 "SELECT" 键进入程序目录界面后，移动光标选中要删除的程序，如图 2-62 所示。

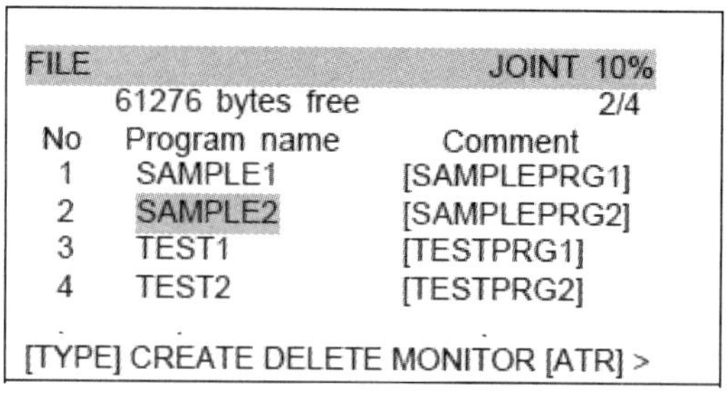

FILE JOINT 10%
61276 bytes free 2/4
No Program name Comment
1 SAMPLE1 [SAMPLEPRG1]
2 SAMPLE2 [SAMPLEPRG2]
3 TEST1 [TESTPRG1]
4 TEST2 [TESTPRG2]
[TYPE] CREATE DELETE MONITOR [ATR] >

图 2-62　选中要删除的程序

2）按 F4“YES”或 F5“NO”，确认或取消删除操作，如图 2-63 所示。

Delete ?
YES NO

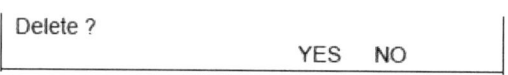

图 2-63　确认或取消删除操作

（3）复制程序文件

1）按“SELECT”键进入程序目录界面后，移动光标选中要复制的程序，如图 2-64 所示。

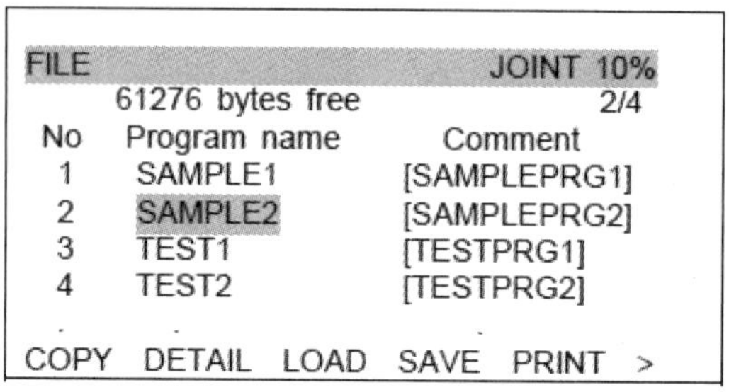

FILE JOINT 10%
61276 bytes free 2/4
No Program name Comment
1 SAMPLE1 [SAMPLEPRG1]
2 SAMPLE2 [SAMPLEPRG2]
3 TEST1 [TESTPRG1]
4 TEST2 [TESTPRG2]
COPY DETAIL LOAD SAVE PRINT >

图 2-64　选中要复制的程序

2）按 F1“COPY”显示为复制文件命名的界面，如图 2-65 所示。

JOINT 10%
1 Words
2 Upper Case
3 Lower Case
4 Options ---Insert---
---Copy Teach Pendant Program ---
From : [SAMPLE2]
To : [ ]
Press ENTER for next item
PRG MAIN SUB TEST

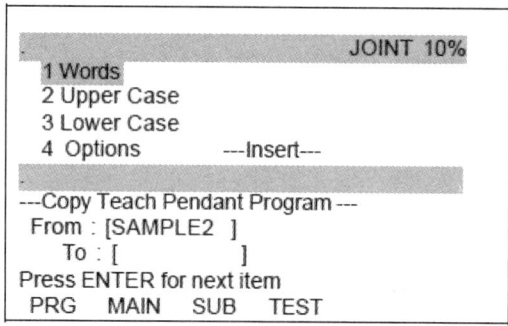

图 2-65　为复制文件命名

3)输入名字后,按 F4 "YES" 或 F5 "NO",确认或取消复制操作,如图 2-66 所示。

```
---Copy Teach Pendant Program---
 From : [SAMPLE2   ]
   To : [ PRO1     ]

Copy OK ?
                        YES    NO
```

图 2-66　确认或取消复制操作

培训项目 四 焊后检查

培训单元一 焊接接头熔深检测

掌握焊接接头熔深检测方法。

1. 熔深的概念

熔深是指焊接接头截面积上母材熔化的深度。焊接时必须有足够的熔深,才能使被焊接的两块母材可靠地连接在一起,否则,焊缝达不到设计要求的强度。

V形坡口对接焊缝及角焊缝熔深示意图如图2-67、图2-68所示。

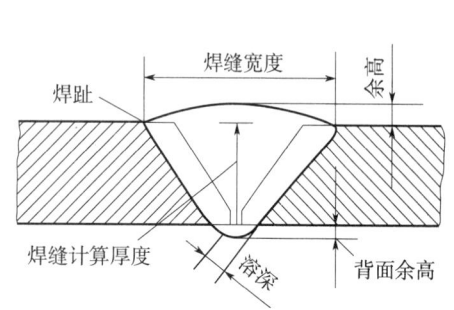

图2-67 V形坡口对接焊缝熔深示意图

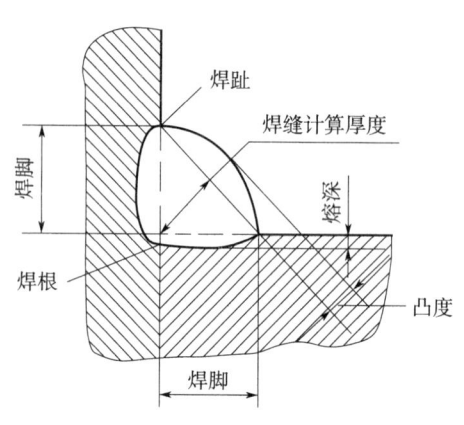

图2-68 角焊缝熔深示意图

2. 试样制备要求

（1）把截取下来的焊缝样件两段磨平或铣平，表面粗糙度 $Ra \leqslant 6.3\ \mu m$。

（2）用钢直尺、划针沿着样件边缘画出两条线（目的是便于测量熔深的基准线），如图 2-69 所示。

3. 硝酸调配

调配质量分数为 5% 的稀硝酸。

4. 操作方法

用调配好的稀硝酸涂抹在焊缝端面，经过硝酸腐蚀，使焊缝熔深清晰可见，如图 2-70 所示。然后用游标卡尺测量熔深尺寸，如图 2-71 所示（1、2、3 尺寸）。

图 2-69　V 形坡口对接焊缝熔深

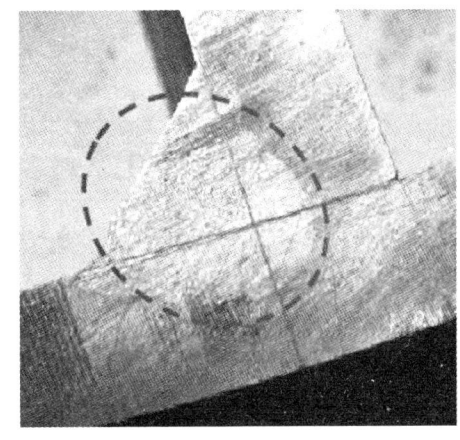

图 2-70　角焊缝熔深

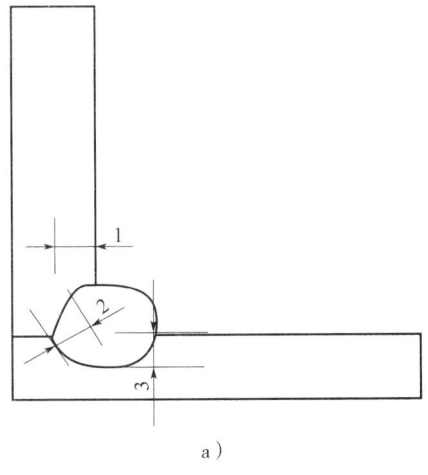

a）

b）

c) d)

图 2-71 用游标卡尺测量熔深尺寸

a）熔深量取位置图示（1、2、3） b）量取立板侧熔深（1） c）量取焊根部位熔深（2） d）量取水平侧熔深（3）

培训单元二　焊接接头密封性检测

掌握焊接接头密封性容器的检测方法。

一般检漏有抽真空和正压两种简单常用的方式，抽真空一般是负压，是把测试的环境内部抽出气体，使里面环境成真空。正压是从外部往操作环境内打压，为增压过程。本单元主要讲述正压焊接接头密封性容器的检测方法。

1. 焊接接头密封性检测常用的方法

（1）沉水试验

沉水试验用于受较小内压的小型容器或管道。检验前先对容器或管道充一定压力（0.4~0.5 MPa）的压缩空气。然后沉水以检验密封性，如有泄漏，水中必有气泡发生。这也是检查自行车内胎是否漏气的常用手段。

(2)盛水试验

盛水试验是以水自重所产生的静压检验结构有无渗漏现象。以目测为主,适用于不受压但要求有密封性的一般焊接结构。

(3)氨渗漏试验

氨渗漏试验的用途与煤油渗漏试验相同,其灵敏度高于煤油渗漏试验。试验前先在焊缝便于观察一侧粘贴浸过质量分数为5%的$HgNO_3$水溶液或酚酞试剂的白纸条或绷带,然后在容器内充氨气或加$\varphi(N_2)=1\%$的压缩空气。如有泄漏,就会在白纸条或绷带上泛出色斑。浸过质量分数为5%的$HgNO_3$水溶液的为黑斑,浸过酚酞试剂的为红斑。

(4)煤油渗漏试验

煤油渗漏试验用于受较小内压及要求有一定密封性的焊接结构。煤油渗透性强,非常适合焊缝的密封性检验。检验前先在焊缝便于观察一侧刷石灰水,干燥后在焊缝另一侧刷涂煤油,如有穿透性缺陷,石灰层上会泛出煤油斑或煤油带。观察时间为15~30 min。

(5)氦质谱试验

氦质谱试验是目前密封性检验的最有效手段,氦质谱仪灵敏度极高,可检出体积分数为10^{-6}的He。试验前先在容器内充He,然后在容器焊缝外侧检漏。缺点是He价格昂贵及检验周期较长。尽管He有极强的穿透力,但极微小缝隙(此类缝用其他手段无法检出)的穿透仍须较长时间,一些厚壁容器的检漏往往长达数十小时。适当加温可加快检漏速度。

(6)气密性试验

气密性试验是锅炉、压力容器及其他要求气密性重要焊接结构的常规检验手段。介质为洁净空气,试验压力一般等于设计压力。试验时压力应逐级递增。达到设计压力后,在焊缝或密封面外侧涂肥皂水并以肥皂水是否冒泡为检验依据。因气密性检验有爆炸危险,因此应在水压试验合格后进行。

2. 压力容器进行气密性试验的要求

(1)气密性检测试验应在液压试验合格后进行。对设计要求做气压试验的压力容器,气密性试验可与气压试验同时进行,试验压力应为气压试验的压力。

(2)碳素钢和低合金钢制成的压力容器,其试验用气体的温度应不低于5 ℃,其他材料制成的压力容器按设计图样规定。

（3）气密性检测试验所用气体，应为干燥、清洁的空气、氮气或其他惰性气体。

（4）进行气密性检测试验时，安全附件应安装齐全。

（5）试验时压力应缓慢上升，达到规定试验压力后保压不少于 30 min，然后降至设计压力，对所有焊缝和连接部位涂刷肥皂水进行检查，无泄漏为合格。如有泄漏，修补后重新进行液压试验和气密性试验。差压式正压气密测试仪如图 2-72 所示。

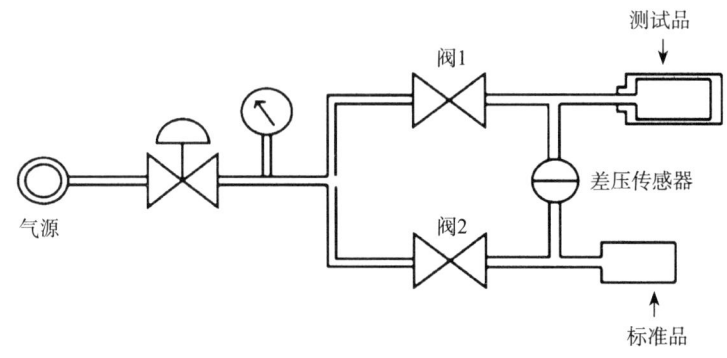

图 2-72　差压式正压气密测试仪

检测原理：采用相同压力的气体同时充入被测物和基准物内，经过一定时间后，观察两侧的平衡情况。若被测物不漏，平衡状态将会一直保持下去。如果被测物存在泄漏，那么它内部的压力就会逐渐降低，平衡就被破坏，差压传感器将直接计算出它的压力差。压力差在允许的范围内为合格，显示绿灯；压力差在允许的范围外为不合格，显示红灯。

操作名称：压力容器气压、气密性试验操作

操作实施步骤

操作规程检查 ⇨ 安全措施落实 ⇨ 操作前的设备检查 ⇨ 试压 ⇨ 压力容器气压、气密性试验合格确认

步骤1：操作规程检查

1. 按 GB 150.1-150.4—2010《固定式压力容器》和《固定式压力容器安全技术监察规则》制定操作规程。

2. 操作规程符合设计图样要求。

步骤2：安全措施落实

1. 在试验场地四周围防护栏，并经工程技术负责人和安全部门负责人检查认可。

2. 进行气压气密性试验时，禁止无关人员在场。

3. 每次试验时，工程技术负责人和安全部门负责人应在现场。

步骤3：操作前的设备检查

1. 每一台产品都应在总体检验合格后进行试验。

2. 压力容器进行气压或气密性试验时，一般应将安全附件装配齐全，各连接部位的螺栓必须装配齐全，紧固妥当。

3. 气源要求：试验所使用气体应为干燥洁净的空气、氮气或其他惰性气体。

4. 领用压力表，领用两只相同量程且经校验，在有效期内的压力表，压力表量程应是最大允许工作压力的 1.5～3 倍，最好是 2 倍，表盘直径不小于 100 mm；压力表精度不低于 1.6 级。

5. 压力表的安装：压力表应安装在被试验压力容器顶部便于观察的位置。

6. 试验温度要求：碳钢和低合金钢制压力容器，其试验用气体的温度应不低于 5 ℃，其他材料制压力容器按设计图样规定。

步骤4：试压

1. 气压试验：先缓慢升压至规定试验压力的 10%，保压足够时间，并对所有焊缝和连接部位进行初次检查，如无泄漏可继续升压到规定试验压力的 50%，如无异常现象，其后按规定试验压力的 10% 逐级升压，直到试验压力，保压 30 min，然后降到规定设计压力，保压足够时间进行检查。

2. 气密性试验：容器在耐压试验后，方可进行气密性试验；试验压力应缓慢上升，达到规定试验压力后保压 10 min，对所有焊接接头和连接部位进行泄漏检查，小型容器也可浸入水中检查。

3. 检查期间压力应保持不变，不得采用连续加压来维持试验压力不变。

4. 试验过程中严禁带压紧固螺栓。

步骤5：压力容器气压、气密性试验合格确认

1. 试验过程中无异常响声。
2. 无可见变形。
3. 经肥皂液或其他检漏检查无漏气。
4. 如有泄漏，判定为产品气密性检验不合格，修补后需要重新进行试验。

职业模块 二
机器人点焊

培训项目 一

示教编程

培训单元一　机器人点焊指令的类别和应用

1. 熟悉点焊机器人工作站构成。
2. 了解点焊机器人工作站的基本功能。
3. 掌握机器人点焊指令的类别和应用。

1. 点焊工作站的构成及主要功能

点焊机器人工作站主要由点焊机器人本体、焊钳、点焊控制器、电极修磨器、冷水机和焊接工装等设备组成。

（1）点焊机器人本体

点焊机器人本体也称点焊机械手，属于工业机器人的一类，由互相连接的机械臂、驱动与传动装置，以及各种内外部传感器组成。工作时，点焊机器人本体夹持一体式焊钳进行点焊作业。图 2-73 为 KUKA KR210 点焊机器人本体。

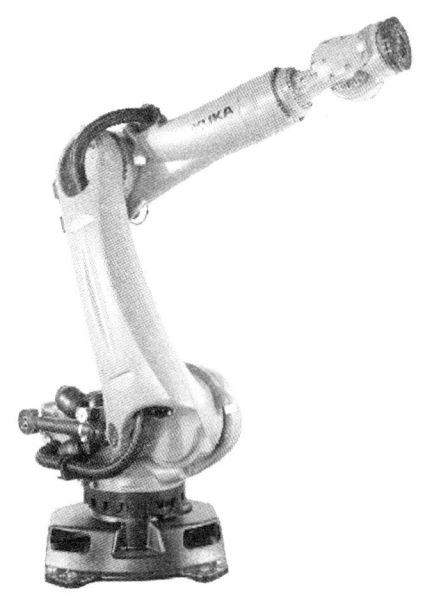

图 2-73　KR210 点焊机器人本体

KUKA KR210 点焊机器人技术参数见表 2-13。

表 2-13 KR210 点焊机器人技术参数

参数名称	参数值	参数名称	参数值
轴数	6 轴	负载	210 kg
工作范围	2 700 mm	重复定位精度	±0.06 mm
防护等级	IP54	本体质量	1 078 kg

（2）焊钳

焊钳是点焊机器人焊接的执行机构，按照结构分为 X 型焊钳和 C 型焊钳，按焊钳电极驱动原理不同分为气动焊钳和伺服焊钳。C 型伺服焊钳的结构如图 2-74 所示，分为焊臂、焊接变压器、焊钳支架、电极驱动装置、电气接线盒等装置。其中焊接变压器提供点焊时的电流，电极驱动装置采用伺服电动机提供焊接时的电极压力。

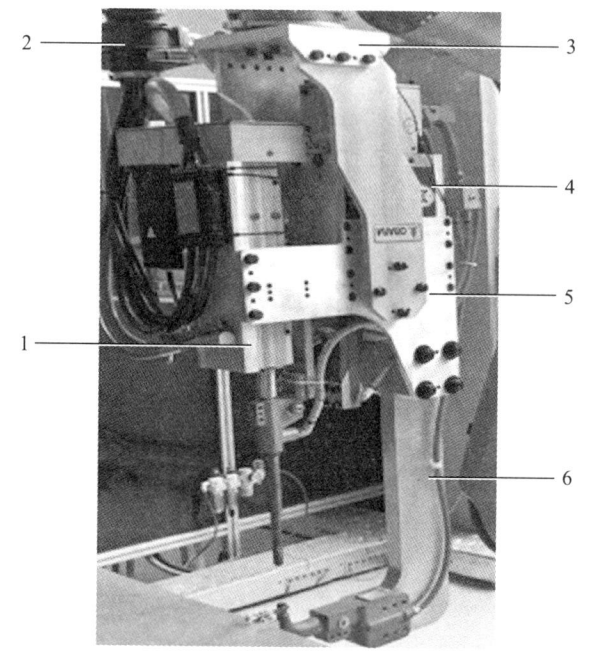

图 2-74 C 型伺服焊钳

1—电极驱动装置 2—电气接线盒 3—支架 4—焊接变压器 5—浮动装置 6—焊臂

C 型伺服焊钳相对普通手动焊钳具有诸多优势，可以极大提高焊接效率和焊接质量。其特点有：

1）减少操作时间：减小焊点间移动距离，缩短电极打开尺度，从而减少操作时间。

2)低噪声:电极轻触板材,降低了操作噪声。由于不产生空气排出的噪声,伺服焊钳操作安静。

3)全方位焊接:伺服焊钳可以在任意位置操作。

4)电极轻柔接触工件:电极在接触到工件前减速,因此可轻柔地接触工件。这样就可以延长电极和焊钳的寿命,同时可以形成最好的核块。

5)加压控制:伺服焊钳通过控制电流,从而可在每次焊接时改变压力。这样可以根据板材的厚度和材质变换最适合的压力以达到最好的焊接品质。电极在加压轴任意位置停止,可以在规定范围内的任意位置设定电极间距,电极无须打开太宽,减少操作时间。

6)能源利用效率高:由于降低了压力压缩损耗,和传统的气动焊钳相比 C 型伺服焊钳能源利用效率提高了 75%(气动枪效率 15%,伺服电动机效率 75%,伺服机器人焊钳效率 85%~70%,包括伺服驱动,电力 - 动力转换效率达 74%)。

7)焊钳可兼容更换:一个机器人上可以用一种以上的焊钳,在换过焊钳后,新焊钳的初始位置可自动设定。

(3)点焊控制器

点焊控制器也称焊接控制器,是控制点焊的焊接电流、通电时间及电极压力等参数的装置。以小原控制器 OBARA/STN21 为例,点焊控制器由控制箱和 TIMER 控制盒组成(图 2-75)通过 TIMER 控制盒人机交互界面设置焊接参数(电流、时间和压力)。

a)   b)

图 2-75 点焊控制器

a)控制箱 b)TIMER 控制盒

（4）电极修磨器

电极修磨器主要由修磨本体、控制箱、标准刀片与刀架、吹气装置 4 部分组成，如图 2-76 所示。其作用是修磨电极表面，工作原理是：将待修磨的电极头移动到标准刀片两侧（修磨工作位），将上、下两极夹紧，使上、下电极同时接触到修磨器的双面刀片，转动刀片切削电极头不平整部位，同时打开吹气装置，将切削产生的金属屑吹到托盘中，修磨器的刀片转动一定转数后，将上下电极端头切削出与刀片形状一致的端面。修磨本体采用浮动装置，吸收焊钳的负荷。

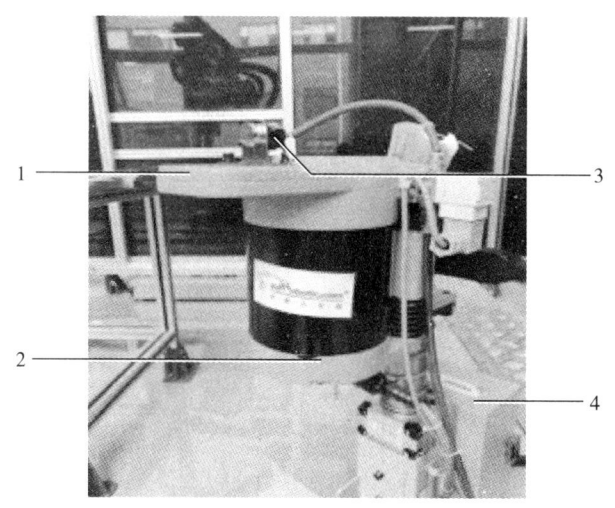

图 2-76 电极修磨器
1—刀片和刀架　2—修磨机本体　3—吹气装置　4—控制箱

（5）冷水机

点焊设备在焊接过程中产生大量的热，为了保证设备良好运转和焊接质量，维护焊接系统的稳定性，循环冷却水起到至关重要的作用。以 LS302FB 冷水机为例，如图 2-77a 所示，采用热交换原理，通过循环水，快速带走焊接中产生的热量，特别是焊钳上的热，保证焊接时的系统温度维持在许可范围之内，起到保护焊接系统的作用。

冷水机的进、回水管分别用绿色和红色管区分，分别代表冷水和热水循环回路，如图 2-77b 所示。

2. 点焊机器人移动指令

（1）机器人移动指令

点焊机器人移动指令与弧焊机器人移动指令基本相同，如"PTP"为点到点移动，"LIN"为直线移动，如图 2-78 所示。

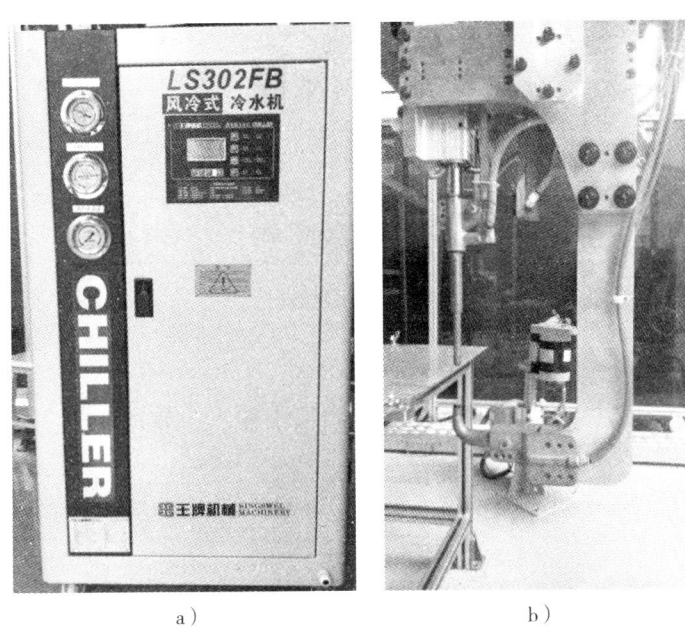

图 2-77 冷水机
a) 冷水机　b) 焊钳进、回水管

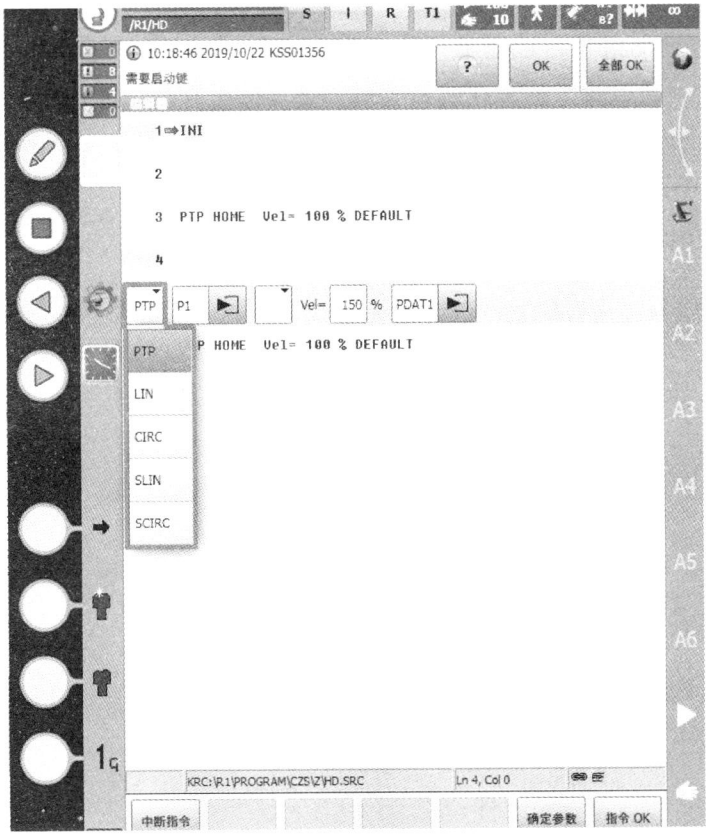

图 2-78 移动指令的选择

1)"PTP"移动

以 KUKA 机器人为例,在联机表格中选择"PTP",并在联机表格中输入参数,如图 2-79 所示。

图 2-79 联机表格

2)"LIN"移动

在联机表格中选择"LIN",并在联机表格中输入参数,如图 2-80 所示。

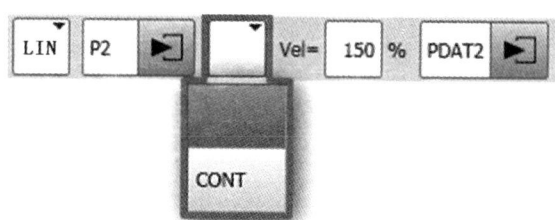

图 2-80 联机表格选择轨迹逼近

为了加速运动过程,控制器可以选取"CONT"标识的运动指令进行轨迹逼近。轨迹逼近意味着将不精确移到点坐标。事先便离开精确保持轮廓的轨迹,TCP 被导引沿着轨迹逼近轮廓运行,该轮廓止于下一个运动指令的精确保持轮廓,如图 2-81 所示。

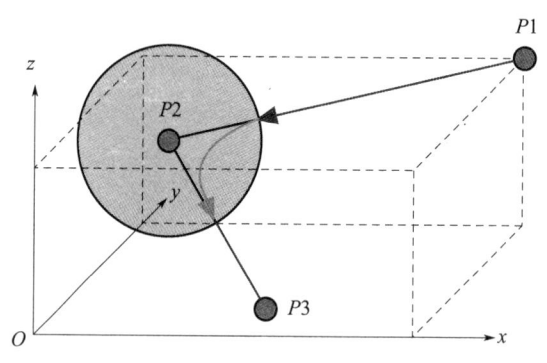

图 2-81 轨迹逼近示意图

轨迹逼近的优点:一是减少磨损,二是降低节拍时间。

通常情况下,点焊机器人一般不进行"CIRC"(圆弧)运动。

(2)"DualForce"焊点指令

KUKA 机器人"ServoTech"包提供了 2 条基本的点焊指令,分别是焊点和

DualForce 焊点。其中，焊点是单一压力下的焊接，而 DualForce 焊点是 2 个作用力下的焊接。如果采用无气动补偿的焊钳，焊钳位置通过机器人的运动进行修正，因此焊接指令使用机器人补偿联机表单。

DualForce 焊点指令联机表如图 2-82 所示。

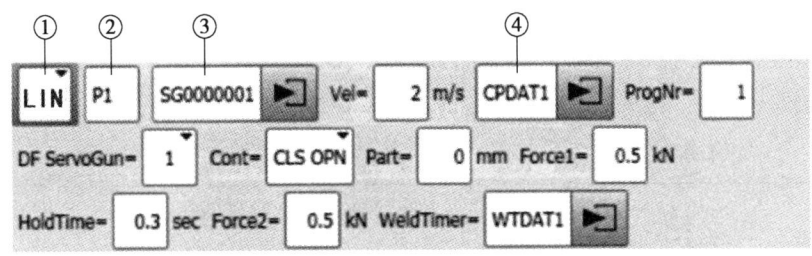

图 2-82　DualForce 焊点指令联机表

图 2-82 中，DualForce 焊点指令联机表单图示参数含义见表 2-14。

表 2-14　DualForce 焊点指令联机表单图示参数含义

参数	参数含义
①	运动方式：PTP、LIN 或 CIRC
②	仅在进行 CIRC 运动时：辅助点
③	目标点名称 仅针对选项点的名称：最后 7 位（= 默认位数）必须为数字。机器人控制系统将此位数作为程序编号告知焊接计时器。可通过 WorkVisual 中参数位置数量配置最后相关位数的数量 […] 0 000 001… […] 9 999 999
Vel	速度：PTP：0…100% 　　　LIN 或 CIRC：0.001～2 m/s
④	运动数据组名称。系统自动赋予一个名称，名称可以被改写
ProgNr	用于焊接计时器的程序编号 　　1…100 000 只有在配置了选项程序号时，才显示该栏目
DF ServoGun	激活的卡钳：1～6
Cont	CLS OPN：闭合和打开运动时的圆滑过渡 OPN：打开运动时的圆滑过渡 CLS：闭合运动时的圆滑过渡 [空白]：无圆滑过渡

续表

参数	参数含义
Part	待焊接工件的总厚度 0~100 mm 只有选项计时器中的薄板厚度配置为"FALSE"时,才显示该栏目
Force1	焊钳的第一闭合力 最大值:配置参数最大焊钳夹紧力,单位为 kN 栏目 Force1、HoldTime 和 Force2 仅在选项来自计时器的动力配置为"FALSE"时才会显示
HoldTime	如果焊钳达到第一闭合力,将会按此处显示的时间保持该力之后过渡到第二闭合力(无打开和闭合动作)
Force2	焊钳的第二闭合力 如果焊钳达到第二闭合力,则将保持该力,直到焊接计时器发出焊接结束信号
ApproxDist	通过焊接点之间的机器人修正焊钳位置。例如,当焊钳从一个焊点移动到另一个焊点时,若在板材上留下划痕,则可在此处进行均衡调整 该位置将反向于刀具作业方向进行修正 0~10 mm
SpotOffset	通过焊接点处的机器人修正焊钳位置。例如,当原有板材厚度因材料熔化而发生变化,则可在此处进行均衡调整 正值:该位置将朝向刀具作业方向进行修正 负值:该位置将反向于刀具作业方向进行修正 -5~5 mm
WeldTimer	焊接参数 只有在"WorkVisual"的"ServoGun"编辑器的焊接计时器中至少有一个选项设为"TRUE"的情况下才会显示此栏目

DualForce 焊点指令联机表参数名称及设定值见表 2-15。

表 2-15　DualForce 焊点指令联机表参数名称及设定值

参数名称	设定值	参数名称	设定值
待焊接工件的总厚度	3	卡钳的闭合力	0.5
ApproxDist	0	SpotOffset	0
程序号	1		

培训单元二　点焊机器人输入、输出端配置

掌握点焊机器人输入、输出端配置方法。

1. 软件配置

为了实现机器人对点焊过程的控制，在焊接之前，需要对点焊机器人输入、输出端选项进行配置，配置完成后将项目下载到机器人控制系统激活使用。以 KUKA 机器人为例，点焊在 WorkVisual 中的配置内容及流程如图 2-83 所示。

图 2-83　WorkVisual 中的配置内容及流程

2. 设备配置

点焊机器人工作站配置的设备主要包括总线设备和焊钳电动机，其中总线设备是实现机器人控制系统对点焊机及修磨器的控制，采用了母线耦合器 EK1100、16 位数字输入模块 EL1809、16 位数字输出模块 EL2809，而焊钳电动机是控制机器人附加轴 E1。点焊机器人工作站配置设备清单见表 2-16。

表 2-16　点焊机器人工作站配置设备清单

序号	设备名称	规格	说明
1	焊钳电动机	H_KSP40_400V_V1	附加轴 E1
2	母线耦合器	EK1100	外部 I/O 模块连接器

续表

序号	设备名称	规格	说明
3	16通道数字输入模块	EL1809	倍福16位数字输入
4	16通道数字输出模块	EL2809	倍福16位数字输出

3. I/O 配置

（1）输入输出信号及总线地址

首先将总线设备 EL1809、EL2809 与机器人总线连接，分配总线地址，地址分别为 200~215 的 16 位的地址。焊接控制系统通过 I/O 信号配置，对焊接过程中焊接开始、焊接复位、焊接完成、焊接温度等信号进行控制和监控。

1）数字量输入信号

数字量输入信号的作用是监测焊机和周边辅助设备的运行状态，并将相关监测信号作为系统运行的控制条件。本站数字量输入信号见表2-17。

表2-17 数字量输入信号

序号	信号名称	来自设备	信号型号	总线设备	总线地址
1	焊接错误（Weld Error）	计时器	1位	EL1809	202
2	焊接完成（Weld Complete）	计时器	1位		203
3	温度（Temperature）	计时器	1位		204

2）数字量输出信号

数字量输出信号主要控制计时器和周边设备（修磨器）的运行，见表2-18。

表2-18 数字量输出信号

序号	信号名称	来自设备	信号型号	总线设备	总线地址
1	程序号（Program Number）	计时器	3位	EL2809	200-203
2	焊接开始（Weld Start）	计时器	1位		204
3	错误复位（Error Reset）	计时器	1位		206
4	修磨开始	修磨器	1位		208
5	吹气	修磨器			

注：1. 英文名称是在 ServoGun 编辑器中设置的。
2. 修磨开始和吹气采用同一个总线地址控制。
3. 计时器的地址由机器人和计时器端子实际接线确定。

（2）在 ServoGun 编辑器中配置输入输出端

在 ServoGun 编辑器中配置输入输出端，是为了将设备分配的总线地址与焊接相关功能连接在一起，实现对计时器的控制。配置流程如下：

1）单击设备导航器中的焊钳"H_KSP40_400V_V1"，然后选择菜单"编辑器"→"备选软件包"→"ServoGun 编辑器"，如图 2-84 所示。

图 2-84 "ServoGun 编辑器"菜单

注意：若不选择焊钳，可能无法进入 ServoGun 编辑器。ServoGun 编辑器主界面如图 2-85 所示，编辑器有 7 个选项卡，可以实现不同功能。

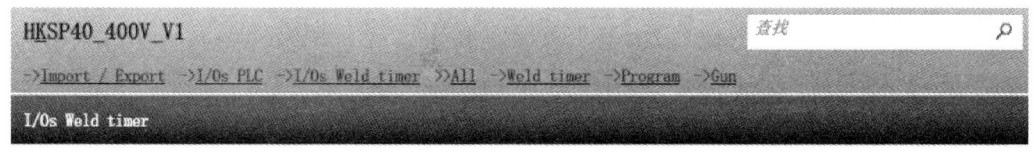

图 2-85 ServoGun 编辑器
1—Import/Export：导入/导出配置焊钳文件　2—I/Os PLC：PLC 控制的 I/O 配置窗口
3—I/Os Weld timer：计时器控制的 I/O 配置窗口　4—ALL：显示所有的配置文件
5—Weld timer：焊接参数区域，设定焊接参数（电极压力、通电时间等）的来源
6—Program：程序区域，设定点焊的程序号　7—Gun：焊钳区域，设置焊钳开度相关参数

2）焊接信号是机器人通过扩展 I/O 实现控制的，因此在 ServoGun 编辑器中选择"I/Os Weld timer"选项卡，按照要求输入 I/O 信号总线地址，配置机器人控制系统与计时器之间的 I/O 信号，如图 2-86 所示。

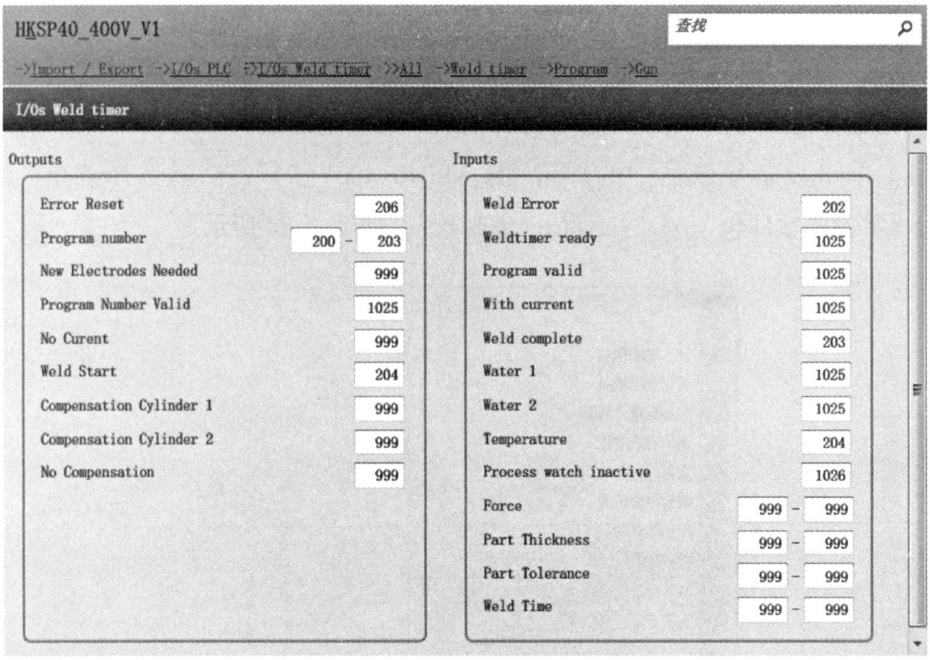

图 2-86 计时器输入输出端口配置

4. ServoGun 选项配置

ServoGun 编辑器中选项主要包括计时器区域、程序区域及焊钳区域，配置时选择需设置的选项卡，进入编辑窗口，按要求进行设置。

（1）Weld timer（焊接计时器区域）

焊接计时器区域为焊接作用力、板厚、板厚公差及焊接时间等参数指定数据来源，如选中参数复选框后，则表示选中参数将由焊接计时器设定，反之则表示选定参数将由机器人联机表单设定。设置参数来自联机表单，因此复选框不做任何选择，如图 2-87 所示。

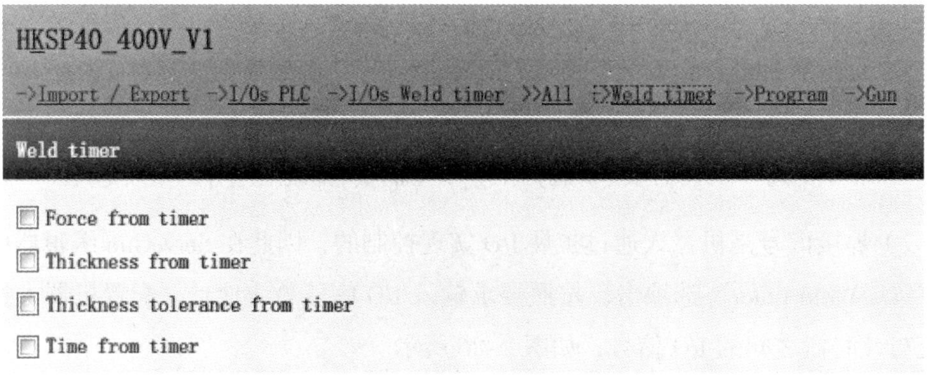

图 2-87 焊接计时器区域

焊接计时器区域功能见表 2-19。

表 2-19　焊接计时器区域功能

参数	说明
Force from timer （来自计时器的力值）	机器人控制系统应从何处得到卡钳闭合力的数值 选中：来自焊接计时器 未选：针对常规焊机和修磨，来自联机表单
Thickness from timer （来自计时器的板厚）	机器人控制系统应从何处得到下列数据 焊接：待焊工件的总厚度 修磨：铣刀厚度 选中：来自焊接计时器 未选：来自联机表单
Thickness tolerance from timer （来自计时器的板厚公差）	机器人控制系统应从何处得到厚度允许的偏差值 选中：来自焊接计时器 未选：来自联机表单
Time from timer （来自计时器的焊接时间）	机器人控制系统应从何处得到焊接时间值（ms） 选中：来自焊接计时器 未选：来自联机表单

（2）程序区域（Program）

程序区域设定机器人控制系统以何种方式选择焊接程序，如图 2-88 所示。

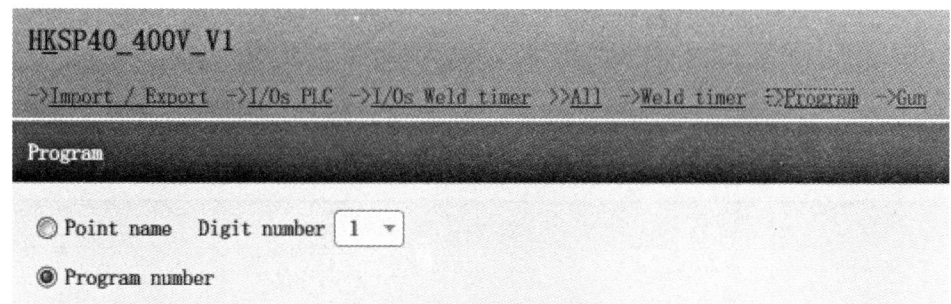

图 2-88　程序区域

程序区域功能见表 2-20。

（3）焊钳区域

焊钳区域主要设置焊接时焊钳的一些基本参数，包括作业方向、焊钳类型等，如图 2-89 所示。

表 2-20 程序区域功能

参数	说明
Point name（焊点名称）	通过焊点名称选择焊接程序
Digit number（焊点数量）	仅当选择了"Point name"后此栏才能被激活。 用户在机器人控制系统的焊接点和修磨点联机表单中设定点的名称，名称的最后 x 位必须是数字。机器人控制系统将此位数作为程序编号告知焊接计时器。 可设置 1~10
Program number（程序号）	用户在联机表单中通过设置一个号码来选择焊接程序

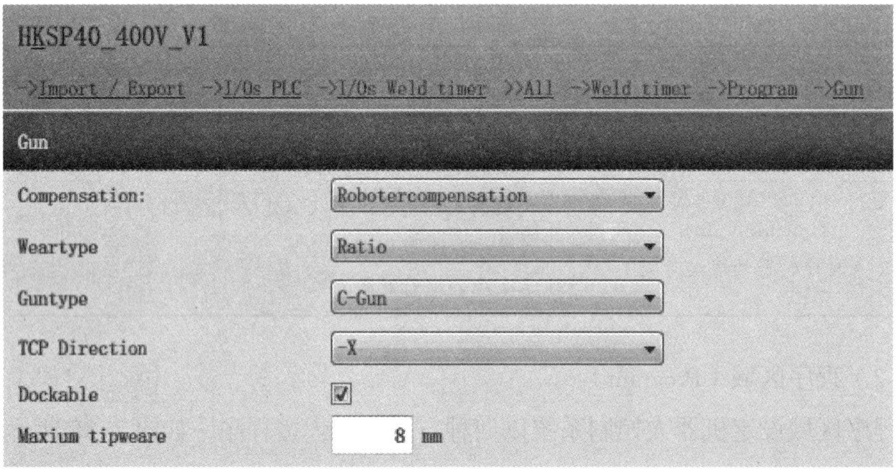

图 2-89 焊钳区域

焊钳区域功能见表 2-21。

表 2-21 焊钳区域功能

参数	说明
Compensation（补偿）	补偿方式： 气动（Pneumatic）：卡钳位置将以气动方式修正 机器人补偿（Roboter compensation）：卡钳位置将通过机器人的补偿运动进行修正
Weartype（烧损确定）	如何测定电极烧损的方式： 以 % 为单位的比例（Ratio）：将测定总烧损量。机器人控制系统按固定比例将两个电极与烧损量相对应。（默认：50∶50）。 单独测量（Meassurement）：将测定总烧损量，之后测定可移动电极的烧损量，从差额中得出固定电极的烧损量。 仅可与机器人补偿组合

续表

参数	说明
Guntype （焊钳类型）	X-GUN C-GUN
TCP Direction （TCP 作业方向）	此处必须给出刀具 TCP 的作业方向：-X（默认）、-Y、-Z、+X、+Y、+Z。选择 X、Y 还是 Z，则取决于 $TOOL_DIRECTION 的值 须选择正向还是负向，则取决于作业方向 选择正向，正向表示朝固定电极的方向，负向则相反；选择负向，负向表示朝固定电极的方向，正向则相反
Dockable （可耦合）	若要靠上（耦合）/脱开（解耦）卡钳时，则必须选择此项
Maxium tipweare （最高烧损）	电极头烧损的最大允许数值（两个电极总计） 设置范围为 0~20 mm

注意：焊钳 TCP 所确定工具作业方向设定（正向表示固定电极的方向；负向表示固定电极的反方向），如图 2-90 所示。

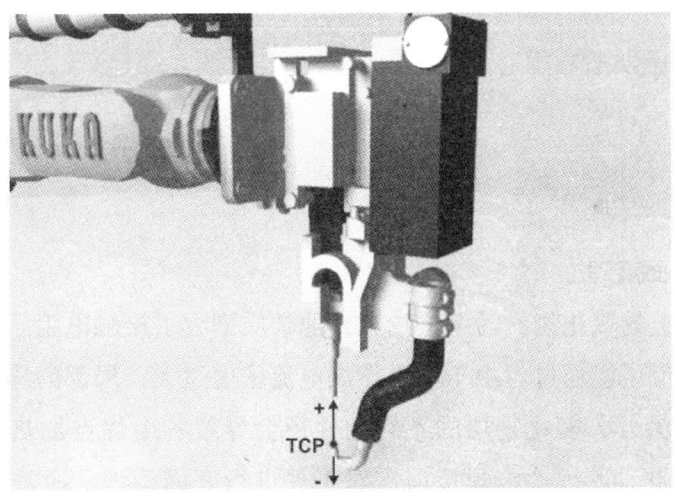

图 2-90　TCP 方向示意图

培训项目 二

焊前准备

培训单元 机器人点焊前的准备工作

掌握点焊机器人焊接前的准备工作。

1. 工件表面清理

工件表面上的氧化物、污垢、油和其他杂质增大了接触电阻。过厚的氧化物层甚至会使电流不能通过。由于电阻点焊电流密度过大,局部的导通会产生飞溅和表面烧损,另外,氧化物层的不均匀性还会导致各个焊点加热的不一致,引起焊接质量的波动。因此,焊接前需对工件进行表面清理。通常采用以下一些方法。

(1) 无论是点焊、缝焊或凸焊,在焊前必须进行工件表面清理,以保证接头质量稳定。清理方法分机械清理和化学清理两种。常用的机械清理方法有喷砂、喷丸、抛光,以及用纱布或钢丝刷等。不同的金属和合金,需采用不同的清理方法。

(2) 低碳钢和低合金钢在大气中的抗腐蚀能力较低。因此,这些金属在运输、存放和加工过程中常常用抗蚀油保护。如果涂油表面未被车间的脏物或其他不良导电材料所污染,在电极的压力下,油膜很容易被挤开,不会影响接头质量。

（3）低碳钢的材质状态有3种：热轧，不酸洗；热轧，酸洗并涂油；冷轧。

未酸洗的热轧钢焊接时，必须用喷砂、喷丸，或者用化学腐蚀的方法清除氧化皮，可在硫酸及盐酸溶液中，或者在以磷酸为主但含有硫脲的溶液中进行腐蚀，后一种成分可同时有效地进行涂油和腐蚀。

有镀层的钢板，除了少数外，一般不用特殊清理就可以进行焊接，镀铝钢板则需要用钢丝刷或化学腐蚀清理。带有磷酸盐涂层的钢板，其表面电阻会高到在低电极压力下焊接电流无法通过的程度。只有采用较高的压力才能进行焊接。

综上所述，彻底清理工件表面是保证获得优质接头的必要条件。工件表面清理前后对比如图2-91所示。

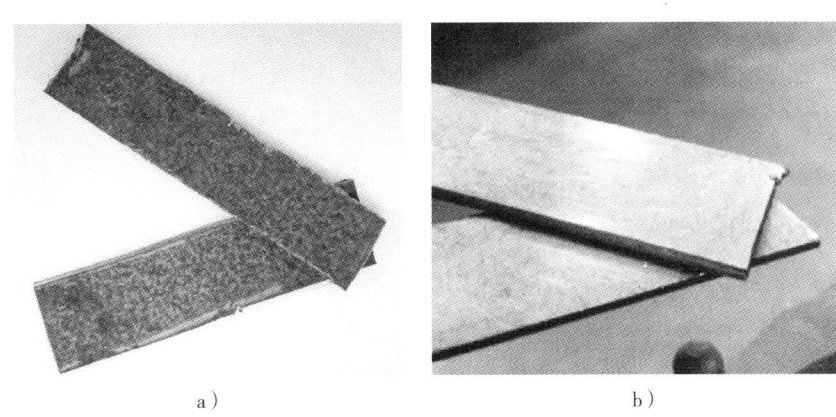

图2-91 工件表面清理
a）清理前 b）清理后

2. 装配间隙处理

装配间隙必须尽可能小，因为靠压力消除间隙将消耗一部分电极压力，使实际的焊接压力降低。间隙的不均匀性又将使焊接压力波动，从而引起各焊点强度的差异显著，过大的间隙还会引起严重飞溅，许用间隙值取决于工件的刚度和厚度，工件的刚度、厚度越大，许用间隙越小，通常为0.1~2 mm。接头的最小搭接量参考值见表2-22。

表2-22 接头的最小搭接量参考值　　　单位：mm

最薄板件厚度	单排焊点的最小搭接量			双排焊点的最小搭接量		
	结构钢	不锈钢或高合金钢	轻合金	结构钢	不锈钢或高合金钢	轻合金
0.8	9	7	12	18	16	22
1.0	10	8	14	20	18	24

续表

最薄板件厚度	单排焊点的最小搭接量			双排焊点的最小搭接量		
	结构钢	不锈钢或高合金钢	轻合金	结构钢	不锈钢或高合金钢	轻合金
1.2	11	9	14	22	20	26
1.5	12	10	16	24	22	30
2.0	14	12	20	28	26	34
2.5	16	14	24	32	30	40
3.0	18	16	26	36	34	46

3. 检查焊接参数

以某企业轻型客车左侧围焊接为例,按照点焊焊接参数要求,在 Timer 计时器中设置程序号、焊接电流、电极压力等参数。焊接参数见表 2-23。

4. 检查焊接系统运行状态

(1) 打开焊接控制器

焊接控制器平时为关闭状态,使用时通过旋转把手将焊接控制器电源开关打开,如图 2-92 所示。

图 2-92 焊接控制器电源开关

(2) 焊前调试

按照焊接工艺要求,做好焊接前的准备和调试工作。焊接前调试工作见表 2-24。

表 2-23 焊接参数表

点焊焊接规范参数表				产品型号		轻型客车		工段名称		左侧围		7830-01	
				产品名称				过程特殊特性（允差±10%）		A		共11页	第1页
序号	工位名称	工位号	焊机编号	焊钳型号	程序	焊接参数 I/ kA		电极压力/ kN		焊机周波/cy		备注	
1	左侧围总成一	C-010L	282042	ZPF36-C30-2610	1、3	8.7		1.6		10			
2	左侧围总成一	C-010L	282043	X40-Z3221A	2、4	9.0		2.6		10			
3	左侧围总成一	C-010L	282043	X34-Z11828	1、3	9.0		2.8		10			
4	左侧围总成一	C-010L	282044	X30-Z2408	2、4	9.1		2.6		10			
5	左侧围总成一	C-010L	282044	C30-ZA2207	1、3	9.1		2.0		10			
6	左侧围总成一	C-010L	282049	X30-Z2408	2、4	8.0		3.0		15			
7	左侧围总成一	C-010L	282049	C30-ZA2207	1、3	7.6		3.4		15			
8	左侧围总成一	C-010L	282050	C30-ZA2207	1、3	7.6		2.2		15			
9	左侧围总成一	C-010L	282050	X30-Z2513B	1、3	8.3		2.7		15			
10	左侧围总成一	C-010L	282051	C30-Z2525C	2、4	8.0		2.2		15			
11	左侧围总成一	C-010L	282052	X35-5526A	2、4	8.7		2.6		10			
12	左侧围总成一	C-010L	282052	X30-Z2513B	1、3	8.0		3.2		15			
13	左侧围总成一	C-010L	282045	X35-Z8025	2、4	9.1		2.8		8			
14	左侧围总成二	C-010L	282046	C30-ZA2207	2、4	7.8		2.8		15			
15	左侧围总成二	C-010L	282047	C30-ZA2210	2、4	7.8		1.6		15			
标记	处数	更改文件号	签字	日期		编制（日期）		审核（日期）		标准化（日期）		会签（日期）	
						$ [初始化签字] $ [初始化签字. AppDate]		$ [审核] $ [审核.AppDate]		$ [标准化] $ [标准化. AppDate]		$ [东区工艺] $ [东区工艺.AppDate]	
标记	处数	更改文件号	签字	日期									

表 2-24 焊接前调试工作

序号	调试工作
1	首次初始化状态键
2	周期性初始化状态键
3	示教模式接通键
4	示教模式关闭键

（3）设备联调操作步骤

设备联调操作步骤见表 2-25。

表 2-25 设备联调操作

序号	操作步骤
1	主菜单选择"配置→状态键→ServoTech→焊接"，调入"焊接工艺键" 
2	调试首次初始化状态键： 运行速度为 100%，按住"确认"键，单击示教盒上首次初始化状态键，观察电极头是否动作
3	调试周期性初始化状态键： 运行速度为 100%，按住"确认"键，单击示教盒上周期性初始化状态键，观察电极头是否动作
4	调试示教模式接通键： 按住"确认"键，单击示教模式接通键，观察是否接通
5	调试示教模式关闭键： 按住"确认"键，单击示教模式关闭键，观察是否关闭

培训项目 三　焊接操作

培训单元一　机器人点焊工艺

掌握机器人点焊工艺及典型接头的示教编程要领。

1. 点焊原理

（1）定义

点焊是电阻焊的一种。电阻焊是通过焊接设备的电极施加压力并接通电源时，在工件接触点及邻近区域产生电阻热加热工件，在外力作用下完成工件的连接。机器人点焊是利用工业机器人装配点焊设备，按照示教程序规定的动作、顺序和参数进行点焊作业，其过程完全是自动化的，并且具有与外部设备通信的接口，可以通过这一接口接收上一级主控与管理计算机的控制命令进行工作。

（2）点焊工作原理

点焊是通过点焊电极对被焊工件施加并保持一定的压力，使工件稳定接触，然后使焊接电源输出的电流通过被焊工件和它们的接触表面产生热量，升高温度，熔化接触点局部形成焊点，达到将金属工件焊接在一起的目的，如图2-93所示。

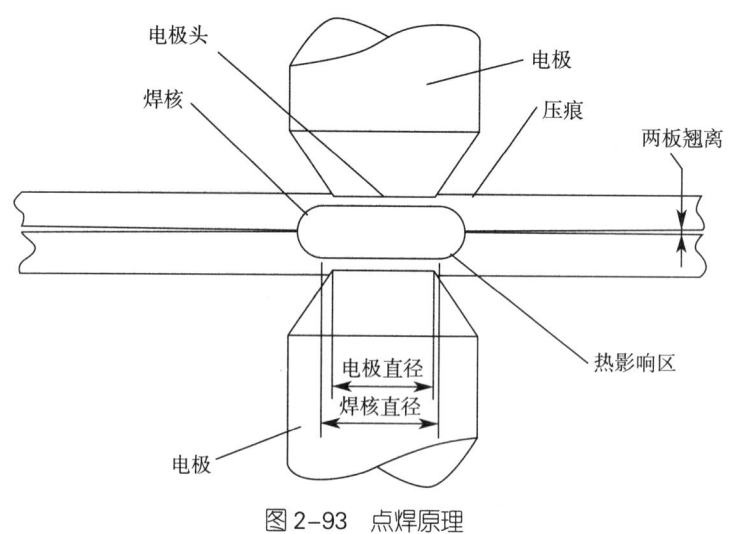

图 2-93 点焊原理

点焊是接头处熔化和结晶的过程,焊接熔核的形成主要包括两个基本过程:

1)晶核的形成

焊接熔池温度分布不均匀,中心温度高,边缘处散热好,温度最低。母材熔合线处存在半熔化的晶粒,构成了液体金属结晶的晶核,所以焊接熔池的结晶是从熔池边界处的熔合线处开始的(联生结晶)。

2)晶粒长大

晶粒长大通常情况下是沿着与散热相反的方向以柱状形态向焊接熔池中心生长的,即由熔池边缘指向熔池中心温度最高处,直至这种柱状晶粒长大、相互接触,液体金属全部凝固时,结晶过程才结束。

塑性环是熔核周围具有一定厚度的塑性金属区域。形成原理是液态熔核周围高温固态金属,在电极压力作用下产生塑性变形和强烈再结晶形成的,先于熔核形成,且随熔核长大。

(3)点焊热源

点焊热源是电流通过焊接区产生的电阻热,点焊电阻分布如图 2-94 所示。

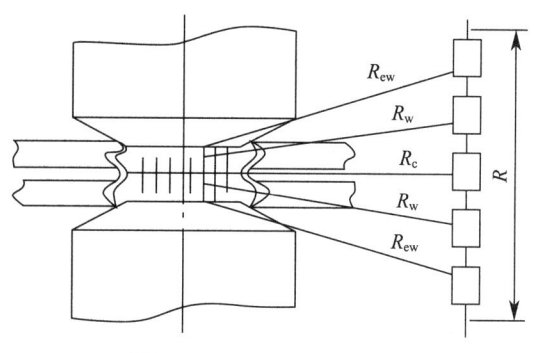

图 2-94 点焊电阻分布图

$$R=2R_w+R_c+2R_{ew}$$

式中 R_w——焊件内部电阻;

R_c——焊件间接触电阻；

R_{ew}——电极与焊件间接触电阻。

根据焦耳定律，点焊产生的电阻热 Q 为

$$Q=I^2Rt$$

总的接触电阻（R_c+2R_{ew}）产生的热量为总热量的 5%～10%。焊件内部电阻 $2R_w$ 的阻值较大，产生的热量占总热量的 90%～95%。因此，点焊过程中对焊接影响较大的是工件的材料、厚度等因素。

（4）点焊特点

1）点焊时，对连接区的加热时间很短，焊接速度快。

2）点焊只消耗电能，不需要保护气体、填充材料或焊剂等。

3）点焊质量主要由点焊机保证，操作简单，机械化、自动化程度高，生产率高。

4）劳动强度低，劳动条件好。

5）由于焊接通电时间很短，需要大电流及施加压力，过程控制较复杂，设备价格较高。

6）对焊点质量进行无损探伤较困难。

2. 机器人点焊工艺

（1）点焊工艺分类

点焊属于电阻焊的一种，根据点焊工艺的不同，将点焊的方法分为双面单点焊、单面单点焊、单面双点焊、双面双点焊和多点焊 5 类。

1）双面单点焊

双面单点焊是从焊件两侧馈电，适用于小型零件和大型零件周边各焊点的焊接。

2）单面单点焊

当焊件的一侧电极可达性很差或零件较大、二次回路过长时，可采用单面单点焊的方法。从焊件单侧馈电，需考虑另一侧加铜垫以减小分流并作为反作用力支点。

3）单面双点焊

单面双点焊从一侧馈电时尽可能同时焊两点以提高生产率。单面馈电往往存在无效分流现象，浪费电能，当焊点间距过小时将无法焊接。如工艺允许，在焊体两点之间冲一窄长缺口可使分流电流大幅下降。

4）双面双点焊

双面双点焊需制作两个变压器，分别置于焊件两侧，这种方法又称为推挽式点焊，两变压器的通电需按极性进行。

5）多点焊

当零件上焊点数较多，大规模生产时，常采用多点焊的方法以提高生产率。目前一般采用一组变压器同时焊 2 个或 4 个点。一台多点焊机可由多个变压器组成。可采用同时加压同时通电、同时加压分组通电和分组加压分组通电 3 种方案。

（2）点焊焊点的形成过程

完成点焊一个焊点的焊接所包含的全部程序称为"焊接循环"。焊点的形成过程由预压、焊接、维持和休止 4 个基本程序组成。

1）第一阶段：预压阶段

预压的作用是使工件的焊接处紧密接触，保证达到所需的接触电阻值。这个阶段包括电极压力的上升和恒定。

为保证在通电时电极压力恒定，预压时间必须保证，尤其当连续点焊时，应充分考虑焊机运动机构动作所需时间，不能无限缩短。预压的目的是建立稳定的电流通道，以保证焊接过程获得重复性好的电流密度。

2）第二阶段：焊接阶段

电流通过挤压在电极间的工件产生热量，加热工件达到熔化状态形成熔核。熔核外部金属因通过的电流较小，形成包围熔核的塑形环，影响焊点强度。

焊接电流可基本不变（指有效值），亦可为渐升或阶跃上升。在此期间焊件焊接区的温度分布经历复杂的变化后趋向稳定。起初输入热量大于散失热量，温度上升，形成高温塑性状态的连接区，并使中心与大气隔绝，保证随后熔化的金属不氧化，而后在中心部位首先出现熔化区。随着加热的进行，熔化区扩大，而其外围的塑性环亦向外扩大，最后当输入热量与散失热量平衡时达到稳定状态。

3）第三阶段：维持阶段

焊点熔化形核后，在冷却结晶过程中伴随有相当大的收缩，在维持阶段一定要延迟解除电极的压力，使焊点在未完全冷却前，在电极压力作用下得到更加致密的结晶组织。

维持阶段不再输入热量，熔核快速散热、冷却结晶。由于熔核体积小，且夹持在水冷电极间，冷却速度甚高，一般在几个周波内凝固结束。由于液态金属处于封闭的塑性环内，如无外力，冷却收缩时将产生三维拉应力，极易产生缩孔、裂纹等缺陷，故在冷却时必须保持足够的电极压力来压缩熔核体积，补偿收缩。

4）休止阶段

休止阶段一般插在维持时间内，当焊接电流结束，熔核完全凝固且完全冷却，其目的是改善金相组织。

点焊过程循环示意图如图 2-95 所示。

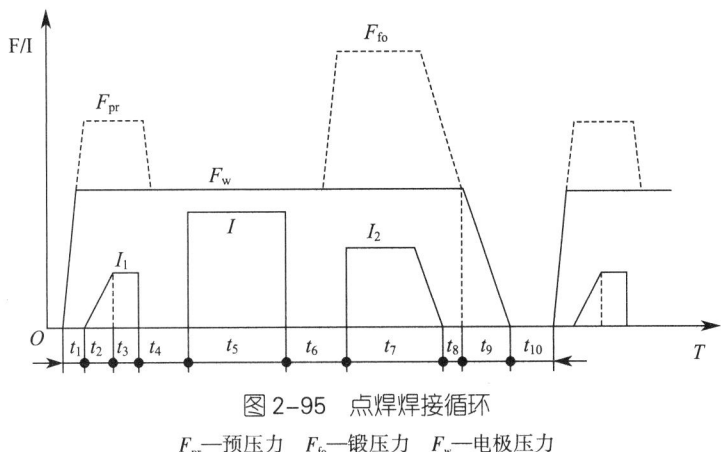

图 2-95 点焊焊接循环

F_{pr}—预压力 F_{fo}—锻压力 F_w—电极压力

点焊焊接循环示意图焊接时序说明见表 2-26。

表 2-26 点焊焊接循环示意图焊接时序说明

时间段	说明	焊接循环
t_1	加压程序	预压阶段
t_2	热量递增程序	焊接阶段
t_3	加热 1 程序	
t_4	冷却 1 程序	
t_5	加热 2 程序	
t_6	冷却 2 程序	
t_7	加热 3 程序	
t_8	热量递减程序	
t_9	维持程序	维持阶段
t_{10}	休止程序	休止阶段

（3）点焊焊接参数

1）焊接电流（I）

由热量公式 $Q=I^2Rt$ 可以看出，析出的热量与电流的二次方成正比，所以焊接电流对焊点性能的影响最大，焊接时必须保证焊接电流的适宜和稳定。在其他参数不变时，当焊接电流小于某值时则熔核不能形成，超过此值后，随焊接电流增加熔核快速增大，焊点强度上升，而后因散热量的增大其熔核增长速度变缓，焊点强度增加变缓，若进一步增大电流则产生飞溅，焊点强度反而下降。

根据焊接时间长短和焊接电流大小，常把点焊规范分为强规范（强条件）和弱规范（弱条件）：

①强规范是指在较短时间内通以大电流的规范。它的生产率高、焊接变形小、电极磨损慢，但要求设备功率大，规范应精确控制，适合焊接导热性较好的金属。

②弱规范是指在较长时间内通以较小电流的规范。它的生产率低，但可选用功率小的设备焊接较厚的工件，适合焊接有淬硬倾向的金属。

在实际生产中，焊接电流的波动有时很大，其原因有：电网电压本身波动或多台设备同时通电；铁磁体焊件伸入焊接回路；前点对后点的分流。

目前最常用的改善办法有网压补偿法、恒流法与群控法。网压补偿法可用于所有情况；恒流法主要用于铁磁体焊件伸入焊接回路的情况，但不能用于前点对后点分流的情况；群控法仅用于电网电压本身波动或多台设备同时通电的情况。

2）通电时间（t_w）

通电时间的长短直接影响热输入的大小，在目前采用的同期控制点焊机上，通电时间是周波（cyc，1 cyc=20 ms）的整倍数。在其他参数固定的情况下，只有通电时间超过某最小值时才开始出现熔核，而后随通电时间的延长，熔核先快速增大，拉剪力亦提高；当选用的电流适中时，进一步增加通电时间，熔核增长变慢，渐趋恒定；当选用的电流较大时，熔核长大到一定极限后会产生飞溅。

3）电极压力（F_w）

电极压力的大小一方面影响电阻值，从而影响析出热量的多少，另一方面影响焊件向电极的散热情况。过小的电极压力将导致电阻增大、析出热量过多且散热较差，引起前期飞溅；过大的电极压力将导致电阻减小、析出热量少、散热良好、熔核尺寸缩小，尤其是焊透率显著下降。因此，从节能角度来考虑，应选择不产生飞溅的最小电极压力，此值与电流值有关。

电极压力、焊接电流和通电时间的数值关系如下所述：

①减少非焊接物的接触阻力，防止局部加热，确保产生均匀的焊点和焊接强度。电极压力过低，焊接金属力消失，易产生外环、裂纹等；电极压力过大致使工件表面产生压痕，电阻值变小。

②焊接电流过小，焊接强度不够，焊点尺寸不足；焊接电流过大则会发生焊接金属力消失，表面凹凸不平。

③焊接时间过长，热损失越大（过热），热影响区越大，越易产生热变形。

④电极形状和尺寸

点焊电极是保证点焊质量的重要零件,具有向工件传导焊接电流与压力、散热等作用。电极材质应具有足够高的电导率、热导率和高温硬度。电极的结构必须有足够的强度、刚度以及充分冷却的条件。

电极与工件的接触面积决定着电流密度。电极本身电阻率和导热性关系着热量的产生和散失,因而电极的形状和材料对熔核的形成及焊接质量有显著的影响。

常用的电极工作面形状和尺寸如图 2-96 所示。

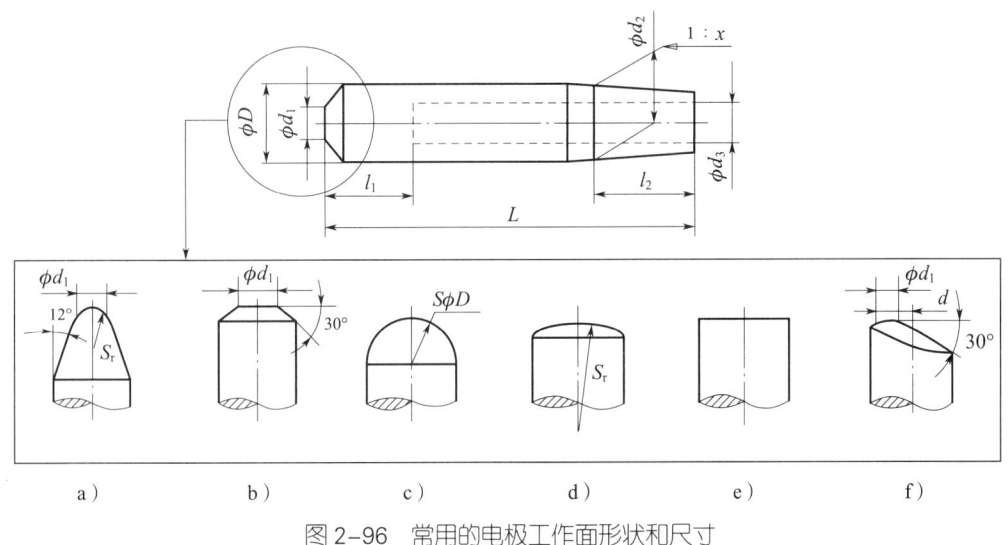

图 2-96 常用的电极工作面形状和尺寸

a）尖头 b）圆锥 c）球面 d）弧面 e）平面 f）偏心

推荐的电极工作面尺寸见表 2-27。

表 2-27 电极工作面的尺寸

D (mm)	d_1 (mm)	d_2 (mm)	d_3 (mm)	L (mm)	e (mm)	S_r (mm)	$1:x$ (度)
10	4	9.8	5.5	29~63	2	25	1:10 圆锥角为 5°43′29″
14	5	12.7	8	32~79	8	32	
16	6	15.5	10	40~100	4	40	
20	8	19	12	60~105	5	50	
25	10	24.5	14	67~112	6.5	63	
32	—	31	18	72~120	—	80	1:5 圆锥角为 11°25′16″
40	—	39	20	90~130		100	

4）点距

点距即相邻两焊点的中心距离,其最小值与被焊接金属的厚度、电导率、表面清洁度和熔核的直径有关。焊点的最小点距参考值详情见表2-28。

表2-28 最小点距 e 参考值　　　　　单位：mm

最薄板厚度	最小点距		
	结构钢	不锈钢和高合金钢	轻合金
0.5	10	8	15
0.8	12	10	
1.0			
1.2	14	12	
1.5	—	—	20
2.0	16	14	25
2.5	18	16	
3.0	20	18	30
3.5	22	20	35
4.0	24	22	

规定点距最小值主要考虑分流影响，采用强规范和大的电极压力时，点距可以适当减小。采用热膨胀监控或能够顺次改变各点电流的控制器，并能有效地补偿分流对其他设备的影响，点距可以不受限制。

（4）点焊焊接参数其他要素和术语的说明

1）焊钳加压力通常以"N"或"kg"计量，两者的换算关系为1 kg=9.8 N。

2）焊接电流以"A"计量。

3）时间以"cyc"和"ms"计量。在我国，常用的交流电频率为50 Hz，换算关系为1 cyc=1/50 Hz=20 ms，这个"时间"包括点焊过程中各阶段的时长的计量，如预压时间、加压时间、冷却时间、通电时间、保持时间等。

4）焊钳变压器的输出电流有工频和中频之分。工频焊钳采用普通的交流变压器，输出50 Hz交流电；中频焊钳配备了逆变变压器，将50 Hz的交流电经过变频，输出的频率为500～2 000 Hz。

（5）点焊焊接参数的对照表

在点焊过程中，可以根据工件材料、板厚、规范要求等条件，设计焊接电流、电极压力及通电时间等焊接参数，使之能达到一个较为理想的匹配值，因此根据电焊条件可以通过查表的方式初步确定焊接参数。低碳钢板、中碳钢点焊参数见表2-29、表2-30。

表 2-29 低碳钢板 [ω(C) <0.25%] 点焊焊接参数

板厚/mm	电极 d_{max}/mm	电极 D_{max}/mm	电极 R/mm	最小点距/mm	最小搭边量/mm	最佳规范 通电时间/ms	最佳规范 电极力/kN	最佳规范 焊接电流/kA	最佳规范 熔核直径/mm	最佳规范 拉剪力±14%/kN	中等规范 通电时间/ms	中等规范 电极力/kN	中等规范 焊接电流/kA	中等规范 熔核直径/mm	中等规范 拉剪力±17%/kN	一般规范 通电时间/ms	一般规范 电极力/kN	一般规范 焊接电流/kA	一般规范 熔核直径/mm	一般规范 拉剪力±20%/kN
0.4	3.2			8	10	80	1.15	5.2	4.0	1.8	160	0.70	4.5	3.6	1.6	340	0.4	3.5	3.3	1.25
0.6	4.0	10	25	10	11	120	1.5	6.6	4.7	3.0	220	1.0	5.5	4.3	2.8	400	0.5	4.8	4	2.25
0.8	4.5			12	11	140	4.9	7.8	5.3	4.4	260	1.25	6.5	4.6	4.4	500	0.6	5	4.6	3.55
1.0	5.0			18	12	160	2.25	8.8	5.8	6.1	340	1.5	7.2	5.4	5.4	600	0.75	5.6	5.8	5.3
1.2	5.5	16	25	20	14	200	2.7	9.8	6.2	7.9	380	1.75	7.7	5.8	6.8	660	0.85	6.1	5.5	6.5
1.6	6.3			27	16	260	3.6	11.5	6.9	10.6	500	2.4	9.1	6.7	10	860	1.15	7	6.3	9.25
2.0	7.0			35	18	340	4.7	13.8	7.9	14.5	600	3.0	10.3	7.6	13.7	1 060	1.5	8	7.1	13
2.3	7.8	16	50	40	20	400	5.8	15	8.6	18.5	740	3.7	11.3	8.4	17.7	1 280	1.8	8.6	7.9	16.8
2.8	8.5			45	21	460	7.0	16.2	9.4	23.8	860	4.3	12.1	9.2	23	1 580	2.2	9.4	8.9	21.7

表 2-30 中碳钢板 [ω（C）<0.25%～0.6%] 点焊规范及参数

板厚/mm	电极端部直径/mm	点焊规范及参数						熔核直径/mm	最小拉剪力/kN
		电极力/kN	焊接		冷却时间/ms	回火			
			时间/ms	电流/kA		时间/ms	电流/kA		
0.90	5.2	4.65	100	13.8	940	100	11.8	4.7	5.6
1.00	5.8	5.35	100	13.9	1 460	100	12.0	5.1	9.6
1.20	6.8	6.85	120	14.3	1 860	160	12.2	5.9	9.75
1.40	7.6	8.20	160	14.7	2 760	260	12.5	6.7	13.25
1.60	8.6	9.65	180	15.1	3 420	260	12.8	7.5	16.75
1.80	9.5	11.6	260	15.6	940	460	13.2	8.8	21.0
2.00	10.5	12.5	320	16.3	1 460	500	13.9	9.2	25.3
2.80	12.5	14.6	440	17.5	1 860	800	14.9	10.4	33.0
2.60	18.5	16.8	560	18.9	2 760	1 020	16.0	11.6	39.3
2.00	14.2	18.8	640	20.6	3 420	1 260	17.4	12.9	48.8

培训单元二 机器人点焊示教编程

培训重点

掌握机器人点焊工艺包要点和示教编程要领。

知识要求

1. 点焊工艺包

以 KUKA 点焊机器人为例，点焊工艺包（ServoGun）提供了 4 个基本的编程指令（焊点、"DualForce"焊点、电极初始化和电极修磨），其中执行焊接的指令是焊点指令和"DualForce"焊点指令，电极初始化指令应用在电极烧损状况检测，而电极修磨指令主要应用在电极工作面修正。点焊机器人焊接工件时，主要采用焊点指令、"DualForce"焊点指令，每一条指令实现一个焊点焊接，因此点焊编程时可以使用一条或多条指令实现待焊工件上的一个或多个焊点。

2. 焊接状态键

焊接机器人轨迹示教和焊接作业过程中，通过焊接状态键实现电极头的初始化、卡钳的脱开\靠上、更改模式等。安装"ServoGun"软件包后，在示教盒菜单选择配置→状态键→"ServoTech"，将焊接状态键显示在示教盒的工艺键区域，如图 2-97 所示。

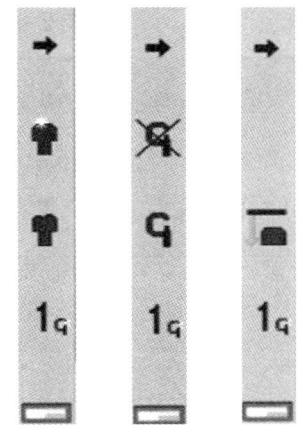

图 2-97　焊接状态键

（1）切换状态键

切换状态键是用于显示其他软键的状态键，表 2-31 为切换状态键的按键功能。

表 2-31　切换状态键的按键功能

切换状态键	功能说明
➡	只有在机器人停止后，切换状态键才能激活。按住"确认键"，点击状态键，显示其他软键

（2）首次/周期性初始化

焊接前应进行初始化。表 2-32 为首次/周期性初始化软键功能。

表 2-32　首次/周期性初始化软键功能

状态	功能说明
（图标）	运行方式 T1 　　一直按住使能键，按一下便会自动进行首次初始化。机器人控制系统将当前电极烧损量保存至 EG_WEAR [ ]
（图标）	运行方式 T1 　　一直按住使能键，按一下便会自动进行周期性初始化。机器人控制系统将当前电极烧损量保存至 EG_WEAR [ ]。如果当前烧损量大于最大允许烧损 EG_WEAR_MAX，则将发出一条信息。然后必须更换电极头

（3）脱开（解耦）/靠上（耦合）

当点焊系统配置了多个焊钳，且在焊接过程中需要更换焊钳，则需要脱开/靠上状态键实现更换焊钳。脱开（解耦）/靠上（耦合）状态键功能，见表 2-33。

表 2-33 脱开（解耦）/靠上（耦合）状态键功能

状态	功能说明
 (图标)	1. 通过卡钳状态键选卡钳 2. 通过状态键通过脱开（解耦）来脱开卡钳
 (图标)	1. 通过卡钳状态键选卡钳 2. 通过状态键靠上（耦合）来靠上卡钳

运行条件：

1）行方式 T1。

2）窗口手动移动选项的选项卡按键中的设置如下。

①复选框激活按键已激活。

②在核心分组下选择了一个含有附加轴的组，如附加轴。运动系统组的可用种类和数量取决于设备配置。

③在坐标系统之下选择选项轴。

（4）卡钳切换

该状态键用于切换不同的卡钳，见表 2-34。

表 2-34 卡钳切换

状态	功能说明
 (图标)	当有多个卡钳选择时，状态键在所涉及的卡钳中进行选择

（5）示教模式

接通示教模式，动作将会变成分部运动，见表 2-35。

表 2-35 示教模式按键说明

状态	功能说明
(图标)	示教模式关闭 示教模式已关闭，点击状态键接通示教模式。

续表

状态	功能说明
	示教模式接通 示教模式已接通，点击状态键关闭示教模式。

技能要求

操作名称：厚度为 1.5 mm 的低碳钢板 V 形搭接点焊

操作实施步骤

点焊示教轨迹分析 ⇨ 新建焊接作业文件 ⇨ 示教焊接准备点 ⇨ 示教避让点 ⇨ 检查程序及示教点位置 ⇨ 实施焊接

步骤 1：点焊示教轨迹分析

工件规格：200 mm × 50 mm × 1.5 mm 低碳钢板两块，以 45° 和 60° 角 V 形搭接，焊接示教的工艺流程主要包括准备、示教和再现 3 个阶段，如图 2-98 所示。机器人从 HOME（原点）位置运行到避让点 P1，然后使用 SG 指令直线移动到点焊位置，由于本段程序由移动指令和点焊指令组成，因此采用 SG 实现焊点的位置示教，并实现点焊功能。

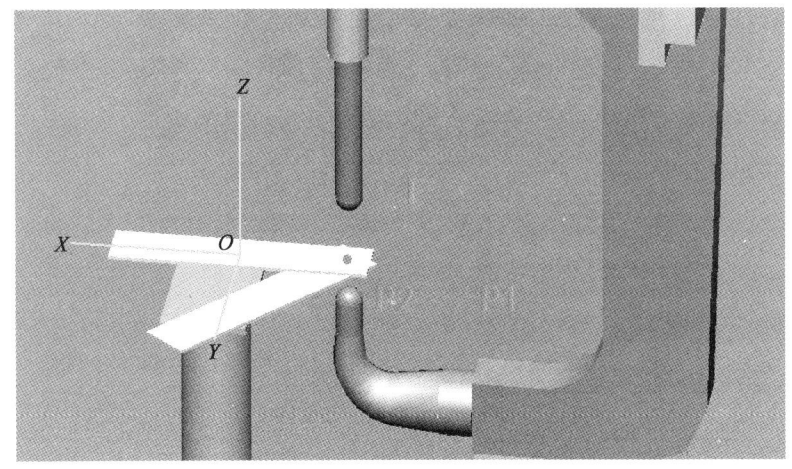

图 2-98 点焊示教轨迹示意图

点焊示教点及使用指令见表 2-36。

表 2-36　点焊示教点及使用指令

序号	示教点说明	使用指令
1	机器人 TCP 从 HOME 到达 $P1$ 避让点、$P2$ 避让点	PTP 指令
2	机器人到达 $P2$ 焊接临近点	LIN 指令
3	使用焊点或 Dual Force 焊点指令	SG 指令
4	机器人 TCP 退回至 $P2$ 焊接临近点	LIN 指令
5	机器人 TCP 退回至 $P1$ 避让点	LIN 或 PTP 指令
6	机器人 TCP 退回至 HOME	PTP 指令

步骤 2：新建焊接作业文件

新建焊接作业文件 "weld"，如图 2-99 所示。

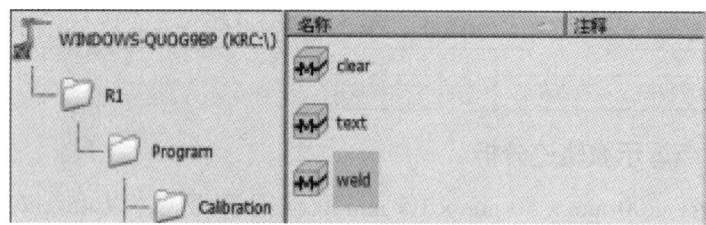

图 2-99　新建焊接作业文件

步骤 3：示教焊接准备点

1. 添加 "PTP" 指令示教焊接准备点，如图 2-100 所示。

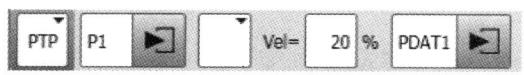

图 2-100　示教焊接准备点

2. 添加 "SG" 点焊指令，并输入参数，如图 2-101 所示。

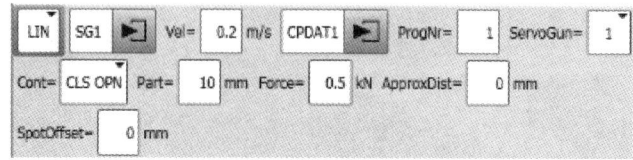

图 2-101　显示焊钳条件界面

步骤 4：示教避让点

添加 "PTP" 指令示教避让点 $P2$，如图 2-102 所示。

图2-102 示教退避点

步骤5：检查程序及示教点位置

1. 焊接程序检查

单点焊接程序如下：

INI

……

PTP HOME Vel=20% DEFAULT

PTP P1 VEL=50% PDAT1 TOOL［1］：weld-1 Base［0］

LIN SG1 Vel=0.2m/s CPDAT1 ProgNr=1 ServoGun=1 Cont=CLS OPN Part=10mm

Force=0.5kN ApproxDist=0mm SpotOffset=0mm Tool［1］：weld-1 Base［0］

PTP P2 VEL=50% PDAT1 TOOL［1］：weld-1 Base［0］

PTP HOME Vel=20% DEFAULT

2. 单步运行检查示教点位置

将示教盒运行速度调至50%，按下"确认"和"启动"键，观察电极头轨迹是否符合要求。如有不符，修正示教点位，如图2-103所示。

图2-103 检查示教点位置

步骤6：实施焊接

对于板厚为1.2 mm+1.2 mm的低碳钢板，设置参数见表2-37。

表 2-37 低碳钢板点焊参数

板材厚度 / mm	电极加压力 / kN	通电时间 / ms	保持时间 / ms	休止时间 / ms	焊接电流 / A	电极端径 / mm
1.2+1.2	1.75	400	200	200	8 000	5.5

调节焊接电流，实施焊接，焊接效果如图 2-104 所示。

图 2-104 焊接效果

培训单元三 机器人点焊时序控制参数设置

掌握机器人点焊时序控制参数的设置。

机器人点焊程序操作说明包括：点焊机控制器基本功能、点焊机控制信号及连接、点焊机控制器参数设置。

1. 点焊机控制器

点焊机控制器控制焊接的电流、通电时间及电极压力等参数，以小原控制器

OBARA/STN21 为例，它由控制箱和 TIMER 控制盒组成。在焊接中，根据焊接材料的工艺参数，通过 TIMER 控制盒人机交互界面设置焊接参数（焊接电流、通电时间和压力），控制焊接过程，输出热量，实现焊接。

（1）点焊机控制器基本功能

点焊控制器采用全数字同步控制模式，最多可控制 4/15 系列和 16 组总计 240 焊接条件，最大 8 焊枪控制（2 焊枪 +2 回缩阀），其基本功能如下：

1）设定方式：远程设定方式。

2）时间控制调节范围如下：

加压延迟时间 0~99 cyc；加压时间 1~99 cyc；第 1 通电时间 0~99 cyc；第 1 冷却时间 0~99 cyc；第 2 通电时间 0~99 cyc；第 2 冷却时间 0~99 cyc；第 3 通电时间 0~99 cyc；保持时间 1~99 cyc；开放时间 4~99 cyc；加压上升时间 10~99 cyc；加压上升时间 20~99 cyc；加压上升时间 30~99 cyc；保持结束延迟时间 0~99 cyc。

3）循环控制

脉冲次数 1~9 次；再通电次数 1 次（可以根据参数进行选择）。

4）电流控制

采用恒电流控制方式。

5）电流设定

直接设定 2 000~60 000 A（100 A/步）；1 次电流设定 50~600 A。

6）步增控制

步增控制（最大为 16 步）；线性步增控制（最大为 15 步）；步增后退功能；步增最大点数：9 999。

注意：步增控制用于补偿因电极磨损造成的电流密度下降，可以设置不采用。

（2）焊接条件

点焊机焊接流程如图 2-105 所示，焊接条件是点焊过程中的工艺参数，主要包括焊接电流、通电时间等，参数数量能够满足工艺过程的设置。

点焊焊接条件说明见表 2-38。

2. 操作界面说明

Timer 控制盒简称 TP（Teaching Pendant），也称为示教盒。TP 是人机界面，可实现焊接条件数据输入、焊接监控及异常显示等功能，Timer 操作界面如图 2-106 所示。

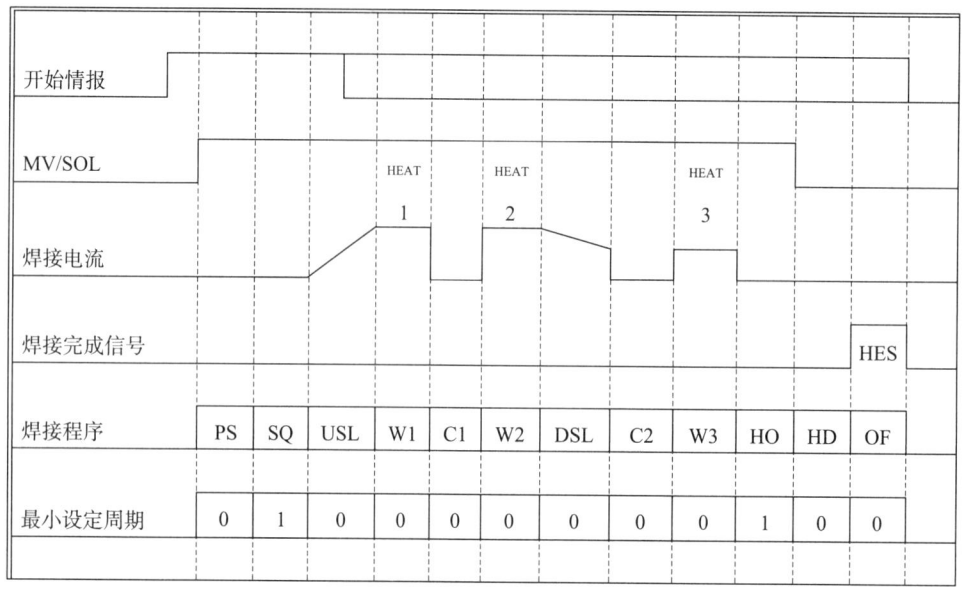

图 2-105 点焊流程

MV/SOL—收缩阀/电磁阀输出信号　PS—预压时间　SQ—加压时间　USL—电流缓升时间　W1—焊接 1 时间　C1—冷却 1 时间　W2—焊接 2 时间　DSL—电流下降时间　C2—冷却 2 时间　W3—焊接 3 时间　HO—保持时间　HD—休止时间　OF—开放时间　HES—保持结束信号

表 2-38　点焊焊接条件说明

名称	显示		输入条件/说明
焊枪选择	GunSel	条件	设定范围 1~8（最大） 此系列用于选择使用的焊枪编号（MV/SOL）
		说明	将 SOL/MV 输出到设定的焊枪号
		参数	参数 "Pj Gun Sel"
预压	PrSquez	条件	设定范围 1~99（周期），设定值为 0 将禁用此项目
		说明	电磁阀动作后等待此处所规定的一段时间。它是焊接顺序中的初始过程，在连点焊时省略
焊接 1 时间 焊接 2 时间 焊接 3 时间	Weld1 Weld2 Weld3	条件	设定范围 1~99（周期），设定值为 0 将禁用此项目。不能同时将所有焊接时间都设定为 0。至少必须有一个要设定成非 0 值
		说明	设定焊接时间
		参数	
焊接 1 电流 焊接 2 电流 焊接 3 电流	HEAT1 HEAT2 HEAT3	条件	设定范围 2.0~60.0 kA
		说明	每次焊接时间所需的焊接电流在此设定
		参数	焊接条件 "TumR"
冷却 1 时间 冷却 2 时间	Cool1 Cool2	条件	设定范围 0~99 cyc 0 cyc 未使用
		说明	焊接间歇时间在此规定

续表

名称	显示		输入条件/说明
保持时间	Hold	条件	设定范围 0~99 cyc,不能设定为 0
		说明	焊接电流施加结束,焊枪释放前的保持时间
变压器匝数比	TumR	条件	设定范围 0.1~200.0 系列 1,焊枪系列和所有系列的设定均取决于"PbTrans Type"参数
		说明	利用 1 次电流换算成 2 次电流值。因为输入"设定数据异常"的警告会输出,所以不能设定为 0.0
开放时间	Off	条件	设定范围 0.4~99 cyc 0 cyc 未使用 参数"Pc Repeat Select"设定在…ON 位置
		说明	将启动开关保持 ON 将会重复循环操作
通流比	C.Flow+	条件	设定范围 30%~100%(100% 为无效)
		说明	为了比较当下的通电状态的异常判断基准值 通流比:将焊接电流流速与假定在全波下为 100% 的流速相比的一个参考值,最大电流的波形由 SCR 控制。由于电缆品质退化,该流速会随着电阻的变大而降低,所以系统自动地偏移触发点以增大通流比

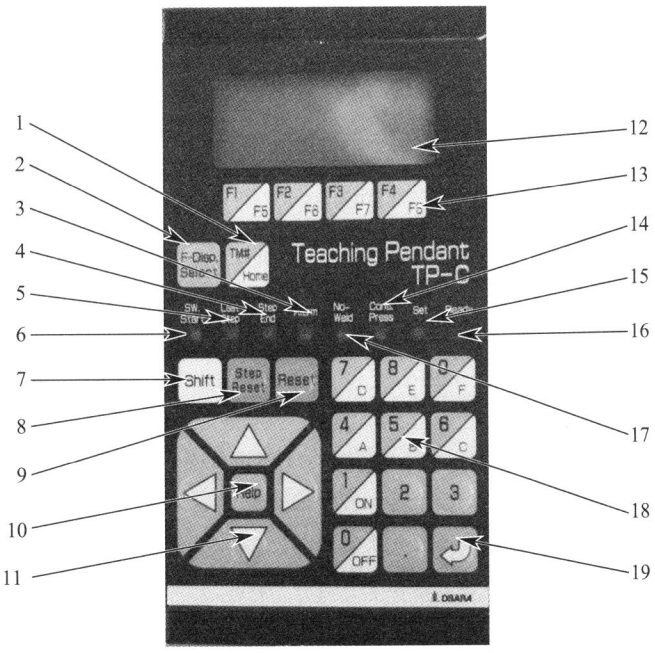

图 2-106 Timer 操作界面

1—TM#/起始键　2—显示、选择　3—报警　4—末级步增　5—最后一步　6—Sw 启动　7—SHIFT
8—步增复位　9—复位　10—帮助　11—滚动键　12—显示器　13—F1~F8　14—准备好　15—设定
16—加压连续　17—切断通电　18—0~F/通断　19—返回

TP 中操作键的名称及功能见表 2-39。

表 2-39 TP 中操作键的名称及功能

操作键	功能
F1~F4/F5~F8	功能键用于选择菜单 若选择 F5~F8，则按下相应的功能键+"Shift"键 F8 键专门用于返回先前的菜单
0~9、"."/A~F/ ON、OFF	数据输入用按键。A~F 用"Shift"+4~9 进行选择。 ON、OFF 选择没有必要加上"Shift"。ON="1" OFF="0"
TM#/Home	显示和编辑当前连接 TM# 的键 选择待监控的控制器数值键 TM#+Shift 键等于 HOME 键，为显示初始屏的快捷键
Step Reset	当启用步增功能时，该键用于步增计数器复位
Reset	使当前发出的报警复位 使焊接计数器上当前显示的打点数复位 清除正在显示的历史数据
↑ ← → ↓	按箭头所示方向滚动屏幕
Help	显示求助功能，内含各功能键详细说明
Shift	为选择 F5~F8 和 A~F 的辅助按钮

TP 中指示灯名称及显示状态见表 2-40。

表 2-40 TP 中指示灯名称及显示状态

指示灯	显示状态说明
Ready	TP-NET 完成初始处理，然后通过通信接收初始数据后，控制器随时准备接收焊接数据时，灯亮
No Weld	控制器处于"Weld off"方式时，灯亮
Conti.Press.	控制器处于"Weld off…"方式中且焊枪压力控制在连续加压方式时，灯亮
Set	控制器处于数据设定方式时，灯亮
SW Start	控制器的起动开关接通时，灯亮
Last Step	控制器进入最后一步时，灯亮
Step up finish	控制器进入步增结束阶段时，灯亮
Alarm	控制器检测出故障时，灯亮

3. 设置焊接参数

（1）任务要求

设置焊接参数 A01，见表 2-41。

表 2-41　设置焊接参数 A01

参数名	设定值	参数类型
脉冲启动	1 和 ON	TPD
结束信号	1 和 ON	
变压器匝数比	37	TMD
焊接 1 电流	8 kA	
焊接 1 时间	20 cy	
冷却 1 时间	10 cy	

（2）任务操作

设置焊接参数 A01 操作步骤见表 2-42。

表 2-42　设置焊接参数 A01 操作步骤

序号	操作步骤	操作示意图
1	首先设置 TPD 参数"脉冲启动""结束信号"，先将 TP 设置为 SET 模式，SET 指示灯亮，设置顺序如下： [TM#/Home] + [F4/F8] + [F4/F8] + [TM#/Home]	
2	更改脉冲启动和结束信号输出，操作顺序如下： [TM#/Home] + [F3/F7] + [F3/F7] 在编辑菜单中输入单元号"1"	单元参数 编辑菜单 选择单元# 范围 1-5

续表

序号	操作步骤	操作示意图
3	选中脉冲启动参数，点击"EDIT"，输入数字1，点击"回车"，将OFF改为ON F1/F5 + 数字 + 回车	14 脉冲启动　　　　　ON 输入数据　　　　　1 范围：0-1
4	选中结束信号输出参数，点击"EDIT"，输入数字1，点击"回车"，将OFF改为ON F1/F5 + 数字 + 回车	15 结束信号输出　　　ON 输入数据　　　　　1 范围：0-1
5	接下来设置TMD变压器匝数比参数，操作步骤如下： TM#/Home + F2/F6	焊枪1　　　　　50422 焊枪2　　　　　2256 A01-1 焊接周波　30cy Mon　TMD　TPD　Mode
6	选择组，输入组编号0，点击"回车" 数字 + 回车	设定数据菜单 选择组# 范围：0-15
7	选择变压器匝比，点击"Edit"，输入37，点击"回车" F1/F5 + 数字 + 回车	A01 变压器匝比　　37.0 A01 通流比　　　　99% A01 CF错误计数　　0 Edit　FCP　SCP　CCP
8	同理利用翻滚键，选择焊接电流1，输入8 kA，点击"回车" F1/F5 + 数字 + 回车	A01 焊接电流1　　6.0kA 输入数据　　　　　8 范围：2.0-60.0
9	同理，利用翻滚键，设置焊接1时间为20 cy，冷却1时间为10 cy，点击"回车"，然后点击"Home"键返回	A01 焊接1时间　　20cy A01 冷却1时间　　10cy A01 焊接2时间　　0cy Edit　FCP　SCP　CCP

注意：操作示范中的示意图为TP屏幕上的参数显示。

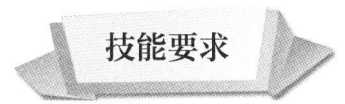

操作名称：中碳钢板搭接多点焊

操作实施步骤

示教点及轨迹规划 ⇨ 新建焊接作业文件 ⇨ 示教避让点 ⇨ 示教避让点 ⇨ 示教第2个焊接准备点 ⇨ 示教避让点 ⇨ 退出工作区域 ⇨ 检查程序及示教点位置

步骤 1：示教点及轨迹规划

机器人从 HOME 位置运行到避让点 $P1$，然后使用 SG 指令直线移动到第一个焊点位置下方，使用 LIN 指令直线实现 $SG1 \to P2 \to P3 \to SG2$ 的运行，实现 2 点焊接，如图 2-107 所示。

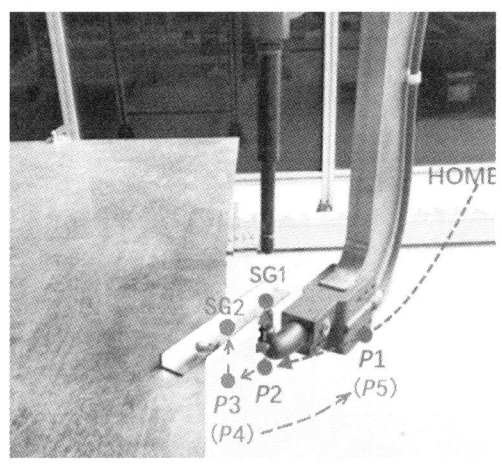

图 2-107 点焊示教轨迹示意图

步骤 2：新建焊接作业文件

新建焊接作业文件"weld"，如图 2-108 所示。

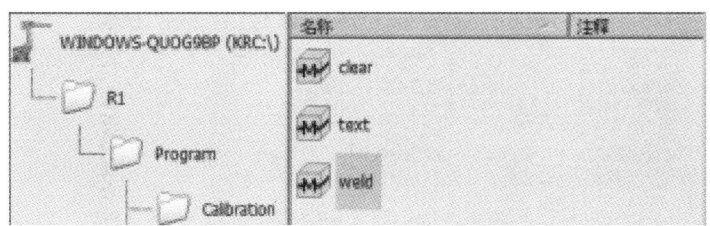

图 2-108 新建焊接作业文件

步骤 3：示教避让点

1. 添加"PTP"指令示教避让点 $P1$，如图 2-109 所示。

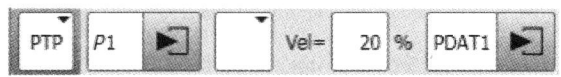

图 2-109 示教避让点

2. 再添加"SG1"点焊指令，并输入参数，如图 2-110 所示。

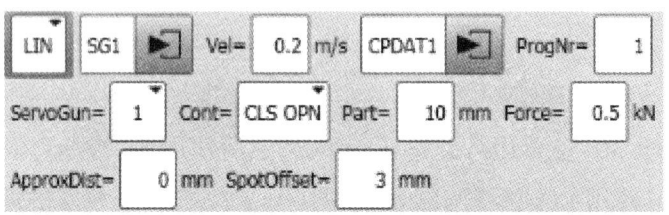

图 2-110 显示焊钳条件界面

步骤 4：示教避让点

添加"LIN"指令示教避让点 $P2$，如图 2-111 所示。

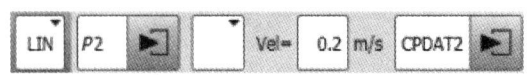

图 2-111 示教避让点

步骤 5：示教第 2 个焊接准备点

1. 添加"LIN"指令示教示教第 2 个焊接准备点 $P3$，如图 2-112 所示。

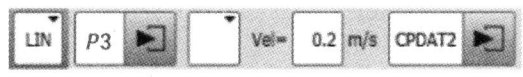

图 2-112 示教第 2 个焊接准备点

2. 再添加"SG2"点焊指令，并输入点焊参数，如图 2-113 所示。

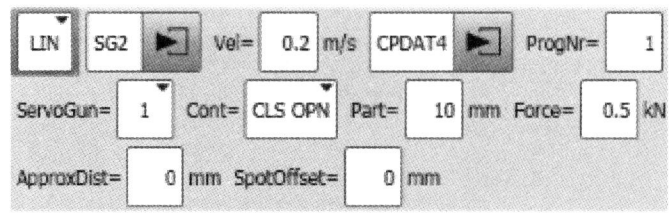

图 2-113 显示焊钳条件界面

步骤6：示教避让点

添加"LIN"指令示教避让点 P4，如图 2-114 所示。

图 2-114　示教避让点

步骤7：退出工作区域

添加"PTP"指令退出工作区域点 P5，如图 2-115 所示。

图 2-115　退出工作区域

步骤8：检查程序及示教点位置

1. 焊接程序检查

INI

……

PTP P1 VEL=50% PDAT1 TOOL［1］: weld-1 Base［0］

LIN SG1 Vel=0.2m/s CPDAT1 ProgNr=1 ServoGun=1 Cont=CLS OPN Part=10mm Force=0.5kN ApproxDist=0mm SpotOffset=3mm Tool［1］: weld-1 Base［0］

LIN P2 VEL=0.2m/s CPDAT1 TOOL［1］: weld-1 Base［0］

LIN P3 VEL=0.2m/s CPDAT1 TOOL［1］: weld-1 Base［0］

LIN SG2 Vel=0.2m/s CPDAT1 ProgNr=1 ServoGun=1 Cont=CLS OPN Part=10mm Force=0.5kN ApproxDist=0mm SpotOffset=0mm Tool［1］: weld-1 Base［0］

LIN P4 VEL=0.2m/s CPDAT1 TOOL［1］: weld-1 Base［0］

PTP P5 VEL=50% PDAT1 TOOL［1］: weld-1 Base［0］

2. 单步运行检查示教点位置

将示教盒运行速度调至 50%，按下"确认"和"启动"键，观察电极头轨迹是否符合要求。如有不符，修正示教点位，如图 2-116 所示。

步骤9：实施焊接

板厚为 1.2 mm+1.2 mm 的 45 钢（中碳钢）板，通过焊接控制器设置参数，见表 2-43。

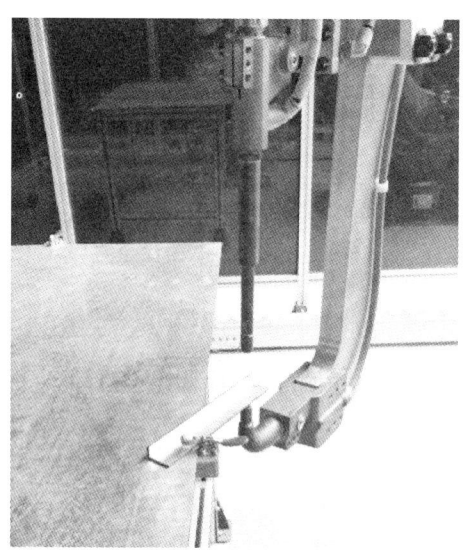

图 2-116　单步运行检查

表 2-43　45 钢（中碳钢）板点焊参数

板厚 / mm	电极端部直径 / mm	电极力 / kN	点焊规范及参数						熔核直径 / mm	最小拉剪力 / kN
			焊接		冷却	回火				
			时间 / ms	电流 / kA	时间 / ms	时间 / ms	电流 / kA			
1.20+1.2	6.8	6.85	120	14.3	1 860	160	12.2		5.9	9.75

调节焊接电流，实施焊接，焊接效果如图 2-117 所示。

图 2-117　焊接效果

培训项目 四 焊后检查

培训单元一　机器人点焊焊点缺陷类型

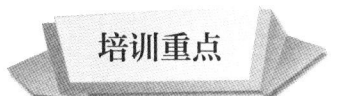

掌握机器人点焊焊点外观质量自检。

点焊焊点缺陷类型如下：

1. 虚焊

无熔核或熔核尺寸小于规定值，如图 2-118 所示。

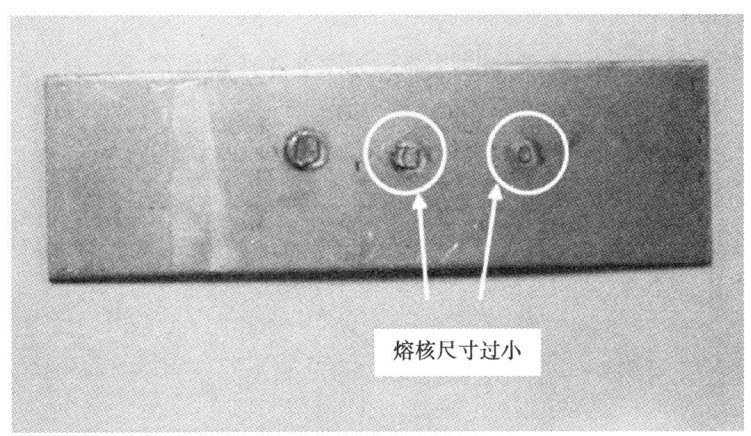

图 2-118　虚焊

焊接电流太小，电极压力过大，焊接时间过短，工件或电极污物过多，焊接回路接触不良，工件厚度材质差异过大，这些都可能是产生虚焊的原因。

2. 烧穿

焊点中含有穿透所有板材的通孔，如图 2-119 所示。

焊接电流过大，电极压力不足，工件厚度材质差异过大，工件或电极污物过多，电极头接触不良，被焊金属本身缺陷等，这些是可能产生烧穿的原因。

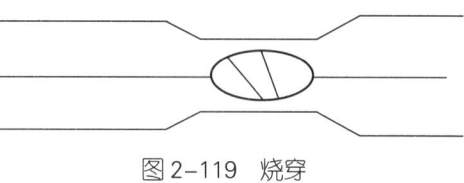

图 2-119 烧穿

3. 裂纹

围绕焊点圆周的裂纹不可接受，焊点表面由电极加压产生的表面裂纹可以接受，如图 2-120 所示。

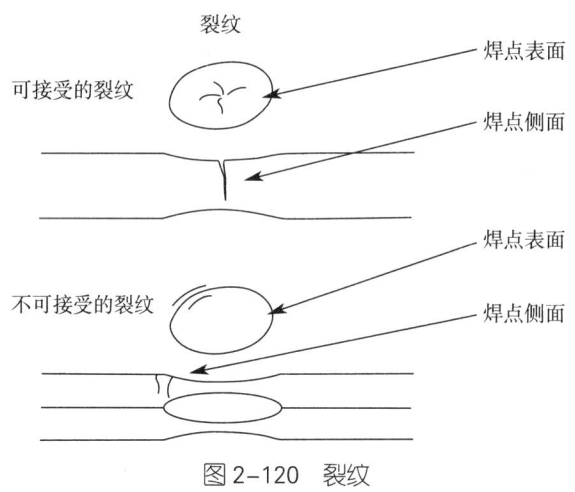

图 2-120 裂纹

4. 边缘焊点

没有包括钢板所有边缘部分的焊点，如图 2-121 所示。

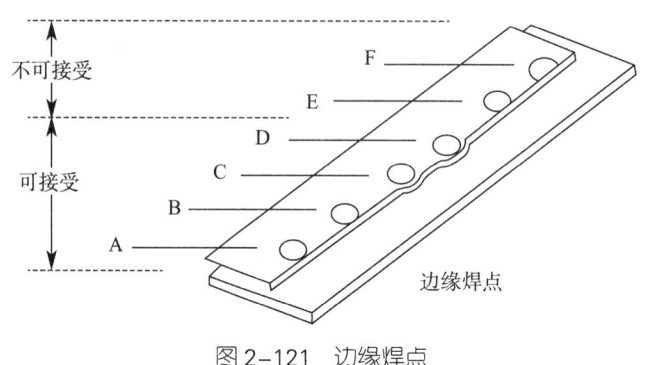

图 2-121 边缘焊点

5. 压痕过深

材料厚度减少 50%，如图 2-122 所示。

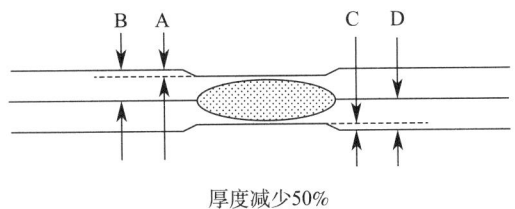

图 2-122　压痕过深

产生的原因有：焊接电流过大，电极压力过大，电极端面直径过小或端面变形，上、下电极未对准或端面不平行。

6. 扭曲

钢板变形超过 25° 的焊点，如图 2-123 所示。

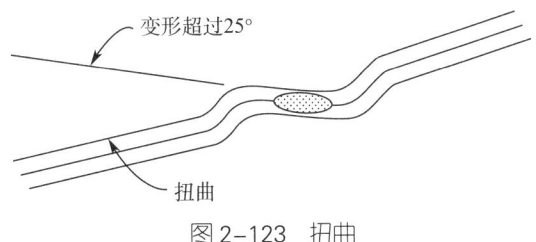

图 2-123　扭曲

7. 位置偏差

焊点位置偏离指定位置 10 mm 以上（未指定位置的不能偏离 20 mm 以上），如图 2-124 所示。

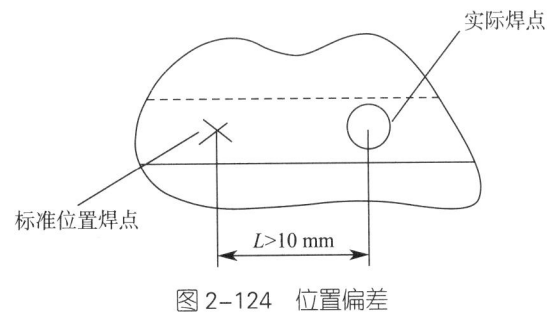

图 2-124　位置偏差

8. 熔核偏移

当进行母材材料不同或厚度不同的点焊时，熔核将不对称于其交界面，而是向厚板或导电、导热性差的一边偏移，偏移的结果将使焊点强度降低，熔核偏移是由两工件散热产热条件不同引起的。当母材厚度不等时，熔核偏向较厚的母材。当母材材料不同时，熔核偏向导电性、导热性差的母材一侧，如图2-125所示。

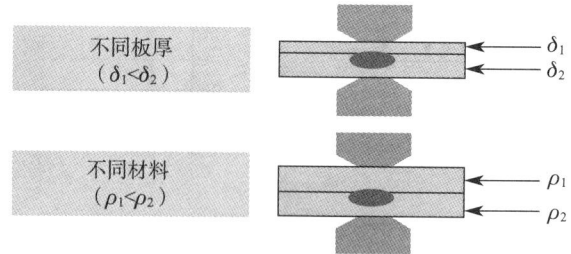

图 2-125 熔核偏移

9. 飞溅大

由于焊接电流过大，电极压力不足，电极未贴平，工件或电极污物过多，工件厚度、材质差异过大，工件接触面间隙大等原因所致。

10. 焊点有烧痕或划痕

焊接电流过大，电极压力过小，被焊金属本身缺陷，电极端面污物过多，电极头冷却不良，电极端面修磨粗糙。

培训单元二　机器人点焊接头质量检测

掌握机器人点焊接头质量的检测方法。

1. 点焊接头质量检测方法

点焊接头质量检测通常采用破坏性检测、非破坏性检测及微观检测等方法。

（1）破坏性检测

1）检测设备

①液压扩张器：主要用于将两板件间的焊点扩张开，成为分离的两板件，达

到破坏焊点的目的。

②等离子切割机：主要用于切割在破坏检验过程中无法使用液压扩张器进行扩张的部位，使这些部位的板件姿态达到液压扩张器使用条件或要求，可以有效提高破坏检测效率及焊点被破坏率。

③拉力机：主要用于对焊点密集、不能通过扩张与切割等方法进行破坏检验的部位，采取上下夹紧用撕裂的方式进行破坏。

2）检测工具

破坏性检测的工具主要有铁锤、扁铲、撬棍、大力钳、台虎钳、游标卡尺、焊点扭力器、砂轮机、磨/抛光机、显微镜等。

3）破坏性检验类别

点焊接头破坏性检测见表 2-44。

表 2-44　点焊接头破坏性检测

序号	点焊接头破坏性检测	图示
1	薄板卷曲检测（现场检测）	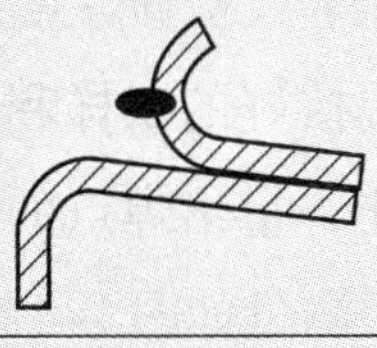
2	厚板凿具检测（现场检测）	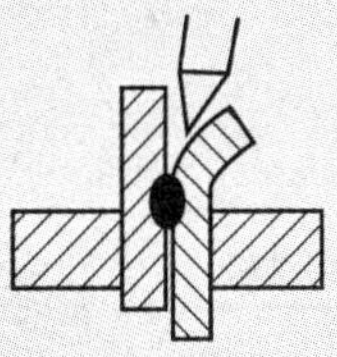
3	扭曲检测	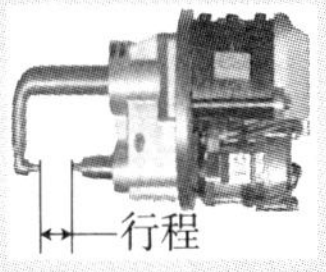
4	对拉检测	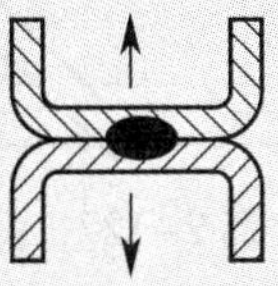
5	剪拉试验 （仅剪拉带对拉的剪拉试验）	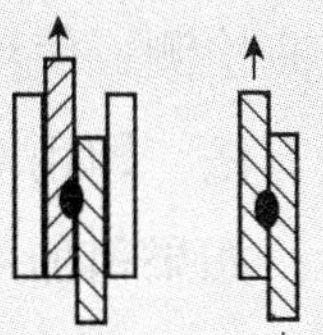

两种常用的破坏性检测方法如下：

①薄板卷曲检测（撕开法）：适用于单个焊点的试板。优质焊点的标志是：在撕开试样的一片上有圆孔，另一片上有圆凸台（纽扣状）。厚板或淬火材料有时不能撕出圆孔或凸台，但可通过剪切的断口判断熔核的直径。必要时，需进行低倍测量、拉伸试验和X射线检验，以判定熔透率、抗剪强度和有无缩孔、裂纹等。破坏性撕开试验如图2-126所示。

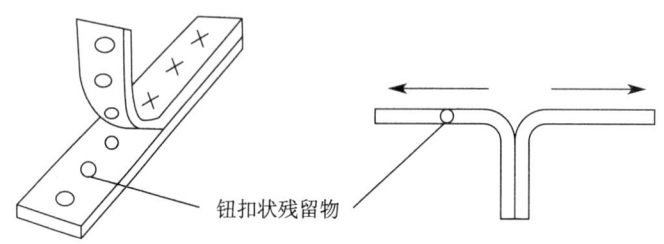

图2-126 破坏性撕开试验

撕开试验的操作方法是：使用台虎钳与大力钳将焊接试板上的焊点撕开，再使用游标卡尺检查焊点直径，具体操作方法如图2-127所示。

将焊接好的试样利用特制工具，在焊点处将两板件卷开，直到板件在焊点处撕开为止，量出焊点的熔核直径不可低于工艺文件要求。熔核直径=$(d_1+d_2)/2$，焊核直径测量如图2-128所示。

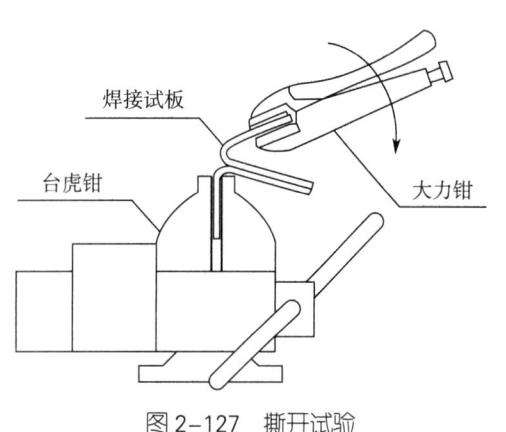

图2-127 撕开试验

图2-128 熔核直径测量

②扭曲检测：使用焊点扭力器检测。现场调试参数快速判定焊点是否牢固的扭曲检测方法，即用双手抓住焊板两侧，用力扭动，如无法分离焊板，说明焊点质量合格；如果稍加用力就将其扭开，并且焊点直径不达标，视为不合格，扭曲检测如图2-129所示。

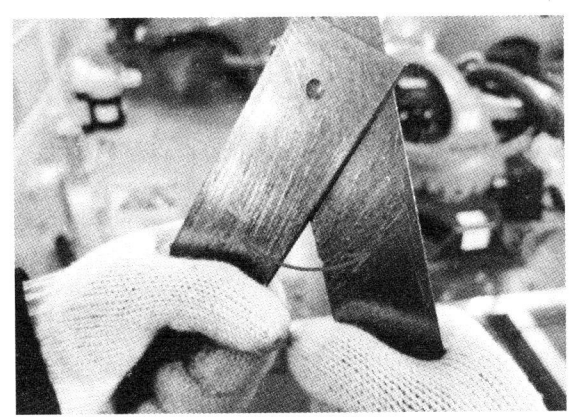

图 2-129　扭曲检测

（2）非破坏性检测

常规的非破坏性检测有目视检测和凿检两种方法。

1）目视检测

目视检测是用小于 20 倍的放大镜做外部缺陷的检测。

优质焊点的外观评价标准是：焊点位置正确，焊点四周呈圆形；熔核大小符合要求，无一级缺陷；打点位置钣金无明显变形，焊点中心无明显下凹；焊点表面及焊点周围区域无裂纹、焊穿、针孔、飞溅及毛刺，如图 2-130 所示；焊点扭曲变形如图 2-131 所示。

图 2-130　优质焊点

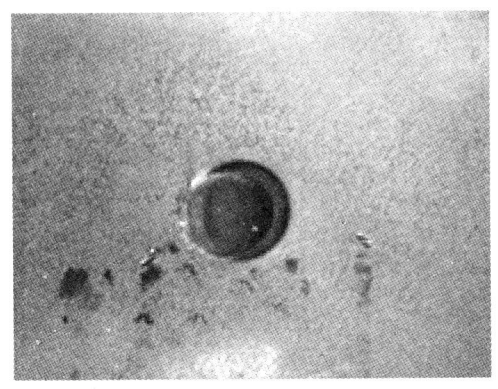

图 2-131　焊点扭曲变形

2）凿检

凿检是将专用凿子在离焊点 3～10 mm 处插入至被检查的焊点内端平齐，上下扳动凿子以检查焊点是否虚焊，拔出凿子，用锤子还原零件。凿检的具体方法如下：

①将扁平的铁条或者螺钉旋具插入点焊机焊接的两块金属之间,在铁条或者螺钉旋具的尾部施加压力,在金属板之间形成2.5~3.5 mm的间隙,如果此时焊点正常,则说明是正常的焊点,焊接效果良好,凿检如图2-132所示。

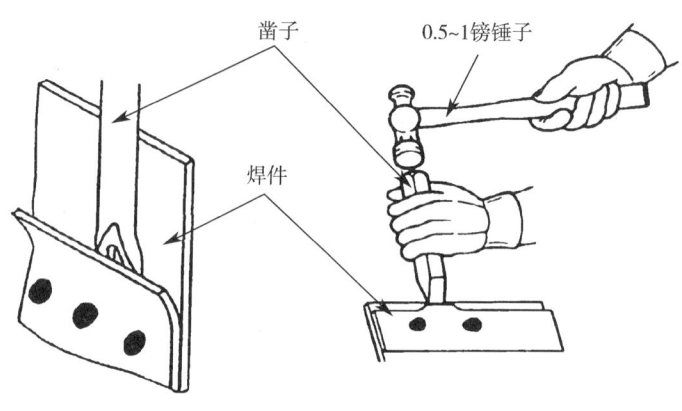

图2-132 凿检

②如果板材薄厚不一致,则撬开的距离应掌握在1.5~2.5 mm,如果坚持撬开则破坏了焊点。

2. 点焊熔核质量要求

点焊焊点熔核直径和外环直径剖面图如图2-133所示。

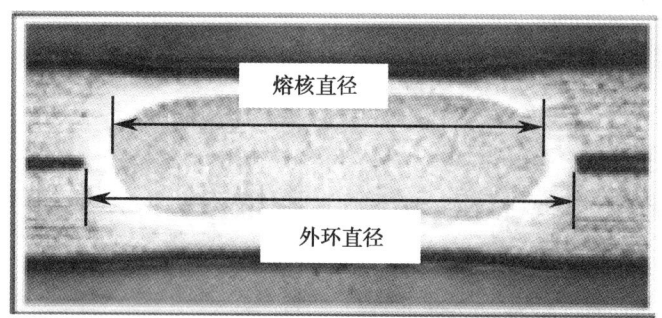

图2-133 电阻点焊焊点熔核直径和外环直径剖面图

(1)电阻点焊焊点熔核直径要求

电阻点焊焊点熔核直径(焊点直径)要求见表2-45。

(2)电阻点焊熔核评价准则

电阻点焊熔核评价准则,见表2-46。

表 2-45　电阻点焊焊点熔核直径要求

序号	最小板厚 d_{min}/mm	最小熔核直径 D_{min}/mm	序号	最小板厚 d_{min}/mm	最小熔核直径 D_{min}/mm
1	0.60	2.7	9	1.25	3.9
2	0.70	2.9	10	2.50	4.3
3	0.75	3.0	11	1.75	4.6
4	0.80	3.1	12	2.00	5.0
5	0.85	3.2	13	2.25	5.3
6	0.90	3.3	14	2.50	5.5
7	1.00	3.5	15	2.75	5.8
8	1.20	3.8	16	3.00	6.1

表 2-46　电阻点焊熔核评价准则

状态	评价准则	备注
合格	$D \geqslant D_{min}$ 且熔核中不存在裂纹	如果熔核中存在气孔，且气孔直径 <10% D，必须保证其相应的凿测试验已经定为"合格"
条件合格	$D \geqslant D_{min}$ 且熔核中不存在裂纹	如果熔核中存在气孔，且 10% D< 气孔直径 <20% D，必须保证其相应的凿测试验已经评定为"合格"；如果熔核中存在气孔，且 20% D≤ 气孔直径 ≤25% D，必须保证 $D \geqslant 5\sqrt{D}$，并且其相应的凿测试验已经评定为"合格"（此时相应的焊接参数应需优化）
不合格	$D<D_{min}$	或熔核中存在气孔，气孔直径 ≥20% D，且 $D<5\sqrt{D}$，或者熔核中存在裂纹

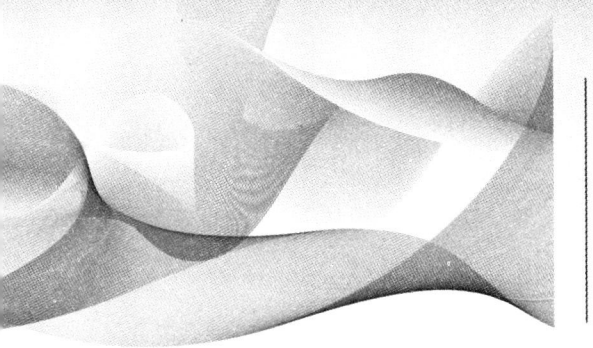

职业模块 三

机器人激光焊

培训项目一

示教编程

培训单元一　机器人激光焊系统构成及激光焊工艺

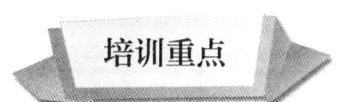

掌握机器人激光焊系统构成及激光焊工艺。

1. 机器人激光焊系统构成

激光焊接从 20 世纪 60 年代激光器诞生不久就开始了研究，从开始的薄小零件或器件的焊接到目前大功率激光焊接在工业生产中的大量应用，经历了近 60 年的发展。由于激光焊具有能量密度高、焊接变形小、热影响区窄、焊接速度高、易实现自动控制、无后续加工的优点，近年来正成为金属材料加工与制造的重要手段，越来越广泛地应用在汽车、航空航天、国防工业、造船、海洋工程、核电设备等领域，所涉及的材料几乎涵盖了所有的金属材料。常规的机器人激光焊系统由 6 部分构成，如图 2-134 所示。

（1）机器人本体：一般是伺服电动机驱动的 6 轴关节式操作机，它由驱动器、传动机构、机械手臂、关节、内部传感器等组成，它的任务是精确地保证机械手末端（激光头）位置、姿态和运动轨迹。

（2）机器人控制柜：是机器人系统的神经中枢，包括计算机硬件、软件和一些专用电路，负责处理机器人工作过程中的全部信息和控制其全部动作。

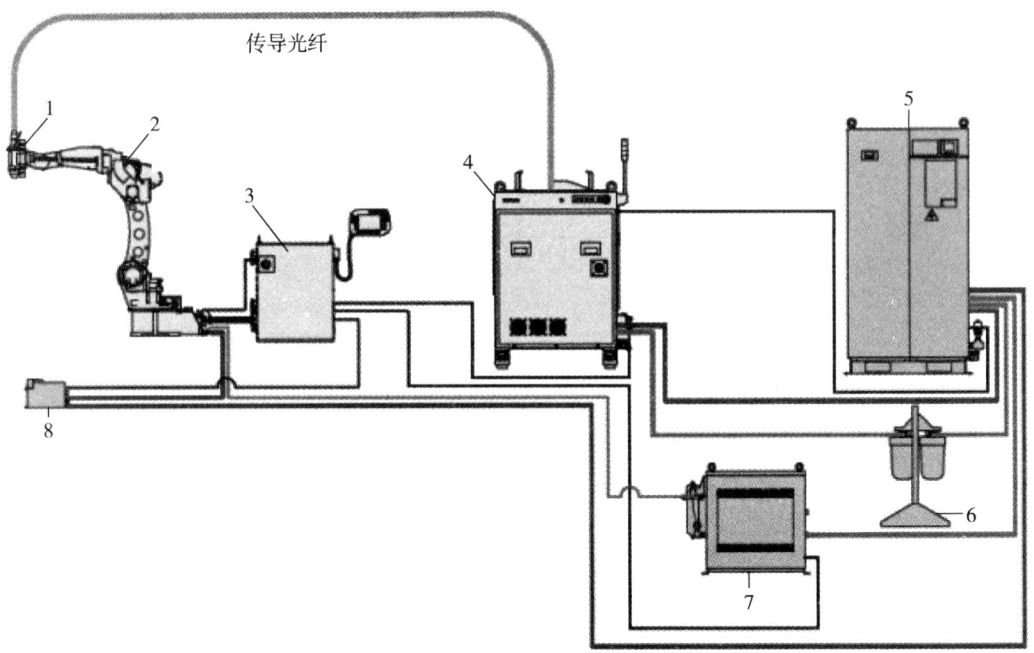

图 2-134 机器人激光焊系统构成

1—激光头 2—机器人 3—机器人控制器 4—激光发生器 5—激光发生器用冷机（选配）
6—激光发生器用过滤器（选配） 7—激光头供水机（选配） 8—激光能量传感器（选配）

（3）激光焊焊接设备：通常由激光器、导光设备和聚焦系统（激光头）组成。

（4）焊接传感器及系统安全保护设施。

（5）冷却系统。

（6）焊接工装夹具。

2. 激光焊工艺特点

（1）激光焊为非接触加工，不需对工件加压和表面处理。

（2）激光焊的焊点小、能量密度高、适合高速加工。

（3）激光焊能量集中，对外界无热影响，焊接热影响区小，热变形小，适合焊接高熔点、高硬度的特种材料。

（4）激光焊不需要填充金属、不需要真空环境，可在空气中直接进行焊接。

（5）与接触焊工艺相比，激光焊无须电极、工具等，焊接设备磨损消耗小。

（6）激光焊无加工噪声，对环境无污染。

（7）激光焊可实现微小工件的焊接加工，此外，还可通过透明材料的壁进行焊接。

（8）激光焊可通过光纤实现远距离、普通方法难以达到的部位、多路同时或分时焊接。

（9）激光焊很容易改变激光输出焦距及焊点位置。

（10）激光焊焊接设备很容易搭载到机器人装置上。

（11）激光焊可直接对带绝缘层的导体进行焊接，也可对性能相差较大的异种金属焊接。

3. 机器人激光焊焊接质量影响因素

（1）焊接设备

激光焊焊接设备通常由激光器、导光和聚焦系统组成。

1）激光器

用于焊接的激光器主要有脉冲激光器和连续激光器。激光焊对激光器的质量要求最主要的是光束模式和输出功率的稳定性。光束模式阶数越低，相同激光功率下激光功率密度越高，焊接深宽比越大。激光器的输出功率稳定性越好，焊接一致性就越好。

2）导光和聚焦系统

光学零件的质量、维护和工作状态监测对保证焊接质量至关重要。

（2）工件状态

焊接前的装配要保证焊接位置的高低差、装配间隙和加工件的清洁程度。一般板材对接装配间隙和光斑对缝偏差均不应大于 0.1 mm，错边不应大于 0.2 mm。

（3）焊接工装夹具

在激光焊过程中，焊接工装夹具主要是将焊接工件准确定位和可靠夹紧，便于焊接工件进行装配和焊接，保证焊接结构精度，有效防止和减轻焊接热变形。

（4）焊接参数

影响激光焊质量的焊接参数主要有激光输出功率、焊接速度、激光波形、脉冲宽度、离焦量和保护气体。

1）激光输出功率、焊接速度对熔深的影响

图 2-135 中，曲线 1、2、3 分别为焊接速度 1 mm/s、3 mm/s、10 mm/s 时的熔深曲线，可以看出在一定的激光功率下，提高焊接速度，则热输入下降，熔深减小。

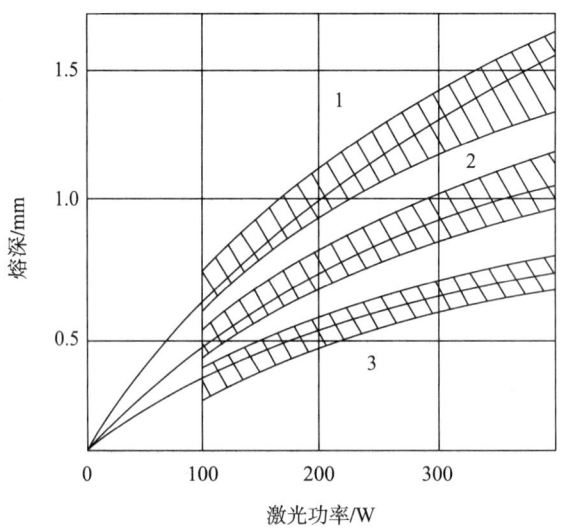

图 2-135 激光焊接不锈钢时功率与焊接速度、熔深的关系

2）离焦量

激光焊时通常需要一定的离焦量,因为激光焦点处光斑中心的功率密度过高,容易蒸发成孔。离开激光焦点的各平面上,功率密度分布相对均匀。离焦方式有两种:正离焦和负离焦。焦平面位于工件上方为正离焦,反之为负离焦,如图 2-136 所示。焊接薄材料时宜采用正离焦,需要较大熔深时宜采用负离焦。在一定的激光功率和焊接速度下,当焦点处于最佳焊接位置范围内时,可以获得最大熔深和好的焊缝形状。

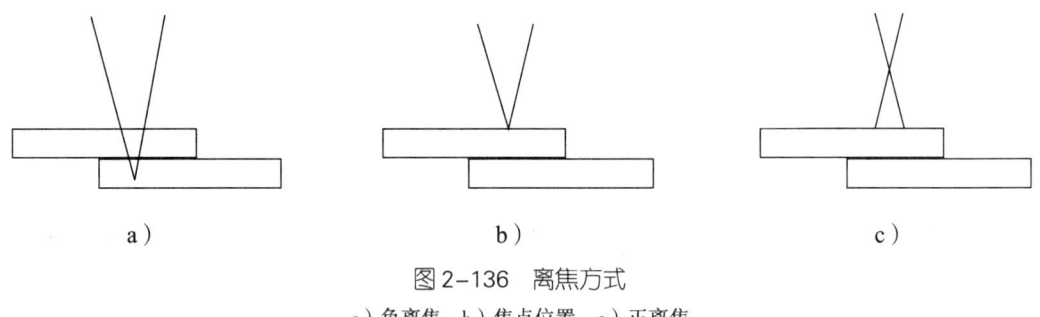

图 2-136 离焦方式
a) 负离焦　b) 焦点位置　c) 正离焦

3）保护气体

保护气体的种类、气体流量及吹气方式也是影响焊接质量的重要焊接参数。

常用的保护气体有 N_2、Ar、He 以及 Ar 和 He 的混合气体。通常情况下,焊接碳钢时宜采用 Ar,不锈钢宜采用 N_2,钛合金宜采用 He,铝合金宜采用 Ar 和 He 的混合气体。

气体流量的大小需根据实际焊接情况而定。在采用大功率连续激光器焊接时，通常采用的气流量较脉冲激光器焊接时的气流量大。

吹气方式分为侧吹和同轴吹两种。小功率焊接时可采用同轴吹气，大功率连续焊接时建议采用侧吹方式。

4. 激光焊常用的接头形式

激光焊的常用接头形式如图2-137所示。

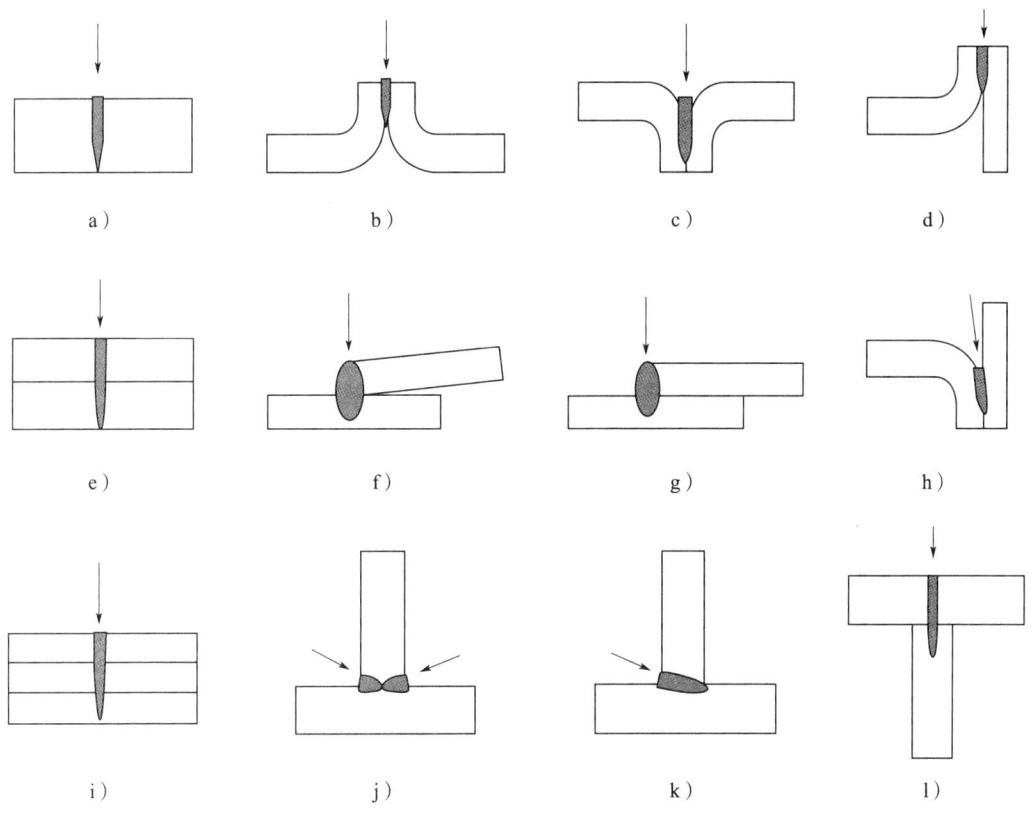

图2-137　激光焊的常用接头形式

a）对接接头　b）端接接头　c）端接接头　d）边端接接头　e）点焊或搭接焊接头　f）端接接头
g）端接接头　h）边端接接头　i）对接接头　j）端接接头　k）端接接头　l）边端接接头

5. 激光焊焊接参数的设置

以KUKA机器人及IPG YLS-10000激光器为例，介绍激光焊焊接参数的设置。

（1）"LSR WELD On"参数设定

1）打开KUKA示教盒，在程序指令界面，点选"LSR WELD On"指令行，之后点选左下角"更改"按钮，进入参数设定界面，如图2-138所示。

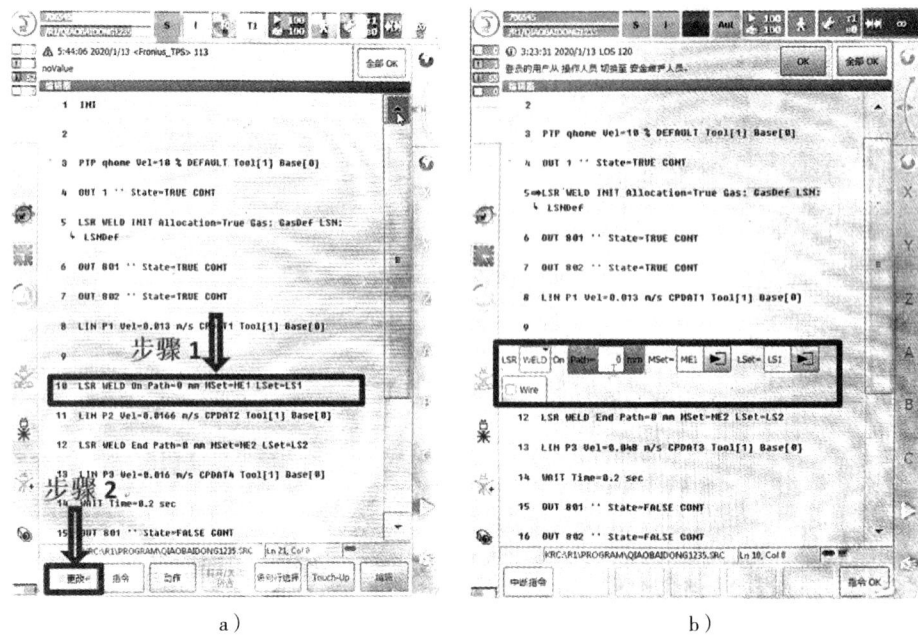

图 2-138 进入"LSR WELD On"参数设定界面

2)采用激光焊时,点选"WELD"选项,如图 2-139 所示。

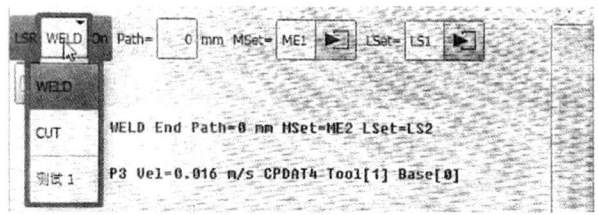

图 2-139 激光用途选项界面

3)点选"Path"输入栏,设置激光开始位置与设定起始点位置的距离,设置范围为 -100~100 mm,如图 2-140 所示。

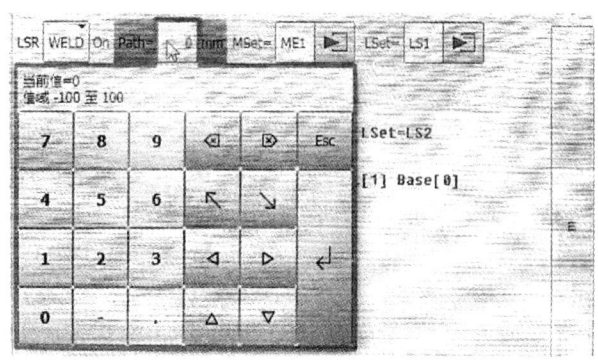

图 2-140 设置激光开始位置与设定起始点位置的距离

4)点选"MSet"栏,设置提前送气时间,如图2-141所示。

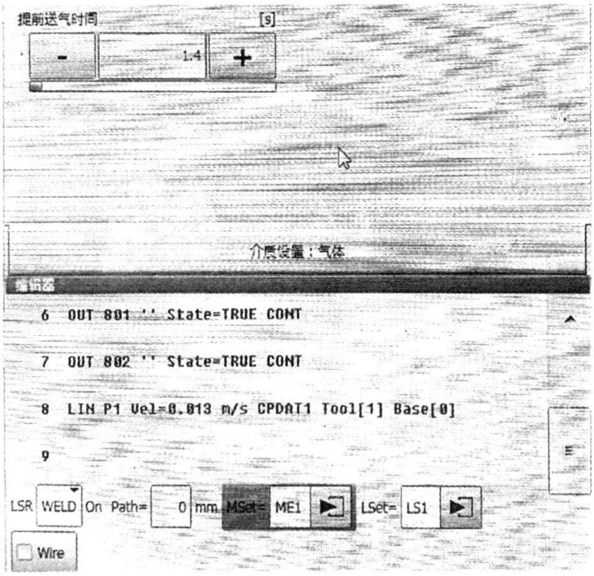

图2-141 设置提前送气时间

5)点选"LSet"栏,设置激光器功率、调节时最小功率、激光器程序编号及激光功率上升时间等参数,如图2-142所示。

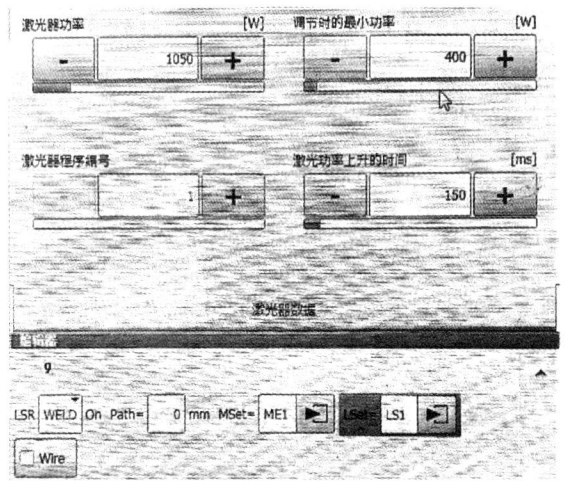

图2-142 设置激光参数

(2)"LSR WELD End"参数设定

1)打开KUKA示教盒,在程序指令界面,点选"LSR WELD End"指令行,之后点选左下角"更改"按钮,进入参数设定界面,如图2-143所示。

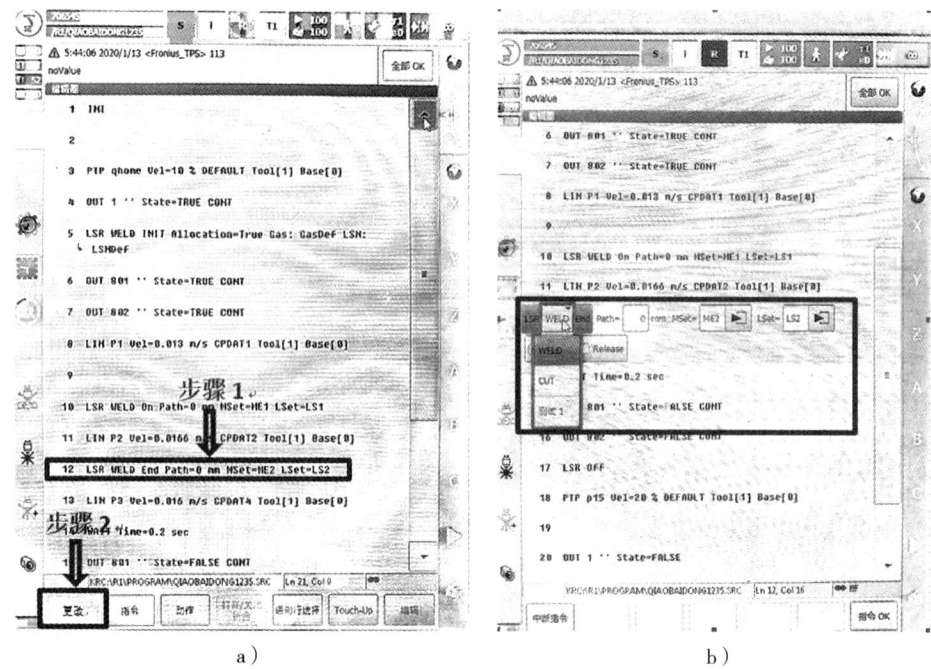

图 2-143 进入"LSR WELD End"参数设定界面

2）采用激光焊时，点选"WELD"选项，如图 2-144 所示。

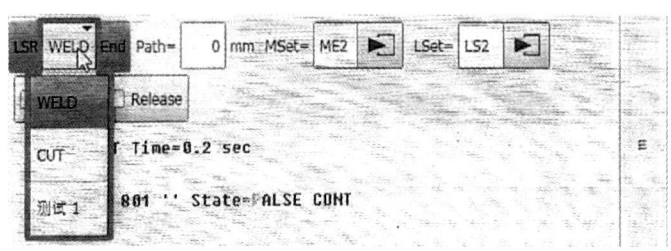

图 2-144 激光用途选项界面

3）点选"Path"输入栏，设置激光开始位置与设定起始点位置的距离，设置范围为 –100 ~ 100 mm，如图 2-142 所示，参照"LSR WELD On"中"Path"设定方式。点选"MSet"栏，设置滞后断气时间，如图 2-145 所示。

4）点选"LSet"栏，设置激光器功率、激光功率切换时间等参数，如图 2-146 所示。

（3）离焦量设定

根据所用激光焦距，通过点动机器人并配合尺寸测量手段实现离焦量的设定，如图 2-147 所示。

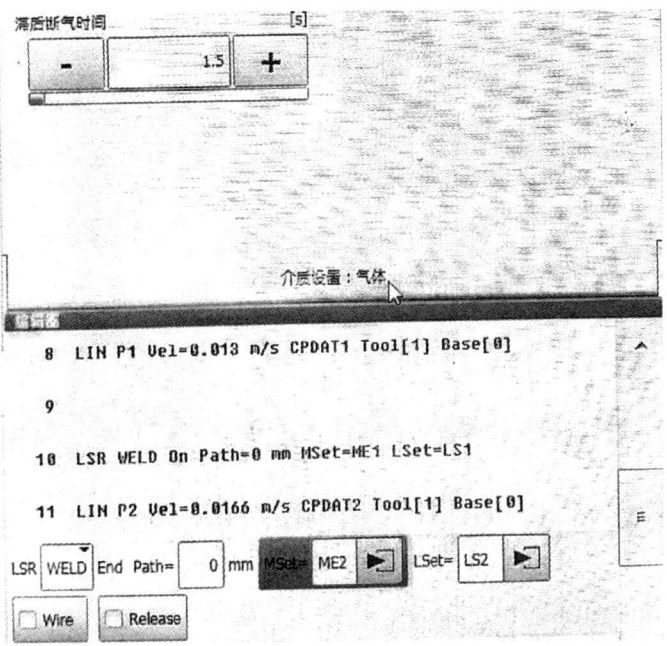

图 2-145 设置滞后断气时间

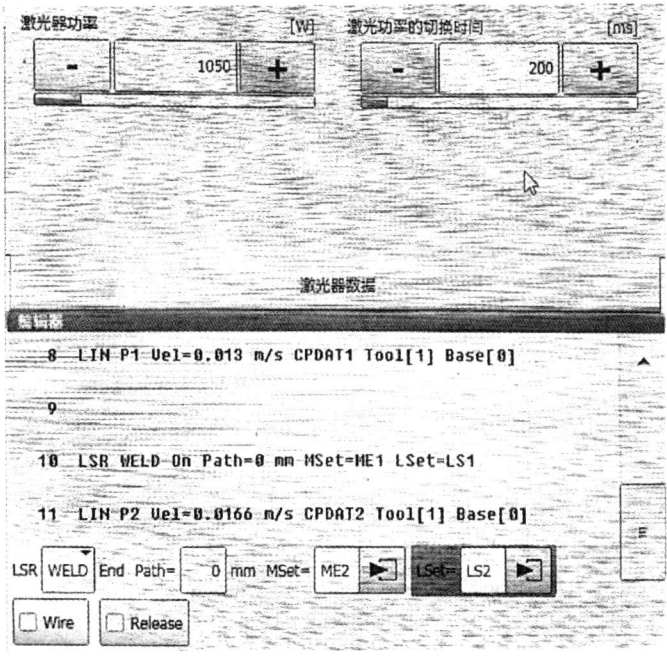

图 2-146 设置激光参数

图 2-147　测量并设定离焦量

培训单元二　机器人激光焊程序指令

掌握机器人激光焊基本程序指令。

1. 机器人基本运动指令

控制机器人运动的命令就是运动指令。在运动指令中,记录有移动到的位置、插补方式、再现速度等。

以 KUKA 机器人为例,在进行编程时其基本运动指令见表 2-47。

表 2-47 机器人基本运动指令

指令	标准移动
PTP（点到点）	工具沿着最快的轨迹运行至目标点
LIN（线性）	工具以设定的速度沿一条直线移动
CIRC（圆周）	工具以设定的速度沿圆周轨迹移动

2. 激光焊指令

以 KUKA 机器人和 IPG YLS-10000 激光器为例，其激光焊指令见表 2-48。

表 2-48 激光焊指令

指令	指令说明	示例及注释
LSR WELD INIT	激光焊接初始化	LSR WELD INIT Allocation=True Gas：GasDef LSN：LSNDef
OUT 801	气刀	OUT 801.State=TRUE CONT（气刀开启） OUT 801.State=FALSE CONT（气刀关闭）
OUT 802	保护气体	OUT 802.State=TRUE CONT（保护气体开） OUT 802.State=FALSE CONT（保护气体关）
LSR WELD On	激光焊开始	LSR WELD On Path=0 mm MSet=ME1 LSet=LS1 （其中：Path 代表激光开始位置与设定起始点位置的距离：-100~100 mm；MSet 设置提前送气时间；LSet 设置激光器功率、调节时最小功率、激光器程序编号及激光功率上升时间等参数）
LSR WELD End	激光焊结束	LSR WELD End Path=0 mm MSet=ME2 LSet=LS2 （其中：Path 代表激光停止位置与设定终点位置的距离：-100~100 mm；MSet 设定滞后断气时间；LSet 设定激光器功率、激光功率切换时间等参数）
LSR Off	激光器关闭	LSR Off

技能要求

操作名称：板板对接机器人激光焊示教编程

操作实施步骤

示教准备 ⇨ 示教编程

步骤1：示教准备

1. 机器人调至示教状态

以 KUKA 焊接机器人为例。按照操作程序开机，使机器人处于"示教"模式。

2. 调整激光头与工件距离

调整激光头高度，采用高度尺测量激光头与工件的垂直距离，使其等于激光头焦距。

3. 激光焊路径规划

依据两点确定一条直线的原则，直线轨迹由两个示教点（即焊接开始点、焊接结束点）来描述。板板水平对接焊缝示教点位置如图2-148所示。

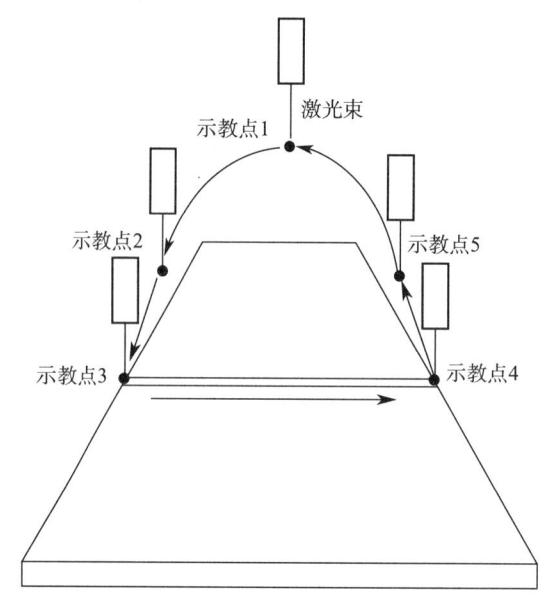

图 2-148　板板水平对接焊缝示教点位置

4. 激光焊焊接参数（见表2-49）

表 2-49　3 mm 厚度板板对接焊缝激光焊焊接参数

激光功率 /W	99.99%（体积分数）Ar 流量/(L·min^{-1})	离焦量 /mm	激光摆动	焊接速度/(mm·min^{-1})
1 400~2 000	5~25	0	不摆动	1 000~2 000

步骤2：示教编程

1. 确定示教点位置

示教点1：机器人原点。

示教点 2：准备点，距离焊接起始点约 30 mm，进枪点的姿态与焊接起始点的姿态一致。

示教点 3：焊接起始点。

示教点 4：焊接结束点。

示教点 5：焊接后退避点。

2. 板板对接机器人激光焊示教程序示例及注释（见表 2-50）

表 2-50　板板对接机器人激光焊示教程序示例及注释

编号	示教指令	注释
1	INI	程序起始命令（空指令）
2	PTPqhome Vel=10% DEFAULT Tool［1］Base［0］	关节插补，运动至示教点 1
3	PTP P1 Vel=10% DEFAULT Tool［1］Base［0］	关节插补，运动至示教点 2
4	OUT 1 State=TRUE CONT	激光请求
5	LSR WELD INIT Allocation=True Gas：GasDef LSN：LSNDef	激光焊初始化
6	OUT 801 State=TRUE CONT	气刀开启
7	OUT 802 State=TRUE CONT	保护气开
8	LIN P2 Vel=0.013 m/s CPDAT1 Tool［1］Base［0］	直线插补，运动至示教点 3
9	LSR WELD On Path=0 mm MSet=ME1 LSet=LS1	激光焊开始（此处设置激光焊焊接参数）
10	LIN P3 Vel=0.016 7 m/s CPDAT2 Tool［1］Base［0］	直线插补，运动至示教点 4
11	LSR WELD End Path=0 mm MSet=ME2 Lset=LS2	激光焊结束（此处设置激光焊焊接参数）
12	LIN P4 Vel=0.013 m/s CPDAT3 Tool［1］Base［0］	直线插补，运动至示教点 5
13	WAIT Time=1 sec	等待 1 s
14	OUT 801 State=FALSE CONT	气刀关闭
15	OUT 802 State=FALSE CONT	保护气体关
16	LSR off	激光器关闭
17	PTP qhome Vel=20% DEFAULT Tool［1］Base［0］	关节插补，运动至示教点 1
18	OUT 1 State=FALSE	程序结束

培训单元三　机器人激光焊的单步运行和连续运行

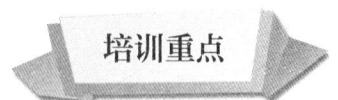

掌握机器人激光焊的单步运行和连续运行。

1. 单步运行

单步运行即机器人运行选定的单条运动指令。单步运行不会执行焊接功能。以 Yaskawa 机器人为例，演示单步运行程序。

（1）光标移到运动指令命令行左侧，如图 2-149 所示。

（2）按［前进］，机器人运行到指定位置，如图 2-150 所示。

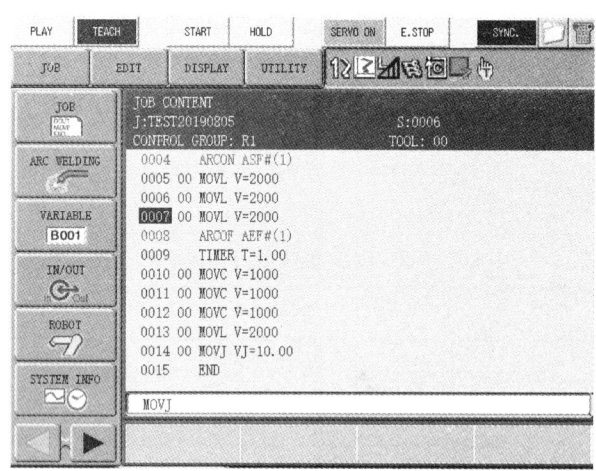

图 2-149　程序内容窗口

图 2-150　示教盒前进键位置

2. 连续运行

连续运行的概念为执行整个程序。与单步运行不同的是，连续运行会将整个程序的功能都表现出来。如在调试焊接程序时，单步运行程序不会执行焊接功能，但如果在焊接开启状态下连续运行程序，运行到焊接指令就会执行焊接功能。

（1）光标移到指定命令行左侧，如图 2-151 所示。

（2）按联锁键 + 试运行键，如图 2-152 所示，机器人会按照已示教的程序点进行连续动作。在连续动作时，松开试运行键，机器人停止动作。

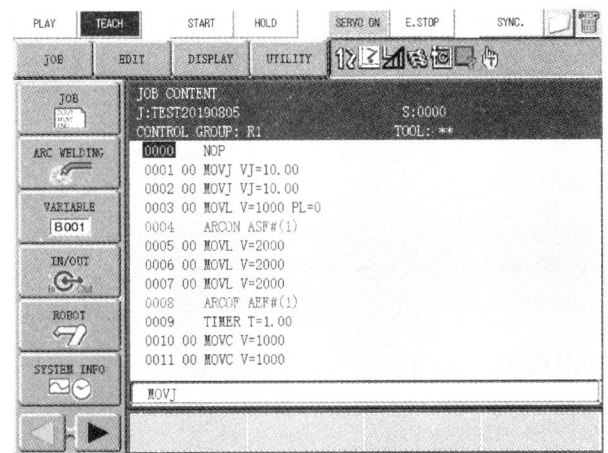

图 2-151　程序内容界面及光标位置

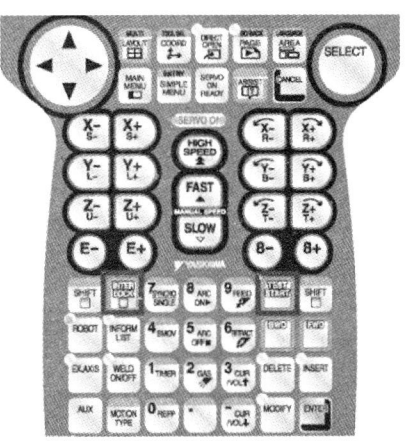

图 2-152　示教盒联锁键 + 试运行键位置

培训单元四　机器人激光焊程序编辑

掌握机器人激光焊示教程序的编辑方法。

以 Yaskawa 机器人为例，介绍机器人激光焊程序编辑方法。

1. 增加示教点

如图 2-153 所示，在 2 个示教点之间插入示教点，可以改变机器人的运动轨迹。

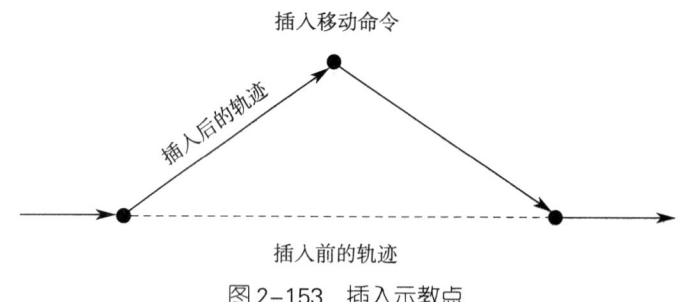

图 2-153 插入示教点

(1) 移动光标到要插入示教点的命令位置前一行，如图 2-154 所示。

图 2-154 光标移动位置

(2) 接通伺服电源，然后按下轴操作键，移动机器人到插入位置。

(3) 按下插入键，该按键的灯变亮。

(4) 按下回车键，插入示教点成功，如图 2-155 所示。

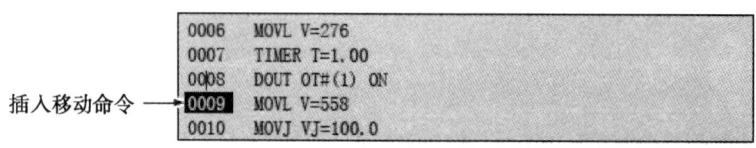

图 2-155 插入示教点成功

2. 改变示教点

(1) 光标移到指定命令行左侧。

(2) 移动机器人到新位置。

(3) 依次按修改键、回车键记录新位置。

3. 删除示教点

(1) 单点删除

光标移到指定命令行左侧；依次点击修改键、回车键、删除键、回车键。

(2) 多点删除

光标移到指定命令行右侧，如图 2-156 所示。

按转换键 + 选择键，如图 2-157 所示。

用上、下方向键选择多行，如图 2-158 所示。

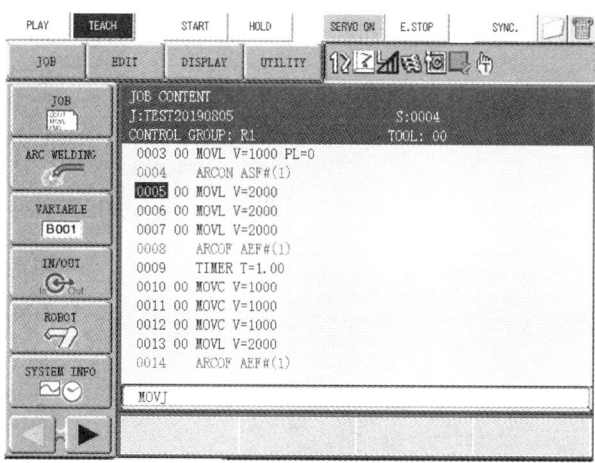

图 2-156 光标移到指定命令行右侧

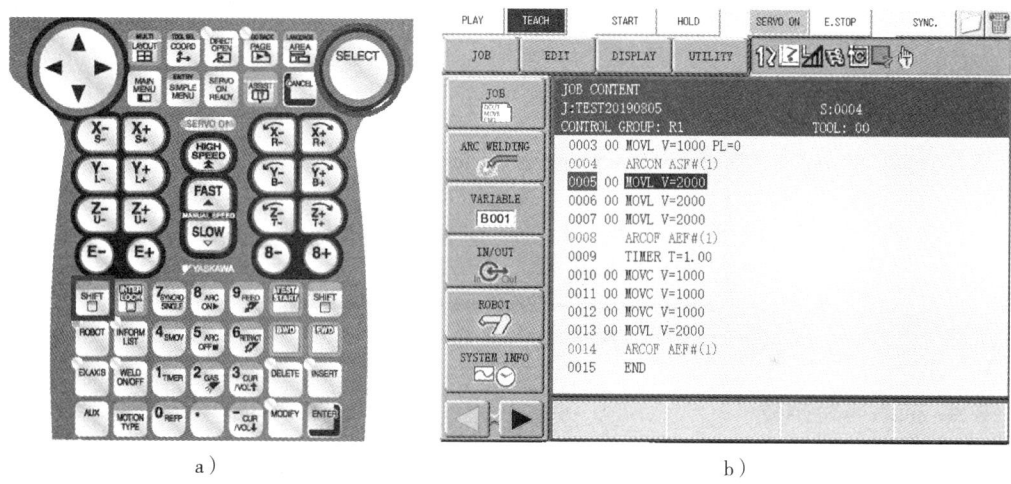

图 2-157 按转换键 + 选择键后

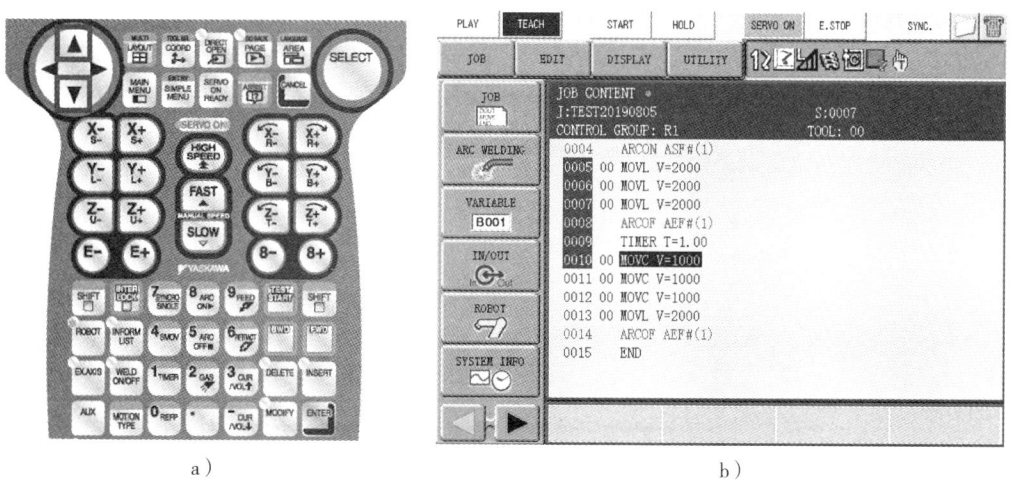

图 2-158 多行选择

选择顶栏的编辑；选择剪切，如图 2-159 所示。

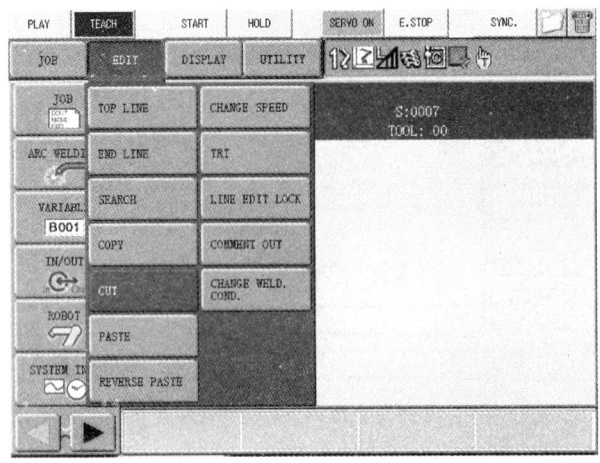

图 2-159　选择剪切

对话框选择 YES，如图 2-160 所示。

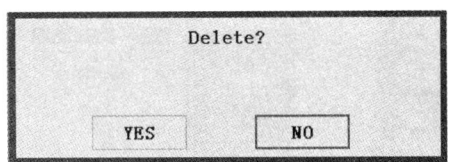

图 2-160　选择 YES

4. 插入等待指令

以 Yaskawa 机器人为例，利用"定时器"功能，在程序中插入等待指令。

（1）光标移到指定命令行左侧，如图 2-161 所示。

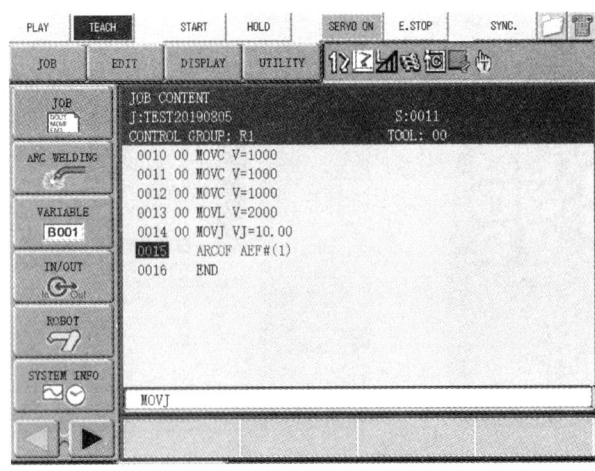

图 2-161　光标位置指示

（2）按定时器键，如图2-162所示。

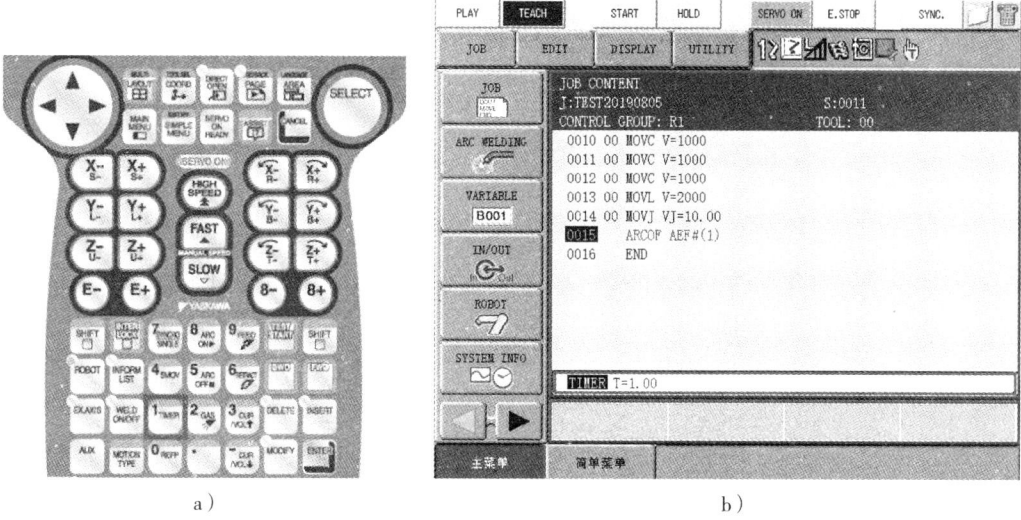

图2-162 按定时器键

（3）光标移动到T=×.××，如图2-163所示。

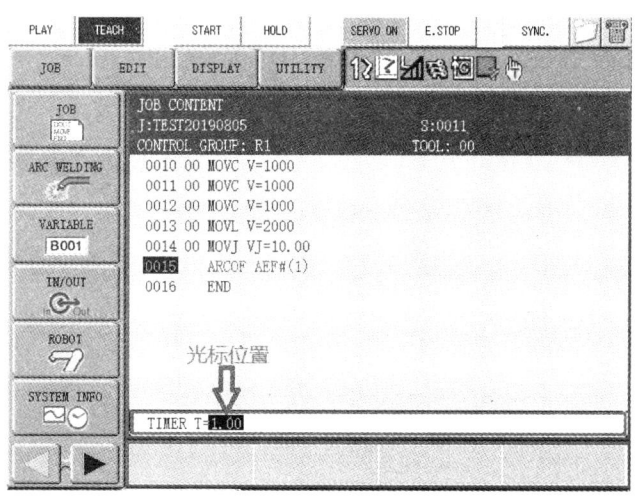

图2-163 光标移动到T=×.××

（4）按选择键，如图2-164所示。

（5）输入时间（单位：s），如图2-165所示。

（6）按回车键，如图2-166所示。

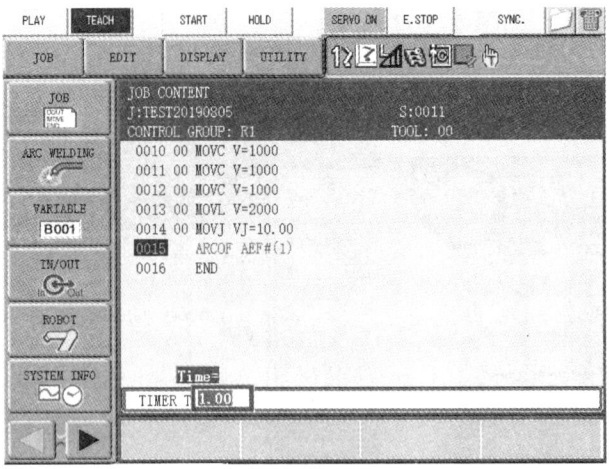

图 2-164　按选择键

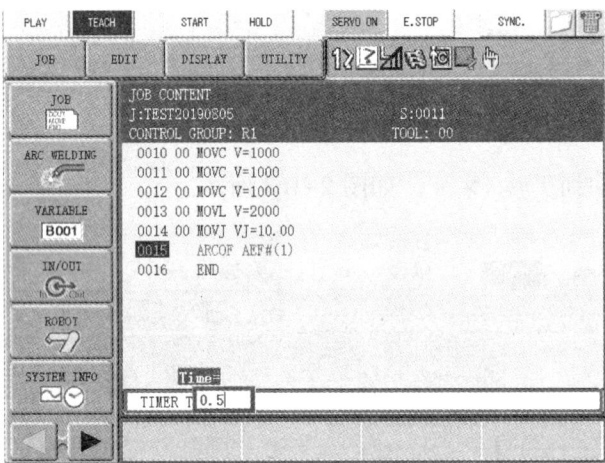

图 2-165　输入时间

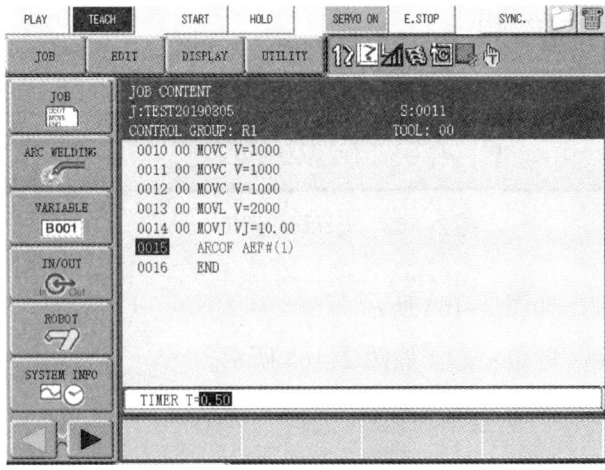

图 2-166　按回车键

（7）按插入键+回车键，如图2-167所示。

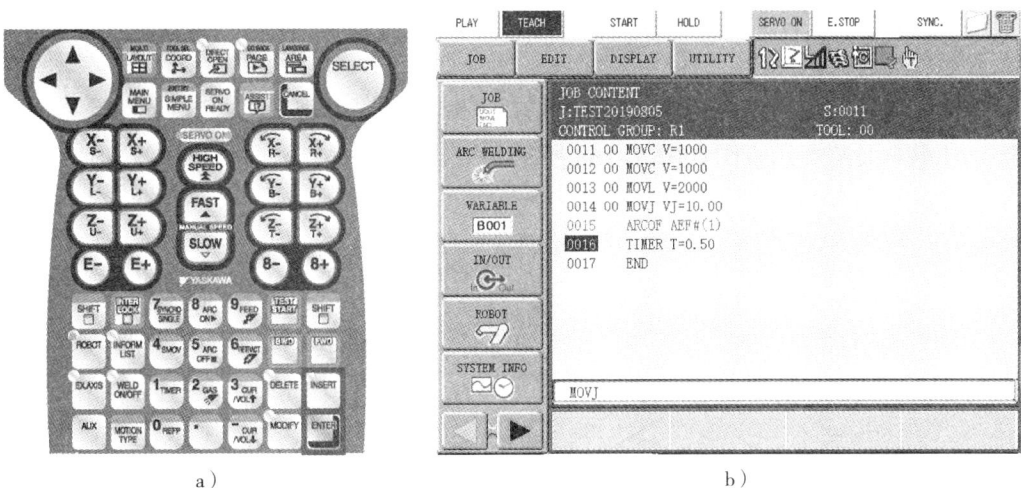

图2-167 等待指令操作完成

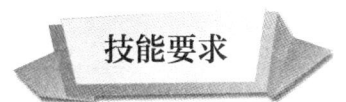

操作名称：I形接头平板对接示教编程

操作实施步骤

焊前准备 ⇨ 示教运动轨迹 ⇨ 焊接参数设置 ⇨ 程序检查空走运行

步骤1：焊前准备

1. 工件准备

3 mm平板I形接头对焊接前准备见表2-51。

表2-51 3 mm平板I形接头对接焊前准备　　　　单位：mm

母材材质	母材尺寸	焊缝长度	两母材装配间隙
301LN	200×50×3	200	≤0.1

2. 表面处理

采用机械打磨方法将工件焊缝两侧20~30 mm范围内表面的油、污物、氧化皮等清理干净，使其露出金属光泽。

3. 画线

根据零件装配位置进行画线,确定零件位置。

4. 试件组装

在工作台上借助夹具将零件固定组装,两平板装配间隙小于 0.1 mm。3 mm 平板工件组对及装夹示意图如图 2-168 所示。

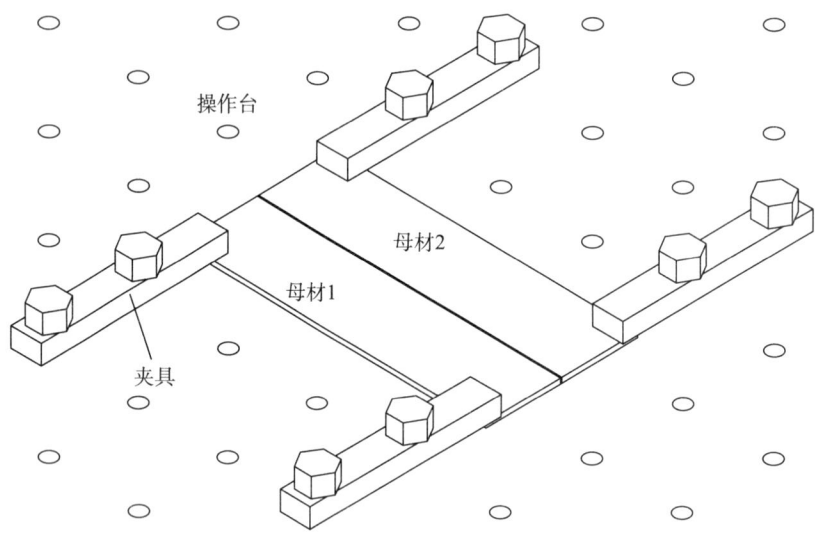

图 2-168　3 mm 平板工件组对及装夹示意图

步骤 2:示教运动轨迹

1. 机器人调至示教状态

先按照操作程序开机,使机器人处于"示教"模式。

2. 离焦量

根据激光头焦距参数,参考图 2-149 测量并设定离焦量,此处设定离焦量为 0。

3. 示教激光头运动路径

示教 I 形接头平板对接过程中机器人的运动轨迹,如图 2-169 所示。将机器人原点设为第一点(示教点 1),机器人激光头到焊接点前 10~30 mm 处设为进枪点(示教点 2),进枪点的姿态与焊接点的姿态一致,再使用工具坐标系的动作功能键移动激光头到焊接起始点(示教点 3),工具坐标系的动作功能键移动激光头到焊接结束点(示教点 4),之后运动到示教点 5,最后回到示教点 1。

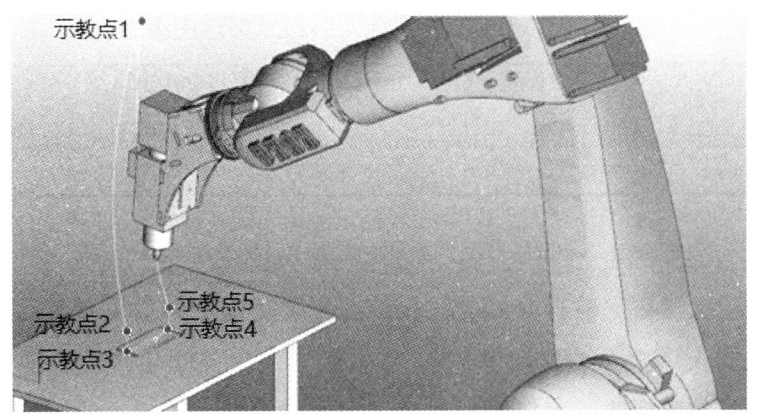

图 2-169　I 形接头平板对接机器人激光焊运动轨迹示教

I 形接头平板对接过程中机器人的运动轨迹及编程要点见表 2-52。

表 2-52　I 形接头平板对接过程中机器人的运动轨迹及编程要点

运动轨迹	起止位置	运动插补方式
路径 1	示教点 1→示教点 2	关节插补
路径 2	示教点 2→示教点 3	直线插补
路径 3	示教点 3→示教点 4	直线插补
路径 4	示教点 4→示教点 5	直线插补
路径 5	示教点 5→示教点 1	关节插补

4. 程序检查

先单步运行程序，检查并修改各示教点位置，确定各点位置正确后，再连续运行。

步骤 3：焊接参数设置

激光焊焊接参数设定方法参考"培训单元一：机器人激光焊系统构成及激光焊工艺"→"【知识要求】"→"五、激光焊焊接参数的设置"，设定激光开始位置与设定起始点位置的距离 Path=0，提前送气时间为 1.4 s，设定调节时的最小功率为 400 W，激光功率上升时间为 150 ms；焊接结束时，设定激光停止位置与设定终点位置的距离 Path=0，滞后断气时间为 1.5 s，激光功率切换时间为 200 ms，其他焊接参数见表 2-53。

表 2-53　I 形接头平板对接激光焊焊接参数

激光功率/ W	Ar 流量/ (L·min^{-1})	离焦量/ mm	激光摆动频率/ Hz	激光摆宽/ mm	焊接速度/ (mm·min^{-1})
1 400~2 000	5~25	0	不摆动	不摆动	1 000~2 000

步骤 4：程序检查

先单步运行程序，检查并修改各示教点位置，确定各点位置正确后，再连续运行。将机器人调整至"自动模式"、将激光器关闭并锁定焊接功能，检查周围有无其他人员或障碍物，确定无误后按下操作面板启动按钮，使机器人空走自动运行。

培训项目 二

焊前准备

培训单元　机器人激光焊安全及防护

掌握机器人激光焊安全及防护常识。

1. 机器人激光焊安全常识

根据激光辐射可能对人体造成的伤害，可以分为以下等级：

（1）Class1：激光在合理的保护下，不会对人体造成任何伤害。

（2）Class1M：如有合理的防护，激光不会对人体造成任何伤害，但如果通过光学组件，则有可能造成伤害。

（3）Class2：操作时眼睛需要采取适当的防护措施，同时要在合理的条件下操作。

（4）Class2M：操作时眼睛需要采取适当的防护措施，如果激光通过光学系统聚焦，则有可能对眼睛造成伤害。

（5）Class3R：直视激光将造成伤害，损伤比 Class3B 略低。

（6）Class3B：直视激光将造成伤害，只能通过适当的衰减片来观察。

（7）Class4：直接辐射或者散射光都会对眼睛或者皮肤造成严重伤害，操作时必须采取严格的防护措施，操作人员需进行安全培训。

除了激光束本身对眼睛和皮肤的直接危害以外，激光应用过程中的一些非光束因素也会造成危害，如噪声、X射线辐射、触电、火灾、等离子辐射等。

2. 激光防护

（1）工程控制

1）设定激光视觉危险区域。在不同的项目中，可以根据实际情况设定激光视觉危险区域，利用密闭的围墙来限制人员进入。同时，可以使用入侵检查装置来中断激光风险，防止人员突然闯入。

2）工作安全门。工作安全门用于让人进入工位，到达设备位置以便检查或维修。

3）升降门和滑动门。升降门和滑动门被设置在操作人员和运行设备之间，起到隔离作用。当安全防护门关闭时，焊接区域与操作人员完全隔离。辅助的措施可以采用光栅，光栅保证非授权人员不能进入危险区域。

4）安全回路。

5）急停按钮。

6）光幕。光幕用来阻止非授权人员进入危险区域。

7）警示标志。有关安全的标签和警告标识必须粘贴在激光器和焊接区域。作为激光设备的使用者，有义务在激光焊接区域粘贴相应的警告标志，以便这些标志能被在这一区域内的人员清楚看到。图2-170所示为激光警示标志示例。

图2-170 激光警示标志示例

8）带火花收集器的吸尘装置和灭火器。焊接过程中会产生有害的烟尘，所以在焊接区域内需要连接相应的除尘系统。在靠近除尘系统和电控箱附近应放置灭火器。

（2）个人防护

1）佩戴激光防护眼镜。激光防护眼镜的滤光片可以选择性地衰减特定的激光波长，并尽可能多地透过非保护的可见辐射，如图2-171所示。激光防护眼镜可分为普通型眼镜、边框不透光的防侧光型眼镜以及边框部分透光的半防侧光型眼镜。

2）佩戴激光防护面罩。激光防护面罩主要用于紫外激光源，其不仅可以保护眼睛，还可以保护面部皮肤。

图 2-171 激光防护眼镜

3）使用激光防护手套。高功率、高能量的激光无论直射或者散射均会对人造成损伤，因此，佩戴激光防护手套十分必要。

4）穿激光防护服。对工作人员皮肤可能受到最大允许照射量的岗位，应提供防护服，防护服应耐火、耐热。

培训项目三 焊接操作

培训单元一 机器人激光焊典型接头示教编程要领

掌握机器人激光焊典型接头示教和工艺编程要领。

机器人激光焊典型接头的示教编程

以管板角接接头平角焊缝激光焊为例,介绍其示教编程方法。

(1)示教准备

1)机器人调至示教状态。先按照操作程序开机,使机器人处于"示教"模式。

2)离焦量。根据激光头焦距参数测量并设定离焦量,此处设定离焦量为0。

(2)示教激光头运动轨迹路径

激光头的运动轨迹路径规划如图2-172所示。

先确定焊接起始点位置,以工件与机器人近点为起始点(图2-172示教点3),将机器人原点设为第一点(图2-172示教点1),然后将焊枪沿 z 轴方向逆时针转动180°(预设激光头姿态,以保证激光头能连续旋转一周,注意:激光头与机器人手臂不要发生干涉),移动机器人激光头到焊接点前10~30 mm处设为进枪点(示教点2),进枪点的姿态与焊接点的姿态一致,再使用工具坐标系的动作功能键移动激光头到焊接起始点（示教点3），依据三点确定一段圆弧的原则，结合激光入射角度的要求（激光头激光入射角为22°~28°，行进角为90°），圆周轨迹选择由4个圆弧示教点［即焊接开始点（示教点3）、2个焊接中间点（示教点4和示教点5）和焊接结束点（示教点3）］来描述。图2-172所示管板角接过程中机器人的运动轨迹及编程要点见表2-54。

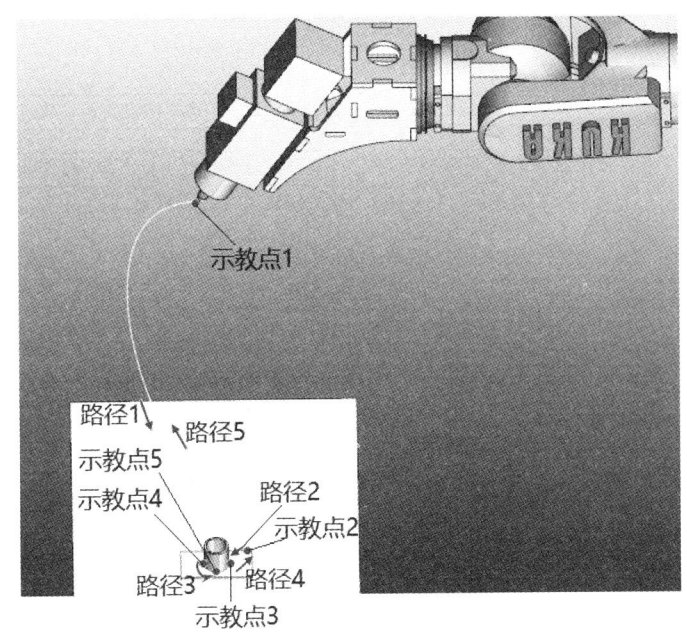

图2-172 机器人激光焊管板角接焊缝轨迹路径规划示意图

表2-54 管板角接过程中机器人的运动轨迹及编程要点

运动轨迹	起止位置	运动插补方式
路径1	示教点1→示教点2	关节插补
路径2	示教点2→示教点3	直线插补
路径3	示教点3→示教点4→示教点5→示教点3	圆弧插补
路径4	示教点3→示教点2	直线插补
路径5	示教点2→示教点1	关节插补

（3）程序检查

先单步运行程序，检查并修改各示教点位置，确定各点位置正确后，再连续运行。

技能要求

操作名称1：管板角接焊缝激光焊

操作实施步骤

工件准备 ⇨ 工件装夹固定 ⇨ 点焊固定 ⇨ 示教激光头运动轨迹 ⇨
焊接工艺参数设置 ⇨ 程序检查 ⇨ 起焊、收焊 ⇨ 结束焊接作业

步骤1：工件准备

1. 母材材质

不锈钢管：06Cr19Ni10；尺寸：$\phi 50\,mm \times 40\,mm$，壁厚3 mm。

不锈钢板：06Cr19Ni10；尺寸：130 mm×100 mm×3 mm。

2. 表面处理

对工件焊接位置进行加工、清理，清理方法可以采用机械清理、电解清理、超声波清理或激光清理，清除工件表面的油、污物、氧化皮等。

步骤2：工件装夹固定

在工作台上借助夹具将零件固定组装，管板间装配间隙不大于0.2 mm。

步骤3：点焊固定

在管与板环形角焊缝圆周上间隔大致相等的三点进行激光点焊固定，点焊所用激光功率500~1 000 W，点焊所用激光功率应小于正式焊接激光功率。点焊所用激光参数设定方法参考"培训项目二：示教编程"→"培训单元一：机器人激光焊系统构成及激光焊工艺"→"【知识要求】"→"五、激光焊焊接参数的设置"，离焦量为0。

步骤4：示教激光头运动轨迹

1. 示教准备

（1）机器人调至示教状态

先按照操作程序开机，使机器人处于"示教"模式。

（2）离焦量

根据激光头焦距参数测量并设定离焦量，此处设定离焦量为0。管板角接焊缝结构及焊接轨迹示教示意图如图2-173所示。

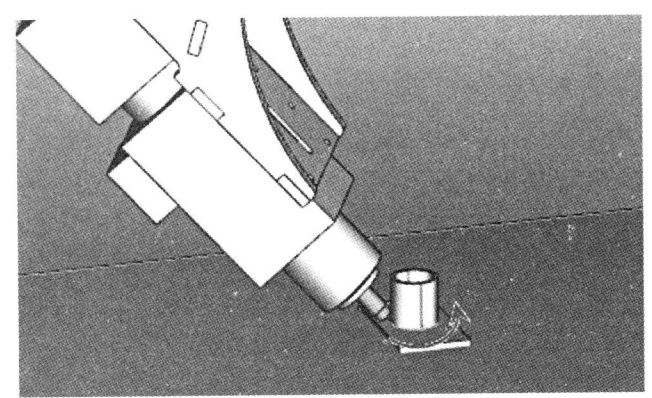

图 2-173 管板角接焊缝结构及焊接轨迹示教示意图

（3）示教点路径规划

依据三点确定一段圆弧的原则，结合激光入射角度的要求，圆周轨迹选择由 4 个圆弧示教点（即焊接开始点、2 个焊接中间点和焊接结束点）来描述。管板水平角接焊缝示教点位置如图 2-174 所示。

2. 示教编程

先确定焊接起始点位置，以工件与机器人近点为起始点，将机器人原点设为第一点，然后，将焊枪沿 z 轴方向逆时针转动 180°（预设激光头姿态，以保证激光头能连续旋转一周，注意：激光头与机

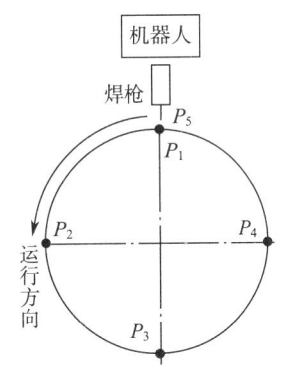

图 2-174 管板水平角接焊缝示教点位置

器人手臂不要发生干涉），移动机器人激光头到焊接点前 10～30 mm 处设为进枪点（进枪点的姿态与焊接点的姿态一致），再使用工具坐标系的动作功能键移动激光头到焊接点。

选择正确的插补命令和焊接指令。每示教一个点都要重新调整激光头姿态，时刻保持激光头激光入射角为 22°～28°，行进角为 90°，另外，焊接结束后要设退避点（进、退枪点的示教应在工具坐标系下进行，进、退枪速度可降低一些）。

步骤 5：焊接参数设置

设定激光开始位置与设定起始点位置的距离 Path=0，提前送气时间为 1.4 s，设定调节时的最小功率为 400 W，激光功率上升时间为 150 ms；焊接结束时，设定激光停止位置与设定终点位置的距离 Path=0，滞后断气时间为 1.5 s，激光功率切换时间 200 ms，其他焊接参数见表 2-55。

表2-55 管板角接焊缝激光焊参数

激光功率/ W	Ar流量/ (L·min^{-1})	离焦量/ mm	激光摆动频率/ Hz	激光摆宽/ mm	焊接速度/ (mm·min^{-1})
1 000~1 500	5~25	0	70	1	1 000~2 000

注：本示例所用 KUKA 机器人及 IPG 激光器设备，激光摆动频率及摆宽参数设定如图 2-175 所示。

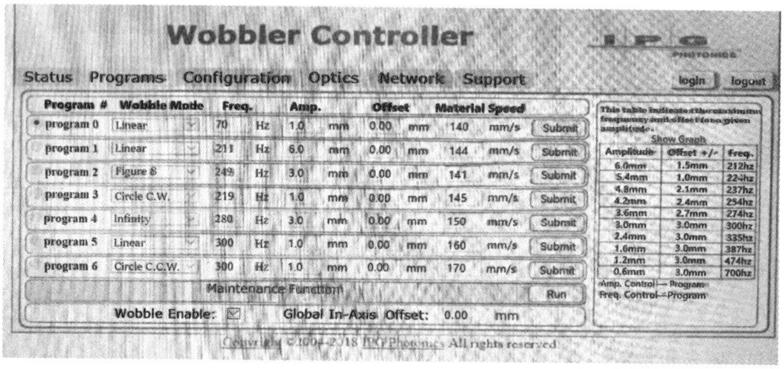

图 2-175 激光摆动频率及摆宽设定

步骤 6：程序检查

先单步运行程序，检查并修改示教点位置，确定各点位置正确后，再连续运行。将机器人调整至"自动模式"，将激光器关闭并锁定焊接功能，检查周围有无其他人员或障碍物，确定无误后按下操作面板启动按钮，使机器人自动运行。

步骤 7：起焊、收焊

1. 机器人激光焊起焊

（1）检查确认激光焊机电源、水循环、保护气体、气刀等正常。

（2）试运行机器人激光焊程序，确认程序无误。

（3）将示教盒调至"再现模式"。

（4）执行焊接程序，进行管板激光焊接，焊接过程如图 2-176 所示。

2. 机器人激光焊收焊

（1）焊接至收焊位置时，按照"步骤 5：焊接参数设置"中的参数进行收焊。

图 2-176 管板激光焊接过程

（2）机器人激光头按照示教运动轨迹回到示教点1。

（3）如需继续进行焊接，则参考上述步骤进行作业。

步骤8：结束焊接作业

关闭保护气瓶，关闭机器人控制柜，关闭激光控制柜，关闭激光器，关闭冷却器等。

操作名称2：薄板T形接头机器人激光焊

操作实施步骤

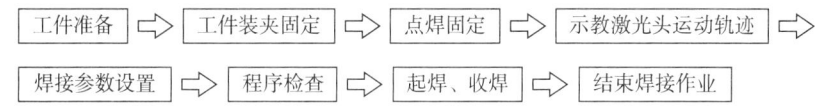

步骤1：工件准备

1. 母材材质

碳钢板：Q235B；尺寸：270 mm × 30 mm × 3 mm。

碳钢板：Q235B；尺寸：270 mm × 130 mm × 5 mm。

2. 表面处理

对工件焊接位置进行加工、清理，清理方法可以采用机械清理、电解清理、超声波清理或激光清理，清除工件表面的油、污物、氧化皮等。

步骤2：工件装夹固定

在工作台上借助夹具将零件固定组装，板与板间装配间隙不大于0.2 mm，T形接头示意图如图2-177、图2-178所示。

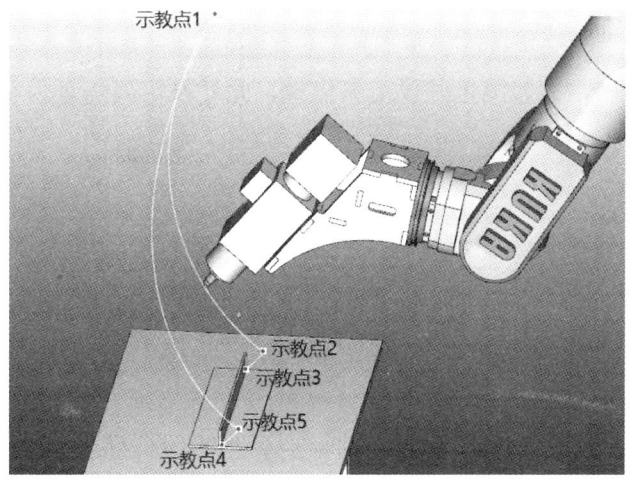

图2-177 示教薄板T形接头激光焊过程中机器人的运动轨迹

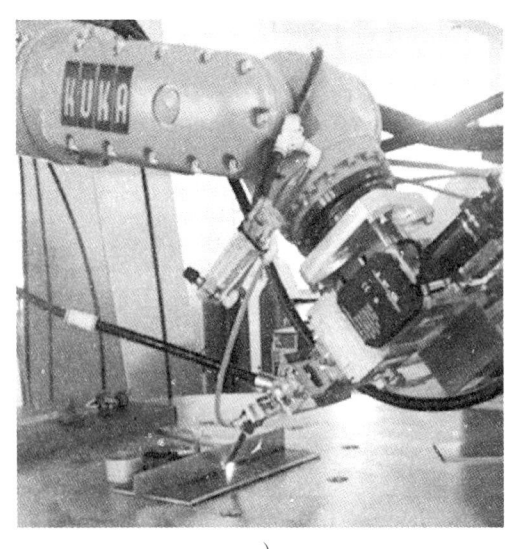
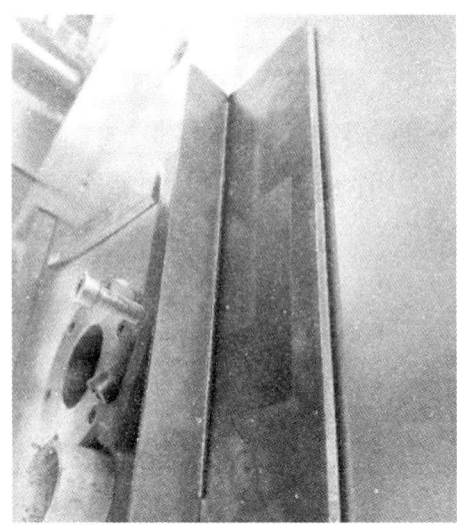

a) b)

图 2-178 薄板 T 形接头机器人激光焊过程及焊缝

步骤 3：点焊固定

在 T 形接头两端进行激光点焊固定，点焊所用激光功率为 500~1 000 W，点焊所用激光功率应小于正式焊接激光功率。点焊所用激光参数设定方法参考"培训项目二：示教编程"→"培训单元一：机器人激光焊系统构成及激光焊工艺"→"【知识要求】"→"五、激光焊焊接参数的设置"，离焦量为 0。

步骤 4：示教激光头运动轨迹

1. 示教准备

（1）机器人调至示教状态

先按照操作程序开机，使机器人处于"示教"模式。

（2）离焦量

根据激光头焦距参数测量并设定离焦量，此处设定离焦量为 0。T 形接头示意如图 2-177 所示。

2. 示教编程

示教薄板 T 形接头激光焊过程中机器人的运动轨迹，如图 2-177 所示。将机器人原点设为第一点（示教点 1），机器人激光头到焊接点前 10~30 mm 处设为进枪点（示教点 2），进枪点的姿态与焊接点的姿态一致，再使用工具坐标系的动作功能键移动激光头到焊接起始点（示教点 3），工具坐标系的动作功能键移动激光头到焊接结束点（示教点 4），之后运动到示教点 5，最后回到示教点 1。

薄板 T 形接头激光焊过程中机器人的运动轨迹及编程要点见表 2-56。

表 2-56　薄板 T 形接头激光焊过程中机器人的运动轨迹及编程要点

运动轨迹	起止位置	运动插补方式
路径 1	示教点 1→示教点 2	关节插补
路径 2	示教点 2→示教点 3	直线插补
路径 3	示教点 3→示教点 4	直线插补
路径 4	示教点 4→示教点 5	直线插补
路径 5	示教点 5→示教点 1	关节插补

步骤 5：焊接参数设置

设定激光开始位置与设定起始点位置的距离 Path=0，提前送气时间为 1.4 s，设定调节时的最小功率为 400 W，激光功率上升的时间为 150 ms；焊接结束时，设定激光停止位置与设定终点位置的距离 Path=0，滞后断气时间为 1.5 s，激光功率的切换时间为 200 ms，其他焊接参数见表 2-57。

表 2-57　T 形接头激光焊焊接参数

激光功率 / W	Ar 流量 / (L·min^{-1})	离焦量 / mm	激光摆动频率 / Hz	激光摆宽 / mm	焊接速度 / (mm·min^{-1})
1 000~1 500	5~25	0	不摆动	不摆动	1 000~2 000

步骤 6：程序检查

先单步运行程序，检查并修改各示教点位置，确定各点位置正确后，再连续运行。将机器人调整至"自动模式"、将激光器关闭并锁定焊接功能，检查周围有无其他人员或障碍物，确定无误后按下操作面板启动按钮，使机器人自动运行。

步骤 7：起焊、收焊

1. 机器人激光焊起焊

（1）检查确认激光焊机电源、水循环、保护气体、气刀等正常。

（2）试运行机器人激光焊程序，确认程序无误。

（3）将示教盒调至"再现模式"。

（4）执行焊接程序，进行薄板 T 形接头激光焊，焊接过程如图 2-178 所示。

2. 机器人激光焊收焊

（1）焊接至收焊位置时，按照"步骤 5：焊接参数设置"中的参数进行收焊。

（2）机器人激光头按照示教运动轨迹回到示教点 1。

（3）如需继续进行焊接，则参考上述步骤进行作业。

步骤8：结束焊接作业

关闭保护气瓶，关闭机器人控制柜，关闭激光控制柜，关闭激光器，关闭冷却器等。

操作名称3：薄板叠接接头机器人激光焊

操作实施步骤

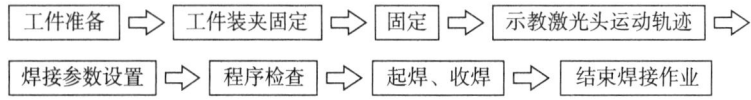

步骤1：工件准备

1. 母材材质

钢板母材1：301 LN；尺寸：200 mm × 50 mm × 3 mm。

钢板母材2：301 LN；尺寸：200 mm × 50 mm × 3 mm。

2. 表面处理

对工件焊接位置进行加工、清理，清理方法可以采用机械清理、电解清理、超声波清理或激光清理，清除工件表面的油、污物、氧化皮等。

步骤2：工件装夹固定

在工作台上借助夹具将零件固定组装，板与板间装配间隙不大于0.1 mm，薄板叠接接头组对形式示意图如图2-179所示。

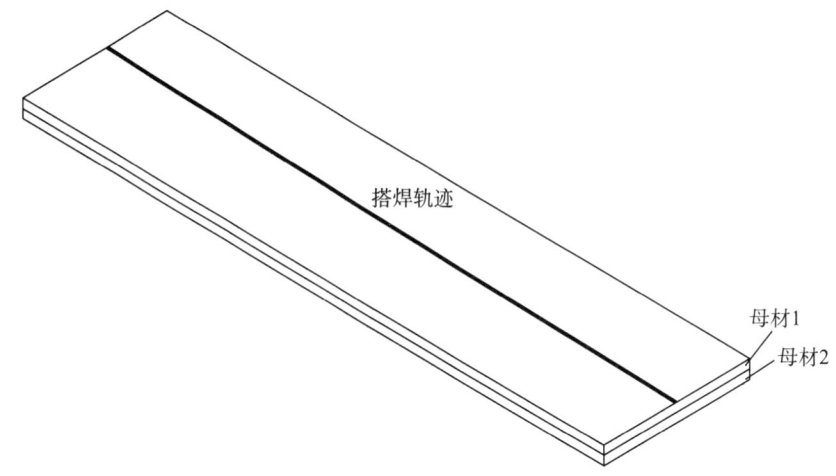

图2-179 薄板叠接接头组对形式示意图

步骤3：固定

将薄板叠接工件装夹固定在操作台上。

步骤4：示教激光头运动轨迹

1. 示教准备

（1）机器人调至示教状态

先按照操作程序开机，使机器人处于"示教"模式。

（2）离焦量

根据激光头焦距参数，测量并设定离焦量，此处设定离焦量为0。

2. 示教编程

示教薄板搭接接头激光焊过程中机器人的运动轨迹，如图2-180所示。将机器人原点设为第一点（示教点1），机器人激光头到焊接点前10~30 mm处设为进枪点（示教点2），进枪点的姿态与焊接点的姿态一致，再使用工具坐标系的动作功能键移动激光头到焊接起始点（示教点3），工具坐标系的动作功能键移动激光头到焊接结束点（示教点4），之后运动到示教点5（安全点），最后回到示教点1。

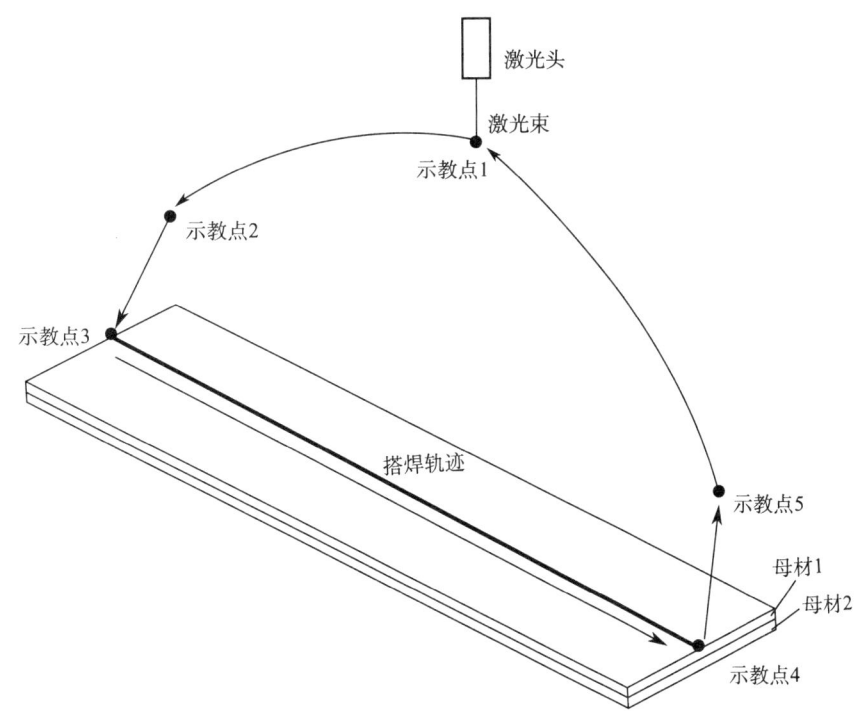

图2-180 示教薄板搭接接头激光焊过程中机器人的运动轨迹

薄板搭接接头激光焊过程中机器人的运动轨迹及编程要点见表 2-58。

表 2-58　薄板搭接接头激光焊过程中机器人的运动轨迹及编程要点

运动轨迹	起止位置	运动插补方式
路径 1	示教点 1→示教点 2	关节插补
路径 2	示教点 2→示教点 3	直线插补
路径 3	示教点 3→示教点 4	直线插补
路径 4	示教点 4→示教点 5	直线插补
路径 5	示教点 5→示教点 1	关节插补

步骤 5：焊接参数设置

设定激光开始位置与设定起始点位置的距离 Path=0，提前送气时间为 1.4 s，设定调节时的最小功率为 400 W，激光功率上升的时间为 150 ms；焊接结束时，设定激光停止位置与设定终点位置的距离 Path=0，滞后断气时间为 1.5 s，激光功率的切换时间为 200 ms，其他焊接参数见表 2-59。

表 2-59　薄板搭接接头激光焊参数

激光功率/W	Ar 流量/(L·min^{-1})	离焦量/mm	激光摆动频率/Hz	激光摆宽/mm	焊接速度/(mm·min^{-1})
3 000~4 500	5~25	0	不摆动	不摆动	1 000~3 000

步骤 6：程序检查

先单步运行程序，检查并修改各示教点位置，确定各点位置正确后，再连续运行。将机器人调整至"自动模式"，将激光器关闭并锁定焊接功能，检查周围有无其他人员或障碍物，确定无误后按下操作面板启动按钮，使机器人自动运行。

步骤 7：起焊、收焊

1. 机器人激光焊起焊

（1）检查确认激光焊机电源、水循环、保护气体、气刀等正常。

（2）试运行机器人激光焊程序，确认程序无误。

（3）将示教盒调至"再现模式"。

（4）执行焊接程序，进行薄板搭接接头激光焊，焊接过程如图 2-181 所示。

图 2-181 薄板搭接机器人激光焊接

2. 机器人激光焊收焊

（1）焊接至收焊位置时，按照"步骤五：焊接参数设置"中的参数进行收焊。

（2）机器人激光头按照示教运动轨迹回到示教点 1。

（3）如需继续进行焊接，则参考上述步骤进行作业。

步骤 8：结束焊接作业

关闭保护气瓶，关闭机器人控制柜，关闭激光控制柜，关闭激光器，关闭冷却器等。

培训项目 四

焊后检查

培训单元一 机器人激光焊焊缝缺陷产生原因及对策

掌握机器人激光焊焊缝常见缺陷及对策。

机器人激光焊焊缝表面缺陷产生的原因与对策如下。

1. 气孔

气孔是焊缝金属在凝固过程中捕获气体所引起的。激光焊时焊缝金属的冷却速度较常规焊接快得多,因此气体就不易从焊缝中逸出,滞留在焊缝中形成气孔。外观呈球形,直径小于 0.2 mm 的较小气孔,数量少时不一定就构成危害,但数量多时会使焊缝的截面积减小,降低焊缝的抗拉强度。气孔均匀分布时,危害程度会小一些,如图 2-182 所示。

原因:材料本身含有一定量的气体,例如,钢中通常含有炼钢时遗留下来的氧或其他气体;低熔点金属的强烈汽化,如镀锌钢板表层的锌或母材中某些元素的汽化;熔池中进入了空气;焊件表面的油、锈、水分等杂质进入焊缝。

对策:选用高纯度的保护气体、选用合适的接头形式、正确使用保护气体、焊前清理焊件表面、降低焊接速度、焊后热处理等。

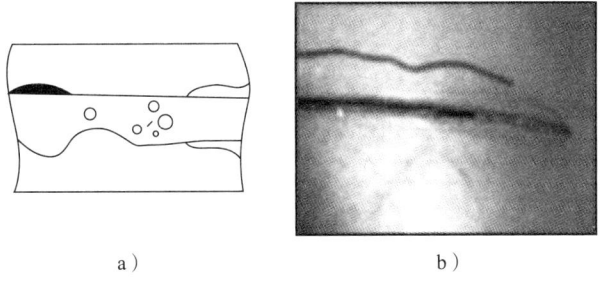

图 2-182 激光焊表面气孔及凹陷

2. 焊接飞溅

激光焊完成后,出现附着于工件表面的金属颗粒。如图 2-183 所示。

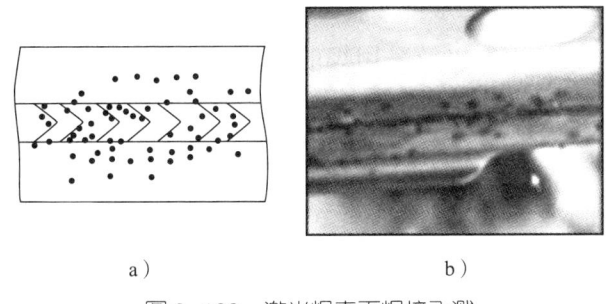

图 2-183 激光焊表面焊接飞溅

原因:工件表面未清洗,存在油渍或污染物,也可能是镀锌层的挥发所致。

对策:激光焊前清洗工件。

3. 焊瘤

在焊缝轨迹发生大的变化时,容易在转角处出现焊瘤或成形不均等现象,如图 2-184 所示。

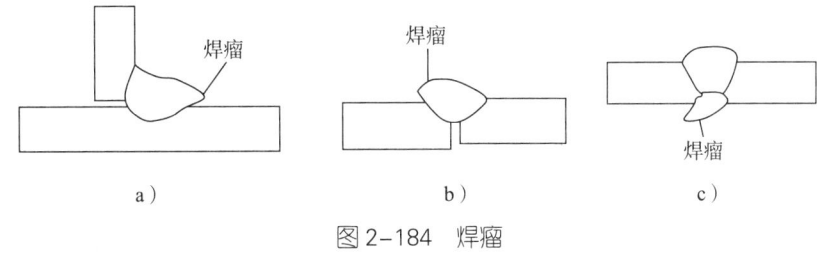

图 2-184 焊瘤

原因:焊缝轨迹变化大,示教轨迹无法精确指向焊缝轨迹。

对策:在焊缝轨迹变化大时,增加示教点数量,提高示教轨迹与焊缝轨迹的重合度。

4. 裂纹

裂纹示意图如图 2-185 所示，激光焊过程中，由于激光的热输入较小，焊接变形和焊接产生的应力也较小，因此一般情况下不会产生裂纹。

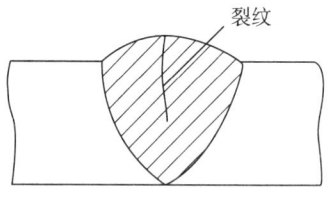

图 2-185 裂纹

原因：对于钢铁材料，半熔化区中的固态组织中含有大量奥氏体，激光焊缝的冷却速度快，足以使奥氏体转变成马氏体，这种组织应力会增加裂纹产生倾向。裂纹常起源于低熔点共晶。激光焊接机焊缝中的 S、P 和 B 元素会增加裂纹形成倾向。焊接参数选择不当，也会产生裂纹。

对策：添加适量的 Mn 元素可抑制裂纹的产生。另外，焊件的精密配合，减少应力集中的合理接头设计，以及采用焊前或焊后热处理等，也能起到减少裂纹的作用。

培训单元二 机器人激光焊焊缝质量检查

掌握机器人激光焊焊缝质量检查。

1. 机器人激光焊焊缝质量

激光焊焊接接头等级可划分为Ⅰ级、Ⅱ级和Ⅲ级。Ⅰ级、Ⅱ级接头在设计文件中注明，未注明的为Ⅲ级接头。焊接接头不应有裂纹、气孔、焊瘤等缺陷。

（1）裂纹

焊接接头内不允许存在裂纹。

（2）气孔

在Ⅰ级、Ⅱ级接头内部可存在的单个气孔和链状气孔应符合表 2-60、表 2-61 规定，且不应有带尖角的气孔。Ⅲ级接头不做规定。气孔尺寸 D 不大于 0.2 mm

时，不计入缺陷。

表 2-60 接头单个气孔要求

接头等级	气孔尺寸最大允许值 D	气孔间距	任何 100 mm 长焊缝范围内气孔的累积长度
Ⅰ	0.5d 或 2.0 mm，取较小值	≥3D	≥3d 或 12 mm，取较小值
Ⅱ	0.75d 或 2.5 mm，取较小值	≥2D	≥5d 或 20 mm，取较小值

注：d 为母材厚度。

表 2-61 接头链状气孔要求

密封性要求	链内单个气孔尺寸 D 的最大允许值	链内单个气孔的间距	任何 100 mm 长度焊缝内呈链状气孔的数量	链状气孔分布的长度
无	0.3d 或 1.0 mm，取较小值	≥D	≥2 条	≥18 mm
有	0.3d 或 0.5 mm，取较小值	≥D	≥1 条	≥10 mm

注：钉尖气孔不算作链状气孔。

（3）夹杂物

焊接接头内不允许存在 X 射线可见的夹杂物。

（4）未焊透

Ⅰ级、Ⅱ级接头不允许存在未焊透，Ⅲ级接头不做规定。

（5）未熔合

Ⅰ级、Ⅱ级接头不允许存在未熔合，Ⅲ级接头不做规定。

2. 机器人激光焊焊缝质量检查

同一条焊缝的宽度应均匀，其最大正面宽度与最小正面宽度的比值应不大于 1.2；环形焊缝收弧处最大正面宽度与最小正面宽度的比值应不大于 1.4。机器人激光焊焊缝外观质量检查表格见表 2-62。

表 2-62 机器人激光焊焊缝外观质量检查

检查项目	要求	检验工具
焊缝长度	除非图样明确要求，焊缝实际长度为有效长度加起收弧长度 1.5 mm	游标卡尺、卡规（适用于弧形焊缝）
焊缝宽度	符合图样要求	游标卡尺、断面电子显微镜

机器人激光焊焊缝质量检查见表 2-63。

表 2-63　机器人激光焊焊缝质量检查

检查项目	要求	检验工具
熔深	除非图样明确要求，熔透率应大于30%（或0.8～1.2 mm）	解剖后：游标卡尺、断面电子显微镜
焊缝剥离试验	将焊件固定在专用夹具中，用老虎钳或榔头加载外力在母材上，直至焊缝断裂，并观察撕裂情况	目视
焊缝抗拉、抗扭试验	无	拉力试验机、扭力扳手

第三篇　高级工

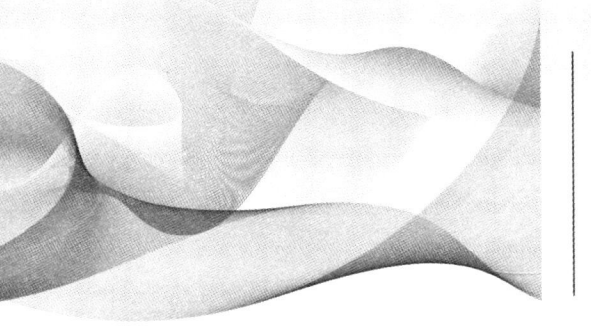

职业模块 一

机器人弧焊

培训项目 一

示教编程

培训单元一 弧焊机器人工件坐标位置平移

培训重点

掌握弧焊机器人工件坐标位置平移步骤及方法。

知识要求

1. 弧焊机器人工件坐标位置平移的类别

在实际生产中,有时需要将已经编好的工件坐标位置进行平移,以提高工作效率,减少重复性工作,工件坐标位置平移的 3 种基本类型,分别为 X、Y、Z 坐标平移,水平回转平移和外部轴平移,X、Y、Z 坐标平移和水平回转平移如图 3-1 所示。

2. 弧焊机器人工件坐标位置平移

工件坐标位置平移实质上就是对示教程序 TCP 的位置进行 X、Y、Z 坐标方向或角度位置进行平移,如图 3-2 所示,是示教点由 P2 平移到 P2′ 的工件坐标位置平移示意图。

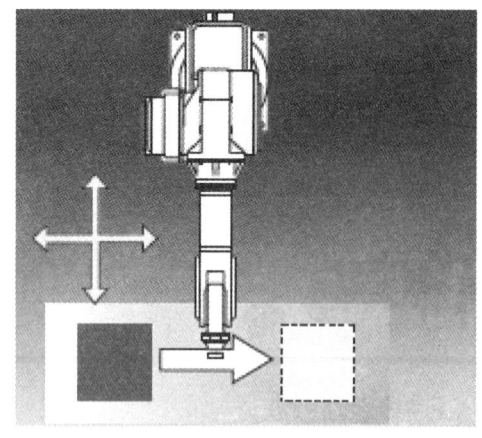 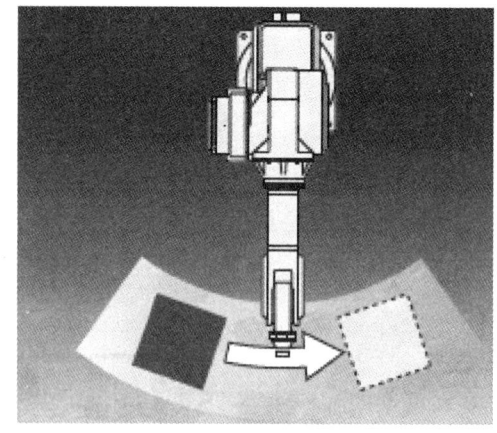

图 3-1 工件坐标位置平移的 2 种基本类型

a) X、Y、Z 坐标平移 b) 水平回转平移

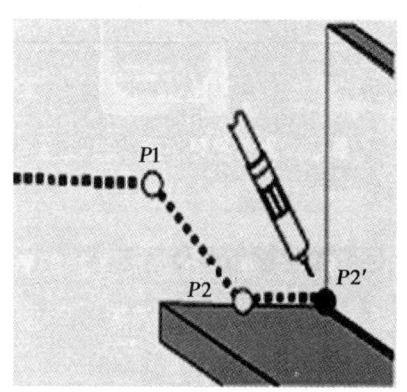

图 3-2 示教点平移示意图

操作名称：T 形角接平角焊缝弧焊机器人工件位置平移

操作实施步骤

进入弧焊机器人平移菜单 ⇨ 确定弧焊焊缝坐标平移位置并输入数值

步骤 1：进入弧焊机器人平移菜单

1. 在菜单栏里选择"编辑菜单"，然后将光标移至选项 +α ，如图 3-3、图 3-4 所示。

2. 单击 +α 后，进入平移操作界面，选项为"变换补正"后，单击"OK"，如图 3-4 所示。

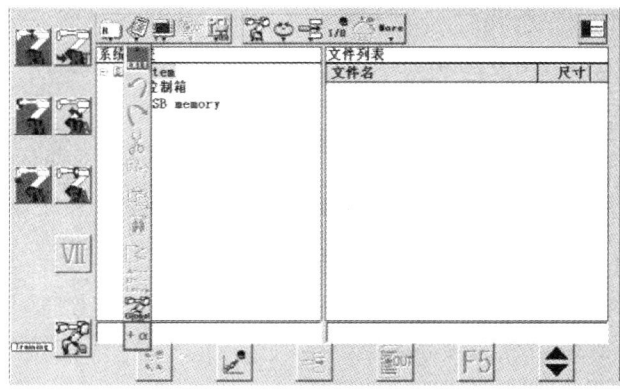

图 3-3 选择菜单

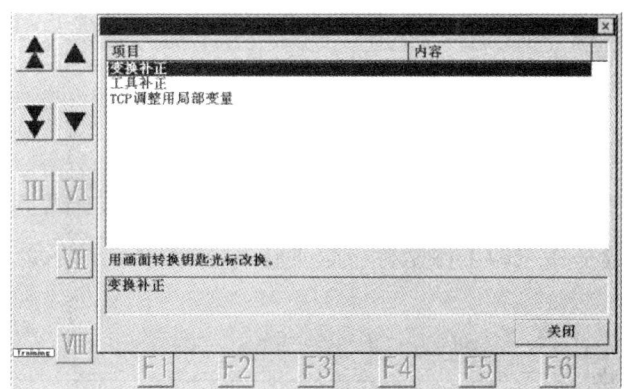

图 3-4 变换补正操作

3. 进入查找程序界面，确定要进行变换补正的程序，单击"浏览"，如图 3-5 所示。

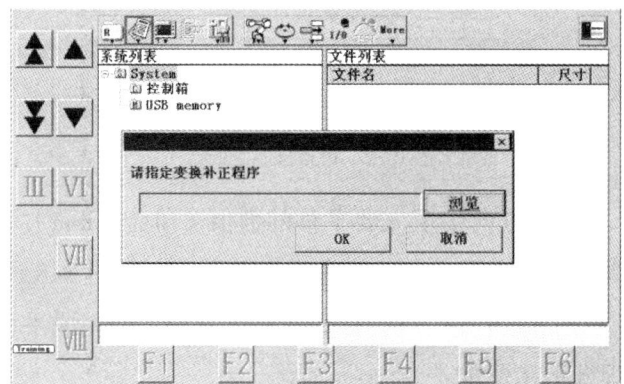

图 3-5 查找要进行变换补正的程序

4. 进入程序浏览界面,确定要进行平行移动的程序,单击"OK"。

5. 进入"变换补正"菜单后,在选择功能项目一栏里选择"平行移动"或"RT轴平移"类型。如果选择"平行移动",单击"OK",如果选择"RT轴平移",在下拉框中选择,如图3-6所示。

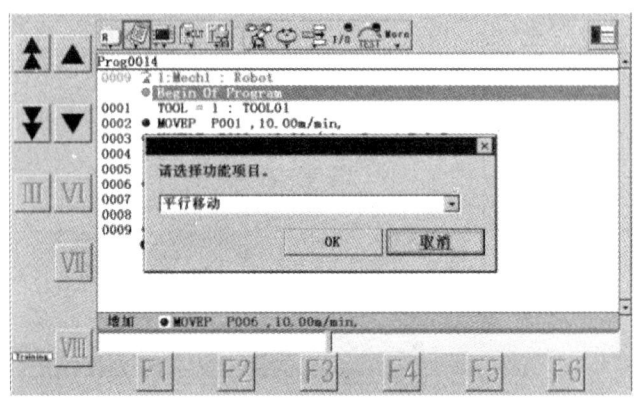

图3-6 选择平移类型

步骤2：确定弧焊焊缝坐标平移位置并输入数值

1. 选择程序中所有的示教选择"全部程序""用Jog拨码盘选择"或"标签指定"区间进行焊缝平移（即工件坐标位置平移）,如图3-7所示。

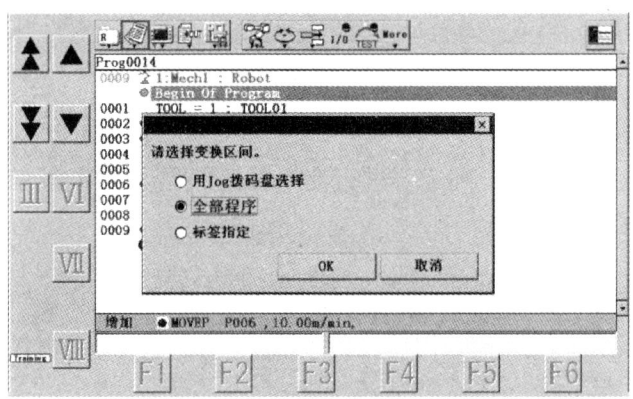

图3-7 选择变换区间

2. 在 X、Y、Z 空间方向中填入要平移的数值（单位：mm）,点选在已选定程序中的全区间、焊接区间或是空走区间进行焊缝平移,如图3-8所示。

3. 确定设定无误后,单击"OK",变换补正完成（即完成平移设定）,退出时按"Yes",保存焊缝平移设定。

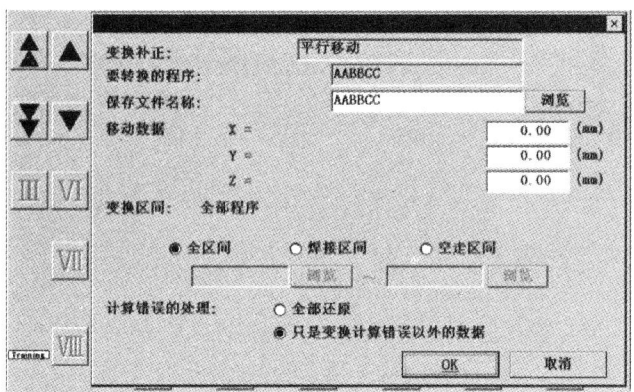

图3-8 平移数值的设定

培训单元二 机器人弧焊系统高级设定

掌握机器人弧焊系统高级设定的步骤及方法。

1. 机器人弧焊移动参数设定

（1）速度限制设置

速度限制设置用于限定手动操作时机器人的最大运动速度，以保证操作时的安全。以松下机器人为例，设置方法如下：

在"设置"菜单上，单击"基本设定"→"限制速度"，再进入TCP速度限制设置对话框，如图3-9所示。

（2）示教参数默认值设置

示教点属性默认值包括焊接起、收弧子程序包工艺编号及机器人示教速度等有关默认值的设置内容。以松下机器人为例，设置方法如下：

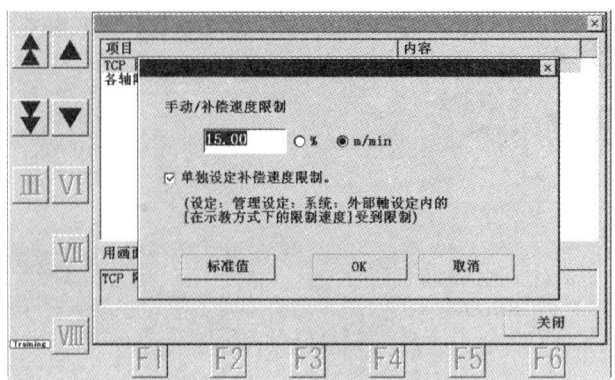

图 3-9　速度限制设置对话框

将光标移至 More 菜单上，单击"示教设定"，弹出机器人示教参数默认值设置对话框，如图 3-10 所示。

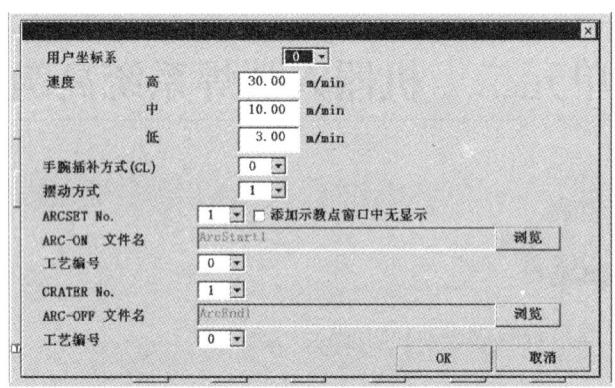

图 3-10　示教参数默认值设置对话框

2. 弧焊机器人多工位启动系统设定

弧焊机器人多工位启动，需要在系统中设定要运行的主程序。选择开关切换到"自动"位置，则用户所指定的程序自动处于待运行状态。当从外部接收到启动信号时运行程序。程序运行结束后，当机器人再收到启动信号时，将会自动再次运行程序。

程序启动方式有"手动"和"自动"2种类型。"手动"启动是通过示教盒上的启动按钮来启动机器人；当采用"自动"启动方式时，无法通过示教盒启动机器人，而是通过外部的信号输入来启动机器人。自动启动方式又分为"程序选择方式"和"主程序启动方式"，程序启动方式类型见表 3-1。

在启动方式下，设置启动的指定程序文件编号。如果需要"自动"运行某个程序时，可使用流程命令"call"，将任一程序调用到指定程序文件中来启动文件。

表 3-1 程序启动方式类型

启动方式	选择方法		描述
手动	示教盒启动		使用示教盒上的启动按钮来运行 1 个程序
自动	主程序启动方式		使用外部的信号输入来运行 1 个程序
			当从外部收到启动信号时运行 1 个特定程序
	程序选择方式	信号方式	运行编号为 1、2、4、8、16、32、64、128、256 和 512 的程序,例如:设定运行程序为"Prog0001.rpg",可以通过外部按钮启动程序,是较为常用的启动方式
		二进制方式	运行 1 个程序,此程序的编号与用户所设置的数值之和相等。此种方式可运行的程序编号为 1~999
		BCD 方式	4 个端子为 1 组,设置所要运行程序的每一位编号。此种方式可运行的程序编号为 1~999

3. 机器人弧焊输入、输出设定

设定程序编号的用户输入/输出端子,即可由外部信号控制运行 1 个程序。因此,程序启动前必须设定 1 个用户输入/输出端子,此端子负责接收外部的启动信号。

"I/O"即 Input(输入)/Output(输出)的缩写,以信号方式启动为例,I/O 端子的状态输入/输出设定方法如下:

在示教盒面板"设置"菜单上,单击"I/O"菜单,显示用户"输入/输出"对话框,进入"状态输入、输出"项目,选择状态"输入/输出",如图 3-11 所示。

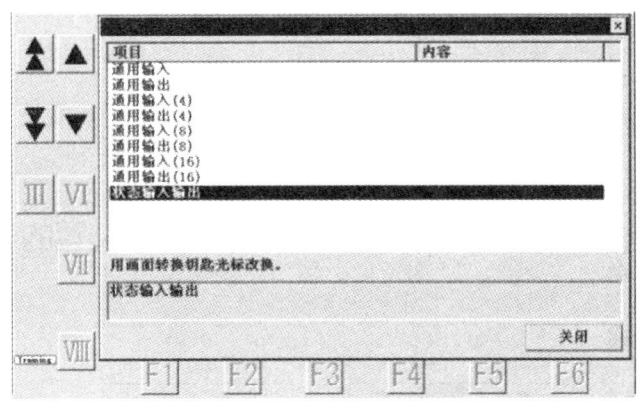

图 3-11 "输入/输出"设置对话框

4. 机器人弧焊变量类型及设定

（1）局部变量和全局变量

全局变量的作用域为整个机器人系统，如TCP；而局部变量的作用域为一个机器人运行程序，如示教点。

1）启动输入状态打开时（ON），该编号所对应的程序被预约。

2）接收到启动输入信号时，选择的程序开始运行。

3）可以指定1、2、4、8、16、32、64、128、256和512为程序名数字，如Prog0001。

（2）局部变量和全局变量的设定

将示教盒显示窗口对话框中的"程序选择启动"项目中的1、2、4对应的"输入端子"数字"0"改写为"1"，此端子接收外部输入的启动信号有效，如图3-12所示。

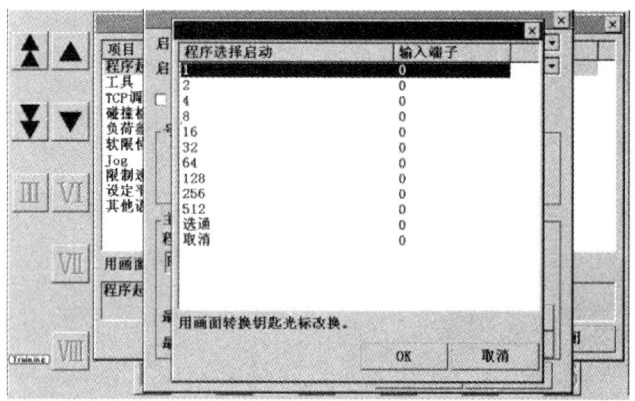

图3-12 输入指定对话框

操作名称：机器人弧焊多工位外部启动装置的设定

操作实施步骤

弧焊机器人运行状态数值设定 ⇒ 弧焊机器人多工位外部启动装置的设定 ⇒ 设定弧焊机器人与外部系统通信 ⇒ 机器人弧焊变量类型及设定

步骤1：弧焊机器人运行状态数值设定

以松下机器人为例，设定"自动启动"运行3个工位的主程序分别为"Prog0001.rpg""Prog0002.rpg""Prog0004.rpg"。

在示教盒面板"设置"菜单上，依次点选"基本设定"→"程序启动方式"，显示运行方式设置对话框。

步骤2：弧焊机器人多工位外部启动装置的设定

多工位外部启动装置的设定为：点击"启动方法"下拉框选择"自动启动"，在"启动选择"下拉框选择"编号指定方式"，如图3-13所示。

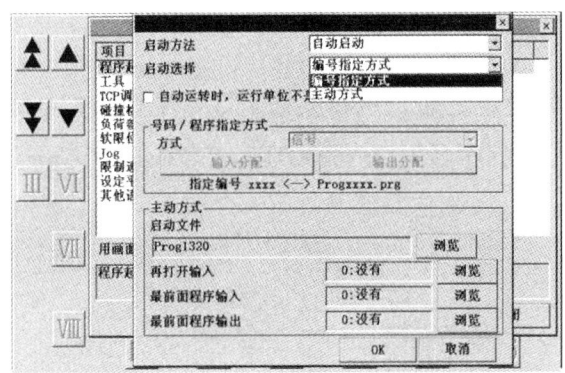

图3-13　运行方式设置对话框

步骤3：设定弧焊机器人与外部系统通信

按图3-13所示逐项设置以下内容：

1. "启动方法"选择"自动启动"。

2. "启动选择"选择"编号指定方式"。

3. "编号指定方式"在"程序选择方式"方式下，选择"信号方式（外部按钮启动）"。

4. "输入/输出分配" 1号工位为"Prog0001.rpg"程序文件，2号工位为"Prog0002.rpg"程序文件，3号工位为"Prog0004.rpg"程序文件。指在"自动启动"方式下，设置编辑输入指定端子。

5. "启动文件"在"自动启动"方式下，1号工位对应"Prog0001.rpg"程序文件，2号位对应"Prog0002.rpg"程序文件，3号工位对应"Prog0004.rpg"程序文件。

步骤4：机器人弧焊变量类型及设定

1. 进入"启动方式输出"项目，设定启动方式为"有效"，如图3-14所示。

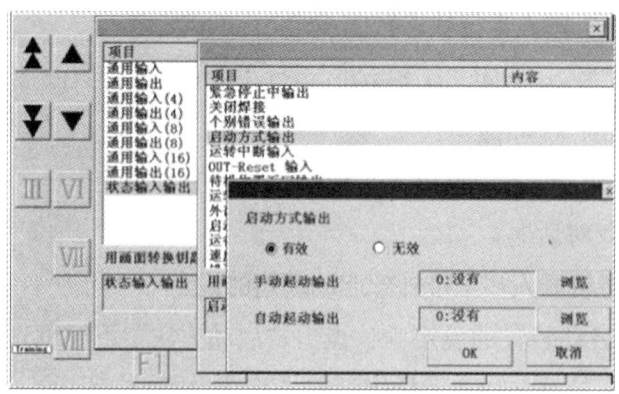

图 3-14　启动方式输出设置对话框

2. 单击"OK"按钮确定。

经过以上步骤的设定之后，机器人根据 3 个工位外部启动按钮的输入信号，即可运行相应 3 个工位程序名为"Prog0001.rpg""Prog0002.rpg""Prog0004.rpg"里面的程序。

培训单元三　机器人编码器电池规格及更换

掌握机器人系统编码器电池规格及更换的步骤与方法。

1. 弧焊机器人编码器电池规格及更换

（1）编码器电池规格

编码器是一种将旋转位移转换成一串数字脉冲信号的旋转式传感器，这些脉冲能用来控制角位移，编码器输出表示位移增量的编码器脉冲信号，并带有符号。编码器由 3.6 V 专用锂电池供电。当编码器电池耗尽，示教盒的画面中会显示"存储器电池已耗尽""编码器错误"或"锂电池错误"等报错信息。以松下 6 轴机器人 TA1400 为例，机器人本体需要 6 节 3.6 V 专用锂电池，如图 3-15 所示。

（2）编码器电池位置

编码器电池固定在机器人本体的编码器电源板上，安装位置如图 3-16 所示。

图 3-15　编码器电池

（3）编码器电池更换

在机器人正常运转的情况下，电池自出厂之日起可使用 2 年，如设备非连续运转，由于耗电量加大，电池寿命一般为 1~1.5 年。由于电池完全耗尽后再进行更换，会对现有程序造成影响，所以建议用户根据自身实际使用情况提前进行更换。

2. 机器人本体复位及回零

焊接机器人重复精度的保证是以初始位置的零位作为基准的，伺服电动机输出

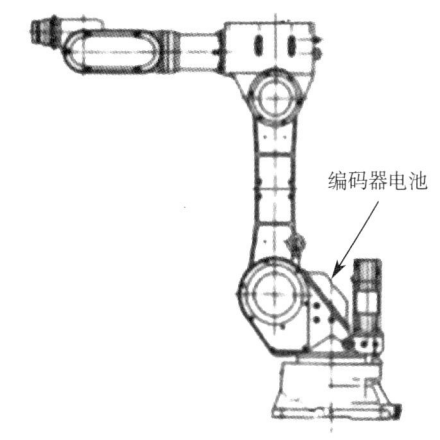

图 3-16　编码器电池所在位置

轴的角度与编码器的位置反馈值应时刻保持一致。但机器人在初次使用和更换电池等维修工作后，可能发生各轴的实际角度与编码器的记忆值不符，从而导致机器人的重复精度下降或使机器人无法运转。因此，编码器电池更换后，某些轴所保存的数据或原点会丢失，需要重新复位。

注意只需对示教盒上显示所要求复位的轴进行编码器复位，由于这些轴的编码器电池已耗尽，所保存的数据丢失需重新复位。其他轴的数据没有丢失，更换新电池后无须复位。复位之后需要对机器人的各个轴零点位置进行调整。

操作名称：更换机器人编码器电池

操作实施步骤

打开机器人控制柜 ⇨ 更换电池 ⇨ 本体复位及回零

步骤1：打开机器人控制柜

以松下机器人 TA 系列为例，打开机器人变压器电源，指示灯变绿，再旋转机器人控制柜启动按钮 ON 使之处于工作状态，先复位再操作示教盒使机器人各关节回到零位，如图 3-17 所示。

步骤2：更换电池

准备好十字螺钉旋具 1 把，剪钳 1 把，扎带 6 根，编码器电池 6 节，然后打开编码器电池盖，如图 3-18 所示。

图 3-17　打开控制柜电源

图 3-18　打开编码器电池盖

电池的更换顺序为：

1. 关闭机器人控制柜电源。

2. 拧下底座插座保护盖上的固定螺钉。

3. 取下插座的盖板，把电池拉出到能更换的位置，将各轴的旧电池取出。

4. 打开机器人控制柜电源，并等待 30 s 以上，否则会造成新电池过度放电。

5. 再次关闭机器人电源，将新电池组在基板的空插座上，再将新电池安装固定好后先不要安装防护盖，然后进行编码器复位。

步骤3：机器人本体复位及回零

1. 本体复位

（1）打开机器人电源，根据示教盒上的提示，找到轴所对应的编码器电源板及所对应的短路端子，用导线将正确的端子进行短路，重复操作，直到各个轴在示教盒的提示上消失。然后将各处保护盖安装好。

（2）编码器复位需用到短路端子，机器人6个轴使用两块编码器电源板，电源板上有6节电池，6组短路端子分别对应于每个轴，如图3-19所示。

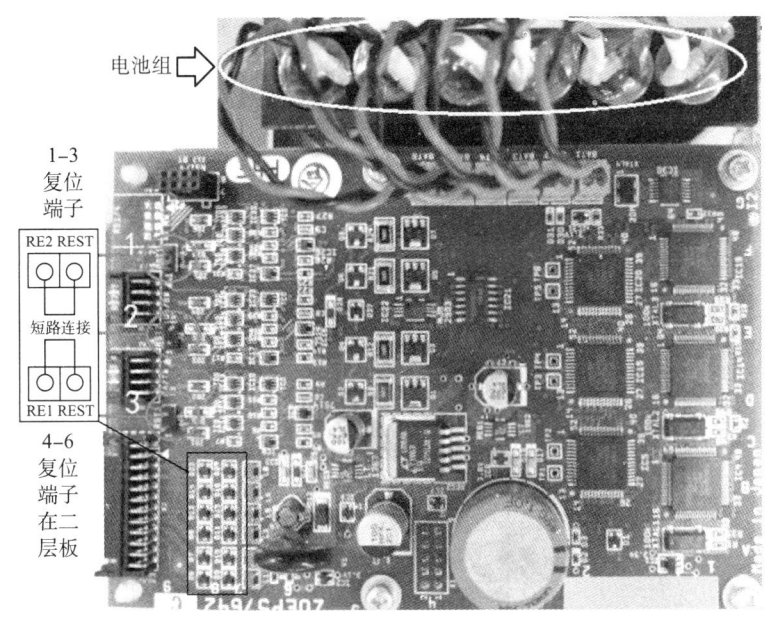

图3-19 编码器电源板及复位端子位置

2. 回零（原点调整）

（1）在"设置"菜单上，单击"管理工具"→"原点位置"，如图3-20所示。

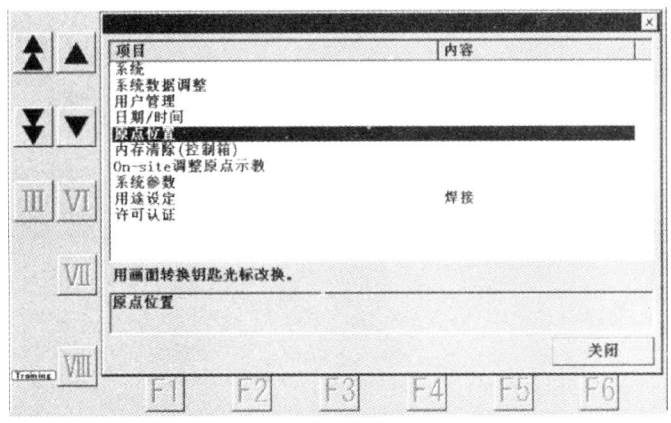

图3-20 原点调整对话框

（2）选择"基准位置（主轴）"，显示设置对话框，如图3-21所示。

（3）选择"MDI（主轴）"，显示设置对话框，如图3-22所示。通过输入"角度脉冲""旋转数"的值设置各编码器脉冲。确认后选择"OK",回零(原点调整)过程操作完毕。

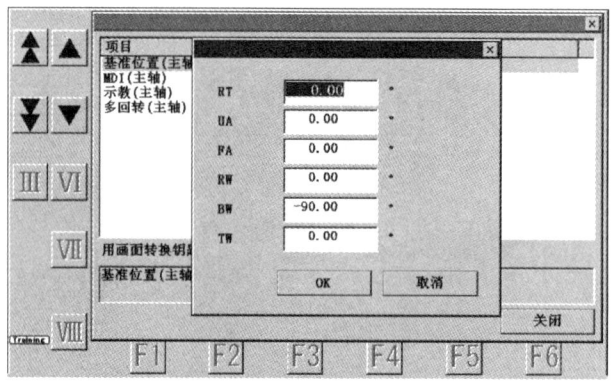

图 3-21　主轴基准位置设置对话框

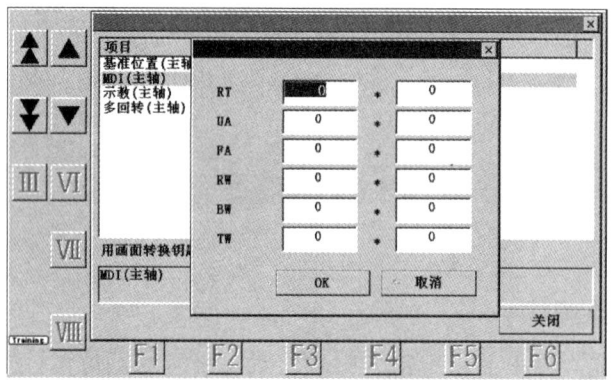

图 3-22　MDI(主轴)设置对话框

培训项目 二

焊前准备

培训单元一 调整机器人弧焊参数

掌握机器人弧焊参数调整的步骤及方法。

1. 碳钢容器试件 MAG 焊接工艺分析

（1）试件类别及工艺要求

选取中国焊接协会机器人焊接培训基地比赛题——碳钢容器焊接。要求如下：

1）外观评判：所有焊缝外观成形质量，占总分 70%；凡焊缝表面有裂纹、夹渣、未熔合、气孔、焊瘤等缺陷之一的，该类焊缝外观为 0 分。

2）水压检测：用 0.3 MPa 水压试验，发现每 1 处泄漏减 10 分，3 处以上泄漏为 0 分，占总分 30%。

3）总成绩：外观评判成绩 + 水压检测成绩。组对成绩不列入考核范围。

4）操作时间：180 min，超时为不合格。不包含试件组对时间。

（2）试件尺寸及要求

1）工件尺寸及焊接顺序

碳钢容器试件尺寸主视图和右视图如图 3-23、图 3-24 所示。

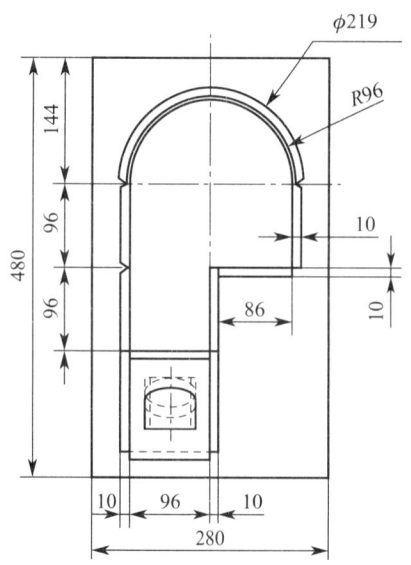

图 3-23 碳钢容器试件主视图（mm）

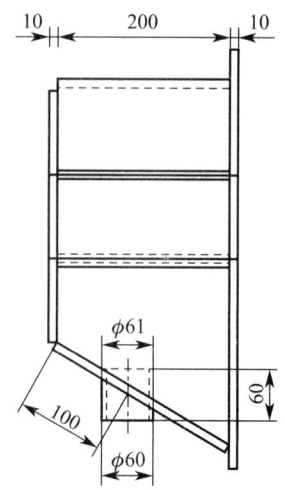

图 3-24 碳钢容器试件右视图（mm）

碳钢容器试件有 8 类零件，共 10 件，板厚范围为 5～12 mm，装配图如图 3-25 所示。

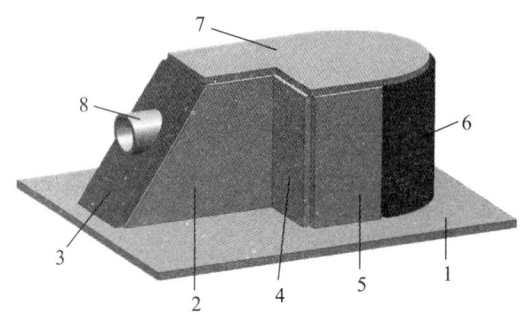

图 3-25 碳钢容器试件装配图

零件尺寸：底板 1—380 mm（长）×280 mm（宽）×12 mm（厚），共 1 块。

侧板 2—96 mm（上宽）×211 mm（下宽）×200 mm（高）×10 mm（厚），共 2 块。

侧板 3—230 mm（长）×96 mm（宽）×10 mm（厚），共 1 块。

侧板 4—200 mm（长）×96 mm（宽）×10 mm（厚），共 1 块。

侧板 5—200 mm（长）×96 mm（宽）×10 mm（厚），共 2 块。

侧板 6—603 mm（弧长）×200 mm（高）×10 mm（厚），共 1 块。

盖板 7—异型板（整块钢板切割而成），共 1 块。

管 8—ϕ60 mm（外径）×5 mm（厚）×60 mm（长），共 1 件。

2）工件组对及焊接顺序

①工件组对：为保证焊缝美观，点焊位置应在焊缝内侧，焊点长度不超过 10 mm，焊缝接头首尾 20 mm 内不能有焊点，预留间隙、反变形等自定，组对顺序 1→10，如图 3-26 所示。

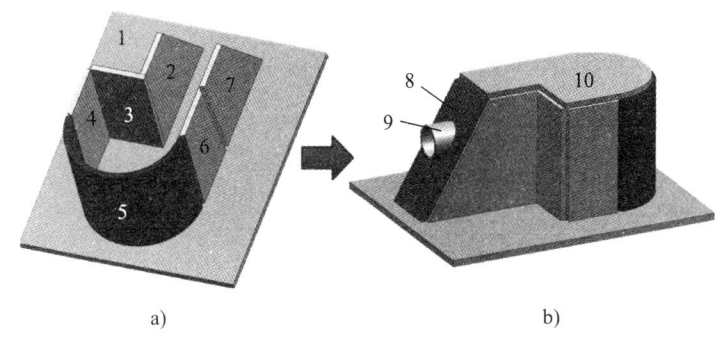

图 3-26 碳钢容器试件组对顺序

②焊接顺序：根据工件结构特点分析，碳钢容器焊缝及焊接顺序如图 3-27 所示。

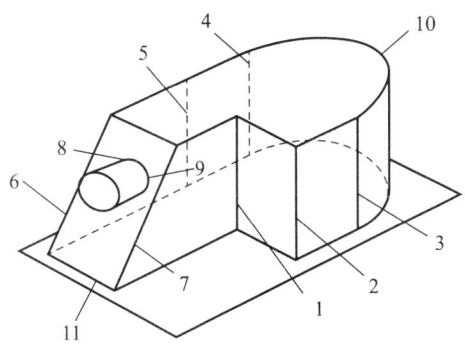

图 3-27 碳钢容器焊缝位置及焊接顺序

图 3-27 中有 6 种焊缝类型：立对接焊缝 3 条（3、4、5）；立角接焊缝 2 条（1、2）；斜立角端接焊缝 2 条（6、7）；管板角端接环焊缝 2 条（8、9）；上盖板端接角接焊缝 1 条（10）；底板平角焊缝 1 条（11）。

3）焊接方法、设备及材料

①焊接方法：MAG 焊。

②焊丝：ER50-6，ϕ1.2。

③保护气体：80%Ar+20%CO_2（体积分数）。

④焊接设备：机器人 + CO_2/MAG 熔化极弧焊电源。

2. 机器人弧焊参数调整结果的判定

（1）立对接焊缝

工艺要求：焊缝平直，无咬边，宽度及余高满足要求，收弧位置端面与上盖板环焊缝平面平齐。

立对接焊缝外观检验项目及评分标准见表3-2。

表3-2 立对接焊缝外观检验项目及评分标准

姓名		评分员		编号		实际得分
检查项目	标准、分数	焊缝等级				
		Ⅰ	Ⅱ	Ⅲ	Ⅳ	
焊缝余高	标准/mm	0~1	1~2	2~3	>3，<0	
	分数	20	15	10	5	
焊缝余高差	标准/mm	≤0.5	0.5~1	1~1.5	>1.5	
	分数	10	8	6	2	
焊缝宽度	标准/mm	14~15	13~16	12~17	>17，<12	
	分数	10	8	6	2	
焊缝宽度差	标准/mm	≤0.5	0.5~1	1~1.5	>1.5	
	分数	10	8	6	2	
焊缝脱节	标准/mm	≤1	1~2	2~3	>3	
	分数	10	8	6	2	
咬边	标准/mm	0	深度≤0.5且长度≤15	深度≤0.5且长度15~30	深度>0.5或长度>30	
	分数	20	15	10	5	
焊缝外观成形	标准/mm	优 成形美观，鱼鳞均匀细密，高低宽窄一致	良 成形较好，鱼鳞均匀，焊缝平整	一般 成形尚可，焊缝平直	差 焊缝弯曲，高低宽窄明显，有表面焊接缺陷	
	分数	20	15	10	5	
总分						

（2）立角接焊缝

工艺要求：焊缝饱满，无咬边，焊脚值满足要求。收弧位置端面与上盖板环焊缝平面平齐。

立角接焊缝外观检验项目及评分标准见表3-3。

表3-3 立角接焊缝外观检验项目及评分标准

检查项目	标准、分数	焊缝等级				实际得分
		Ⅰ	Ⅱ	Ⅲ	Ⅳ	
焊脚高度 K_1	标准/mm	8~9	7~10	6~11	>11，<6	
	分数	20	15	10	5	
焊脚高度 K	标准/mm	8~9	7~10	6~11	>11，<6	
	分数	20	15	10	5	
焊缝宽度差	标准/mm	≤0.5	0.5~1	1~2	>2	
	分数	10	8	6	2	
焊缝脱节	标准/mm	≤1	1~2	2~3	>3	
	分数	10	8	6	2	
咬边	标准/mm	0	深度≤0.5且长度≤15	深度≤0.5且长度15~30	深度>0.5或长度>30	
	分数	20	15	10	5	
焊缝外观成形	标准/mm	优 成形美观，鱼鳞均匀细密，高低宽窄一致	良 成形较好，鱼鳞均匀，焊缝平整	一般 成形尚可，焊缝平直	差 焊缝弯曲，高低宽窄明显，有表面焊接缺陷	
	分数	20	15	10	5	
总分						

（3）斜立角端接焊缝

工艺要求：焊缝无下塌，两侧无咬边。

斜立角端接焊缝外观检验项目及评分标准见表3-4。

表3-4 斜立角端接焊缝外观检验项目及评分标准

检查项目	标准、分数	焊缝等级				实际得分
		Ⅰ	Ⅱ	Ⅲ	Ⅳ	
焊缝高度	标准/mm	9~11	8~12	7~13	>13，<7	
	分数	20	15	10	5	
焊缝宽度	标准/mm	14~15	13~16	12~17	>17，<12	
	分数	20	15	10	5	

续表

检查项目	标准、分数	焊缝等级 I	焊缝等级 II	焊缝等级 III	焊缝等级 IV	实际得分
焊缝宽度差	标准/mm	≤0.5	0.5~1	1~1.5	>1.5	
	分数	10	8	6	2	
焊缝脱节	标准/mm	≤1	1~2	2~3	>3	
	分数	10	8	6	2	
咬边	标准/mm	0	深度≤0.5且长度≤15	深度≤0.5且长度15~30	深度>0.5或长度>30	
	分数	20	15	10	5	
焊缝外观成形	标准/mm	优 成形美观，鱼鳞均匀细密，高低宽窄一致	良 成形较好，鱼鳞均匀，焊缝平整	一般 成形尚可，焊缝平直	差 焊缝弯曲，高低宽窄明显，有表面焊接缺陷	
	分数	20	15	10	5	
总分						

（4）上盖板端接角接焊缝

工艺要求：焊缝无下塌，无咬边。

上盖板端接角接焊缝外观检验项目及评分标准见表3-5。

表3-5 上盖板端接角接焊缝外观检验项目及评分标准

检查项目	标准、分数	焊缝等级 I	焊缝等级 II	焊缝等级 III	焊缝等级 IV	实际得分
焊缝厚度	标准/mm	9~11	8~12	7~13	>13，<7	
	分数	20	15	10	5	
焊缝宽度	标准/mm	14~15	13~16	12~17	>17，<12	
	分数	20	15	10	5	
焊缝宽度差	标准/mm	≤0.5	0.5~1	1~1.5	>1.5	
	分数	10	8	6	2	
焊缝脱节	标准/mm	≤1	1~2	2~3	>3	
	分数	10	8	6	2	
咬边	标准/mm	0	深度≤0.5且长度≤15	深度≤0.5且长度15~30	深度>0.5或长度>30	
	分数	20	15	10	5	

续表

检查项目	标准、分数	焊缝等级				实际得分
		Ⅰ	Ⅱ	Ⅲ	Ⅳ	
焊缝外观成形	标准/mm	优	良	一般	差	
		成形美观，鱼鳞均匀细密，高低宽窄一致	成形较好，鱼鳞均匀，焊缝平整	成形尚可，焊缝平直	焊缝弯曲，高低宽窄明显，有表面焊接缺陷	
	分数	20	15	10	5	
总分						

（5）底板平角焊缝

工艺要求：焊缝无下塌，立板侧无咬边。

底板平角焊缝外观检验项目及评分标准见表3-6。

表3-6　底板平角焊缝外观检验项目及评分标准

检查项目	标准、分数	焊缝等级				实际得分
		Ⅰ	Ⅱ	Ⅲ	Ⅳ	
焊脚高度K_1	标准/mm	10~11	9~12	8~12	>13, <8	
	分数	20	15	10	5	
焊脚高度K	标准/mm	10~11	9~12	8~13	>13, <8	
	分数	20	15	10	5	
焊缝宽度差	标准/mm	≤0.5	0.5~1	1~2	>2	
	分数	10	8	6	2	
焊缝脱节	标准/mm	≤1	1~2	2~3	>3	
	分数	10	8	6	2	
咬边	标准/mm	0	深度≤0.5且长度≤15	深度≤0.5且长度15~30	深度>0.5或长度>30	
	分数	20	15	10	5	
焊缝外观成形	标准/mm	优	良	一般	差	
		成形美观，鱼鳞均匀细密，高低宽窄一致	成形较好，鱼鳞均匀，焊缝平整	成形尚可，焊缝平直	焊缝弯曲，高低宽窄明显，有表面焊接缺陷	
	分数	20	15	10	5	
总分						

（6）管板角端接环焊缝

工艺要求：焊缝平整，无明显凸起，无铁水下淌。管板角端接环焊缝外观检验项目及评分标准见表3-7。

表3-7 管板角端接环焊缝外观检验项目及评分标准

检查项目	标准、分数	焊缝等级				实际得分
		I	II	III	IV	
焊脚高度K_1	标准/mm	5~6	4.5~6.5	4~7	>7，<4	
	分数	20	15	10	5	
焊脚高度K	标准/mm	5~6	4.5~6.5	4~7	>7，<4	
	分数	20	15	10	5	
焊缝宽度差	标准/mm	≤0.5	0.5~1	1~2	>2	
	分数	10	8	6	2	
焊缝脱节	标准/mm	≤1	1~2	2~3	>3	
	分数	10	8	6	2	
咬边	标准/mm	0	深度≤0.5且长度≤15	深度≤0.5且长度在15~30	深度>0.5或长度>30	
	分数	20	15	10	5	
焊缝外观成形	标准/mm	优 成形美观，鱼鳞均匀细密，高低宽窄一致	良 成形较好，鱼鳞均匀，焊缝平整	一般 成形尚可，焊缝平直	差 焊缝弯曲，高低宽窄明显，有表面焊接缺陷	
	分数	20	15	10	5	
总分						

操作名称：弧焊机器人工艺调整操作规程

操作实施步骤

分析工艺要求，确定机器人弧焊工艺方案 进入机器人设定系统设置焊接参数

步骤1：分析工艺要求，确定机器人弧焊工艺方案

1. 试件焊接难点分析（以碳钢容器试件为例）

（1）2条以上不同方向的焊缝交汇在一起，接头多，应力集中，焊枪角度变换大，成形困难。

（2）由于试件的密闭性要求，管板接头焊缝的焊接和直线焊缝交汇处的焊接是焊接难点。

2. 机器人示教编程须遵循的原则

（1）增加工作效率、降低时间成本

提高空走速度，尽可能减少过渡点，缩短空走行程，减少机器人工作节拍。

（2）正确的示教编程方法

确保点与点之间行走柔顺，缩短各轴行程。机器人编程过程中做到：精准、快速、协同、规范。

3. 焊接工艺与编程要点

（1）焊接参数（根据熔池铁水的状态）。

（2）起焊与收弧的位置（大于中心线）。

（3）上下2个接头的处理（起弧与收弧参数的设置，搭接一部分焊缝）。

（4）焊枪的角度（电弧托着铁水，注意两侧角度）。

（5）直线焊缝交汇处的焊接。

（6）内拐角焊缝焊接参数（拐角焊接参数的变化）。

（7）程序点的设置与焊枪的姿态（立向下焊枪角度的控制，立转平焊缝宽度的变化以及焊枪大幅度的转变）。

4. 弧焊工艺方案

（1）立对接焊缝

1）难点。①焊接位置为立焊，受重力影响，焊缝成形后表面出现中间凸起，而焊趾处内凹甚至咬边。②收弧位置出现下塌，低于母材。

2）解决方案。①增加焊缝两侧停留时间，收弧位置改变焊枪角度，小电流填满收弧位置。②采用向下立焊：焊缝成形好，铁液分布较为均匀、不堆积，焊接速度快，但余高与熔深往往不够。③向上立焊：铁液易堆积，但余高和熔深均可达到较高要求。

通过现场试验和工艺要求，盖面应采用立向上摆焊。编程时示教点与焊缝底部的距离为1～2mm，防止烧穿。

（2）立角接焊缝

1）难点：搭接角焊缝两侧坡口容易出现咬边；收弧位置下塌。

2）解决方案：打底后，盖面采用小电流低速焊接，收弧位置改变焊枪角度，小电流填满。

（3）斜立角接焊缝

1）难点：焊缝为空间斜向角度焊缝，振幅点设置问题；焊缝下塌。

2）解决方案：振幅点连线垂直于焊缝，小电流盖面。

（4）上盖板搭接角接焊缝

1）难点：盖板侧坡口面熔化后，铁液无支撑，焊缝下塌。

2）解决方案：大电流打底，小电流盖面。

（5）底板上平角焊缝

1）难点：①焊缝下塌。②立板侧容易出现咬边。

2）解决方案：①大电流打底，小电流盖面。②选择合适的起焊点与焊枪角度。

（6）管板角端接环焊缝

1）难点（管板接头的焊接性分析）：①管水平固定放置，小径管，焊枪变换的角度大。②形成全位置焊缝，机器人示教姿态变化大，机器人手臂容易出现限位。③管板夹角小于90°，焊枪的移动空间受限，椭圆形的焊缝，示教点数多、精度要求高。

2）解决方案：①采用左右两侧2道焊缝完成管焊缝焊接，各示教点焊枪角度为管与斜板角度的1/2。②采用2道4段焊缝完成管板环焊缝焊接，4段焊缝及示教点位置如图3-28所示。

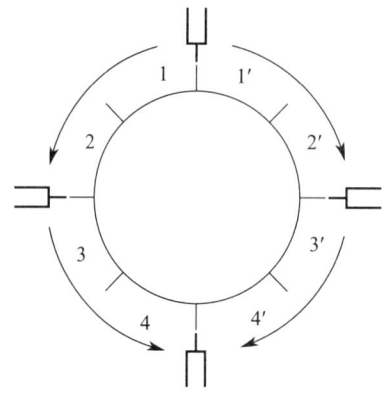

图3-28　4段焊缝及示教点位置

步骤2：进入机器人设定系统设置焊接参数

在设置焊机参数对话框中进入"焊接条件"，显示焊接条件设置对话框，进入机器人设定系统设置焊接参数。焊接条件设置界面如图3-29所示。

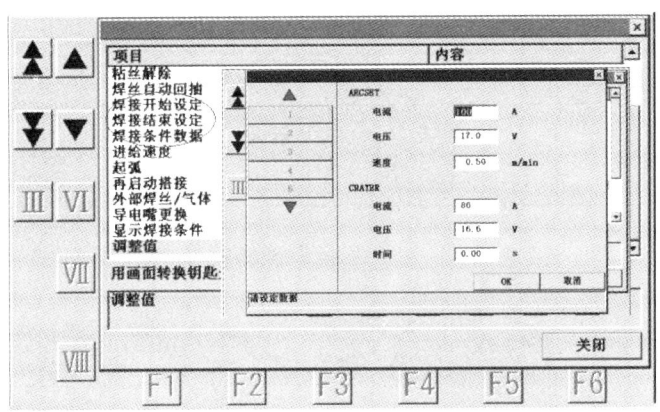

图3-29 焊接条件设置界面

图3-29中："ARCSET"为焊接参数；"CRATER"为收弧参数。设定每条焊缝的焊接参数如下：

1. 立对接焊缝

打底层采用立向下无摆动焊接，盖面采用立向上摆动焊接，打底和盖面2道，立对接焊缝焊接参数见表3-8。

表3-8 立对接焊缝焊接参数

位置	电流 /A	电压 /V	焊接速度 / (m·min^{-1})	振幅点宽度 /mm	振幅点停留时间 /s
打底直焊道	150	17	0.18	1.8	左0.3/ 右0.3
打底收尾	100	16.6	0.15	1.8	左0.3/ 右0.3
盖面直焊道	85	15	0.07	5	左0.2/ 右0.2
盖面收尾	72	14.2	0.07	5	左0.2/ 右0.2

2. 立角接焊缝

打底层采用立向下无摆动焊接，盖面层采用摆动立向上焊接，立角接焊缝焊接参数见表3-9。

3. 斜立角端接焊缝

打底层采用立向下无摆动焊接，盖面层采用立向上摆动焊接，打底和盖面2

道，斜立角端接焊缝焊接参数见表3-10。

表3-9 立角接焊缝焊接参数

位置	电流/A	电压/V	焊接速度/(m·min^{-1})	振幅点宽度/mm	振幅点停留时间/s
打底直焊道（向下）	140	16	0.4	—	—
盖面直焊道	90	14.6	0.04	8	左0.3/右0.3
盖面收尾	72	14.2	0.04	8	左0.3/右0.3

表3-10 斜立角端接焊缝焊接参数

位置	电流/A	电压/V	焊接速度/(m·min^{-1})	振幅点宽度/mm	振幅点停留时间/s
打底直焊道	150	18	0.20	3.0	左0.4/右0.2
打底焊收尾	120	16.6	0.22	3.0	左0.4/右0.2
盖面直焊道	100	15	0.07	7.0	左0.3/右0.1
盖面收尾	85	14.5	0.08	7.0	左0.3/右0.1

4. 上盖板端角接焊缝

打底层采用无摆动焊接，盖面层采用45°倾斜角摆动焊接，上盖板端角接焊缝焊接参数见表3-11。

表3-11 上盖板端角接焊缝焊接参数

位置	电流/A	电压/V	焊接速度/(m·min^{-1})	振幅点宽度/mm	振幅点停留时间/s
打底直焊道	180	19.2	0.30	—	—
打底拐角	170	17.6	0.50	—	—
斜板处打底	170	17.6	0.40	—	—
盖面直焊道	90	14.4	0.08	7.8/8.7	上0.4/下0.1
盖面拐角	90	14.4	0.13	7.8/8.7	上0.4/下0.1
斜板处盖面	85	14.4	0.10	5	上0.2/下0.2

5. 底板平角焊缝

打底层采用无摆动焊接，盖面层采用45°倾斜角摆动焊接，底板平角焊缝焊接参数见表3-12。

表 3-12 底板平角焊缝焊接参数

位置	电流 /A	电压 /V	焊接速度 /(m·min^{-1})	振幅点宽度 /mm	振幅点停留时间 /s
打底直焊道	180	19.2	0.30	—	—
打底拐角	170	17.6	0.50	—	—
盖面直焊道	120	15.6	0.07	8.6	上 0.3/ 下 0.1
盖面拐角	120	15.6	0.07	8.6	上 0.3/ 下 0.1

6. 管板角端接环焊缝

采用单层无摆动焊接,将管板环焊缝分为左、右 2 个半圆,每个半圆各分成 4 段,每段的焊接参数根据焊接位置不同进行调整设定,管板角端接环焊缝焊接参数见表 3-13。

表 3-13 管板角端接环焊缝焊接参数

位置	电流 /A	电压 /V	焊接速度 /(m·min^{-1})	振幅点宽度 /mm	振幅点停留时间 /s
1(1′)	140	16.0	0.25	—	—
2(2′)	140	16.0	0.30	—	—
3(3′)	150	17.0	0.30	—	—
4(4′)	150	18.0	0.30	—	—

培训单元二　弧焊机器人工装夹具调整

掌握调整弧焊机器人工装夹具的步骤及方法。

知识要求

1. 弧焊机器人工装夹具作用及原理

（1）工装

工装即工艺装备，焊接工装是指在焊接结构生产的装配与焊接过程中起配合及辅助作用的夹具、机械装置或设备的总称。

（2）夹具

夹具是在制造产业当中，作为生产的辅助条件，把加工对象及安装对象迅速、准确地定位和固定的特殊工具。一般指包括工件定位、支撑、夹紧的装置，还有实际工作中工具的导向机构的一体化设备。夹具属于工装，工装包含夹具，属于从属关系。一些韩资和日资等企业把夹具称为"治具"。

定位工件时规定产品尺寸变动的余地，称为工件控制。与此相关的内容有：

1）定位：与操作者的熟练程度无关，必须将工件放置在一定的位置。

2）支撑：防止由工件的自重、工具施加力产生变形。

（3）工装夹具使用目的

将工件快速、准确地定位，以及适合的支撑、维持，在同一夹具上生产的所有工件都固定在特定的范围内，保证产品的精密性和互换性。

（4）工装夹具的意义

1）保证和提高产品质量

采用工装夹具，不仅可以保证装配定位焊时各零件正确的相对位置，而且可以防止或减少工件的焊接变形。尤其是批量生产时，可以稳定和提高焊接质量，减少焊件尺寸偏差，保证产品的互换性。

2）提高劳动生产率，降低制造成本

采用工装夹具能减少装配和焊接工时的消耗，减少辅助工序的时间，从而提高劳动生产率；降低对装配、焊接工人的技术水平要求；由于焊接质量高，可以减免焊后矫正变形或修补工序，简化检验工序等，缩短整个产品的生产周期，使产品成本大幅度降低。

3）减少辅助工序的时间

焊接结构生产过程一般包括：准备（焊接材料的清洗、烘干、工件开坡口等）、装配（对正、定位、夹紧或点固焊等）、焊接、清理（从工装夹具上卸除工件、清除焊渣等)、检验、焊后热处理及矫正、最后检验等工序。焊前和焊后各项辅助工序的劳动量往往超过焊接工序本身。采用高效率的焊接工装夹具能够缩短生产周期，提高劳动生产率，除了采用自动化焊接工艺外，还要采用先进的装配工艺，以及自动化程度高的工装夹具。

4）降低制造成本

焊接工装能减少装配和焊接工时的消耗，从而提高劳动生产率；降低对装配、焊接工人的技术水平要求；由于焊接质量高，可以减免焊后矫正变形或修补工序，简化检验工序等，缩短整个产品的生产周期。

5）减轻劳动强度，保障安全生产

采用工装夹具，工件定位快速，装夹方便、省力，减轻了焊件装配定位和夹紧时的繁重体力劳动；焊件的翻转可以实现机械化，变位迅速，使焊接条件较差的空间位置焊缝变为焊接条件较好的平焊位置焊缝，劳动条件大为改善，同时有利于焊接生产安全管理。焊接柔性工装夹具如图3-30所示。

图3-30　焊接柔性工装夹具

2. 弧焊机器人工装夹具基本类型

（1）按用途分类

1）装配用工艺装备

装配用工艺装备的主要任务是按产品图样和工艺上的要求，把焊件中各零件或部件的相互位置准确地固定下来，只进行定位焊，而不完成整个焊接工作。这类工装通常称为装配定位焊夹具，也称为暂焊夹具，它包括各种定位器、夹紧器、推拉装置、组合夹具和装配台架。

2）焊接用工艺装备

焊接用工艺装备专门用来焊接已进行定位焊的工件。如移动焊机的龙门式、悬臂式、可伸缩悬臂式、平台式、爬行式等焊接机；移动焊工的升降台等。

3）装配焊接工艺装备

装配焊接工艺装备既能完成整个焊件的装配，又能完成焊缝的焊接工作。这类工装通常是专用焊接机床或自动焊接装置，或是装配焊接的综合机械化装置，如一些自动化生产线。

实际生产中工艺装备的功能往往不是单一的，如定位器、夹紧器常与装配台架合在一起，装配台架又与焊件操作机械合并在一套装置上；焊件变位机与移动焊机的焊接操作机、焊接电源、电气控制系统等组合，构成机械化自动化程度较高的焊接中心或焊接工作站。

（2）按应用范围分类

焊接工装通常有手动、气动、液压、电动几种类型，按应用范围分为以下几种：

1）通用焊接工装

通用焊接工装指已标准化且有较大适用范围的工装。这类工装无须调整或稍加调整，就能适用于不同工件的装配或焊接工作。

2）专用焊接工装

专用焊接工装只适用于某一工件的装配或焊接，产品变换后，该工装就不再适用。

3）柔性焊接工装

柔性焊接工装是一种可以自由组合的万能夹具，以适应在形状与尺寸上有所变化的多种工件的焊接生产。

对于一些特殊结构的工件，需要事先在定位焊工装上进行定位焊，再放到焊接工装进行焊接。

（3）焊接工装夹具基本要求

1）足够的强度和刚度

夹具在生产中投入使用时要承受多种力的作用，所以工装夹具应具备足够的强度和刚度。

2）夹紧的可靠性

夹紧时不能破坏工件的定位位置和保证产品形状、尺寸符合图样要求。既不能允许工件松动滑移，又不使工件的拘束度过大而产生较大的拘束应力。

3）焊接操作的灵活性

使用夹具生产应保证足够的装焊空间，使操作人员有良好的视野和操作环境，焊接生产的全过程处于稳定的工作状态。

4）便于焊件的装卸

操作时应考虑制品在装配定位焊或焊接后能顺利从夹具中取出，还要使制品在翻转或吊运时不受损害。

5）良好的工艺性

所设计的夹具应便于制造、安装和操作，便于检验、维修和更换易损零件。设计时还要考虑车间现有的夹紧动力源、吊装能力及安装场地等因素，降低夹具制造成本。

3. 焊接变位机

（1）焊接变位机的特点

1）使用变位机可得到最合适的焊接姿态，实现高品质焊接。

2）提高焊道美观度，熔深稳定，提高焊接速度。

3）变位机+协调控制软件，可大幅减少示教点，同时容易示教焊接速度。

4）对于焊枪角度难调的复杂工件，也可用最少的示教点数实现焊接。

（2）焊接变位机的几种主要结构形式

1）固定式回转平台

这是一种最简单的单轴变位机，其结构形式如图3-31a所示。工作平台可采用伺服电动机驱动。通常工作平台的回转速度固定不变，其功能是配合机器人按预编程序将工件旋转一定的角度。

2）头架变位机

头架变位机也是一种单轴变位机，其结构形式如图3-31b所示。其卡盘通常由电动机驱动。与回转平台不同，其旋转轴是水平的，适用于装卡短小型工件，可配合机器人将工件接缝转到适于焊接的位置。

3）头尾架变位机

头尾架变位机由头架和尾架组成，其结构形式如图3-31c所示。它是机器人工作站最常用的变位机。在一般情况下，头架装有驱动机构，带动卡盘绕水平轴旋转。尾架则是被动的。如工件较长或刚度较小，也可将尾架装上驱动机构，并与头架同步起动。严格地说，头尾架变位机仍属于单轴变位机。尾架在机座轨道上的水平移动在装卡工件时起作用，不与机器人协调动作。

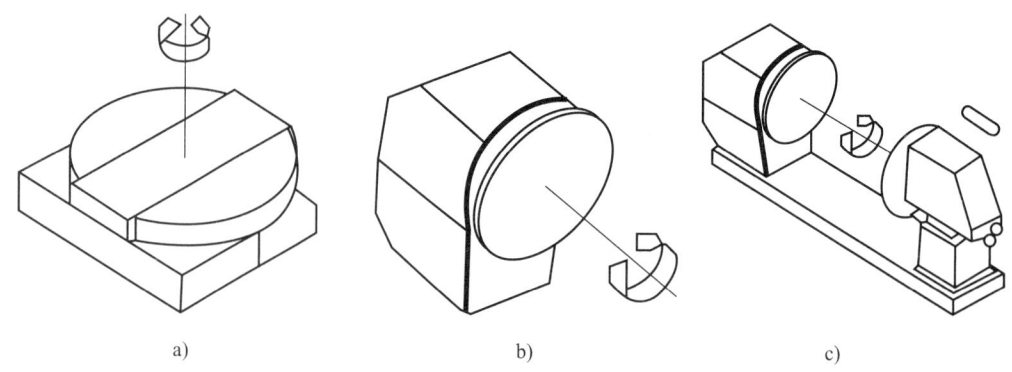

图3-31　3种典型变位系统

a）固定式回转平台结构形式　b）头架变位机结构形式　c）头尾架变位机结构形式

4）座式变位机

座式变位机是一种双轴变位机，可同时将工件旋转和翻转。与机器人配套使用座式变位机的旋转轴和翻转轴均由电动机驱动，可按指令分别或同时进行旋转和翻转运动。适用焊缝三维布置结构较复杂的工件，如图3-32所示。

5）L形变位机

L形变位机可以设计成2轴变位机，即悬臂回转和工作平台旋转轴，如图3-33所示。也可以设计成3轴变位机，即在上述2轴的基础上增加悬臂上下移动轴。一种3轴L形变位机的结构形式。这种变位机的最大特点是回转空间较大，适用于外形尺寸较大，质量不超过5t的框架构件焊接。

图3-32　标准型座式变位机

图3-33　L形变位机结构

6）双头架变位机

双头架变位机是将2台头架变位机相背，同轴安装在回转平台上，形成一种3轴变位机，使用这种双头架变位机可成倍提高生产效率，当1台头架变位机配合机器人进行焊接时，在另1台头架变位机上进行工件的装卸和夹紧。这样可大大缩短机器人待机时间，提高其利用率。

7）双座式变位机

双座式变位机与双头架变位机相似，是将 2 台座式变位机相背，同轴安装在大型回转平台上，形成一种 5 轴变位机，这种变位机的功能与双头架变位机相似，由于增加了翻转轴，适用于焊接结构较复杂的焊件。扩大了焊接机器人工作站的使用范围。

8）组合式多轴变位机

当要求机器人焊接形状复杂且焊缝三维布置的构件时，则需配备 3 轴以上的变位机，一种简易且经济实用的解决方案是将各种标准型变位机通过机械连接组合成多轴变位机。由头架与框架式头尾变位机组合成 5 轴变位机。将 2 台组合式 5 轴变位机安装在回转平台上构成 11 轴变位机。如将座式变位机与框架式头尾架变位机组合成 6 轴变位机。2 台 6 轴变位机与回转平台组合成 13 轴变位机。

（3）机器人外部轴

机器人外部轴习惯被称为机器人的第 7 轴，外部轴装置由伺服电动机、减速机构、编码器和驱动电路等组成。实际工作中，为使工件的多个侧面处于最佳焊接位置（船形焊及水平位置），以及工位变换或机器人行走，经常借助外部轴变位机和机器人协调动作来完成。目前，外部轴属于标准化设备，方便与机器人组合，除考虑外部轴变位机的变位（行走）功能外，还要考虑它所能承载的质量（功率）。可以由外部轴基本单元构成各种变位装置。

以松下机器人为例，移动机器人时，可通过左切换键切换至直角坐标系或工具坐标系移动焊枪。在进行外部轴协调示教时，先移动外部轴到达位置，再移动机器人焊枪至合适的角度和位置点，此时的插补方式应选择"MOVEL+"或"MOVEC+"，两方面都调到位置点后按确认键存储，在运行时，机器人和外部轴同步协调。在示教一些圆弧曲面和相贯线时，使焊缝时刻处于最佳的焊接位置，保证焊缝品质达到最佳。

图 3-34 为摩托车车架总成焊接外部轴变位系统，由于该

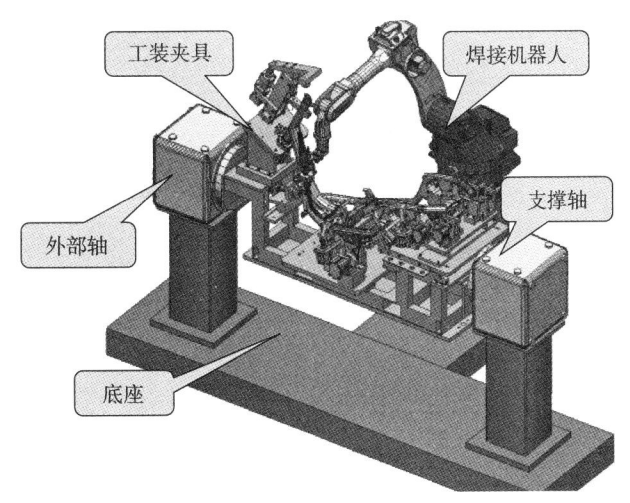

图 3-34 摩托车车架总成焊接外部轴变位系统

工件焊点多、焊缝复杂、工艺要求高，固定工位无法做到一次装夹完成焊接。而采用外部轴变位器可以实现 360°轴向回转，机器人对工件的任何部位均实现最佳作业位置，而且能与机器人协调，进行复杂焊缝的高品质焊接，实现一次装夹就能完成焊接的目标，提高了生产率和焊接品质，降低了成本。

操作名称：调整弧焊机器人工装夹具

操作实施步骤

工装夹具定位与固定 ⇒ 工装夹具的检查 ⇒ 工装夹具的调整

步骤1：工装夹具定位与固定

通过 4 个工装定位孔，将工装夹具固定在焊接工作台上，如图 3-35 所示。

图 3-35　工装定位孔

步骤2：工装夹具的检查

工装夹具的安装调试是决定焊接质量的重要因素之一。该夹具采用快速夹手定位，根据标准样件定位面在夹具支座上安装定位件和夹紧。必要时，利用三坐标检测仪检测并精确调整，确保定位精度。7 个夹具的夹紧点位置如图 3-36 所示。

图 3-36　工装夹具的夹紧点位置示意

步骤 3：工装夹具的调整

由于机器人焊接工件定位要准确，工件在装夹过程中，2 块底板 I 形坡口对接焊要求单面焊双面成形，需留有一定间隙，其他焊缝位置不能有间隙，并要求零件外加工面不能有明显的毛刺、飞边或变形，以免焊接位置出现偏差。5 条焊缝位置如图 3-37 所示。

图 3-37　焊缝位置

培训单元三 弧焊机器人变位机外部轴功能设定

掌握弧焊机器人变位机外部轴功能设定的步骤及方法。

1. 外部轴协调基准点校正

以松下 TM1400 机器人为例,在焊枪上的焊丝伸出端部提供尖点(将焊丝端部磨尖),然后在外部轴适当位置找 1 个检点与焊枪出丝方向纵向对正,并使其在旋转到不同位置的 3 个点作为检测点,各检测点位置之间的角度要大于 45°,角度越大越精确。操作方法如下:

编辑 ![] → +α →登录外部轴用全局变量。应注意 3 点的焊枪姿态要一致,外部轴转动的方向要一致。3 点对完后,关闭文件并保存。最后在设定 ![] →管理工具 ![] 中计算,即完成外部轴协调基准点校正。

2. 带外部轴的系统示教

当只有机器人的系统时,机构设为"1:Mech 1",示教盒显示只有"Robot"。当系统中增加一个外部轴时,机构设为"2:Mech 1+G1",其中"Mech 1"代表机器人,"G1"代表外部轴,如果系统中有 2 个外部轴则设置上再增加 1 个"G2",依次累加。

如果系统具有外部轴协调功能,示教时要将协调的图标灯 ![] 点亮,如需移动外部轴时,将示教盒的功能键切换至外部轴图标 ![] ,这时左手拇指压住外部轴功能键,右手拇指拨动示教盒旋钮即可使外部轴转动。如果要移动机器人时,通过左切换键切换至直角坐标系或工具坐标系即可移动焊枪。进行外部轴协调示教时,先移动外部轴到达位置,再移动机器人焊枪至合适的角度和位置点,此时的插补方式应选择"MOVEL+"或"MOVEC+",两方面都调到位置点后按确认键(回车键)存储,在运行时,机器人和外部轴协调动作,使焊缝时刻处于最佳的焊接位置。

技能要求

操作名称：弧焊机器人变位机外部轴功能设定

操作实施步骤

进入机器人控制系统外部轴功能设定界面调整参数 ⇨

弧焊机器人变位机外部轴通信检查 ⇨ 弧焊机器人变位机外部轴功能验证

步骤1：进入机器人控制系统外部轴功能设定界面调整参数

1. 以松下机器人为例，在系统设置对话框上，单击"外部轴"→"编辑"，显示外部轴设置对话框，如图 3-38 所示。

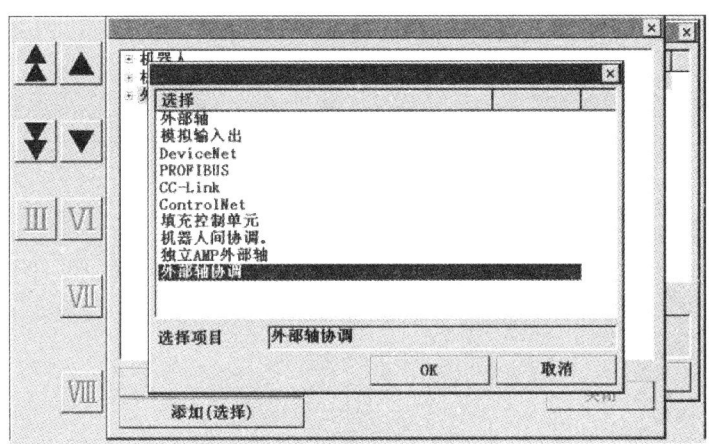

图 3-38　外部轴设置对话框

2. 选择需增加的外部轴编号，然后单击"OK"。

3. 设置所增加外部轴的参数。

4. 进行协调控制的参数设定，包括旋转类型、标识等内容，如图 3-39 所示。

步骤2：弧焊机器人变位机外部轴通信检查

1. 建立新文件，登录设备机构"2：Mech 1+G1+G2"。

2. 单击菜单栏中的图标 ，然后单击所选外部轴，使之分别控制外部轴和机器人各轴。

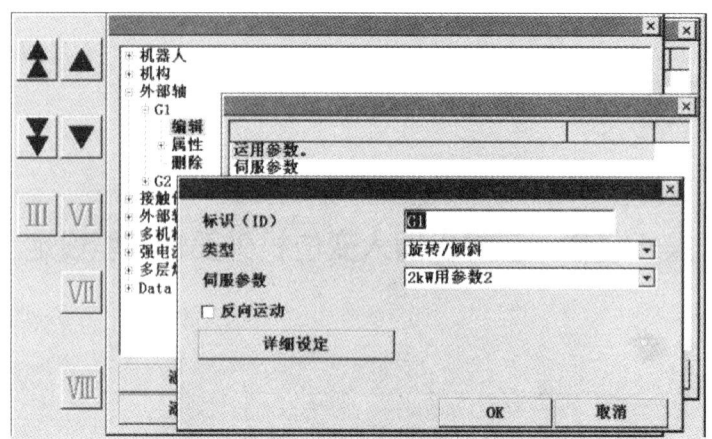

图 3-39　外部轴协调控制的参数设定

3. 按 L+Shift 键（左切换键），在机器人主轴和外部轴之间切换。

4. 如果系统具有外部轴协调功能，示教时要将协调的图标灯 点亮，如图 3-40 所示。

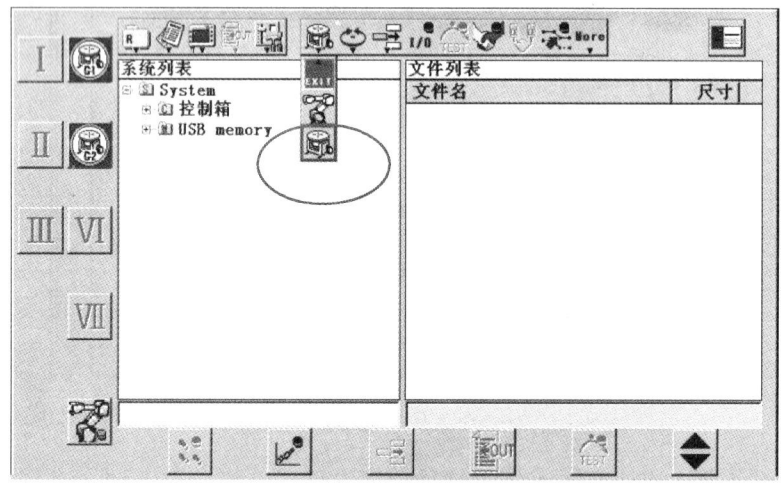

图 3-40　切换到外部轴

步骤 3：弧焊机器人变位机外部轴功能验证

将示教盒的功能键切换至外部轴图标 ，左手拇指压住外部轴功能键，右手拇指拨动示教盒旋钮即可使外部轴转动，如图 3-41 所示。

图 3-41 变位机外部轴功能图标

培训单元四　弧焊机器人接触传感装置设定

掌握弧焊机器人接触传感装置通信检查、功能验证的步骤及方法。

1. 接触传感装置通信检查

以松下机器人为例,接触传感装置的功能是在焊丝与母材之间附加电压,通过检测通电与否来检测出母材位置。如果母材表面上有绝缘的薄膜,即使附加低电压,使焊丝与母材接触,也不会通电。因此,需要附加高电压,破坏绝缘薄膜,实施放电(电火花)。如果附加了高电压,很容易引起漏电事故,因此,要严格检查绝缘措施,检查回路是否连通。接触传感装置的构成及绝缘措施如图 3-42 所示。

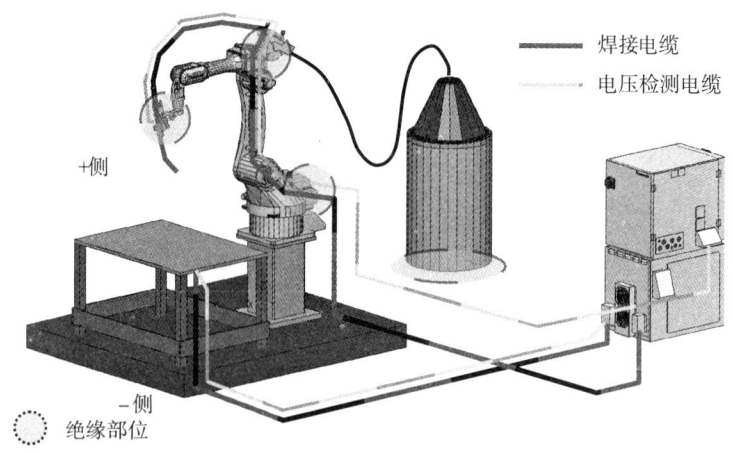

图 3-42 接触传感装置通电回路构成及绝缘措施

2. 传感动作参数功能验证

传感功能验证需要设定传感的类型与动作参数，如最大传感距离、传感速度、退避距离、退避速度等设定项目。接触传感的参数设定见表 3-14。

表 3-14 接触传感的参数设定

设定项目	传感动作参数设定	传感动作示意图
点传感动作设定	最大传感距离：100 mm 传感速度：150 cm/min 退避距离：10 mm 退避速度：700 cm/min	最大传感距离、传感速度、退避速度、退避距离
角焊缝传感动作设定	最大传感距离：100 mm 传感速度：120 cm/min 退避距离：5 mm 退避速度：800 cm/min	最大传感距离、退避距离、传感速度、退避速度、退避距离
坡口检测传感动作设定	最大传感距离：100 mm 传感速度：100 cm/min 退避距离：5 mm 退避速度：500 cm/min	最大传感距离、传感速度、退避速度

操作名称：弧焊机器人接触传感装置功能设定

操作实施步骤

进入弧焊机器人示教盒接触传感装置功能设定界面 ⇨

弧焊机器人接触传感装置通信检查 ⇨ 弧焊机器人接触传感装置功能验证

步骤1：进入弧焊机器人示教盒接触传感装置功能设定界面

设定传感移动插补指令为"MOVEL"，点选"传感开始点"，按下回车键后，弹出传感编号设定界面，点击"浏览"即可查看数据库设定相应传感编号：传感编号5，表示一轴传感Laxis，"Y"（直角坐标Y方向传感）；传感编号52，表示角焊缝传感Fillet，"X-.Z"（直角坐标X-方向，再沿Z方向传感）、传感编号58，表示坡口传感"Groove，X"（直角坐标沿坡口中心线向X+、X-2方向传感）。传感装置设定界面如图3-43、图3-44所示。

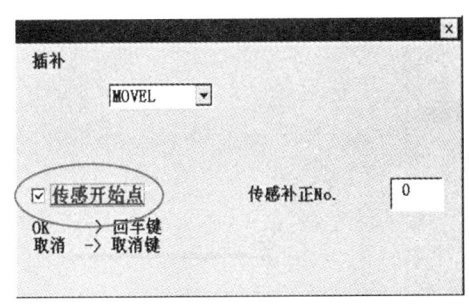

图3-43 点选"传感开始点"

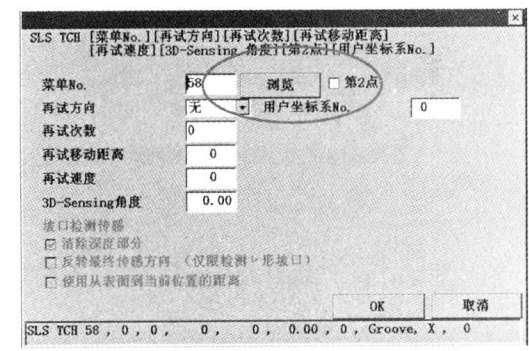

图3-44 传感编号设定界面

步骤2：弧焊机器人接触传感装置通信检查

为了能够对工件进行高精度传感，在示教过程中需遵循接触传感的基本内容及要求，见表3-15。

步骤3：弧焊机器人接触传感装置功能验证

1. 一轴传感（单方向传感）

在系统弹出的操作界面，按下动作功能键"MOVE"后，焊枪沿Y方向匀速进行传感动作,直到焊丝触碰到工件,系统检测出工件所在位置,焊枪自动向后退避一定距离后停止,如图 3-45 所示。一轴传感如图 3-46 所示。

表 3-15 接触传感的基本内容及要求

序号	项目内容	基本内容及要求说明
1	焊丝干伸长	(1)使用焊丝进行接触传感,在自动运行时,焊丝干伸长一旦和示教时不同就会产生传感误差。因此,在进行传感之前,先进行剪丝或使用干伸长自动调整功能,保证焊丝的干伸长固定 (2)在传感时,焊丝受到外力,可能引起焊丝窜动导致干伸长发生变化。为防止这一现象发生,应使用焊丝压紧机构。采用焊丝压紧机构时,利用本功能可对焊丝压紧机构进行控制 (3)焊丝压紧机构采用的是气缸压紧,因此,要求气压恒定
2	焊缝的偏移方向及传感方向	传感方向必须是母材偏移的方向,为了尽可能减少传感的误差,原则上传感方向应垂直于检测面
3	传感开始位置	(1)机器人运行过程中,以机器人手臂、焊枪和母材或夹具之间不能发生干涉为原则,确定传感开始点 (2)为减少误差,传感开始点的位置应尽可能接近要反映传感结果的示教位置上
4	焊接姿态和传感姿态	为减少补偿误差,传感时的工具姿态要尽量和焊接时的工具姿态保持一致

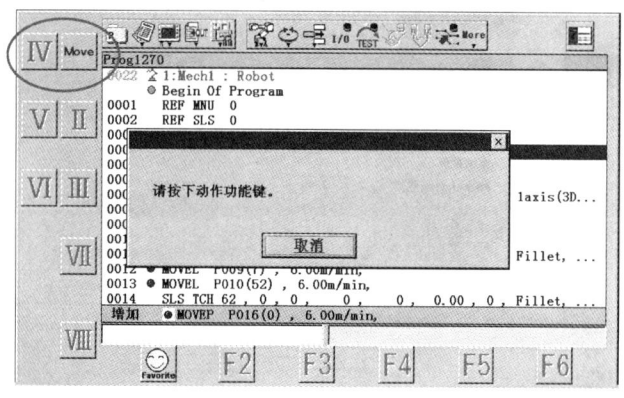

图 3-45 按下动作功能键"MOVE"

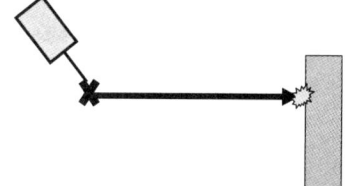

图 3-46 一轴传感

2. 角焊缝传感

同一轴传感的过程一样,焊枪沿角焊缝立板位置做传感动作 1,焊丝触碰立板后,系统检测到工件立板的所在位置,并向后退避一定距离,紧接着焊枪向角焊缝底板位置作传感动作 2,系统检测到工件底板的所在位置,并向后退避一定距离。角焊缝传感如图 3-47 所示。

3. 坡口传感

焊枪从中间位置向坡口右侧作传感动作1，焊丝触碰立板后，系统检测到工件右侧坡口所在位置，并退避至中间位置，紧接着焊枪从中间位置向坡口左侧作传感动作2，系统检测到工件左侧坡口所在位置，并退避至中间位置，如图3-48所示。

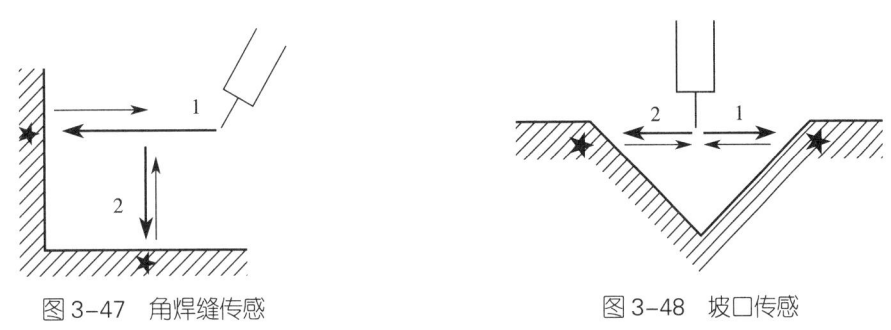

图3-47 角焊缝传感　　　　　　　图3-48 坡口传感

培训项目三 焊接操作

培训单元一 弧焊机器人与外部轴协调动作的示教编程

掌握弧焊机器人与外部轴协调动作示教编程的步骤及方法。

1. 弧焊机器人外部轴编程规范

（1）工件准备

材质Q235（或Q345），焊件尺寸：管（外径）ϕ50 mm×2.0 mm（壁厚）×300 mm 1根，管（外径）ϕ50 mm×2.0 mm（壁厚）×400 mm 1根，管（外径）ϕ50 mm×2.0 mm（壁厚）×500 mm 1根，管（外径）ϕ50 mm×2.0 mm（壁厚）×140 mm 1根，管角接形成的相贯线焊缝共3条，管角接三角架工件尺寸如图3-49所示。

由于该系统增加了外部轴变位装置，通过机器人与外部轴协调动作，使管角接三角架工件焊缝始终处于最佳焊接位置上（船形焊位置或水平焊位置），减少了大量的过渡点，因此，在焊接质量和效率方面优于固定

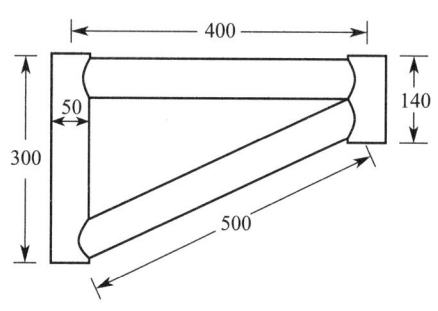

图3-49 管角接三角架工件装配图

工位。但示教过程中要防止点与点之间姿态突变（指机器人姿态变化而焊枪无位移情况），点与点之间应圆滑过渡。同时要防止机器人与工件之间发生碰撞。

（2）焊接参数设定

采用 MAG 焊接工艺，保护气体为 80%Ar+20%CO_2（体积分数），焊丝牌号 H08Mn2SiA，焊丝直径 ϕ0.8 mm，单层单道焊接，管角接三角架工件焊接参数见表 3-16。

表 3-16 管角接三角架工件焊接参数

焊接电流/ A	焊接电压/ V	焊接速度/ (m·min^{-1})	收弧电流/ A	收弧电压/ V	收弧时间/ s	气体流量/ (L·min^{-1})
90～95	17～18	0.5～0.6	60～65	15.2～15.5	0.2～0.3	12～15

2. 质量要求

采用外部轴协调焊接，通常是质量要求较高的工件，管角接三角架焊缝是相贯线焊缝，适合采用机器人与外部轴协调焊接。该工件的工艺要求：焊缝宽度 4～5 mm，平滑无缺陷，焊缝美观。管角接三角架工件焊缝（焊缝1、焊缝2、焊缝3）位置如图 3-50 所示。

图 3-50 中，为保证工件质量和美观，减少起收弧点，三角架工件共有 3 条焊缝，每条焊缝的起弧电流为 120 A，起弧电压为 21 V。

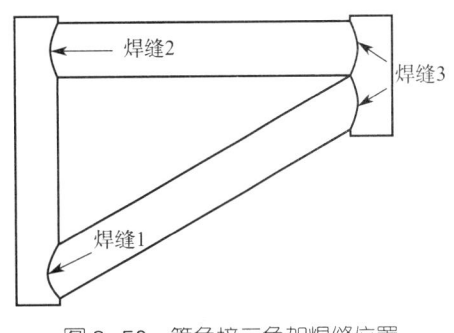

图 3-50 管角接三角架焊缝位置

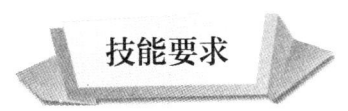

技能要求

操作名称：相贯线焊缝示教编程

操作实施步骤

进入外部轴协调运动功能设定界面调整参数 ⇨ 相贯线焊缝机器人与外部轴协调的示教编程 ⇨ 相贯线焊缝机器人与外部轴协调的程序检查 ⇨ 相贯线焊缝机器人与外部轴协调焊接

步骤1：进入外部轴协调运动功能设定界面调整参数

1. 登录新的外部轴协调空白编程文件示教时，需要在程序文件设备下拉框里选择已添加有外部轴的机构"Robot+G1"（外部轴）的设备号，如图3-51所示。

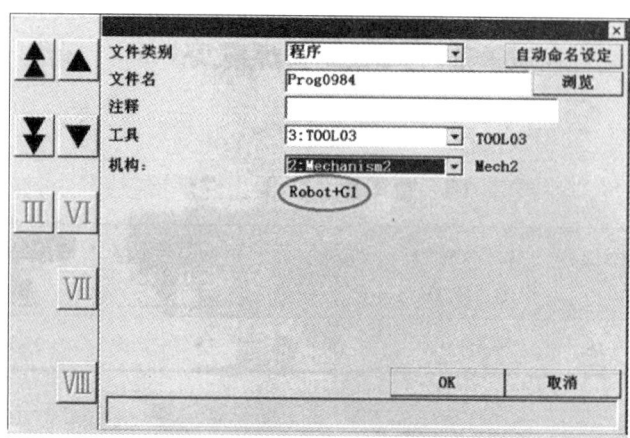

图3-51 外部轴机构设备号

2. 进入编程界面后，点亮机器人与外部轴双协调图标，使机器人与外部轴协调动作，如图3-52所示。

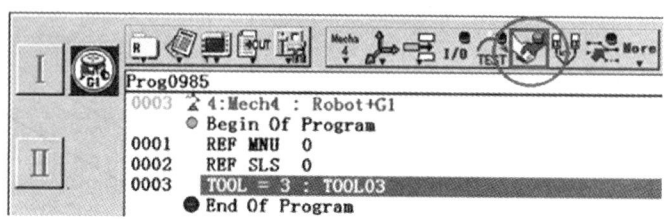

图3-52 机器人与外部轴双协调图标

3. 存储示教点时，在指令下拉框中选择带"+"的外部轴协调插补指令（移动指令），如图3-53所示。

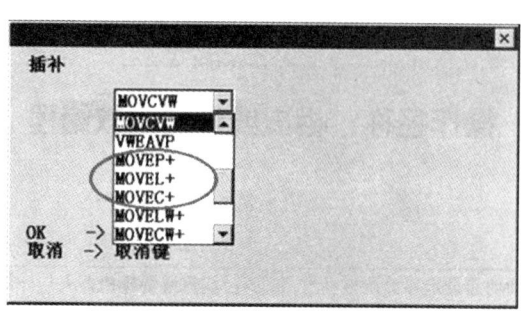

图3-53 外部轴协调示教点插补指令

步骤 2：相贯线焊缝机器人与外部轴协调的示教编程

将三角架工件定位焊好，固定在外部轴上，机器人与外部轴协调的示教点都要选带"+"的指令，例如"MOVEC+"。

1. 焊缝 1 的示教

（1）机器人原点，设"MOVEP""空走"，如图 3-54 所示。

（2）将机器人焊枪移至焊缝 1 的焊接开始点上方设进枪点（接近点）、"MOVEP+""空走"，如图 3-55 所示。

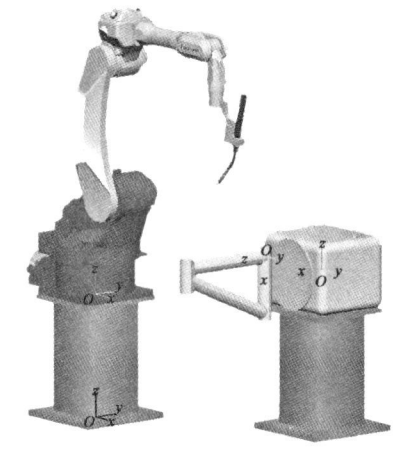

图 3-54　机器人原点

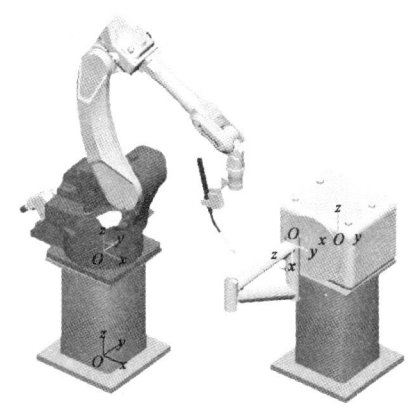

图 3-55　焊缝 1 进枪点

（3）使用工具坐标系，轴向移至焊缝 1 焊接开始点。设定"MOVEC+"焊接，如图 3-56 所示。

（4）外部轴变位机顺时针方向转动，每转动 20°~30° 示教 1 个焊接中间点"MOVEC+"。此段焊接中间点 10~15 个为宜，如图 3-57 所示。

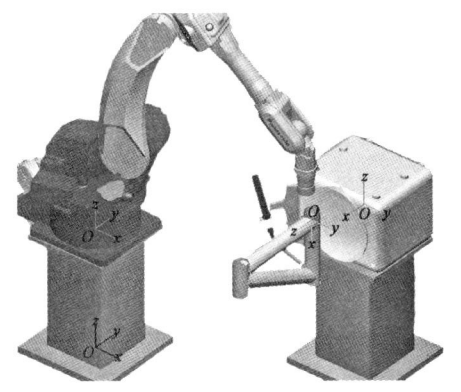

图 3-56　焊缝 1 焊接开始点

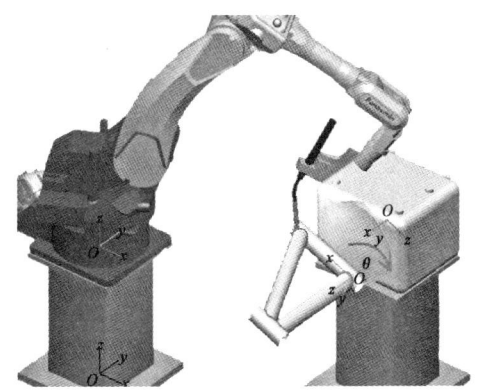

图 3-57　焊缝 1 焊接中间点

（5）焊缝1焊接结束点，设"MOVEC+"空走。结束点与起始点应有3～5mm搭接，如图3-58所示。

（6）使用工具坐标系，将焊枪轴向移至焊缝1退避点（退枪点），设"MOVEP+"空走，如图3-59所示。

图3-58 焊缝1焊接结束点

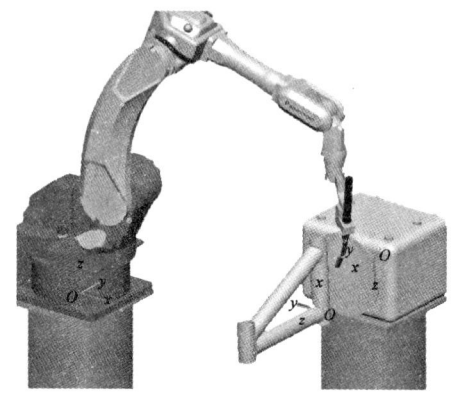

图3-59 焊缝1退避点

2. 焊缝2的示教

（1）将机器人切换至工具坐标系，轴向移至焊缝2焊接开始点。设"MOVEC+"焊接，如图3-60所示。

（2）外部轴变位机逆时针方向转动，每转动20°～30°示教1个焊接中间点"MOVEC+"。此段焊接中间点10～15个为宜，如图3-61所示。

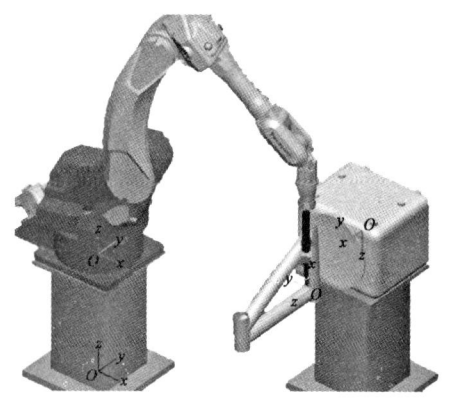

图3-60 焊缝2焊接开始点

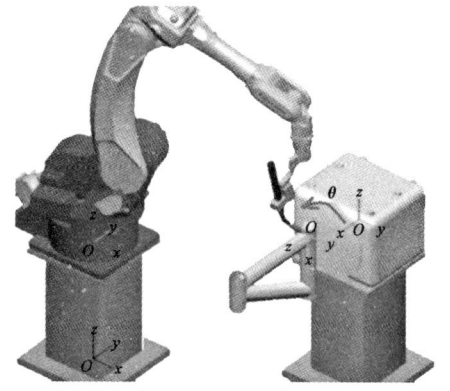

图3-61 焊缝2焊接中间点

（3）最后，在焊缝2焊接结束点设"MOVEC+"空走。结束点与起始点应有3～5mm搭接，如图3-62所示。

图 3-62　焊缝 2 焊接结束点

3. 焊缝 3 的示教

（1）将机器人切换至工具坐标系，移至焊缝 1 焊接开始点上方设进枪点（接近点），"MOVEP+" 空走，如图 3-63 所示。

（2）使用工具坐标系，将焊枪沿焊丝轴向移至焊接开始点焊缝 3 焊接开始点。设 "MOVEC+" 焊接，如图 3-64 所示。

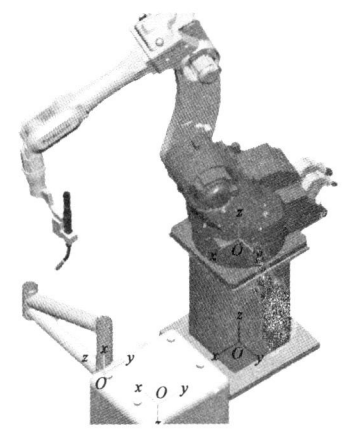

图 3-63　焊缝 3 进枪点

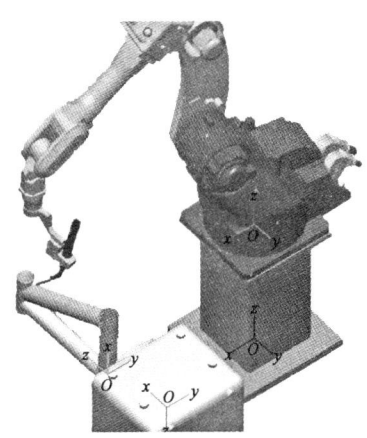

图 3-64　焊缝 3 焊接开始点

（3）外部轴变位机顺时针方向转动，每转动 20°～30° 示教 1 个焊接点 "MOVEC+"。由于焊缝位置变化多，该段焊接中间点 10～20 个为宜，最后，设置焊接结束点，"MOVEP+" 空走，结束点与起始点应有 3～5 mm 搭接，如图 3-65 所示。

（4）焊缝 3 退避点，设 "MOVEP+" 空走。注意：焊枪的退避位置应高过工件，以防外部轴回位过程中与焊枪发生碰撞，如图 3-66 所示。

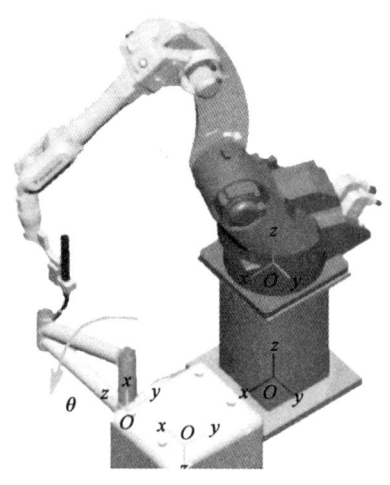
图 3-65 焊缝 3 焊接结束点

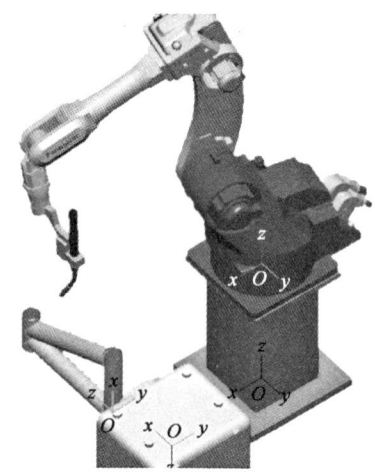
图 3-66 焊缝 3 退避点

（5）复制 P_1 点粘贴到此处，使机器人回到原点，设"MOVEP+"空走，如图 3-67 所示。

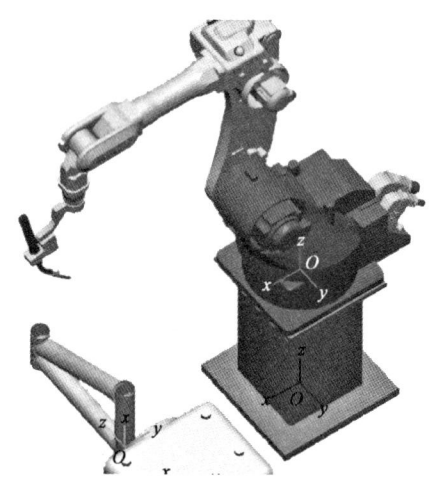
图 3-67 回到机器人原点

步骤 3：相贯线焊缝机器人与外部轴协调的程序检查

管角接三角架协调焊接程序（示教点简化）

（1）焊缝 1

  TOOL=1：TOOL01

  ○ MOVEP P001 20.00m/min

  ○ MOVEP+P002 20.00m/min

  ● MOVEC+P003 10.00m/min

  ARC-SET AMP=120 VOLT=18.0 S=0.60

ARC-ON ArcStart1 PROCESS=1

● MOVEC+P004 0.50m/min

● MOVEC+P005 0.50m/min

● MOVEC+P006 0.50m/min

● MOVEC+P007 0.50m/min

● MOVEC+P008 0.50m/min

● MOVEC+P009 0.50m/min

● MOVEC+P010 0.50m/min

● MOVEC+P011 0.50m/min

　CRATER AMP=80 VOLT=16.0 T=0.20

　ARC-OFF ArcEnd1 PROCESS=1

○ MOVEP P012 20.00m/min

（2）焊缝2

● MOVEC+P0013 10.00m/min

　ARC-SET AMP=95 VOLT=18.0 S=0.60

　ARC-ON ArcStart1 PROCESS=1

● MOVEC+P014 0.50m/min

● MOVEC+P015 0.50m/min

● MOVEC+P016 0.50m/min

● MOVEC+P017 0.50m/min

● MOVEC+P018 0.50m/min

○ MOVEC+P008 0.50m/min

　CRATER AMP=65 VOLT=15.5 T=0.30

　ARC-OFF ArcEnd1 PROCESS=1

○ MOVEP P020 20.00m/min

○ MOVEP P021 20.00m/min

（3）焊缝3

● MOVEC+P022 10.00m/min

　ARC-SET AMP=120 VOLT=18.0 S=0.60

　ARC-ON ArcStart1 PROCESS=1

● MOVEC+P023 0.50m/min

- MOVEC+P024 0.50m/min
- MOVEC+P025 0.50m/min
- MOVEC+P026 0.50m/min
- MOVEC+P027 0.50m/min
- MOVEC+P028 0.50m/min
- MOVEC+P029 0.50m/min
- MOVEC+P030 0.50m/min
- MOVEC+P031 0.50m/min
- MOVEC+P032 0.50m/min
○ MOVEC+P033 0.50m/min
   CRATER AMP=65 VOLT=15.5 T=0.30
   ARC-OFF ArcEnd1 PROCESS=1
○ MOVEP P034 20.00m/min
○ MOVEP P035 20.00m/min

步骤4：相贯线焊缝机器人与外部轴协调焊接

将光标移至程序开头处，打开保护气开关，将流量调至 15 L/min，再将示教盒模式转换开关由"Teach"旋转至"AUTO"，按下伺服 ON，确认机器人动作区域安全后，退至安全位置，再按下启动开关，机器人开始焊接。时刻观察焊接过程，若存在安全隐患，要及时按下紧急停止按钮。

培训单元二　应用弧焊机器人接触传感功能实施铝焊接

1. 掌握弧焊机器人程序中使用接触传感指令编程的步骤及方法。
2. 掌握弧焊机器人实施铝合金 MIG 焊接工艺。

1. 弧焊机器人接触传感编程规范

（1）传感的类型与动作设定

需要事先对传感的类型与动作参数进行设定，接触传感设定项目如图3-68所示。菜单编号表可存储00～99组编号，传感的类型与动作设定界面如图3-69所示。

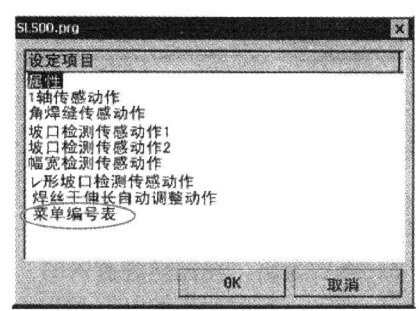

图3-68　接触传感设定项目

图3-69　传感的类型与动作设定界面

（2）菜单编号表

"菜单编号表"中可存储00～99组接触传感菜单编号的数据明细。每个传感动作对应一组编号，并且每个传感编号在同一个程序文件中只能使用一次。接触传感的菜单编号见表3-17。

表3-17　菜单编号

传感类型	传感方向	传感编号	焊枪移动方向
一轴传感Laxis	$X+$	01、02	右
	$X-$	03、04	左
	$Y+$	05、06	前
	$Y-$	07、08	后
	$Z+$	09、10	上
	$Z-$	20、21、22、23、24	下

续表

传感类型	传感方向	传感编号	焊枪移动方向
角焊缝传感 Fillet	$X+,Z$	51	右→下
	$X-,Z$	52	左→下
角焊缝传感 Laris	$Y+,Z$	53	前→下
	$Y-,Z$	54	后→下
	$Z,X+$	61	下→右
	$Z,X-$	62	下→左
	$Z,Y+$	63	下→右
	$Z,Y-$	64	下→左
坡口传感 Groove	X	58、59	前→后
	Y	68、69	左→右

2. 铝及铝合金 MIG 焊接工艺

（1）铝及铝合金的焊接性

1）强的氧化能力

铝在空气中极易与氧结合生成致密结的 Al_2O_3 薄膜，厚度约为 0.1 μm。Al_2O_3 的熔点高达 2 050 ℃，远远超过铝及铝合金的熔点（约为 660 ℃），而且体积质量大，约为铝的 1.4 倍。焊接过程中，Al_2O_3 薄膜会阻碍金属之间的良好结合，并易形成夹渣。氧化膜还会吸附水分，焊接时会促使焊缝生成气孔。因此，焊前必须用化学或机械方法清理表层氧化物。采用直流反接的 MIG 焊接或交流 TIG 焊，电弧阴极雾化作用好，清理氧化膜十分有效。

2）较大的热导率和比热容

铝及铝合金的热导率和比热容约比钢大 1 倍，焊缝熔池的温度场变化大，控制焊缝成形的难度较大。焊接过程中大量的热量被迅速传导到基体金属内部。因此，焊接铝及铝合金比钢要消耗更多的热量，较厚的铝及铝合金焊前常需采取预热等工艺措施。

3）热裂纹倾向大

铝的线膨胀系数约为钢的 2 倍，凝固时的体积收缩率为 6.5% 左右，由于低熔点共晶物产生焊接内应力，因此，焊接某些铝合金时，往往由于其过大的内应力而产生热裂纹。生产中常采用调整焊丝成分的方法来防止热裂纹产生。

4）容易形成气孔

形成气孔的气体是 H_2。H_2 在液态铝中的溶解度为 0.7 mL/100 g，而在 660 ℃

凝固温度时，H_2 的溶解度突降至 0.04 mL/100 g，使原来溶解于液态铝中的 H_2 大量析出，形成气泡。同时，铝和铝合金的密度小，气泡在熔池中的上升速度较慢，加上铝的导热性强，熔池冷凝快，因此，上升的气泡往往来不及逸出，留在焊缝内成为气孔。弧柱气氛中的水分、焊接材料及母材表面氧化膜吸附的水分都是 H_2 的主要来源，因此，焊前必须严格做好焊材和母材的干燥和表面清理工作。须采用高纯度氩气（Ar>99.99%，体积分数），使用大号喷嘴，层流气态保护。

5）接头不等强度

铝及铝合金的热影响区由于受热而发生软化、强度降低，使接头与母材无法达到等强度。纯铝及非热处理强化铝合金接头的强度约为母材的 75%～100%；热处理强化铝合金的接头强度较小，只有母材的 40%～50%。

6）焊穿

铝及铝合金从固态转变为液态时，无明显的颜色变化，所以不易判断母材温度，施焊时常会因温度过高无法察觉而导致焊穿。

（2）铝合金 MIG 焊接工艺案例

1）母材：① Al-Mg 系防锈铝合金板，5A02 铝镁合金；②尺寸为 300 mm（长）×200 mm（宽）×10 mm（厚）2 块。

2）工艺要求：①T 形接头水平角焊：焊枪沿角焊缝倾斜摆动，单层单道；②表面光洁，无气孔、未熔合等缺陷。

3）焊接设备、材料、保护气体见表 3-18。

表 3-18 焊接设备、材料、保护气体

种类	型号或要求	规格
焊丝	ER5356	ϕ1.2 mm（盘装 15 kg）
纯氩保护气体	99.99%Ar（体积分数）	流量 15～20 L/min
脉冲焊电源	搭载机器人推拉式送丝装置	额定电流 350 A

4）焊接参数：T 形接头水平角焊缝焊接参数见表 3-19。

表 3-19 T 形接头水平角焊缝焊接参数

焊接电流 /A	焊接电压 /V	焊接速度 /（m·min^{-1}）	摆动频率 /Hz	摆动两端停留时间 /s
120～130	17～18	0.3	0.6～0.8	立板侧 0.2，水平侧 0.1

技能要求

操作名称：铝合金板T形角焊缝复合传感的示教编程

操作实施步骤

进入接触传感功能设定界面调整参数 ⇒ 铝合金板T形角焊缝复合传感的示教编程 ⇒ 铝合金板T形角焊缝复合传感的程序检查 ⇒ 铝合金板T形角焊缝焊接

步骤1：进入接触传感功能设定界面调整参数

在同一个传感编号文件，对同一个焊缝位置进行3个方向以上的接触传感，称为复合传感。

1. 在插补指令界面点选传感开始点，插补方式为"MOVEL"，如图3-70所示。

图3-70　点选传感开始点

2. 进入接触传感功能设定界面设定传感参数，如图3-71所示。

图3-71　传感功能设定界面

步骤2：铝合金板T形角焊缝复合传感的示教编程

传感示教

示教点示意图如图3-72所示，按照 $P1 \sim P12$ 的顺序进行逐点示教。

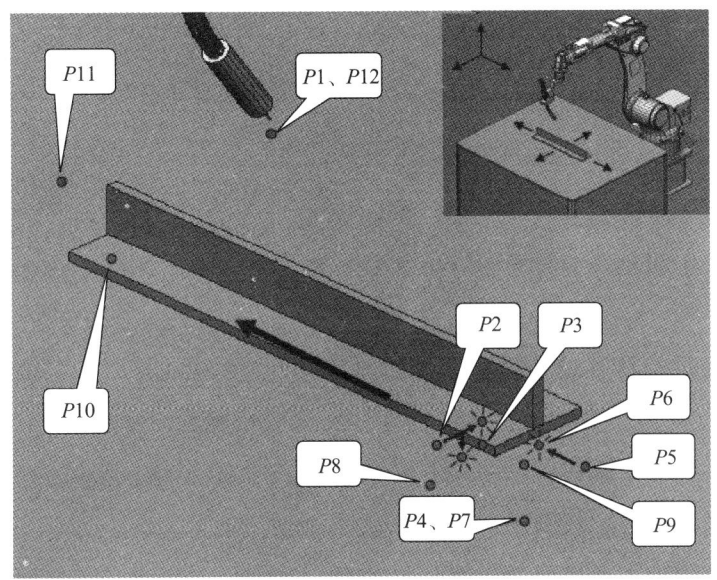

图3-72 示教点示意图

（1）示教原点：MOVEP P1（0），20.00m/min。

（2）示教角焊缝传感点：MOVEL P2（0），20.00m/min。

1）选择角焊缝传感编号52：SLS TCH 52, 0, 0, 0, 0, 0.00, 0, Fillet, X-Z。

2）按住传感动作功能键"MOVE"移动焊枪，如图3-73所示。直到焊枪触碰工件后动作停止，如图3-74所示。

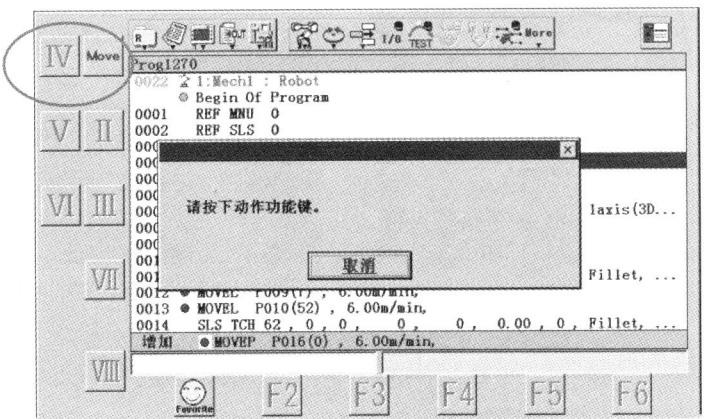

图3-73 按下传感动作功能键

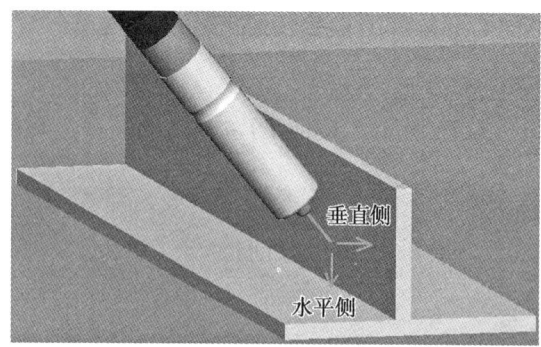

图 3-74 角焊缝传感

(3) 自动生成角焊缝传感退避点：MOVEL P3（0），20.00m/min。

(4) 调整焊枪姿态，示教过渡点：MOVEL P4（52），20.00m/min。

(5) 示教一轴传感点：MOVEL P5（52），20.00m/min，然后输入一轴传感编号 7：SLS TCH 7，0，0，0，0，0.00，1，Laxis，Y-。

(6) 自动生成一轴传感退避点：MOVEL P6（52），20.00m/min。

(7) 示教过渡点：MOVEL P7（7），20.00m/min。

(8) 调整焊枪姿态，示教过渡点：MOVEL P8（7），20.00m/min。

(9) 示教角焊缝实际焊接开始点位置：MOVEL P9（7），20.00m/min；焊接编号：MNU WLD#1 A=200 V=24 S=0.3；焊接起弧指令：AR-ON RETER=0 ○ MOVEL；数据库参数项目及焊接参数设置，如图 3-75、图 3-76 所示。

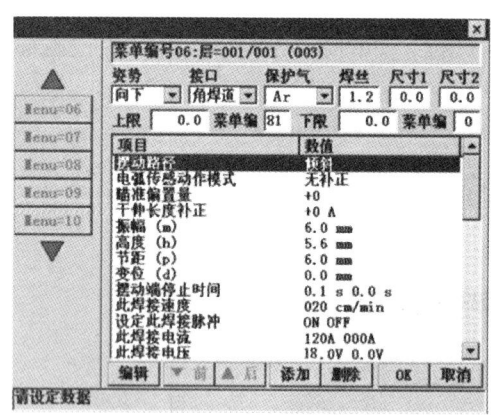

图 3-75 数据库参数项目

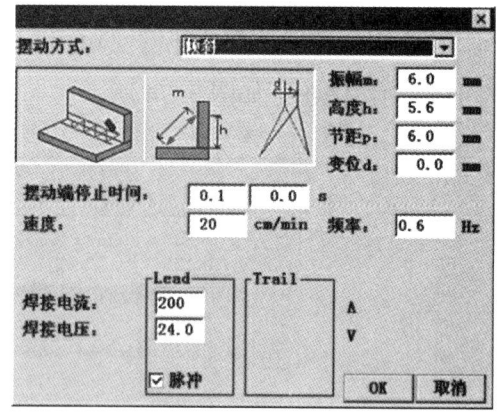

图 3-76 焊接参数设置

(10) 示教角焊缝实际焊接结束点位置：MOVEL P10（7），20.00m/min，焊接收弧指令：ARC-OFF RELEASE=0。

(11) 示教过渡点：MOVEL P11（7），20.00m/min。

(12)回到原点:MOVEP P12(0),20.00m/min。

步骤 3：铝合金 T 形角焊缝复合传感的程序检查

首先将铝合金工件移动至实际焊接的开始点和结束点位置上，然后旋转示教盒模式选择开关至"AUTO"，锁定电弧，对传感点进行逐点检查，依次执行 $P_1 \sim P_{11}$ 的示教点传感动作，注意：手不要触碰焊丝，以免触电。T 形角焊缝复合传感程序（SLS3.prg）如下。其中"○"为空走或传感点，"●"为焊接点。

```
SLS3.rpg ·············································· 程序名
1: Mech: Robot
◎ Begin of Progra
    REF  MUN  0······指定参照 MNU 文件夹中焊接规范文件，此例为 MNU00.RPG
    REF  SLS  0······使用接触传感器文件，此例为 SLS00.RPG
    TOOL=1: TOOL0001
○ MOVEP  P1(0), 20.00m/min  ·············· 回到原点
○ MOVEL  P2(0), 20.00m/min  ·············· 焊接开始处角焊缝传感位置
    SLS  TCH  52, 0, 0, 0, 0, 0.00, 0, Fillet, X-.Z
○ MOVEL  P3(0), 20.00m/min  ·············· 退枪点
○ MOVEL  P4(52), 20.00m/min ·············· 过渡点
○ MOVEL  P5(52), 20.00m/min ·············· 工件右侧一轴传感点位置
    SLS  TCH  7, 0, 0, 0, 0, 0.00, 1, Laxis.Y-
○ MOVEL  P6(52), 20.00m/min ·············· 退枪点
○ MOVEL  P7(7), 20.00m/min  ·············· 过渡点
○ MOVEL  P8(7), 20.00m/min  ·············· 过渡点
● MOVEL  P9(7), 20.00m/min  ·············· 焊接开始点
    MNUWLD #1 A=120  V=19  S=0.30 ········ 指定菜单编号 WLD#1 数据库参数
    ARC ~ ON  PROCESS=0 ···················· 起弧指令
○ MOVEL  P10(7), 20.00m/min ·············· 焊接结束点
    ARC ~ OFF  PROCESS=0 ··················· 收弧指令
○ MOVEL  P11(7), 20.00m/min ·············· 过渡点
○ MOVEL  P12(0), 20.00m/min ·············· 回到原点
⊙ End of Program ······························ 程序结束
```

步骤 4：铝合金板 T 形角焊缝焊接

1. 将光标移至程序起始处，将示教盒的模式转换开关由"Teach"旋至"AUTO"，然后按下伺服 ON 按钮，确定工作区无人后，再按下启动按钮。

2. 焊接过程中时刻观察机器人系统工作状态，如发生潜在危险，应立即按下"紧急停止"按钮。铝合金板 T 形角焊缝焊后工件如图 3-77 所示。

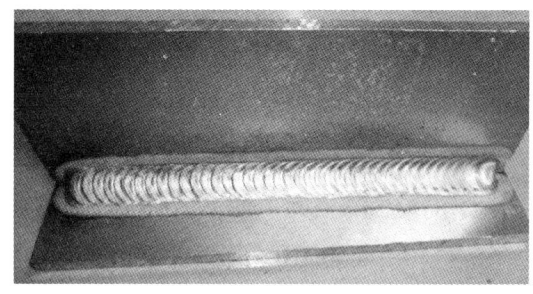

图 3-77　铝合金板 T 形角焊缝焊后工件

培训单元三　弧焊机器人多层多道焊接

掌握根据弧焊机器人工艺文件进行多层多道示教编程及焊接的步骤及方法。

弧焊机器人多层多道编程规范。

1. 试件准备

（1）试件材料、尺寸及接头形式

试件材质：Q235；试件尺寸：300 mm×100 mm×12 mm 2 块；接头形式：V 形板对接接头。试件的主视图和左视图如图 3-78、图 3-79 所示。

（2）试件装配及焊接工艺要求

1）水平位焊接，单面焊双面成形。

2）根部间隙 $b=3\sim 4$ mm，钝边 $p=1\sim 1.5$ mm　坡口角度 $\alpha=60°^{+2°}_{0°}$。

3）焊后变形量≤3°。正面、背面焊缝尺寸及其他要求见评分标准。

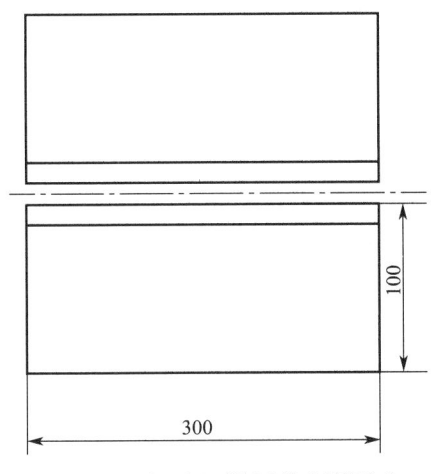

图 3-78 V形坡口板对接试件主视图（mm）

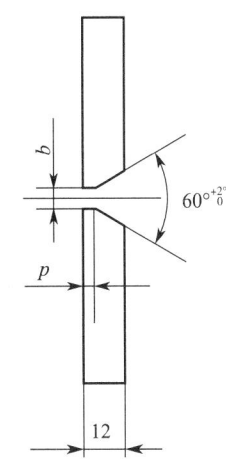

图 3-79 左视图（坡口尺寸，mm）

4）焊缝表面平整、无缺陷。

5）3层3道，直线摆动，单面焊双面成形，如图3-80所示。

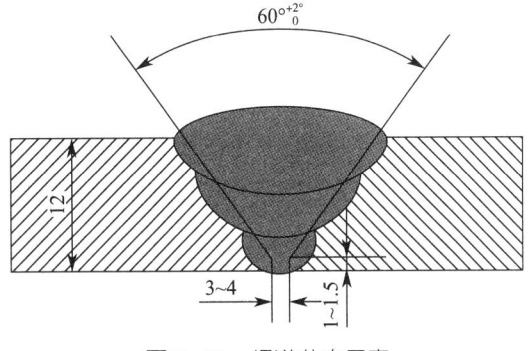

图 3-80 焊道分布示意

（3）工具及防护用品

1）防护工具：打磨用面罩、焊接面罩、劳保手套、口罩、防火服。

2）角磨机（磨片、切片、碗刷等）、钢丝刷。

3）水平尺、钢直尺、90°角尺、手电筒、石笔、常用五金工具（钳子、活扳手、内六角、呆扳手）、划线针、锤子、胶带、卡钳夹具。

2. **工件装配**

（1）起始端根部间隙约为2 mm，收尾端根部间隙约为3.2 mm，错边量≤1.2 mm。

（2）装配定位焊点在焊件的两端20 mm范围内的坡口，如图3-81所示。定位焊点的长度为15~20 mm，定位焊后应预置反变形量为3°，如图3-82所示。

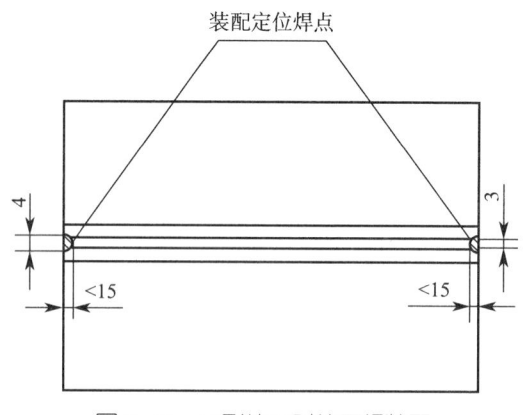

图 3-81 V 形坡口对接平焊装配

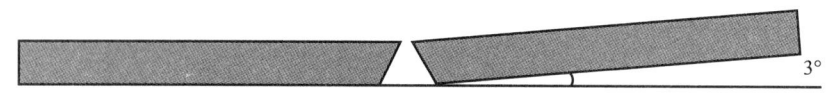

图 3-82 反变形预置夹角

3. 焊接参数

焊接参数见表 3-20。

表 3-20 焊接参数

焊接层次	焊接电流 / A	焊接电压 / V	气体流量 / (L·min^{-1})	焊接速度 / (m·min^{-1})	两端停留时间 /s	摆动频率 / Hz
打底层	100~120	16~19	15~20	0.2~0.3	0.3~0.4	0.8~0.9
填充层	140~150	20~22	15~20	0.3~0.40	0.1~0.2	0.7~0.8
盖面层	120~140	19~22	15~20	0.3~0.35	0.2~0.3	0.6~0.7

注：焊丝伸出长为 12~15 mm。

4. 操作要点及注意事项

采用左向焊法，焊接层次为 3 层 3 道，焊枪前进角度如图 3-83 所示，焊枪工作角垂直于焊道，如图 3-84 所示。其中，1 和 2 为左右两侧的摆幅点。

5. 示教编程

根据间隙大小设定横向摆动幅度和焊接速度，打底层尽可能维持焊丝干伸长不变，以获得宽窄和高低均匀的背面，严防焊缝烧穿。焊接顺序为从右向左、从下至上，焊接起弧点和收弧点如图 3-85 所示，3 层焊道厚度如图 3-86 所示。

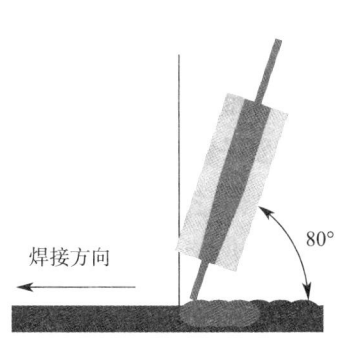

图 3-83 焊枪前进角度

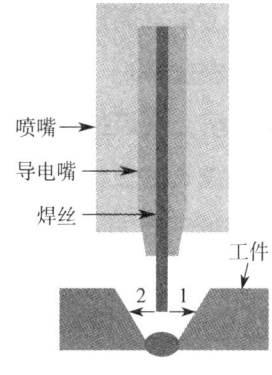

图 3-84 工作角及摆幅

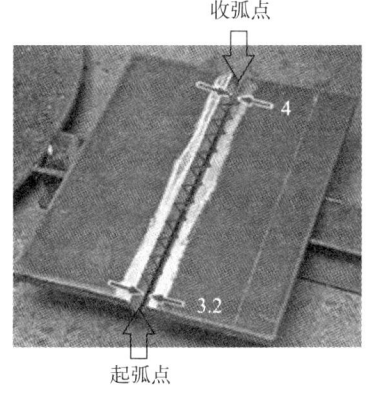

图 3-85 起弧点和收弧点

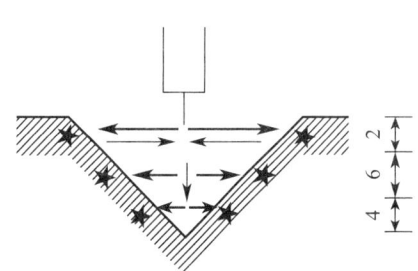

图 3-86 3 层焊道厚度

（1）打底焊

1）引弧将试件始焊端放于右侧，在离试件端部坡口内的一侧引弧，然后开始向左打底焊接，焊枪沿坡口两侧做小幅度横向摆动，控制电弧离底边 2～3 mm 处，并在坡口两侧稍微停留 0.3～0.4 s，如图 3-87 所示。

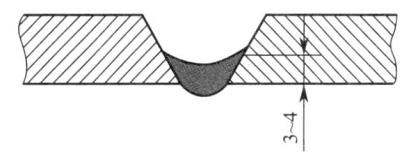

图 3-87 打底焊道

2）采用锯齿形摆动（形式 1：简单摆动），焊接同一层焊缝的枪姿不要变化。

3）熔孔的大小决定背部焊缝的宽度和余高，控制焊接过程中熔孔直径始终比间隙大 1.2 mm。

4）控制电弧在坡口两侧的停留时间打底层为 0.2～0.4 s，填充层为 0.1～0.2 s、盖面为 0.2～0.3 s，以保证坡口两侧熔合良好，使打底焊道两侧与坡口结合处稍下凹，焊道表面平整。

5）控制好焊丝干伸长，电弧必须在离坡口底部 2～3 mm 处燃烧，保证打底层厚度不超过 4 mm。

(2) 填充焊

调试填充层焊接参数,从试板右端开始焊填充层,焊枪的横向摆动幅度大于打底层焊缝宽度。注意熔池两侧熔合情况,保证焊道表面平整并稍下凹,填充层的高度应低于母材表面 1.5~2.0 mm,焊接时不允许熔化坡口棱边,如图 3-88 所示。

(3) 盖面焊

盖面焊调试好盖面层焊接参数后,从右端开始焊接,需注意下列事项:

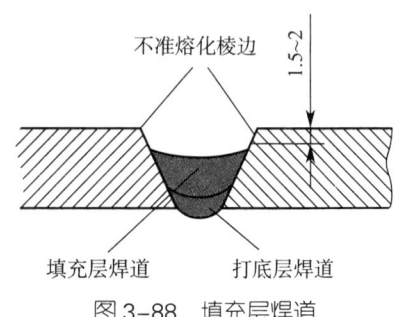

图 3-88 填充层焊道

1) 保持喷嘴高度,焊接熔池边缘应超过坡口棱边 0.5~2.5 mm,并防止咬边。

2) 焊枪横向摆动幅度应比填充焊时稍大,尽量保持焊接速度均匀,使焊缝外观成形平滑。

3) 收弧时要填满弧坑,收弧弧长要短,熔池凝固后方能移开焊枪,以免产生弧坑裂纹和气孔。盖面层焊道如图 3-89 所示。

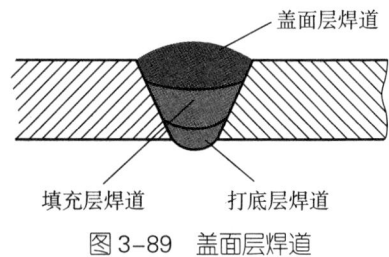

图 3-89 盖面层焊道

6. 焊接质量外观检查

(1) 焊缝边缘直线度≤2 mm;盖面层焊道宽度 13~15 mm,宽度差≤3 mm。

(2) 焊缝与母材圆滑过渡;焊缝余高 0~3 mm,余高差≤2 mm;背面凹坑深度≤2 mm,长度不得超过焊缝长度的 10%。

(3) 焊缝表面不得有裂纹、未熔合、夹渣、气孔、焊瘤等缺陷。

(4) 咬边深度≤0.5 mm,咬边总长度不得超过焊缝长度的 10%。

(5) 焊件表面非焊道上不应有修补痕迹,试件变形量 <3°,错边量≤1.2 mm。

操作名称:碳钢板对接多层多道焊接的示教编程

操作实施步骤

进入多层多道焊接设定界面调整参数 ⇨ 示教编程 ⇨ 程序检查 ⇨ 多层多道焊接

步骤1：进入多层多道焊接设定界面调整参数

进入多层多道焊枪提升高度及焊枪角度设定界面，调整参数，如图3-90所示。进入多层多道数据库菜单编号为"MNU WLD # 06"调整焊接参数。设定为3层3道摆动，点击"▼前""▲后"图标，进入前一道焊缝和后一道焊缝的焊接数据设定，通过数据设定即可完成1次示教、1次焊接的编程。多层多道数据库菜单编号焊接参数调整界面如图3-91所示。

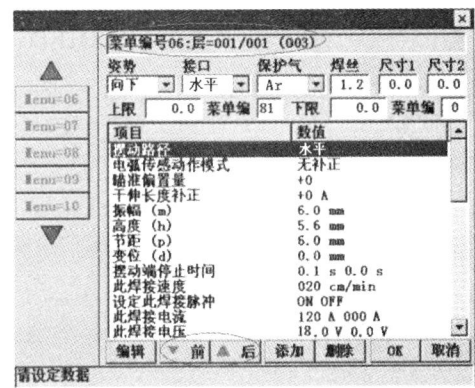

图3-90 多层多道数据库菜单编号焊接参数调整界面

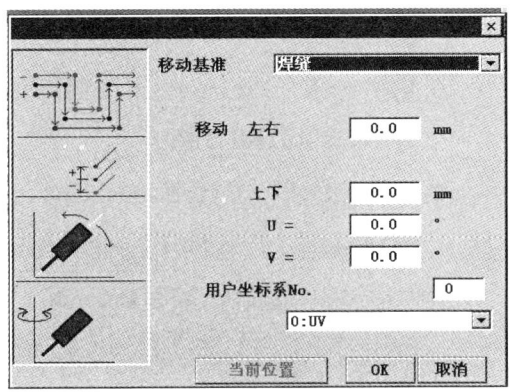

图3-91 多层多道焊接设定界面调整参数

步骤2：示教编程

1. 示教机器人原点：MOVEP P1（0），20.00m/min。

2. 示教示教焊接起始坡口传感：MOVEL P2（0），20.00m/min，选择坡口传感编号58：SLS TCH 58，0，0，0，0，0.00，0，Groove，X。

3. 示教退避过渡点：MOVEL P3（0），20.00m/min。

4. 示教焊接结束坡口传感：MOVEL P4（58），20.00m/min，选择坡口传感编号59：SLS TCH 59，0，0，0，0，0.00，1，Groove。

5. 示教退避过渡点：MOVEL P5（59），20.00m/min，添加多3层3道焊接开头指令：MULTISATRT WLD # 1。

6. 示教焊接开始点：MOVEL P6(58)，20.00m/min，在数据库设置焊接参数：MNU WLD # 1 A=120 V=19 S=0.35。

7. 示教焊接结束点：MOVEL P7(59)，20.00m/min，添加3层3道末尾指令：MULTIEND。

8. 示教退避过渡点：MOVEL P8（59），20.00m/min。

9. 回到原点：MOVEL P9（0），20.00m/min。

步骤3：程序检查

通过单步跟踪，对3层3道碳钢板焊接的示教点进行逐点检查，示教编程如下。

```
SLS4.rpg ……………………………………… 程序名
1: Mech: Robot
◎ Begin of Progra
   REF  MUN  0 …… 指定参照MNU文件夹中焊接规范文件，此例为MNU00.RPG
   REF  SLS  0 …… 使用接触传感器文件，此例为SLS00.RPG
   TOOL=1: TOOL0001
○ MOVEP  P1（0），20.00m/min ……… 回到原点
   OUT o1#（1：O1#001）=ON ………… 焊枪气缸夹紧焊丝信号
○ MOVEL  P2（0），20.00m/min ……… 焊接开始处坡口传感
   SLS  TCH  58, 0, 0, 0, 0, 0.00, 0, Groove, X
○ MOVEL  P3（0），20.00m/min
○ MOVEL  P4（58），20.00m/min ……… 焊接结束处坡口传感
   SLS  TCH  59, 0, 0, 0, 0, 0.00, 1, Groove,
○ MOVEL  P5（59），20.00m/min
   OUT O1#（1：O1#001）=OFF ………… 焊枪处焊丝夹紧气缸松开
   OUT O1#（1：O1#002）=ON ………… 送丝机气缸夹紧焊丝
   MULTISATRT  ……………………………… 多层焊开头指令
● MOVEL  P6（58），20.00m/min
   MNUWLD #1A=120  V=19  S=0.35 …… 指定菜单编号WLD#1数据库参数
   ARC~ON  PROCESS=0
○ MOVEL  P7（59），20.00m/min
   ARC~OFF  PROCESS=0T=0.3 ………… 收弧指令，收弧时间为0.3 s
○ MOVEL  P8（59），20.00m/min
   MULTIEND …… 多层焊末尾指令，程序执行至此，跳转到多层焊开头的指
令位置处，依次进行第2层和第3层的焊接，直至焊接结束
○ MOVEL  P9（0），20.00m/min ……… 回到原点
⊙ End  of  Program ……………………………… 程序结束
```

注：打底层示教完成后，加入多层焊指令，使填充层、盖面层的示教程序自动生成，然后把每一层的焊接参数输入数据库即可，这是中厚板软件的应用特点。

步骤 4：多层多道焊接

打开保护气瓶阀门，检查气体流量，将示教盒模式转换开关旋至自动，然后按下启动按钮，开始运行传感和焊接程序，焊接后的试板正面成形如图 3-92 所示。

焊接试板背面成形如图 3-93 所示。

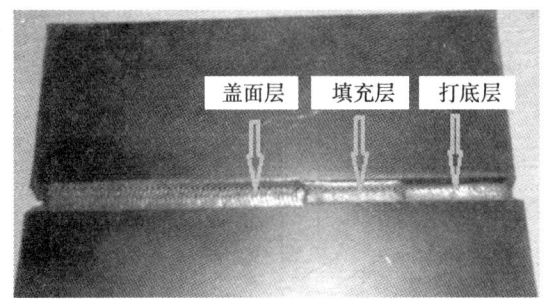
图 3-92　焊接试板正面成形

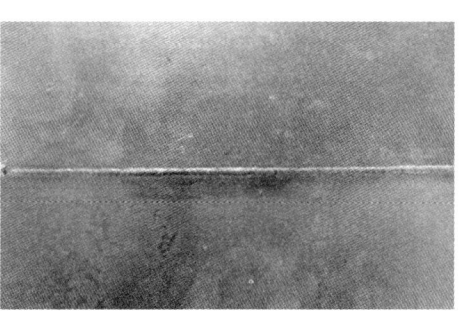
图 3-93　焊接试板背面成形

培训单元四　不锈钢复杂焊缝结构件机器人弧焊工艺

掌握不锈钢复杂焊缝结构件机器人弧焊的编程规范及焊接工艺。

1. 不锈钢管板组合件焊接工艺分析

（1）试件装配尺寸

不锈钢相贯线焊缝管板组合件装配尺寸如图 3-94 所示。

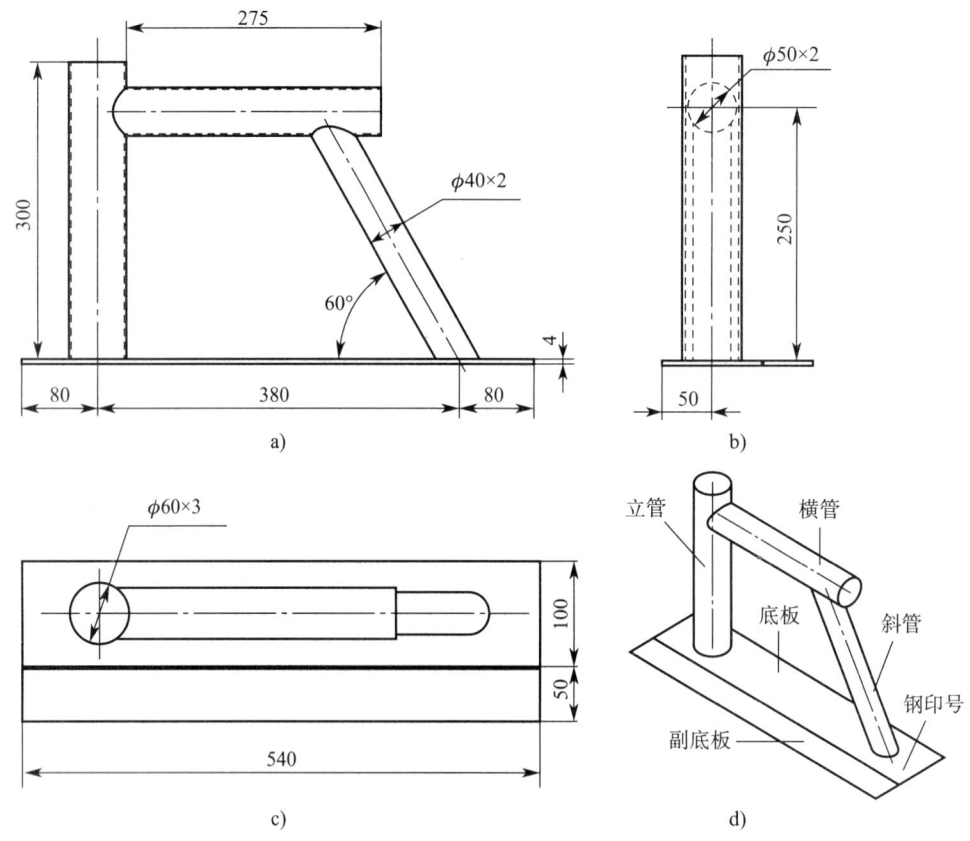

图 3-94 不锈钢相贯线焊缝管板组合件装配尺寸（mm）
a）主视图 b）左视图 c）俯视图 d）立体图

（2）试件加工及装配技术要求

1）横管与立管正交接头、横管与斜管接头为相贯线焊缝，搭接式，管子不开孔，保证下料精度，焊接接头组对间隙≤1 mm。

2）尖角倒钝，焊接接头边缘去除毛刺，打磨平整。

3）底板和副底板为I形对接接头，要求单面焊双面成形，焊接间隙自定。

4）为保证工件质量和美观，减少变形，先将零件接头部分的毛刺去除，然后用手工氩弧焊沿每条焊缝均匀分布4点将工件进行定位焊。

2. 不锈钢管板组合件母材规格、焊接材料及保护气体

（1）母材

材质：06Cr19Ni10（304奥氏体不锈钢），规格见表3-21。

（2）焊接材料

焊接材料名称、类别及规格见表3-22。

表 3-21　不锈钢管板组合件材料规格

序号	类型名称	尺寸 /mm	数量 / 块
1	底板	540（长）×100（宽）×4.0（厚）	1
2	副底板	540（长）×50（宽）×4.0（厚）	1
3	立管	管 $\phi 60 \times 4.0$（厚）×300（长）	1
4	横管	管 $\phi 50 \times 2.0$（厚）×290（长）	1
5	斜管	管 $\phi 40 \times 2.0$（厚）×280（长）	1

表 3-22　焊接材料名称、类别及规格

名称	类别	规格
不锈钢实芯焊丝	ER304	$\phi 1.0$（盘装）

（3）保护气体

保护气体名称、类别及规格见表 3-23。

表 3-23　保护气体名称、类别及规格

名称	类别	规格
保护气体	混合气 98%Ar+2%O_2（体积分数）	12～15 L/min

（4）焊接工艺分析

1）不锈钢相贯线焊缝管板组合件工艺重点、难点分析

①不锈钢焊接性分析

由于不锈钢热敏感性较强，线膨胀系数大，会产生较大的焊接变形。焊缝及热影响区耐腐蚀性下降。保护不良时高温氧化严重。各种不同的不锈钢焊接特点如下：

a）奥氏体不锈钢：焊接性较好，容易产生的问题是变形、敏化、热裂、晶间腐蚀、应力腐蚀和低温韧性差。解决方法是采用低碳焊接材料，焊后热处理。

b）铁素体不锈钢：焊接性非常好，容易产生的问题是焊缝易脆化，低温韧性差。解决方法是加钛，避免慢冷，低温预热，焊后经 650～850 ℃热处理。

c）马氏体不锈钢：焊接性能中等，容易产生的问题是焊缝易脆化，裂纹、韧性差。解决方法是焊前预热，焊后退火。

②管板组合件焊接工艺分析

采用固定工位 MIG 焊，管壁薄（2～4 mm），焊接位姿变化幅度大、接近全位

置焊，组对精度要求高，管管、管板接头不能有缝隙，否则容易焊穿；板与板单面焊双面成形应考虑不锈钢焊接变形大的特点，底板要与工作台压紧、压实，并减少热输入。因此，需要精准示教和最佳的焊接参数。不锈钢管板组合件焊缝位置如图3-95所示。

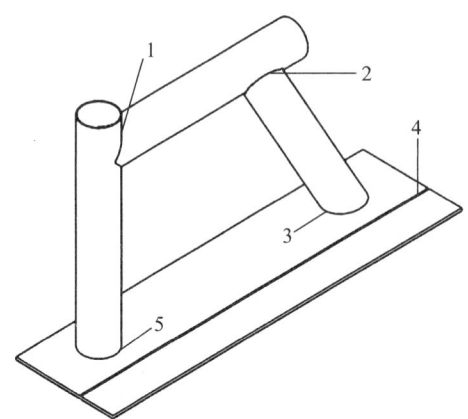

图3-95　不锈钢管板组合件焊缝位置

焊缝共有5条，根据焊缝的分布情况及工艺特点，示教及焊接顺序为：1—立管与横管角接相贯线焊缝→2—斜管与横管角接相贯线焊缝→3—斜管与底板平角焊缝→4—底板对接焊缝→5—立管与板平角焊缝（摆动）。

2）不锈钢相贯线焊缝管板组合件焊缝

①立管与横管角接相贯线焊缝工艺分析

a）立管与横管角接相贯线焊缝的焊接分为左、右2条焊缝进行示教和焊接。

b）管角接相贯线焊缝，焊枪姿态变换角度大；注意焊枪角度和焊丝指向位置。

c）横焊和仰焊易形成焊瘤。

②斜管与横管角接相贯线焊缝工艺

a）由于位置所限，斜管与横管角接相贯线焊缝示教机器人姿态变化幅度大，用1条焊缝进行示教和焊接。

b）接头一侧的焊缝狭小，焊丝干伸长较长，适当增大电流。为避免焊穿，焊丝应偏向横管侧0.5mm。

c）横焊和仰焊易形成焊瘤，注意焊枪角度。

d）拐角焊枪姿态变化较大，示教点应均匀分布，防止在拐点位焊枪姿势突变。

③斜管与底板平角焊缝工艺

a）斜管与底板平角焊缝通过一次起收弧进行示教和焊接。

b）接头的一侧管板夹角小于 90°，焊枪的移动空间受限，以及椭圆形的焊缝示教点数多且精度要求高。

c）接头的一侧焊缝狭小，焊丝干伸长较长，应适当增大电流。为避免焊穿，焊丝应偏向底板侧 0.5 mm。焊枪工作角沿夹角平分线示教。

d）管与管形成的焊缝轨迹为仰角焊→横焊→仰角焊，机器人动作要平滑。

e）收、弧点要覆盖起弧点 3～5 mm。

f）管板倾斜角焊缝注意焊枪角度和焊丝指向。

④底板对接焊缝工艺

板板对接焊缝要求单面焊双面成形，需要预留合理间隙，合理的焊接参数。焊枪姿态：前进角为 75°～85°，工作角为 90°。

⑤立管与板平角焊缝工艺

a）立管与板平角焊缝的焊接分为左、右 2 条焊缝进行示教和焊接。

b）收、弧点要覆盖搭接 3～5 mm。

c）焊枪工作角为 45°，前进角为 80°～90°。根据焊脚尺寸要求，采用单层摆动焊接。

3. 不锈钢管板组合件焊接参数

（1）焊缝 1 立管与横管焊缝、焊缝 2 斜管与底板焊缝、焊缝 3 斜管与横管焊缝的焊接参数见表 3-24。

表 3-24 不锈钢相贯线焊缝管板组合件（焊缝 1～焊缝 3）焊接参数

焊接位置	焊接电流/A	焊接电压/V	焊接速度/(m·min^{-1})	收弧电流/A	收弧电压/V	收弧时间/s	气体流量/(L·min^{-1})
焊缝1～焊缝3	90～95	17～18	0.5～0.6	60～65	15.2～15.5	0.2～0.3	15～20

（2）焊缝 4 底板对接焊缝的焊接参数见表 3-25。

表 3-25 不锈钢相贯线焊缝管板组合件（焊缝 4）焊接参数

焊接位置	焊接电流/A	焊接电压/V	焊接速度/(m·min^{-1})	收弧电流/A	收弧电压/V	收弧时间/s	气体流量/(L·min^{-1})
焊缝4	180～200	20～22	0.6～0.7	120～130	18～19	0.2～0.3	15～20

（3）焊缝 5 立管与板平角焊缝焊接参数见表 3-26。

表3-26 不锈钢相贯线焊缝管板组合件（焊缝5）焊接参数

焊接位置	焊接电流/A	焊接电压/V	气体流量/(L·min^{-1})	焊接速度/(m·min^{-1})	两端停留时间/s	摆动频率/Hz
焊缝5	90~100	17~19	14~15	0.1~0.15	0.1~0.2	0.5~0.7

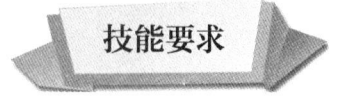

操作名称：不锈钢管板组合件的编程及焊接

操作实施步骤

不锈钢管板组合件的示教编程 ⇒ 不锈钢管板组合件的程序检查 ⇒ 不锈钢管板组合件的焊接

步骤1：不锈钢管板组合件的示教编程

1. 立管与横管角接相贯线焊缝示教

（1）立管与横管焊缝"左半边"示教，先沿逆时针方向转动，每转动20°~30°示教1个焊接点"MOVEC"，中间点设5~8个为宜，如图3-96所示。

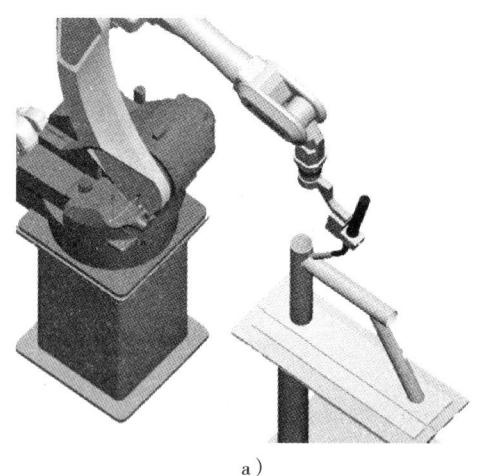
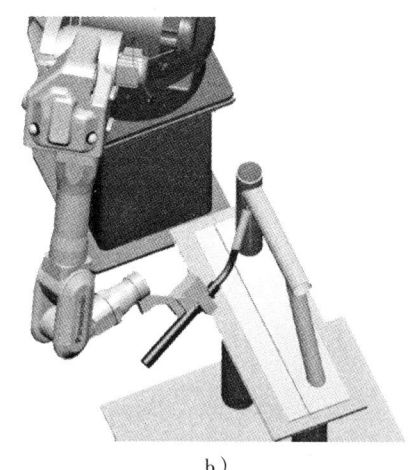

a)　　　　　　　　　　　b)

图3-96 立管与横管焊缝"左半边"示教

a）开始点　b）结束点

（2）再沿顺时针方向转动进行立管与横管焊缝"右半边"示教，每转动20°~30°示教1个焊接中间点"MOVEC"，如图3-97所示。

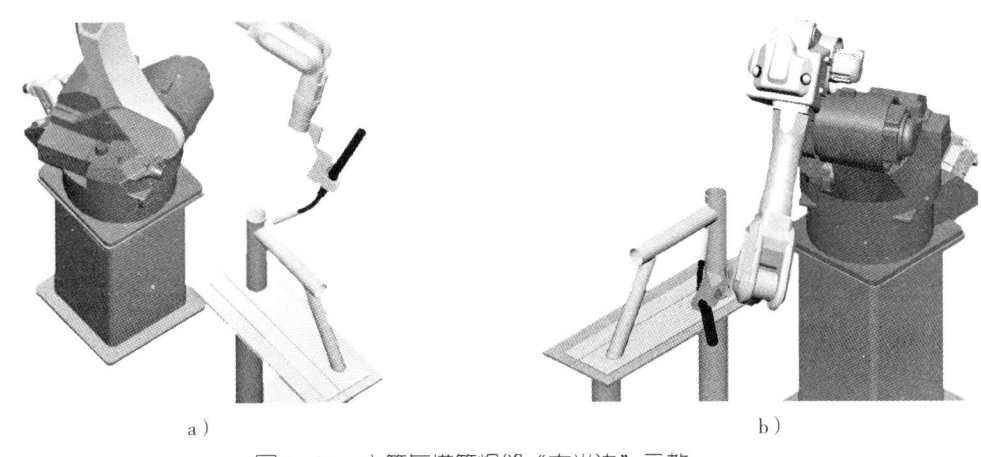

图 3-97 立管与横管焊缝"右半边"示教
a）中间点　b）结束点

2. 斜管与横管角接相贯线焊缝示教，中间点设 12～15 个为宜，如图 3-98 所示。

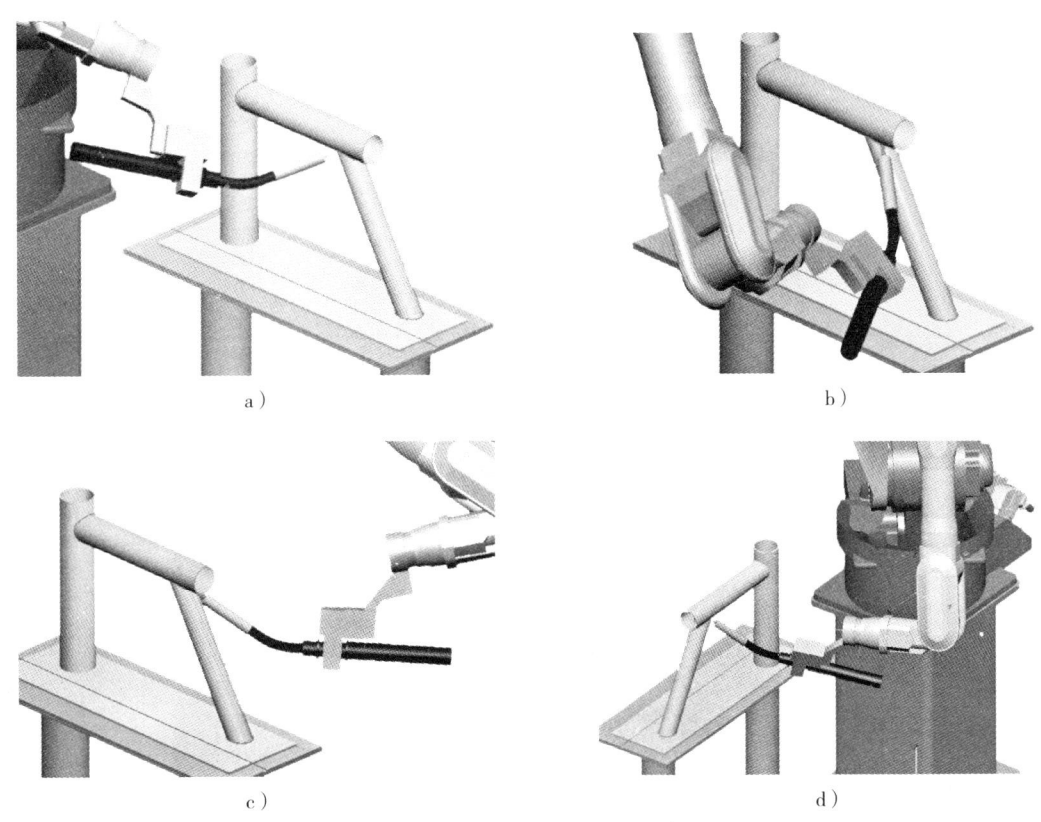

图 3-98 斜管与横管焊缝示教
a）开始点　b）、c）中间点　d）结束点

3. 斜管与底板平角焊缝示教，中间点设 12～15 个为宜，如图 3-99 所示。

a）　　b）　　c）　　d）

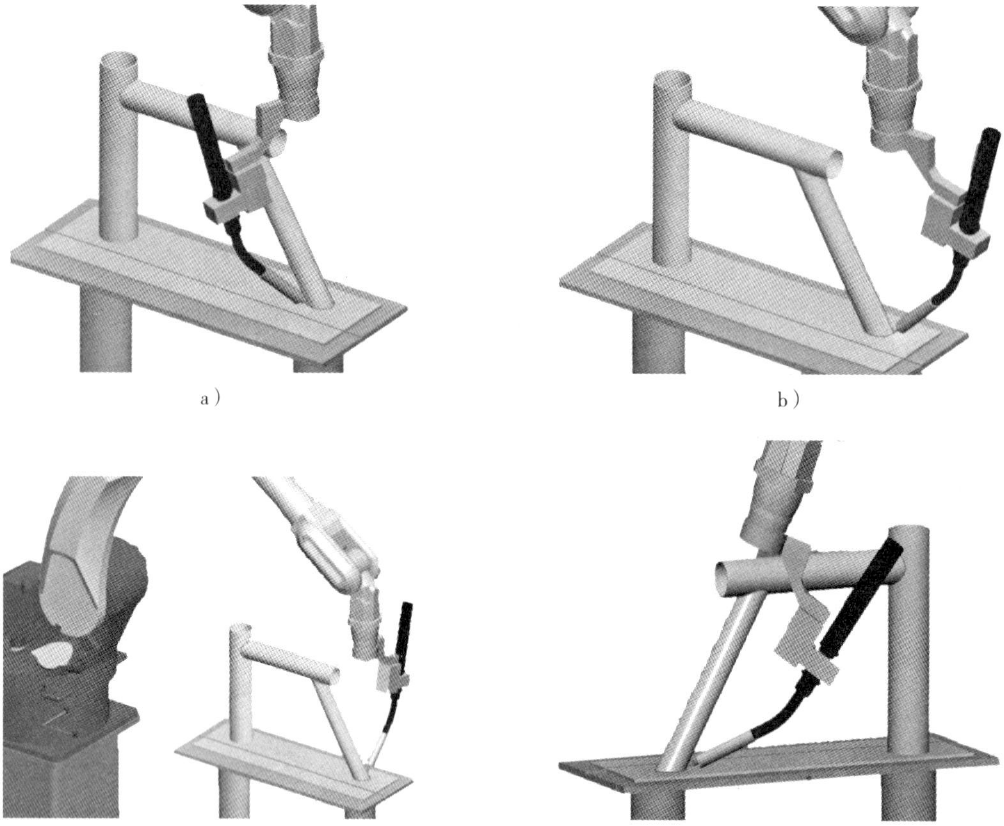

图 3-99　斜管与底板平角焊缝示教

a）开始点　b）、c）中间点　d）结束点

4. 底板对接焊缝示教，焊枪前进角 80°，工作角 90°，如图 3-100 所示。

a）　　b）

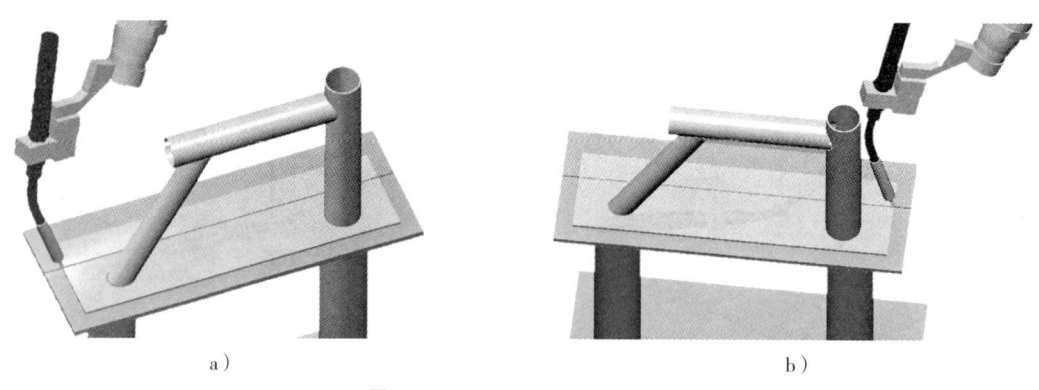

图 3-100　底板对接焊缝示教

a）开始点　b）结束点

5. 立管与板平角焊缝摆动示教，先沿顺时针方向转动，每转动 40°～45° 示教 1 个焊接中间点“MOVECW”。由于焊枪转动限位和与工件干涉因素，可分为 2 段

进行示教和焊接，如图 3-101 所示。

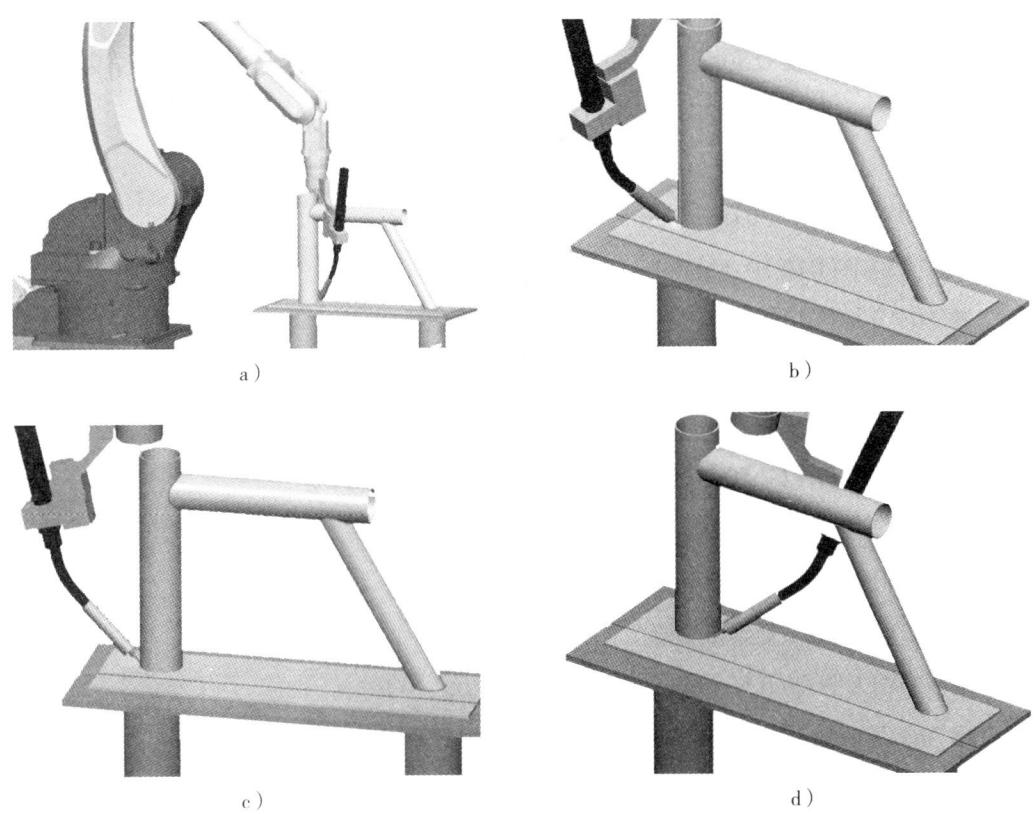

图 3-101　立管与板平角焊缝摆动焊接
a）第 1 段开始点　b）第 1 段中间点　c）第 2 段开始点　d）第 2 段结束点

步骤 2：不锈钢管板组合件的程序检查

使用示教盒的跟踪功能对示教点进行检查，不锈钢复杂焊缝结构件的程序如下：

◎ Begin　of　Program
　　TOOL=1：TOOL01
○ MOVEP P001 20.00m/min ······ 原点
○ MOVEP P002 20.00m/min ······ 过渡点
● MOVEC P003 10.00m/min ······ 焊缝 1 立管与横管左半圆焊缝焊接开始点
　　ARC-SET AMP=90 VOLT=17.0 S=0.50
　　ARC-ON ArcStart1 PROCESS=1
● MOVEC P004 0.50m/min
● MOVEC P005 0.50m/min

- ● MOVEC P006 0.50m/min
- ● MOVEC P007 0.50m/min
- ○ MOVEC P008 0.50m/min …… 焊缝 1 立管与横管左半圆焊缝焊接结束点
    - CRATER AMP=60 VOLT=15.2 T=0.20
    - ARC-OFF ArcEnd1 PROCESS=1
- ○ MOVEP P009 20.00m/min …… 退枪点
- ○ MOVEP P010 20.00m/min …… 进枪点
- ● MOVEC P011 10.00m/min …… 焊缝 1 立管与横管右半圆焊缝焊接开始点
    - ARC-SET AMP=90 VOLT=17.0 S=0.50
    - ARC-ON ArcStart1 PROCESS=1
- ● MOVEC P012 0.50m/min
- ● MOVEC P013 0.50m/min
- ● MOVEC P014 0.50m/min
- ● MOVEC P015 0.50m/min
- ● MOVEC P016 0.50m/min
- ● MOVEC P017 0.50m/min
- ○ MOVEC P018 0.50m/min …… 焊缝 1 立管与横管右半圆焊缝焊接结束点
    - CRATER AMP=60 VOLT=15.2 T=0.20
    - ARC-OFF ArcEnd1 PROCESS=1
- ○ MOVEP P019 20.00m/min
- ○ MOVEP P020 20.00m/min
- ● MOVEC P021 10.00m/min …… 焊缝 2 斜管与横管焊缝焊接开始点
    - ARC-SET AMP=90 VOLT=17.0 S=0.50
    - ARC-ON ArcStart1 PROCESS=1
- ● MOVEC P022 0.50m/min
- ● MOVEC P023 0.50m/min
- ● MOVEC P024 0.50m/min
- ● MOVEC P025 0.50m/min
- ● MOVEC P026 0.50m/min
- ● MOVEC P027 0.50m/min
- ○ MOVEC P028 0.50m/min …… 焊缝 2 斜管与横管焊缝焊接结束点

CRATER AMP=60 VOLT=15.2 T=0.20

ARC-OFF ArcEnd1 PROCESS=1

○ MOVEP P029 20.00m/min

○ MOVEP P030 20.00m/min

● MOVEC P031 10.00m/min …… 焊缝 3 斜管与底板焊缝焊接开始点

ARC-SET AMP=95 VOLT=18.0 S=0.60

ARC-ON ArcStart1 PROCESS=1

● MOVEC P032 0.50m/min

● MOVEC P033 0.50m/min

● MOVEC P034 0.50m/min

● MOVEC P035 0.50m/min

○ MOVEC P036 0.50m/min …… 焊缝 3 斜管与底板焊缝焊接结束点

CRATER AMP=65 VOLT=15.5 T=0.30

ARC-OFF ArcEnd1 PROCESS=1

○ MOVEP P037 20.00m/min

○ MOVEP P038 20.00m/min

○ MOVEP P039 20.00m/min

○ MOVEP P040 20.00m/min

● MOVEL P041 10.00m/min …… 焊缝 4 底板对接焊缝焊接开始点

ARC-SET AMP=180 VOLT=20.0 S=0.60

ARC-ON ArcStart1 PROCESS=1

○ MOVEL P042 0.50m/min……焊缝 4 底板对接焊缝焊接结束点

CRATER AMP=120 VOLT=18.0 T=0.30

ARC-OFF ArcEnd1 PROCESS=1

○ MOVEP P043 20.00m/min

○ MOVEP P044 20.00m/min

● MOVECW P045 10.00m/min……焊缝 5 立管与板平角斜摆左半圆焊接开始点

ARC-SET AMP=90 VOLT=17.0 S=0.10 F=0.5

ARC-ON ArcStart1 PROCESS=1

○ WEAVEP P046 0.10m/min T=0.2（上摆幅点停留时间）

○ WEAVEP P047 0.10m/min T=0.2（下摆幅点停留时间）

● MOVECW P048 0.10m/min

● MOVECW P049 0.10m/min

○ MOVECW P050 0.10m/min……焊缝5立管与板平角斜摆左半圆焊接结束点
　　　　CRATER AMP=60 VOLT=15.2 T=0.20
　　　　ARC-OFF ArcEnd1 PROCESS=1

○ MOVEP P051 20.00m/min

○ MOVEP P052 20.00m/min …… 回到原点

○ MOVEP P053 20.00m/min

○ MOVEP P054 20.00m/min

● MOVECW P055 10.00m/min……焊缝5立管与板平角斜摆右半圆焊接开始点
ARC-SET AMP=90 VOLT=17.0 S=0.10　F=0.5
ARC-ON ArcStart1 PROCESS=1

○ WEAVEP P056 0.10m/min T=0.2（上摆幅点停留时间）

○ WEAVEP P057 0.10m/min T=0.2（下摆幅点停留时间）

● MOVECW P058 0.10m/min

● MOVECW P059 0.10m/min

○ MOVECW P060 0.10m/min …… 焊缝5立管与板平角斜摆右半圆焊接结束点
CRATER AMP=60 VOLT=15.2 T=0.20
ARC-OFF ArcEnd1 PROCESS=1

○ MOVEP P061 20.00m/min

○ MOVEP P062 20.00m/min …… 回到原点

步骤3：不锈钢管板组合件的焊接

1. 旋开保护气瓶开关，按下示教盒的检气按钮，使用流量调节旋钮将保护气体流量调至15 L/min，然后关闭检气按钮。

2. 将示教盒光标移至程序起始处，将示教盒的模式转换开关由"Teach"旋至"AUTO"。然后按下伺服ON按钮，确定工作区无人后，再按下启动按钮。

3. 焊接过程中通过焊接面罩观察机器人系统焊接状态，出现异常情况，及时按下紧急停止按钮。

培训项目 四

焊后检查

培训单元一 不锈钢及铝合金焊缝缺陷与产生原因

掌握分析不锈钢及铝合金焊缝缺陷与产生原因。

1. 不锈钢焊接缺陷解决措施

不锈钢焊接管的焊接缺陷会导致应力集中,降低承载能力,缩短使用寿命,甚至造成脆断。一般技术规程规定:不允许有裂纹、未焊透、未熔合、表面夹渣等缺陷;咬边、内部夹渣、气孔等缺陷不能超过一定的允许值,对于超标缺陷必须进行彻底去除和补焊。常见不锈钢的焊接缺陷产生原因、危害及预防措施如下:

(1)焊缝尺寸不符合要求

1)定义及危害:焊缝尺寸不符合要求主要指焊缝余高及余高差、焊缝宽度及宽度差、错边量、焊后变形量等不符合标准规定的尺寸,焊缝高低不平,宽窄不齐,变形较大等。焊缝宽度不一致,除了造成焊缝成形不美观外,还影响焊缝与母材的结合强度;焊缝余高过大,造成应力集中,而焊缝低于母材,则得不到足够的接头强度;错边和变形过大,则会使传力扭曲及产生应力集中,造成强度下降。

2）产生的原因：不锈钢焊接管坡口角度不当或钝边及装配间隙不均匀；焊接参数选择不合理；操作技能水平较低等。

3）预防措施：选择适当的坡口角度和装配间隙；提高装配质量；选择合适的焊接参数；提高操作技术水平等。

（2）咬边

1）定义及危害：由于焊接参数选择不正确或操作工艺不正确，在沿着焊趾的母材部位烧熔形成的沟槽或凹陷称为咬边。咬边不仅减弱了焊接接头强度，而且因应力集中容易引发裂纹。

2）产生的原因：主要是焊接电流过大、电弧过长、焊枪角度不正确、焊接速度过快等。

3）预防措施：焊接时要选择合适的焊接电流和焊接速度，焊丝干伸长不宜过长，焊枪角度要正确。

（3）未焊透

1）定义及危害：未焊透是指焊接接头根部未完全熔透的现象。未焊透处会造成应力集中，并容易引起裂纹。焊接接头不允许有未焊透。

2）产生的原因：坡口角度或间隙过小，钝边过大，装配不良；焊接参数选用不当，焊接电流过小，焊接速度过快；焊丝干伸长太长等。

3）预防措施：正确选用加工坡口尺寸，合理装配，保证间隙，选择合适的焊接电流和焊接速度，提高示教精准度等。

（4）未熔合

1）定义及危害：未熔合是指焊道与母材之间或焊道与焊道之间未完全熔化结合的部分。未熔合直接降低了接头的力学性能，严重的未熔合会使焊接结构承载性能下降。

2）产生的原因：主要是焊接时速度快而焊接电流小，焊接热输入太低；焊丝指向不准，焊枪角度不当，坡口侧壁有锈垢及污物，焊前清理不彻底等。

3）预防措施：正确选择焊接工艺参数，认真做好焊前清理，提高示教精准度等。

（5）焊瘤

1）定义及危害：焊瘤是指焊接过程中熔化金属流淌到焊缝之外未熔化的母材上所形成的金属瘤。焊瘤不仅影响了焊接的成形，而且在焊瘤的部位，往往还存在夹渣和未焊透。

2）产生的原因：钝边过小而根部间隙过大；焊接电流大而焊接速度慢。

3）预防措施：根据不同的焊接位置要选择合适的焊接工艺参数，严格控制熔孔的大小等。

（6）弧坑

1）定义及危害：焊缝收尾处产生的下陷部分称为弧坑。弧坑不仅使该处焊缝的强度严重削弱，而且由于杂质的集中，会产生弧坑裂纹。

2）产生的原因：主要是焊接电流大，收弧时间短。

3）预防措施：要设置足够的收弧时间，使收弧电流填满焊缝后再熄弧。

（7）气孔

1）定义及危害：焊接时，熔池中的气体在凝固时未能逸出而残留下来所形成的空穴称为气孔。气孔是一种常见的焊接缺陷，分为焊缝内部气孔和外部气孔。气孔有圆形、椭圆形、虫形、针状形等多种形状。气孔的存在不但会影响焊缝的致密性，而且将减小焊缝的有效面积，降低焊缝的力学性能。气孔的类型主要有：一氧化碳气孔、氢气孔和氮气孔。

2）产生的原因

①一氧化碳气孔：焊丝不合格，工件含碳量大。

②氢气孔：由水、油、锈引起。

③氮气孔：主要原因是气体保护效果不好，如气瓶无气、气路漏气（接头处未紧固、流量计堵塞、流量过小、未加热、电磁阀坏、送丝管密封圈坏、热塑管坏、枪管密封圈坏、气筛坏等）、喷嘴堵塞严重、喷嘴松动、焊枪角度太大、焊丝干伸长过大、规范不正确、焊接部位有风等情况都有可能产生氮气孔。另外，收弧时间太短，易产生缩孔，接头起弧不良，易产生密集气孔。

3）预防措施：焊前将接头两侧 20~30 mm 范围内的油污、锈、水分清除干净；正确地选择焊接参数，正确示教精准；焊丝干伸长不宜过长；室外施工要有防风设施；避免焊丝生锈等。

（8）夹杂和夹渣

1）定义及危害：夹杂是残留在焊缝金属中由冶金反应产生的非金属夹杂和氧化物。夹渣是残留在焊缝中的熔渣。不锈钢焊接管夹渣可分为点状夹渣和条状夹渣 2 种。夹渣削弱了焊缝的有效断面，从而降低了焊缝的力学性能。夹渣还会引起应力集中，容易使焊接结构在承载时遭受破坏。

2）产生的原因：焊前清理不净；焊接电流过小；焊接速度过快；焊枪角度和焊丝指向不当；焊接材料与母材化学成分匹配不当；坡口设计、接头加工不合理等。

3）预防措施：做好焊前清理；合理地选择焊接参数；调整焊枪角度和运行方向。

（9）烧穿

1）定义及危害：焊接过程中，熔化金属自坡口背面流出，形成穿孔的缺陷称为烧穿。

2）产生的原因：焊接电流大，焊接速度慢，接头间隙大，钝边过薄；焊枪角度不正确等。

3）预防措施：选择合适的焊接参数及合适的坡口尺寸或接头间隙；提高示教精准度等。

（10）裂纹

裂纹按其产生的温度和时间的不同可分为冷裂纹、热裂纹和再热裂纹；按其产生的部位不同可分为纵裂纹、横裂纹、焊根裂纹、弧坑裂纹、熔合线裂纹及热影响区裂纹等。裂纹是焊接结构中最危险的一种缺陷，不但会使产品报废，甚至可能引起严重的事故。

1）热裂纹

①定义及危害：焊接过程中，焊缝和热影响区金属冷却到固相线附近的高温区间所产生的焊接裂纹称为热裂纹。它是一种不允许存在的危险焊接缺陷。根据热裂纹产生的机理、温度区间和形态，热裂纹又可分成结晶裂纹、高温液化裂纹和高温低塑性裂纹。

②产生的原因：主要是熔池金属中的低熔点共晶物和杂质在结晶过程中，形成严重的晶内和晶间偏析，同时在焊接应力作用下，沿着晶界被拉开，形成热裂纹。热裂纹多发生在奥氏体不锈钢、镍合金和铝合金中。低碳钢焊接时一般不易产生热裂纹，但随着钢的含碳量增高，热裂倾向也增大。

③预防措施：严格地控制不锈钢焊接管及焊接材料的硫、磷等有害杂质的含量，降低热裂纹的敏感性；调节焊缝金属的化学成分，改善焊缝组织，细化晶粒，提高塑性，减少或分散偏析程度；采用碱性焊接材料，降低焊缝中杂质的含量，改善偏析程度；选择合适的焊接参数，适当地提高焊缝成形系数，采用多层多道排焊法；断弧时采用与母材相同的引出板，或逐渐灭弧，并填满弧坑，避免在弧

坑处产生热裂纹。

2）冷裂纹

①定义及危害：焊接接头冷却到较低温度下（对于钢来说在奥氏体开始转变为马氏体的温度以下）产生的裂纹称为冷裂纹。冷裂纹可在焊后立即出现，也有可能经过一段时间（几小时、几天甚至更长时间）才出现，这种裂纹又称延迟裂纹，它是冷裂纹中比较普遍的一种形态，具有更大的危险性。

②产生的原因：马氏体转变而形成的淬硬组织、拘束度大而形成的焊接残余应力和残留在焊缝中的氢是产生冷裂纹的三大要素。

③预防措施：选用低氢型焊接材料，使用前严格按照说明书的规定进行烘焙；焊前清除焊件上的油污、水分，减少焊缝中氢的含量；选择合理的焊接参数和热输入，减少焊缝的淬硬倾向；焊后立即进行消氢处理，使氢从焊接接头中逸出；对于淬硬倾向高的不锈钢焊接管，焊前预热、焊后及时进行热处理，改善接头的组织和性能；采用降低焊接应力的各种工艺措施。

3）再热裂纹

①定义及危害：如果对不锈钢焊后在一定温度范围内再次加热（消除应力热处理或其他加热过程）而产生的裂纹称为再热裂纹。

②产生的原因：再热裂纹一般发生在含 V、Cr、Mo、B 等合金元素的低合金高强度钢，珠光体耐热钢及不锈钢中，经受 1 次焊接热循环后，再加热到敏感区温度（550～650 ℃）产生的。裂纹大多起源于焊接热影响区的粗晶区。再热裂纹大多产生于不锈钢和应力集中处，多层焊有时也会产生再热裂纹。

4）预防措施：在满足设计要求的前提下，选择低强度的焊接材料，使焊缝强度低于母材，应力在焊缝中松弛，避免热影响区产生裂纹；尽量减少焊接残余应力和应力集中；控制焊接热输入，合理地选择预热和热处理温度，尽可能地避开敏感区。

2. 铝及铝合金焊接常见缺陷和预防措施

铝及铝合金焊丝的选择主要根据母材的种类，对接头抗裂性能、力学性能、耐蚀性等方面的要求综合考虑。有时当某项成为主要矛盾时，则着重从解决这个主要矛盾入手选择焊丝，兼顾其他方面要求。一般情况下，焊接铝及铝合金都采用与母材成分相同或相近牌号的焊丝，这样可以获得较好的耐蚀性；但焊接热裂倾向大的热处理强化铝合金时，选择焊丝主要从解决抗裂性入手，这时焊丝的成分与母材的差别就很大。

（1）烧穿

1）产生的原因：①热输入过大。②坡口加工不当，焊件装配间隙过大。③定位焊时焊点间距过大，焊接过程中产生较大的变形量。

2）预防措施：①适当减小焊接电流、电弧电压，提高焊接速度。②大钝边尺寸，减小根部间隙。③适当减小定位焊时焊点间距。

（2）气孔

1）产生的原因：①母材或焊丝上有油、锈、污、垢等。②焊接场地空气流动大，不利于气体保护。③焊接电弧过长，降低气体保护效果。④喷嘴与工件距离过大，气体保护效果降低。⑤焊接参数选择不当。⑥重复起弧处产生气孔。⑦保护气体纯度低，气体保护效果差。⑧周围环境空气湿度大。

2）预防措施：①焊前仔细清理焊丝，焊件表面的油、污、锈、垢和氧化膜，采用含脱氧剂较高的焊丝。②合理选择焊接场所。③适当减小电弧长度。④保持喷嘴与焊件之间的合理距离范围。⑤尽量选择较粗的焊丝，同时增加工件坡口的钝边厚度，一方面可以允许使用大电流，另一方面可以降低焊缝金属中焊丝比例。⑥尽量不要在同一部位重复起弧，需要重复起弧时要对起弧处进行打磨或刮除；1道焊缝一旦起弧要尽量焊长些，不要随意断弧，以减少接头量，在接头处需要有一定焊缝重叠区。⑦换保护气体。⑧检查气体流量大小。⑨预热母材。⑩检查是否有漏气现象和气管损坏现象。⑪在空气湿度较低时焊接，或采用加热系统。

（3）电弧不稳

1）产生的原因：电源线连接、污物或者有风。

2）预防措施：①检查所有导电部分并使表面保持清洁。②将接头处的脏物清除。③尽量不要在能引起气流紊乱的地方进行焊接。

（4）焊缝成形差

1）产生的原因：①焊接参数选择不当。②焊枪角度不正确。③操作不熟练。④导电嘴孔径过大。⑤焊丝、焊件及保护气体中含有水分。

2）预防措施：①反复调试选择合适的焊接参数。②保持合适的焊枪倾角。③选择合适的导电嘴孔径。④焊前仔细清理焊丝、焊件，保证气体的纯度。

（5）未焊透

1）产生的原因：①焊接速度过快，焊丝干伸长过长。②坡口加工不当，组对间隙过小。③焊接参数过小。④焊接电流不稳定。

2）预防措施：①适当减慢焊接速度，压低电弧。②适当减小钝边或增加根部间隙。③增加焊接电流及电弧电压，保证母材足够的热输入。④增加稳压电源装置。⑤细焊丝有助于提高熔深，粗焊丝提高熔敷量，应酌情选择。

（6）未熔合

1）产生的原因：①焊接部位氧化膜或锈迹未清除干净。②热输入不足。

2）防止措施：①焊前清理待焊处表面。②提高焊接电流、电弧电压，降低焊接速度。③对于厚板采用U形接头，一般不采用V形接头。

（7）裂纹

1）产生的原因：①结构设计不合理，焊缝过于集中，造成焊接接头拘束应力过大。②熔池过大、过热、合金元素烧损多。③焊缝末端的弧坑冷却快。④焊丝成分与母材不匹配。⑤焊缝深宽比过大。

2）预防措施：①正确设计焊接结构，合理布置焊缝，使焊缝尽量避开应力集中区，合理选择焊接顺序。②减小焊接电流或适当加快焊接速度。③收弧操作要正确，加入引弧板或采用电流衰减装置填满弧坑。④正确选用焊丝。

（8）夹渣

1）产生的原因：①工件清理不彻底。②焊接电流过大，导致导电嘴局部熔化混入熔池而形成夹渣。③焊接速度过快。

2）预防措施：①加强焊前清理工作，多道焊时，每焊完1道同样要进行焊缝清理。②在保证熔透的情况下，适当减小焊接电流，大电流焊接时导电嘴不要压太低。③适当降低焊接速度，采用含脱氧剂较高的焊丝，提高电弧电压。

（9）咬边

1）产生的原因：①焊接电流太大，电弧电压太高。②焊接速度过快，填丝太少。③摆焊时，焊枪摆动不均匀。

2）预防措施：①适当的调整焊接电流和电弧电压。②适当加快送丝速度或降低焊接速度。③摆焊时，力求焊枪摆动均匀。

3. 不锈钢管板组合件评分标准

（1）铝合金板T形角焊缝评分标准见表3-27。

（2）不锈钢管板组合件外观检验项目评分标准见表3-28。

表 3-27 铝合金板 T 形角焊缝评分标准

姓名		评分员		编号		
检查项目	标准分数	焊缝等级				实际得分
		Ⅰ	Ⅱ	Ⅲ	Ⅳ	
焊脚尺寸	标准	10	>10, ≤11	>11, ≤12	>12, <10	
	分数	6	3~5	1~3	0	
对称度	标准	≤1	>1, ≤1.5	>1.5, ≤2	>2	
	分数	6	3~5	1~3	0	
焊缝凸度	标准	≤1	>1, ≤1.5	>1.5, ≤2	>2	
	分数	6	3~5	1~3	0	
咬边	标准	0	H≤0.5, L≤15	H≤0.5, L≤30	H>0.5, L>30	
	分数	6	3~5	1~3	0	
表面气孔	标准	无	ϕ≤1, N=1	ϕ≤1, N=2	ϕ>1, N>2	
	分数	6	3~4	1~2	0	
表面成形	标准	优	良	一般	差	
	分数	5	2~3	1	0	
电弧擦伤	标准	无	轻	中	重	
	分数	5	2~3	1	0	
焊道层数	道数	2 或 3	1 或 4			
	分数	5	0			
垂直度	标准	≤1	≤2	≤3	>3	
	分数	5	3	2	0	
焊缝内部检验						
检查项目	标准分数	焊缝等级				实际得分
		Ⅰ	Ⅱ	Ⅲ	Ⅳ	
根部熔深	熔深	≥2	<2, ≥1	<1, ≥0	<0	
	分数	15	9~14	1~8	0	
未熔合	未熔合	无	L≤2	L≤3	L>3	
	分数	15	9~14	1~8	0	
气孔夹渣	圆形	无	ϕ≤1, N=1	ϕ≤1, N=2	ϕ>1, N>2	
	条形	无	H≤0.5, L≤2	H≤0.5, L≤3	H>0.5, L>3	
	分数	10	5~9	1~4	0	
白点	白点	无	ϕ≤2, N=1	ϕ≤3, N=2	ϕ>3, N>2	
	分数	10	5~9	1~4	0	

表 3-28　不锈钢管板组合件外观检验项目评分标准（100 分）

姓名			评分员		编号	
检查项目	评判标准及得分	评判等级				实际得分
		Ⅰ	Ⅱ	Ⅲ	Ⅳ	
立管与板焊脚尺寸	尺寸标准/mm	≤7.0, >6.0	>7.0, ≤7.5	>7.5, ≤8.0	>8.0, ≤6.0	
	得分标准	10	7	4	0	
立管与横管角接焊缝宽度	尺寸标准/mm	≤5.0, >4.0	>5.0, ≤5.5	>5.5, ≤6.0	>6.0, ≤4.0	
	得分标准	10	7	4	0	
斜管与板焊脚尺寸	尺寸标准/mm	≤4.0, >3.0	>4.0, ≤4.5	>4.5, ≤5.0	>5.0, ≤3.0	
	得分标准	10	7	4	0	
斜管与横管角接焊缝宽度	尺寸标准/mm	≤4.0, >3.0	>4.0, ≤4.5	>4.5, ≤5.0	>5.0, ≤3.0	
	得分标准	10	7	4	0	
板对接焊缝余高	尺寸标准/mm	0~1.0	>1.0~2.0	>2.0~3.0	<0, >3.0	
	得分标准	10	7	4	0	
板对接背面未焊透	尺寸标准/mm	0~2.0	>2.0~4.0	>4.0~6.0	>6.0	
	得分标准	10	7	4	0	
焊穿	标准	无	1 处	2 处	3 处及以上	
	得分标准	10	7	4	0	
咬边	尺寸标准/mm	无咬边	深度≤0.5		深度>0.5	
	得分标准	10	每 2 mm 扣 1 分		0	
所有焊缝		优	良	一般	差	
	标准	成形美观，焊纹均匀细密，焊缝高低宽窄一致	成形较好，焊纹较均匀，焊缝有高低宽窄不一致的情况	成形一般，焊缝有多处高低宽窄不一致的情况	焊缝高低宽窄不一明显，表面有焊接缺陷	
	得分标准	20	14	8	0	
总成绩						
备注						

注：焊缝未盖面、焊缝表面及根部已修补或试件做舞弊标记则该单项 0 分处理；凡焊缝表面有裂纹、夹渣、未熔合、气孔、焊瘤等缺陷之一的，该试件外观为 0 分。

培训单元二　机器人弧焊焊缝无损检测技术

掌握机器人弧焊无损检测原理和检测方法。

无损检测也称无损探伤，是在不损害或不影响被检测对象使用性能的前提下，采用射线、超声、红外、电磁等原理技术，并结合仪器对材料、零件、设备进行缺陷、化学、物理参数检测的技术。如对焊缝中的裂纹、夹渣、气孔、未熔合等缺陷进行检测。

常用的无损检测方法有5种，即：涡流检测（ECT）、射线照相检验（RT）、超声检测（UT）、磁粉检测（MT）和液体渗透检测（PT）。其他无损检测方法：声发射检测（AE）、热像/红外检测（TIR）、泄漏试验（LT）、交流场测量技术（ACFMT）、漏磁检验（MFL）、远场测试检测方法（RFT）、超声波衍射时差法（TOFD）等。

1. 检测原理

无损检测是利用物质的声、光、磁和电等特性，在不损害或不影响被检测对象使用性能的前提下，检测被检对象中是否存在缺陷或不均匀性，给出缺陷大小、位置、性质、数量等信息。

2. 检测特点

（1）非破坏性

非破坏性是指在获得检测结果的同时，除了剔除不合格品外，不损失零件。因此，检测规模不受零件数量的限制，既可抽样检验，又可在必要时采用普检。因而，更具有灵活性（普检、抽检均可）和可靠性。

（2）互容性

互容性指检验方法的互容性，即：同一零件可同时或依次采用不同的检验方法；而且又可重复地进行同一检验。这也是非破坏性带来的好处。

（3）动态性

动态性是指无损探伤方法可对使用中的零件进行检验，而且能够适时考察产品运行期的累计影响，因而可查明结构的失效机理的特性。

（4）严格性

严格性是指无损检测技术的严格性。无损检测需要专用仪器、设备；同时也需要专门训练的检验人员，按照严格的规程和标准进行操作。

（5）检验结果的分歧性

检验结果的分歧性是指不同的检测人员对同一试件的检测结果可能有分歧。特别是在超声波检验时，同一检验项目要由两名检验人员来完成，需要"会诊"。

3. 检测方法

无损检测方法有很多，实际应用中比较常见的有以下几种：

（1）目视检测（VT）

1）焊缝表面缺陷检查：检查焊缝表面裂纹、未焊透及焊漏等焊接质量缺陷。

2）状态检查：检查表面裂纹、起皮、拉线、划痕、凹坑、凸起、斑点、腐蚀等缺陷。

3）内腔检查：按技术要求规定的项目进行内窥检测。

4）装配检查：当有要求和需要时，使用同三维工业视频内窥镜对装配质量进行检查；装配或某一工序完成后，检查各零部组件装配位置是否符合图样或技术条件的要求；是否存在装配缺陷。

5）多余物检查：检查产品内腔残余内屑，外来物等多余物。

（2）射线照相法（RT）

射线照相法是指用X射线或γ射线穿透试件，以胶片作为记录信息的器材的无损检测方法，该方法是最基本的、应用最广泛的一种非破坏性检验方法。

原理：射线能穿透肉眼无法穿透的物质使胶片感光，当X射线或γ射线照射胶片时，与普通光线一样，能使胶片乳剂层中的卤化银产生潜影，由于不同密度的物质对射线的吸收系数不同，照射到胶片各处的射线强度也就会产生差异，便可根据暗室处理后的底片各处黑度差来判别缺陷。

总的来说，RT的定性更准确，有可供长期保存的直观图像，但总体成本相对较高，而且射线对人体有害，检验速度会较慢。

（3）超声波检测（UT）

原理：通过超声波与试件相互作用，就反射、透射和散射的波进行研究，对试件进行宏观缺陷检测、几何特性测量、组织结构和力学性能变化的检测和表征，进而对其特定应用性进行评价。

超声波检测适用于金属、非金属和复合材料等多种试件的无损检测；可对较大厚度范围内的试件内部缺陷进行检测，如对金属材料，可检测厚度为 1~2 mm 的薄壁管材和板材，也可检测几米长的钢锻件；缺陷定位较准确，对面积型缺陷的检出率较高；灵敏度高，可检测试件内部尺寸很小的缺陷；检测成本低、速度快，设备轻便，对人体及环境无害，现场使用较方便。

但超声波检测对具有复杂形状或不规则外形的试件进行超声检测有困难；并且缺陷的位置、取向和形状以及材质和晶粒度都对检测结果有一定影响，检测结果也无直接见证记录。

（4）磁粉检测（MT）

原理：铁磁性材料和工件被磁化后，由于不连续性的存在，使工件表面和近表面的磁力线发生局部畸变而产生漏磁场，吸附施加在工件表面的磁粉，形成在合适光照下肉眼可见的磁痕，从而显示出不连续性的位置、形状和大小。

适用性和局限性：磁粉探伤适用于检测铁磁性材料表面和近表面尺寸很小、间隙极窄（如可检测出长 0.1 mm、宽为微米级的裂纹）目测难以发现的微小的、不连续性缺陷；也可对原材料、半成品、成品工件和在役的零部件检测，还可对板材、型材、管材、棒材、焊接件、铸钢件及锻钢件进行检测，可发现裂纹、夹杂、发纹、白点、折叠、冷隔和疏松等缺陷。

但磁粉检测不能检测奥氏体不锈钢材料和用奥氏体不锈钢焊条焊接的焊缝，也不能检测铜、铝、镁、钛等非磁性材料。难以发现表面浅的划伤、埋藏较深的孔洞、与工件表面夹角小于 20° 的分层和折叠。

（5）渗透检测（PT）

原理：零件表面被施涂含有荧光染料或着色染料的渗透剂后，在毛细管作用下，经过一段时间，渗透液可以渗透进表面开口缺陷中；经去除零件表面多余的渗透液后，再在零件表面施涂显像剂。同样，在毛细管的作用下，显像剂将吸引缺陷中保留的渗透液，渗透液回渗到显像剂中，在一定的光源下（紫外线光或白光），缺陷处的渗透液痕迹被显示（黄绿色荧光或鲜艳红色），从而探测出缺陷的形貌及分布状态。

优点及局限性：渗透检测可检测各种金属、非金属材料，磁性、非磁性材料；可采用焊接、锻造、轧制等加工方式；具有较高的灵敏度（可发现宽 0.1 μm 的缺陷），同时显示直观、操作方便、检测费用低。

但渗透检测只能检出表面开口的缺陷，不适用于检查多孔性疏松材料制成的工件和表面粗糙的工件；只能检出缺陷的表面分布，难以确定缺陷的实际深度，因而很难对缺陷做出定量评价，检出结果受操作者的影响也较大。

4. 检测依据

（1）产品图样

产品图样是生产中使用的最基本的技术资料，也是加工、检验的依据。尤其在产品图样的技术要求中，往往规定了原材料、零件、产品的质量等级，具体要求以及是否需要做无损检验等。

（2）相关标准

生产企业要贯彻相关标准，如企业标准、行业标准、国家标准、国际标准等，是产品加工的指导性文件，也是实施无损检测的指导性文件。在具体标准中，往往详细规定了检验对象、检验方法、检验规模等。

（3）技术文件

产品生产工艺部门下达的各种技术文件，如工艺规程、检验卡片、产品检验报告、返修单等，有时还要追加或改变检验要求等。

（4）订货合同

某些产品的特殊检验要求、质量控制的条款，有时可能较详细地在订货合同中强调，应引起特别注意。

5. 一期校准

在经典仪表管理中一直使用"校验"这一名词，现在，在计量管理中，称为"校准"。

校准是确定计量器具示值误差（必要时也包括确定其他计量性能）的全部工作。

（1）校准与检定的异同

校准和检定是两个不同的概念，但两者之间有密切的联系。校准一般是用比被校计量器具精度高的计量器具（称为标准器具）与被校计量器具进行比较，以确定被校计量器具的示值误差。但校准不能视为检定，校准工作可在生产现场进行，而检定则必须在检定室内进行。

（2）校准的基本要求

校准应满足的基本要求如下：

1）环境条件。校准如在检定（校准）室进行，则环境条件应满足实验室要求的温度、湿度等规定。校准如在现场进行,则环境条件以能满足仪表现场使用的条件为准。

2)仪器。作为校准用的标准仪器其误差限应是被校表误差限的 1/10~1/3。

3)人员。校准虽不同于检定,但进行校准的人员也应经有效的考核,并取得相应的合格证书,只有持证人员方可出具校准证书和校准报告,也只有这种证书和报告才有效。

培训单元三　X 射线探伤仪的操作

掌握 X 射线探伤仪基本原理、基本构成和测量方法。

1. X 射线探伤基本原理

X 射线探伤最常用的是射线照相法,它是根据被检工件与其内部缺陷介质对射线能量衰减程度的不同,使得射线透过工件后的强度不同,缺陷能在射线底片上显示出来的方法。如图 3-102 所示,从 X 射线机发射出来的 X 射线透过工件时,由于缺陷内部介质对射线的吸收能力和周围完好部位不同,因而透过缺陷部位的射线强度不同于周围完好部位。把胶片放在工件适当位置,在感光胶片上,有缺陷部位和无缺陷部位将接受不同的射线曝光。再经过暗室处理后,得到底片。然后把底片放在观片灯上就可以明显观察到缺陷处和无缺陷处具有不同的黑度。评片人员据此就可以判断缺陷的情况,如图 3-102 所示。

2. X 射线照相法探伤系统基本构成

X 射线照相法探伤系统基本构成如图 3-103 所示。

3. 安全卫生条例

(1)进行透照检查时,应考虑控制器与 X 射线管和被检物体的距离、照射方向、时间和屏蔽条件等因素,选择最佳的设置布置,以保证探伤作业人员的受照

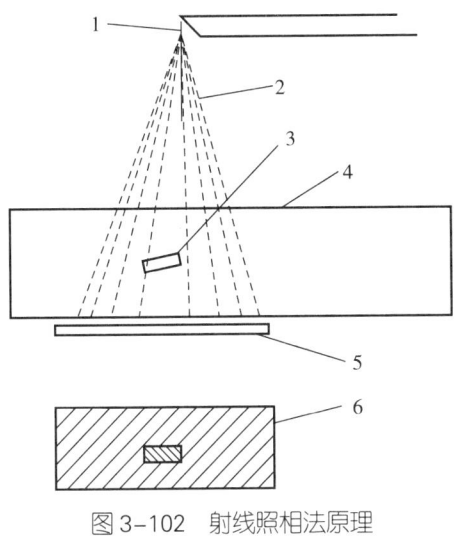 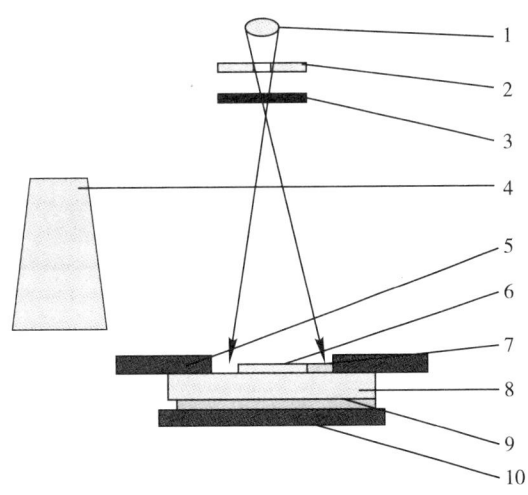

图 3-102 射线照相法原理
1—焦点 2—入射 X 射线 3—缺陷 4—工件 5—胶片 6—底片

图 3-103 X 射线照相法探伤系统基本构成
1—射线源 2—铅光阑 3—滤板 4—铅罩 5—铅遮板 6—像质计 7—标记带 8—工件 9—暗盒 10—铅底板

剂量低于剂量限值,并应达到可以合理做到尽可能低的水平。操作人员应尽可能利用各种屏蔽方式保护自己。

(2)进行透照检查时,可将被检物体周围的空气比释动能率大于 15 μGy·h^{-1} 的范围划为控制区(特殊情况参见国家标准中的规定),并在其边界上悬挂清晰可见的"禁止进入 X 射线区"警示牌,探伤人员应在控制区边界外操作,否则应采取专门的防护措施。

(3)进行透照检查时,在控制区边界外将空气比释动能率大于 15 μGy·h^{-1} 的范围划为监督区,并在其边界上悬挂清晰可见的"无关人员禁止入内"警示牌,必要时设专人警戒。在管理区边界附近不应有经常停留的工作人员。

操作名称:X 射线探伤仪的操作

任务描述

1. 试件类型及接头形式

以 V 形坡口碳钢板对接工件为试件,对焊缝进行 X 射线探伤仪的操作位置标记如图 3-104 所示。

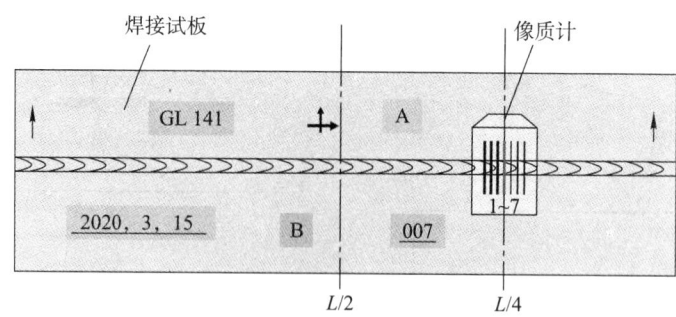

图 3-104 X射线探伤仪的操作位置标记示意图

2. 评分标准

碳钢板对接多层多道焊接评分标准见表 3-29。

表 3-29 碳钢板对接多层多道焊接评分标准

姓名		评分员		编号		
检查项目	标准、分数	焊缝等级				实际得分
		Ⅰ	Ⅱ	Ⅲ	Ⅳ	
焊缝余高	标准/mm	0~1	1~2	2~3	>3, <0	
	分数	10	7	4	0	
焊缝高低差	标准/mm	≤1	1~2	2~3	>3	
	分数	10	7	4	0	
焊缝宽度	标准/mm	19~20	20~21	21~22	>22, 19	
	分数	10	7	4	0	
焊缝宽窄差	标准/mm	≤1.5	1.5~2	2~3	>3	
	分数	10	7	4	0	
咬边	标准/mm	0	深度≤0.5 且长度≤15	深度≤0.5 长度>15, ≤30	深度>0.5 或长度>30	
	分数	10	7	4	0	
未焊透	标准/mm	0	深度≤0.5 且长度≤15	深度≤0.5 长度>15, ≤30	深度>0.5 或长度>30	
	分数	10	7	4	0	

续表

检查项目	标准、分数	焊缝等级				实际得分
		I	II	III	IV	
背面焊缝凹陷	标准/mm	0	深度≤0.5 且长度≤15	深度≤0.5 长度>15, ≤30	深度>0.5 或长度>30	
	分数	10	7	4	0	
错边量	标准/mm	0	≤0.7	>0.7, ≤1.2	>1.2	
	分数	10	7	4	0	
角变形	标准/mm	0~1	1~3	3~5	>5	
	分数	10	7	4	0	
焊缝正面外表成形	标准/mm	优 成形美观，焊纹均匀细密，高低宽窄一致	良 成形较好，焊纹均匀，焊缝平整	一般 成形尚可，焊缝平直	差 焊缝弯曲，高低宽窄明显，有表面焊接缺陷	
	分数	10	7	4	0	

注：焊缝未盖面、焊缝表面及根部已修补或试件做舞弊标记则该单项 0 分处理；凡焊缝表面有裂纹、夹渣、未熔合、气孔、焊瘤等缺陷之一的，该试件外观为 0 分。

操作实施步骤

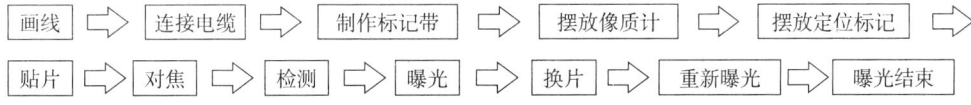

步骤 1：画线

在工件上，用反差较大的涂料或记号笔画好布片位置和片号。

步骤 2：连接电缆

关闭外电源，电源插座接地；如果电源无接地端，则将地线与控制器的接地端相连，并将接地杆的 80% 插入湿润的土地中；用低压电缆连接控制器和发生器；将电源电缆连接到控制器上。

步骤 3：制作标记带

标记带上的识别标记应包括：工件编号（或探伤编号）、焊缝编号、部位编号

（或片号）、焊工代号及检测日期等。

步骤4：摆放像质计

将 Fe（6/12）型像质计置于射线源侧被检区长度的 1/4 处，金属丝横跨焊缝并与焊缝方向垂直，细丝置于外侧。

步骤5：摆放定位标记

将搭接标记放在射线源侧钢板表面检测区域的两端，中心标记放在被检区域的中心，水平方向箭头指向焊缝（底片）编号顺序方向，垂直方向箭头指向焊缝边缘。所有标记应摆放整齐，不得互相重叠，且离焊缝边缘至少 5 mm。

步骤6：贴片

贴片的同时将背防护铅板覆于暗袋的背面，用贴片磁钢或绳带等将暗袋和铅板固定好，并确保暗袋与工件表面紧密贴合，尽量不留间隙。

步骤7：对焦

将 X 射线机置于专用支架上，使用中心指示器确保 X 射线机主光束指向检测部位；调节支架并测量透照焦距，以满足检测工艺卡的要求。

步骤8：检测

检测人员在室内工作时应关好曝光室铅门，才能在室内进行拍片；在室外检测时，须划定监督区和控制区，在各个区域边界悬挂警示标志和警示牌，必要时设专人监护；夜间进行射线检测操作时，在控制区的进口、出口、监督区入口处或其他适当位置处应设置警示灯，防止无关人员误入危险区。

步骤9：曝光

接通外部电源，打开 X 射线机电源按钮，此时电源指示灯亮，预热 2 min。调节管电压为 200 kV，调节计时器为 5 min，按下高压开关对工件进行曝光。到达曝光时间后，计时器回到零位，高压开关自动回到关闭位置，同时高压指示灯熄灭。

步骤10：换片

取下已曝光的胶片，换上新的胶片，重新摆放相关标记，贴片、对焦。

步骤11：重新曝光

X 射线机经过适当时间的休息后，进行第 2 个被检区域的曝光。

步骤12：曝光结束

5 个被检区域透照完后，收集并整理曝光后的胶片送暗室冲洗。

冲洗后的 X 射线探伤缺陷透照片通过观片灯进行观察，板对接多层多道焊缝主要缺陷影像如图 3-105 所示。

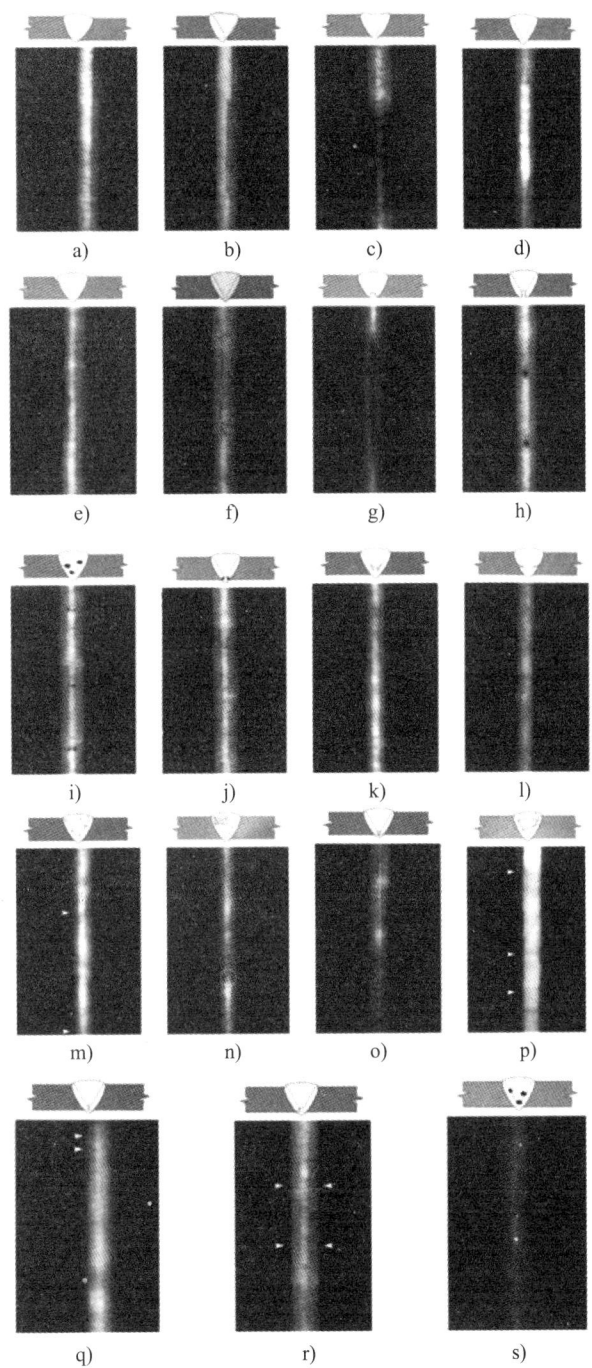

图 3-105 常见 X 射线探伤的缺陷透照片

a）高–低 b）根部未熔合 c）内凹 d）根部焊瘤 e）外部咬肉 f）内部咬肉 g）根部凹陷 h）烧穿
i）单个的夹渣 j）线状夹渣 k）内部未熔合 l）内侧未熔合 m）气孔 n）链状气孔 o）夹珠
p）横向裂纹 q）中心线裂纹 r）根部裂纹 s）夹钨

注意事项：1. X射线探伤仪的操作人员必须取得相关资质。

2. X射线探伤仪的型号不同，操作方法有差异。

3. X射线探伤仪的操作只作为一般性了解内容，不需要实践和掌握。

职业模块 二
机器人点焊

培训项目一 示教编程

培训单元一 点焊机器人伺服焊钳的零点标定

培训重点

掌握伺服焊钳的零点标定,以及机器人移动参数设置。

知识要求

1. 伺服焊钳移动指令

以 KUKA 机器人为例,在示教盒联机表中选择不同的运动方式(如"PTP""LIN"等运动指令),即可实现由机器人带动伺服焊钳移动。根据对机器人工况选取相应的坐标系,以及运动加速度等相关移动参数,如图 3-106 所示。

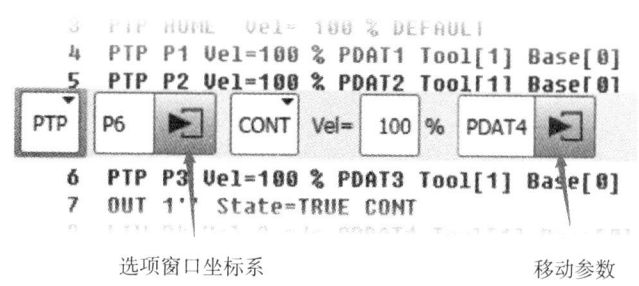

图 3-106 移动指令参数

2. 伺服焊钳参数设置

在选项窗口"Frames"中输入工具和基坐标系的正确数据，以及关于插补模式的数据（外部 TCP：开 / 关）和碰撞监控的数据，如图 3-107 所示。

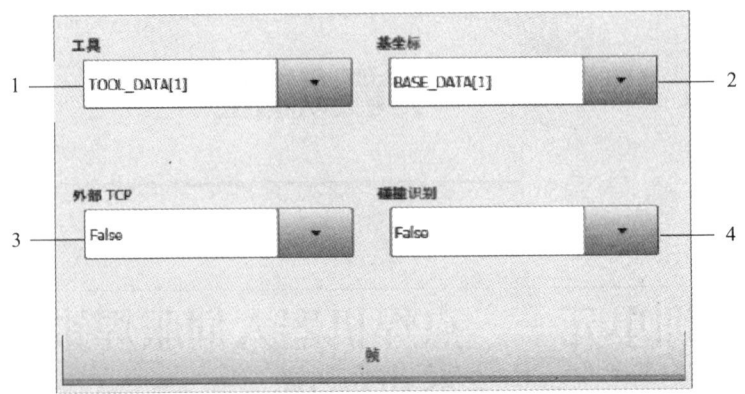

图 3-107　选项窗口坐标系

选项窗口坐标系参数说明见表 3-30。

表 3-30　选项窗口坐标系参数说明

序号	说明
1	选择工具 当外部 TCP 栏中显示 True 时：选择工件 值域：[1] ~ [16]
2	选择基坐标 当外部 TCP 栏中显示 True 时：选择固定工具 值域：[1] ~ [32]
3	插补模式 False：工具已安装在连接法兰上 True：为一个固定工具
4	True：机器人控制系统为此运动计算轴转矩。轴转矩值需用于碰撞识别 False：机器人控制系统不为此运动计算轴转矩。因此对此运动无法进行碰撞识别

在运动参数选项窗口中可将加速度从最大值降下来。如果已经激活轨迹逼近，则更改轨迹逼近距离。根据配置的不同，该距离的单位可以设置为 mm 或 %，如图 3-108 所示。

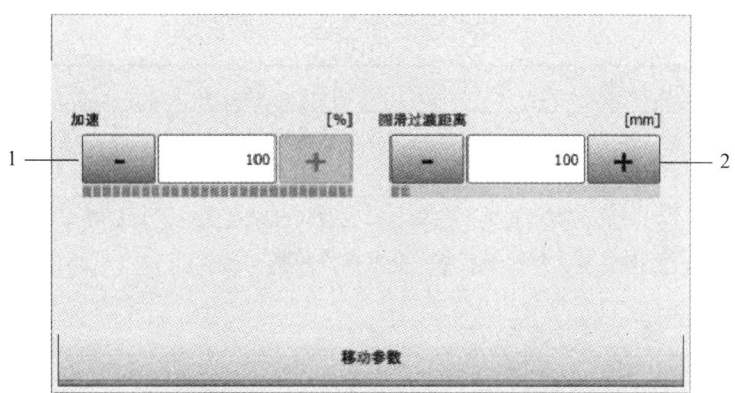

图 3-108 选项窗口移动参数（PTP）

选项窗口移动参数说明见表 3-31。

表 3-31 选项窗口移动参数说明

序号	说明
1	加速：以机器数据中给出的最大值为基准。此最大值与机器人类型和所设定的运行方式有关。 值域：1%~100%
2	只有在联机表格中选择了该点应该被轨迹逼近，此栏目才显示。 与目标点的距离，即最早开始轨迹逼近的距离。 100%的最大距离：从起点到目标点之间的1/2距离，以无轨迹逼近PTP运动的轮廓为基准。 值域：1%~100%

选项窗口移动参数如图 3-109 所示。

选项窗口移动参数说明见表 3-32。

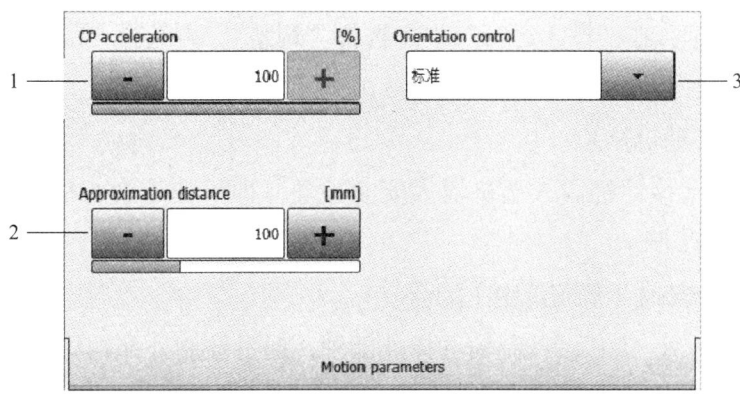

图 3-109 选项窗口移动参数（LIN、CIRC）

表 3-32 选项窗口移动参数说明

序号	说明
1	轨迹加速：以机器数据中给出的最大值为基准。此最大值与机器人类型和所设定的运行方式有关
2	只有在联机表单中选择了该点应该被轨迹逼近，此栏目才显示。 至目标点的距离，最早在此处开始轨迹逼近。 此距离最大可为起始点至目标点距离的 1/2。如果在此处输入了一个更大值，则此值将被忽略而采用最大值
3	选择姿态引导：标准、手动 PTP、恒定的方向引导

操作名称：伺服焊钳零点标定

操作实施步骤

伺服焊钳首次投入使用，需要对机器人进行工具零点标定。在点焊过程中有时会造成机器人轴零点丢失，更换伺服焊钳部件（更换电极头等）或者丢失校准数据（发生撞枪）之后可能会丢失零点位置，这些也都需要对机器人进行工具零点标定。

在进行零点标定时，务必在伺服焊钳上安装新的电极头，不能使用已经用过的电极，否则会导致错误的校准数值，损坏伺服焊钳。

步骤 1：选择零点标定

点击菜单键，在"投入运行"中，选择"调整"，再选择"千分尺"，在千分尺窗口中标出要校准的附加轴，如图 3-110 所示。

步骤 2：移动机器人

通过示教盒移动机器人至机器人安全位置（即焊枪不会与周围物体发生碰撞），如图 3-111 所示。

步骤 3：外部轴（伺服焊钳）闭合

选择运行方式"T1"，控制轴选择外部轴，通过控制外部轴将伺服焊钳闭合，并保持上下电极头之间的间隙为 1 mm。可通过目检确定，或者用 1 张纸条放在电极之间，闭合卡钳，直到纸条稍微夹住，如图 3-112 所示。

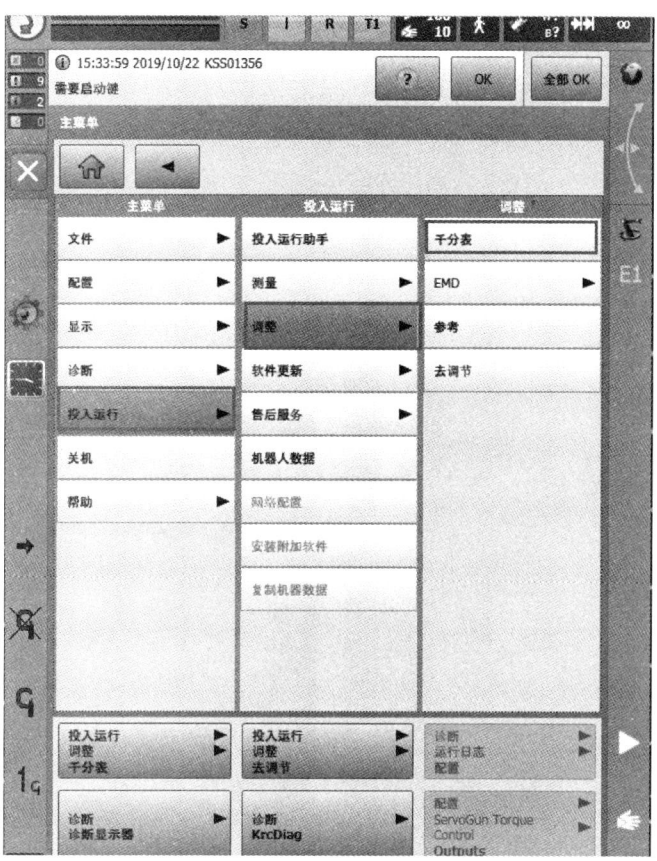

图 3-110 选择千分尺

图 3-111 点焊机器人安全位置

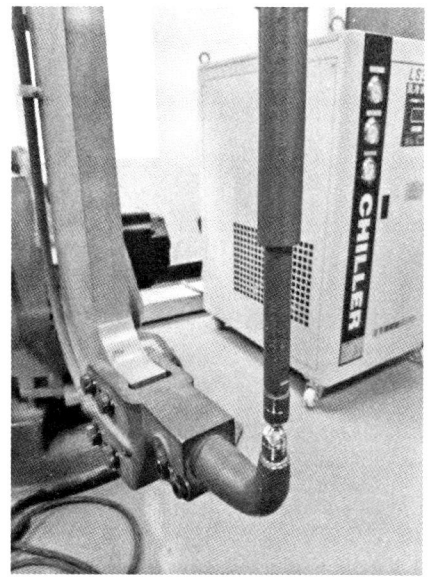

图 3-112 伺服焊钳闭合

步骤 4：外部轴校准调零

将伺服焊钳（即外部轴）闭合之后点击校正，该轴将从窗口中消失，即可完成零点标定，如图 3-113 所示。

显示无轴可校正，信息栏提示机器人校准完毕，即表明当前零点位置已经被保存，如图 3-114 所示。

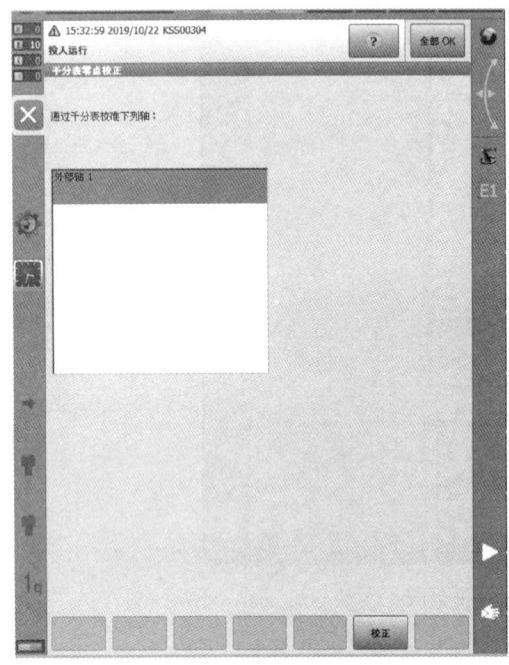

图 3-113　选择外部轴校正

图 3-114　完成外部轴零点标定

培训单元二　机器人点焊高级设定

能进行机器人点焊运行状态数值设定。

1. 伺服焊钳工具状态键

以下菜单和指令专用于该应用程序包,即需要安装工具包之后方能显示,如图 3-115 所示。

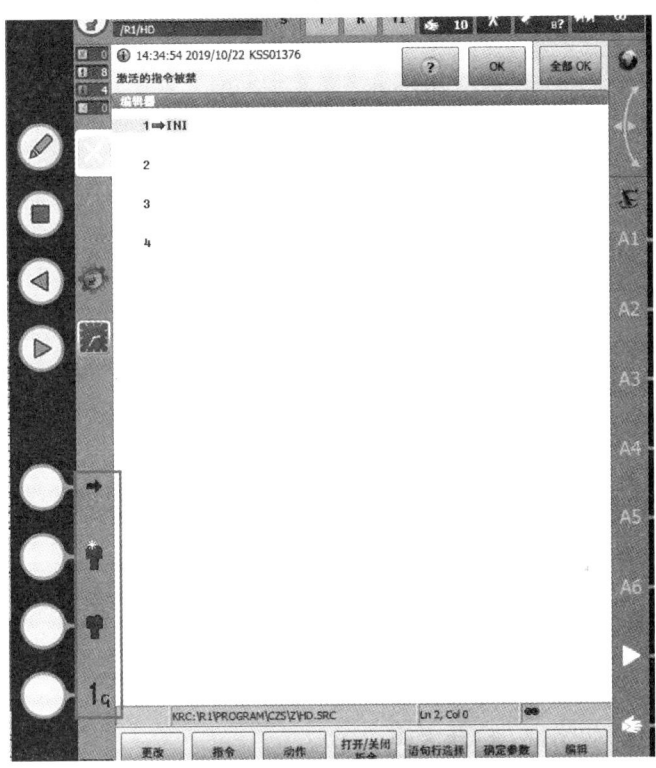

图 3-115 伺服焊钳工具状态键

伺服焊钳工具状态键说明及操作步骤见表 3-33。

表 3-33 伺服焊钳工具状态键说明及操作步骤

图标	功能	说明	操作步骤
➡	切换状态键	显示其他软键	
	首次初始化	即在初次装电极头时,需按住运行键之后,外部轴会自动闭合 3 次,调节参数	

续表

图标	功能	说明	操作步骤
	周期性初始化	需按住运行键后，外部轴会自动闭合2次，调节参数	
	脱开（解耦）	卡钳将在软件中脱开（解耦）	1. 通过卡钳状态键选卡钳 2. 通过状态键脱开（解耦）来脱开卡钳
	靠上（耦合）	1. 卡钳将在软件中靠上（耦合） 2. 靠上（耦合）1个尚未校准的卡钳时，卡钳电动机分解器所处的位置不会有任何影响 3. 当靠上（耦合）1个已校准的卡钳时，分解器不可处于零位，否则当重新靠上（耦合）时校准数据将丢失	1. 通过卡钳状态键选卡钳 2. 通过状态键靠上（耦合）来靠上卡钳
	卡钳	状态键所涉及的卡钳机器人补偿	
	示教模式关闭	示教模式已关闭。点击状态键接通示教模式	
	示教模式接通	示教模式已接通。点击状态键关闭示教模式	

2. 伺服焊钳手动闭合/打开卡钳

（1）运行方式：T1。

（2）窗口手动移动选项的选项卡按键中的设置：

1）复选框激活按键已激活。

2）在核心分组下选择了1个含有附加轴的组。

3）运动系统组的可用种类和数量取决于设备配置。

4）在坐标系统之下选择了选项轴，如图3-116所示的"2"处，设置完成后在"3"处显示外部轴。

5）操作步骤：①设定手动倍率。②按住确认开关。③在运行键旁边将显示所选择运动系统组的轴：按下附加轴的正向键，闭合卡钳；按下附加轴的负向键，打开卡钳。

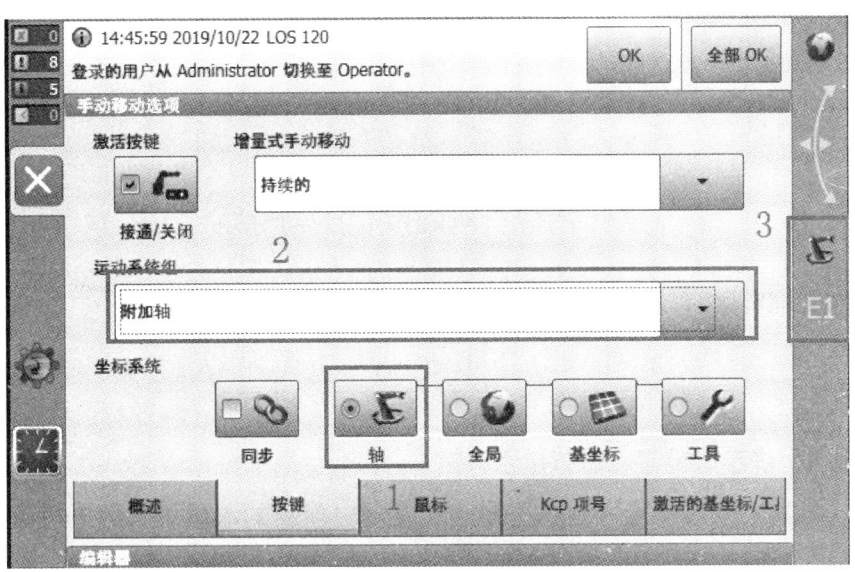

图 3-116　选择外部轴

3. 操作前的准备

（1）压力计，规格样式如图 3-117 所示。

（2）伺服焊枪的相关配置参数。

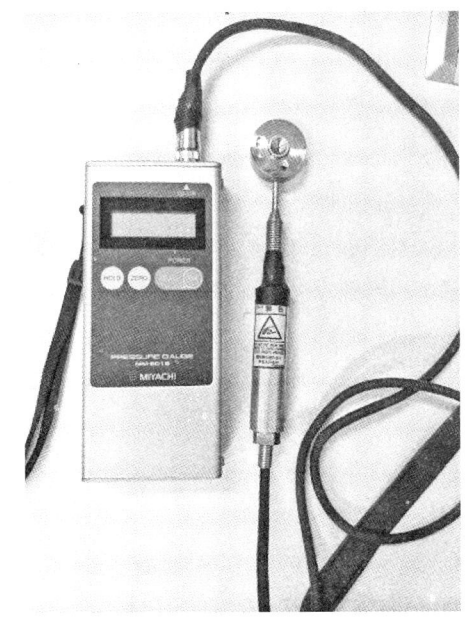

图 3-117　压力计

操作名称：伺服焊枪压力标定

操作实施步骤

确定焊枪零点位置是否异常 ⇒ 设置焊钳相关参数 ⇒ 输入压力表相关参数 ⇒ 进行 5 次压力测量 ⇒ 输入测量压力值 ⇒ 核对压力值

步骤1：确定焊枪零点位置是否异常

确认机器人伺服焊枪零点位置是否正常（更换新的电极头，旧电极头有磨损量会影响测量值），如图 3-118 所示。

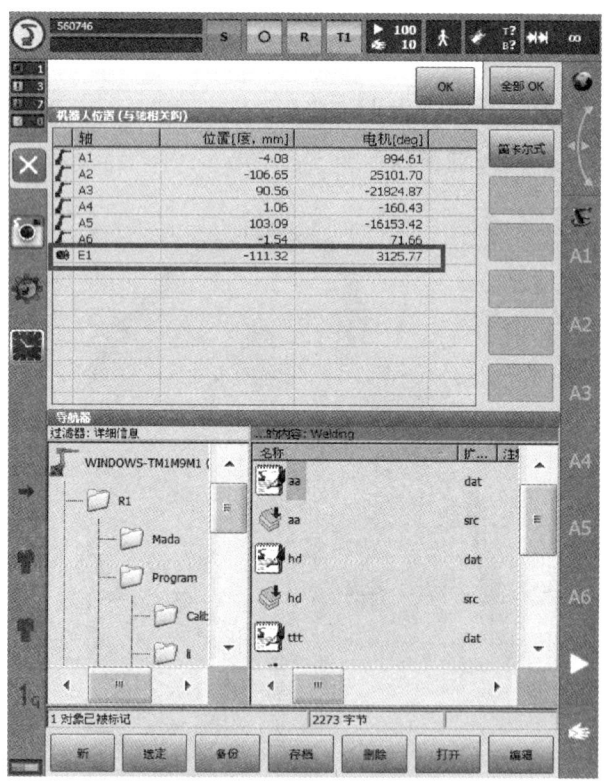

图 3-118　检查零点位置

步骤2：设置焊钳相关参数

1. "菜单" → "配置" → "SERVO GUN FC" → "设置"如图 3-119 所示。
2. "SERVO GUN FC" → "设置" → "力校准"，如图 3-120 所示。

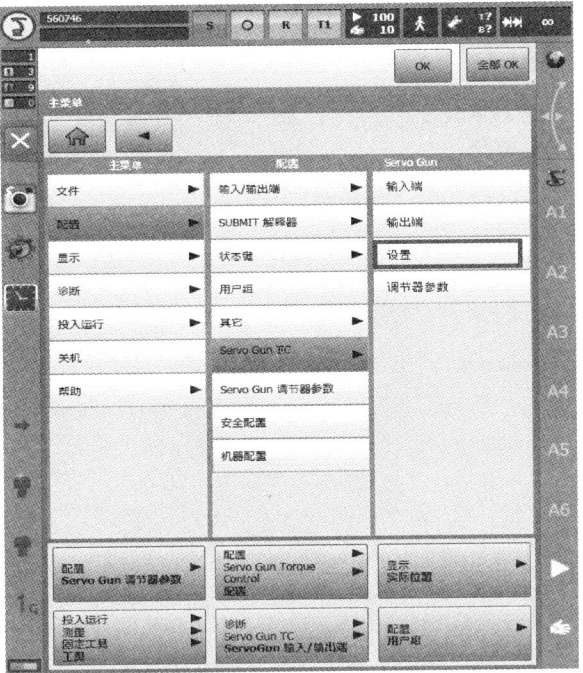

图 3-119 菜单选择界面

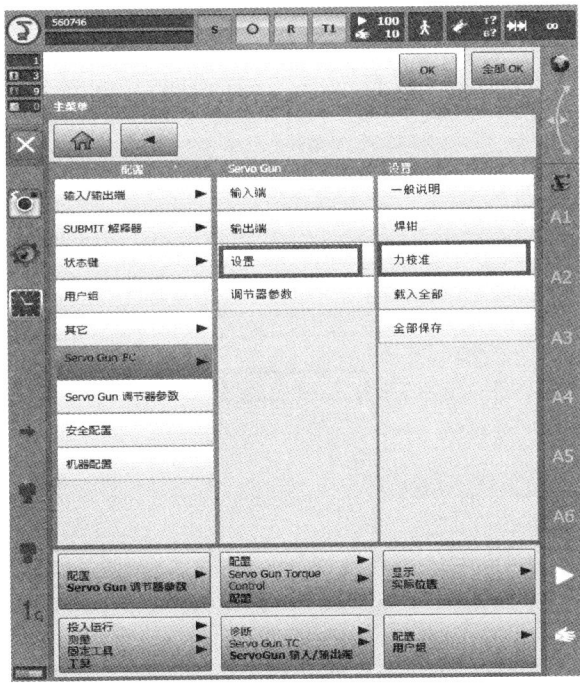

图 3-120 选择力校准

3. 输入相关数值：在界面上选择对应焊枪的编号，输入焊枪的传动比、最大开口距离、软限位距离。焊枪参数输入如图 3-121 所示。

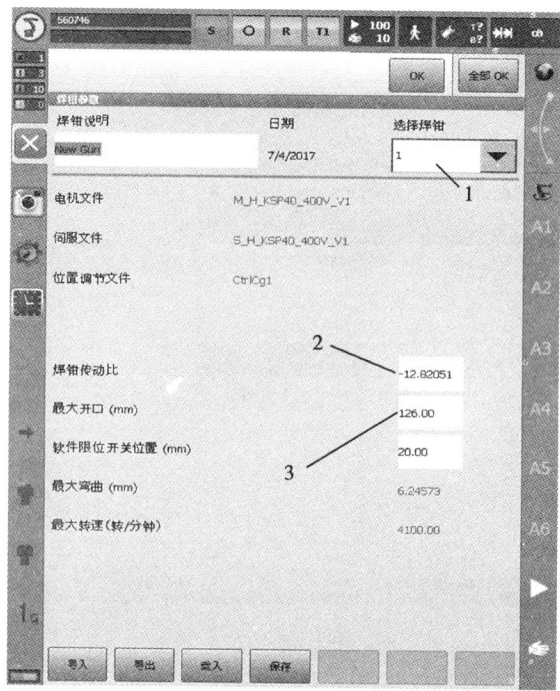

图3-121 焊枪参数输入

步骤3：输入压力表相关参数

1. "SERVO GUN FC" → "设置" → "一般说明"，如图3-122所示。

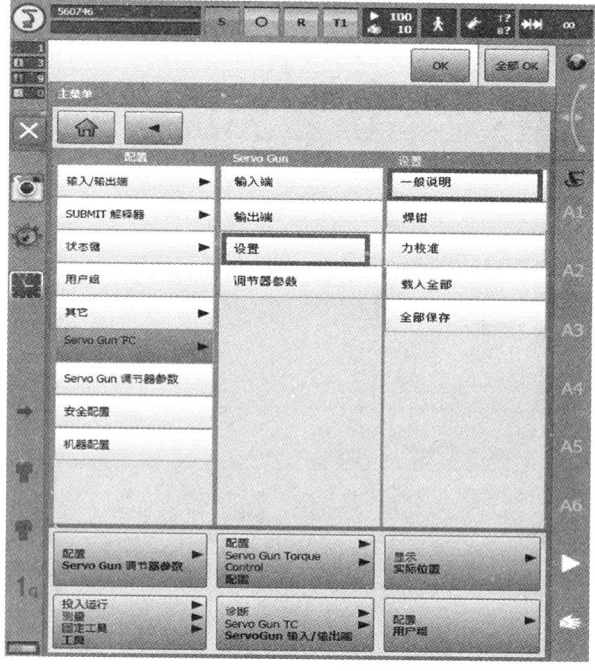

图3-122 选择"一般说明"

2. 输入相关数值：(1) 厚度：为压力计的厚度。(2) 第 1 个校准位置：将焊枪放在压力计上，手动操作机器人焊枪测出最小压力值（默认 800 N），用焊钳的厚度减去测出的最小压力值为第 1 个校准位置。(3) 校准步幅：测出当前焊枪压力最小值与最大值，用最大值减去最小值后除以 4 为校准步幅。(4) 电极头磨损量：正常为 13 mm（以现场电极头长度为准）。(5) 依次点击"保存"→"载入"，如图 3-123 所示。

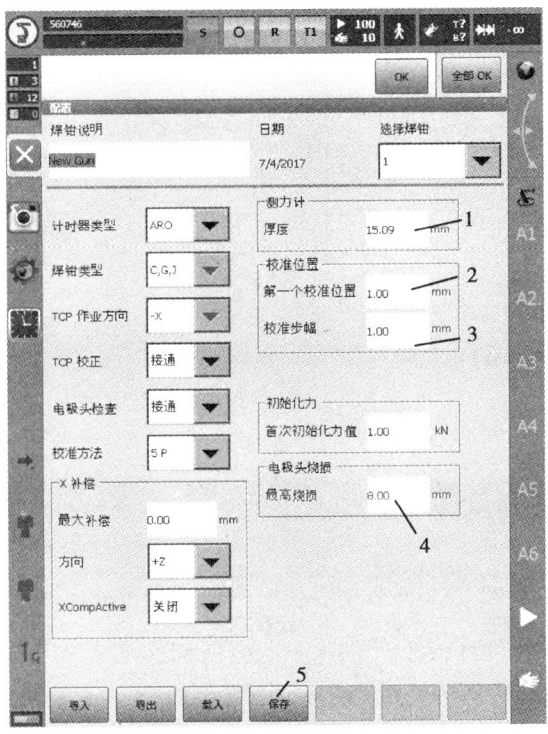

图 3-123　参数输入

步骤 4：进行 5 次压力测量

将机器人焊枪放在压力计上，找到机器人程序"EG-CAL-F"，运行该程序（共运行 5 次），每次的值会显示在压力计上，分别将这 5 个值记录下来（注意：测试完压力值后需及时将压力计从焊枪内拿出，原因是压力测试完后机器人焊枪会自动合枪 1 次，容易将压力器压坏），如图 3-124 所示。

步骤 5：输入测量压力值

将测得的 5 个值依次输入 PC 力矩中后再依次点击"计算"→"保存"→"载入"（注意：需确认压力计测得值的单位是否与压力计一致），如图 3-125 所示。

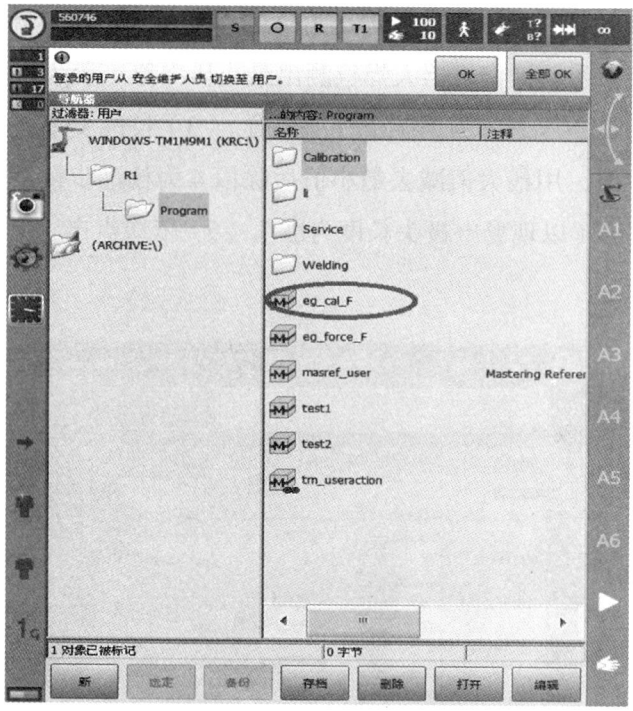

图 3-124　压力测量程序

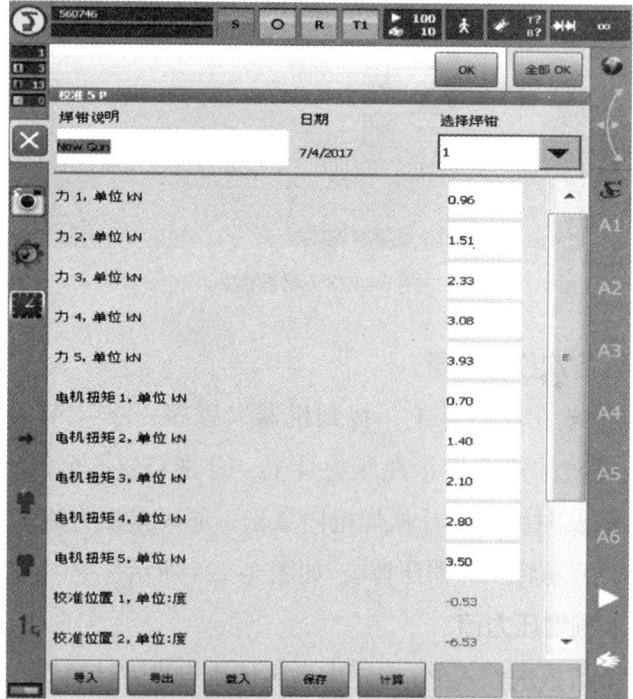

图 3-125　输入压力值

步骤6：核对压力值

将焊枪放在焊钳上，选择程序"EG-FORCE-F"，运行当前程序，面板会跳出5个压力值，依次选择这5个压力值进行运行，测得的压力值与选择的压力值范围在 –100 ~ 100 N 为正常，如图 3-126 所示。

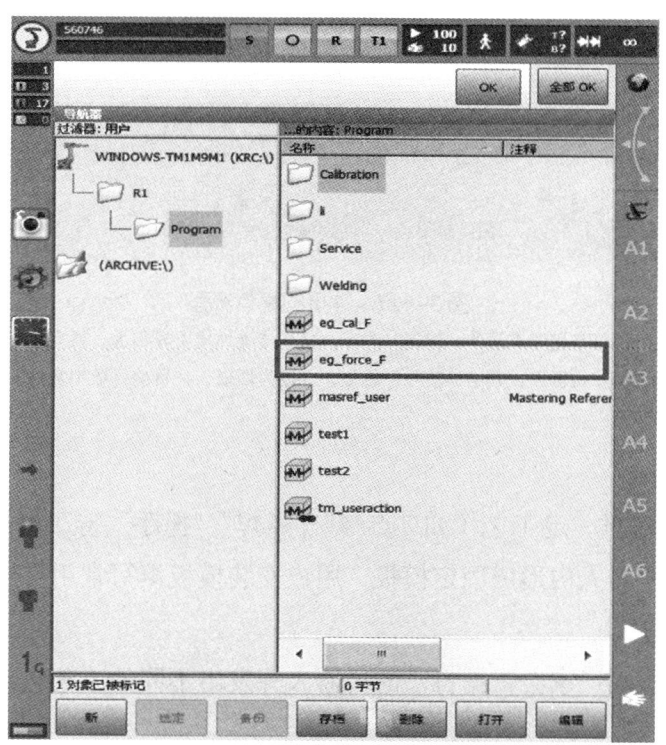

图 3-126 选择核对压力值程序

培训单元三　机器人点焊输入、输出设定

能设定机器人点焊与输入、输出。

知识要求

1. 机器人与焊接控制柜的通信

（1）焊接的整个流程

焊接的整个流程如图 3-127 所示。

图 3-127　焊接的整个流程

注：焊接控制器端执行的仅是机器人端的"焊接"流程，这与传统焊接差异很大。要完成整个焊接流程，就要按照时间顺序收发信号和动作机器人，其中的信号量较多，也较为烦琐，在目前行业中常见的方法为使用以及调试已有的工艺包进行焊接流程。

（2）工艺包

工艺包为按照一定工艺（如"点焊""弧焊""抓手"等）制作的程序模板，经过安装后在机器人内形成固定模板，用户安装模板填写常用信号后就可进行工艺操作的软件包。

不同的机器人厂家会依据自己的机器人开发出不同的工艺包，其工作原理大同小异。

2. 工艺包的安装（KUKA 伺服工艺包）

（1）硬件：机器人控制系统 KR C4；带测力传感器的点焊钳。

（2）软件：库卡系统软件 8.3.x。

1）前提条件

①专家用户组。

②运行方式 T1 或 T2。

③没有选定任何程序。

④含待安装软件的 U 盘。

⑤ZIP 文件必须已经解压。

在具有单个文件的目录中不允许有其他文件。

2）操作步骤

将 U 盘插在机器人控制系统或 smartPAD 上，在主菜单中选择"投入运行"→

"辅助软件"。

在安装"ServoGun"时，将自动安装一个卡钳作为附加轴 E_1。在该过程中，已存在的 E_1 将被改写。建议在软件更新前将所有相关数据存档。

安装工艺程序包时，必须遵守以下顺序：

"ServoGun FC"→"EqualizingTech"（如果已使用）→"RoboSpin"（如果已使用）→刷新软件（在"名称"列中必须显示选项"ServoGun FC"，而在"路径"列中必须显示驱动器"E：\"或"K：\"。否则按下刷新键）→如果此时显示上述选项，则继续进行下一步骤。否则必须先配置待安装程序的路径。

①点击按键"配置"。

②在选项的安装路径区内选中 1 行，如果该行已经包含 1 个路径，则该路径将被覆盖。

③按下路径选择，即显示现有的驱动器。

④如果 U 盘插接到机器人控制系统上：在"E：\"上导航至包含软件的"目录"。选定"目录"。如果 U 盘插接到"smartPAD"上：则"K：\"替代"E：\"。

⑤按下"保存"，将重新显示选项的安装路径区域，它此时含有新的路径。

⑥选中含有新路径的行，并再次按下"保存"→选中"ServoGun FC"选项，然后按"安装"，点击"是"确认安全询问→选择"OK"确认重启请求→拔出 U 盘→重启机器人控制系统。

（3）卸载机器人控制系统上的伺服工艺包（"ServoGun FC"）

1）前提条件：专家用户组与运行方式 T1 或 T2。

2）操作步骤

①在主菜单中选择"投入运行"→"辅助软件"。

②选中"ServoGun FC"选项，然后按"卸载"，用"是"回答安全询问，卸载准备就绪。

③重新起动机器人控制系统。

（4）伺服焊钳投入运行和配置

1）配置输入，如图 3-128 所示。

"菜单"→"配置"→"焊钳配置"→"输入端"。根据之前配置的连接点，将对应信号点的编号，输入对应的信号框中，与硬接线、焊接控制器的信号做关联。左侧显示绿灯表示当前信号为高电平，灰灯表示当前信号为低电平，如图 3-129 所示。

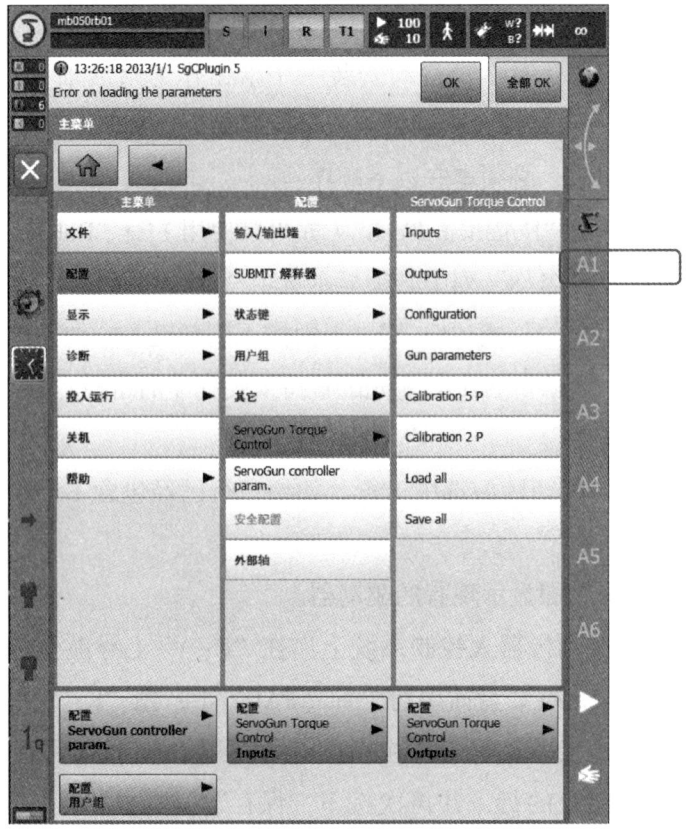

图 3-128　选择机器人输入端配置

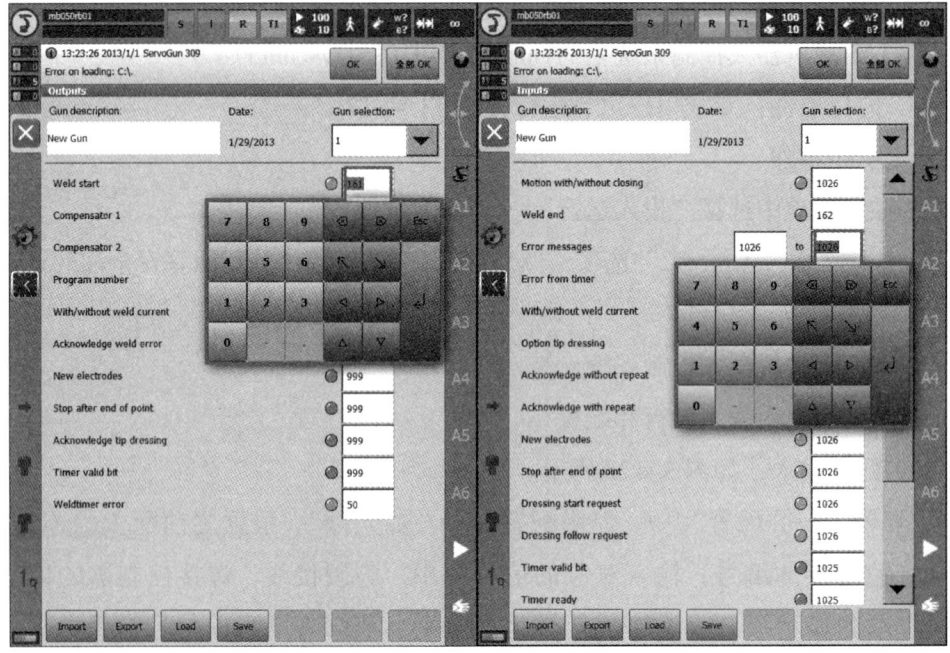

图 3-129　对伺服焊钳输入信号点进行配置

2）知识点串联

①在"WorkVisual"配置信号点与通信模块的点关联。

②通信模块上接的通信信号线连接至焊接控制器的通信模块。

③通过机器人与通信模块关联至焊接控制器，从而完成机器人发送信号给焊接控制器。

操作名称：机器人与外部信号的通信

操作实施步骤

配置软件的安装 ⇨ 导入GSD文件 ⇨ 组态与编译安装

机器人与外部的通信模式有很多种，常见的有硬接线、interbus、Profibus、Profinet、工业以太网等。通信模式不同所使用的硬件也不同。

步骤1：配置软件的安装

不同的机器人使用不同的配置方式来安装配置软件，但原理基本相同，即将网络配置输入机器人。下面以 KUKA 机器人为例，KUKA 机器人使用的是 WorkVisual 软件进行网络配置，此软件在随机光盘可以获得安装包，将其安装好后就可以使用了。连接机器人与配置电脑：

1. 打开机器人控制面板，退出所有程序，打开"菜单"→"投入运行"→"网络配置"。这里可以看到这台机器人的网络 IP 地址。

2. 用网线将配置电脑与机器人连接。

3. 打开配置电脑的网络配置，将电脑的 IP 地址改为固定 IP，并将地址设为与此台机器人相同的网段。

4. 打开"WorkVisual"→"文件"→"打开项目"→"查找"。

5. 在中间的界面中搜索到机器人，说明网络配置正常。

6. 打开界面中的"机器人项目折叠"，选择带三角形的项目，此项目为当前正在运行的项目。

步骤2：导入 gsd 文件

设备说明文件的后缀一般为".gsd"".xml"".gse"".gsf"".gsg"".gsi"等，其

中以".gsd"后缀的国际标准说明文件较多。设备说明文件中含有硬件特性、硬件接口特性等数据。gsd 文件一般由设备厂商提供或从其官网下载。

以硬接线为例使用的是"BECKHOFF""EK1100"通信模块使用 EL1809 输入模块、EL2809 输出模块。

型号选定后,就需要进行硬件组态,硬件组态是把硬件连接的信息输入至机器人系统,以便系统能正确地与外围设备连接通信。

1. 打开"WorkVisual"软件,退出或取消激活的项目。

2. "文件"→"Import/Export"→选择"导入设备说明文件"。

3. 查找计算机中事先下好的 gsd 文件并安装。

4. 安装需要用到的 gsd 文件。

步骤 3:组态与编译安装

1. 将所有设备完成物理连接。

2. 打开"WorkVisual"连接机器人,读取当前组态。

3. 激活项目,打开项目树。

4. 右键"总线结构"→"添加":

(1)找到对应的 gsd 文件加入,如图 3-130 所示。

(2)依次添加子项,如图 3-131 所示。

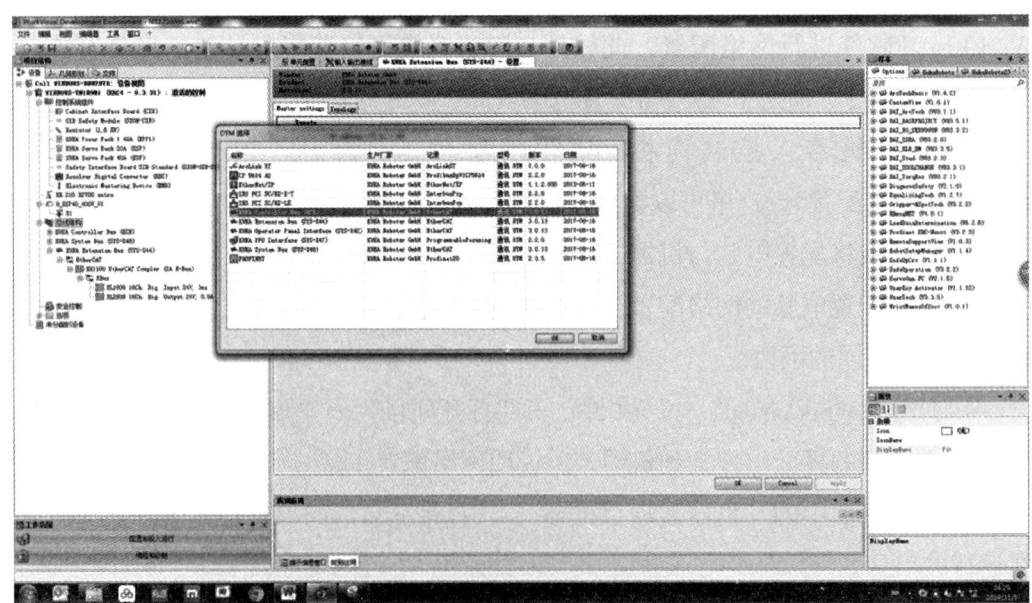

图 3-130　gsd 文件添加

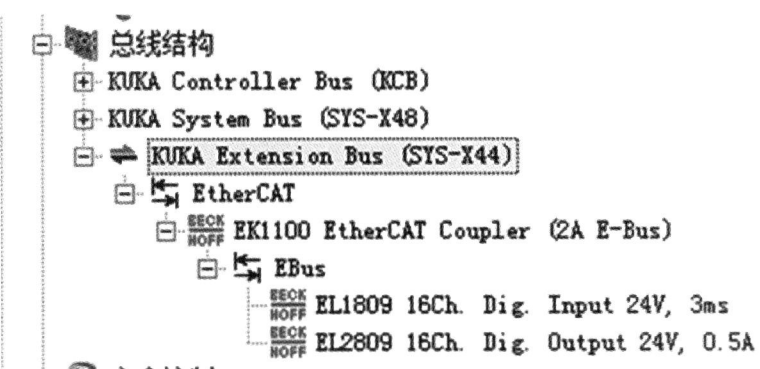

图3-131 添加子项

5. 配置信号点

（1）点击左上角"编辑器"→"输入输出接线"，如图3-132所示。

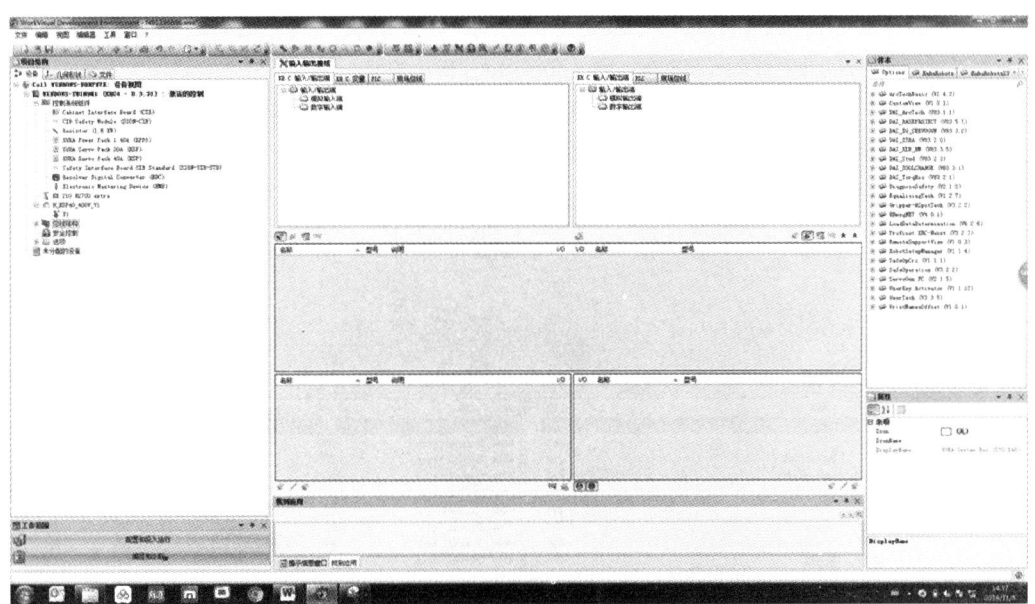

图3-132 软件配置器界面

（2）左侧窗口选择"输入/输出端"，右侧选择现场总线窗口，如图3-133所示。

（3）先对输入模块进行配置，左侧窗口选择数字输入，右侧选择组态上的输入模块，左下方窗口显示的是机器人端的输入信号点，右下方窗口显示的是输入模块端的输入端口，如图3-134所示。

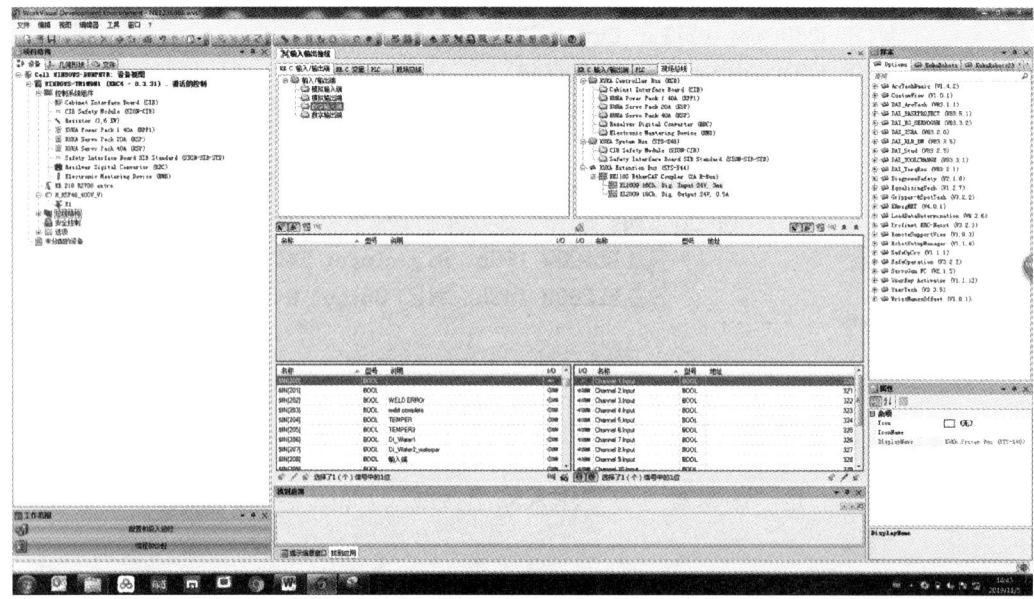

图 3-133 配置输入/输出界面

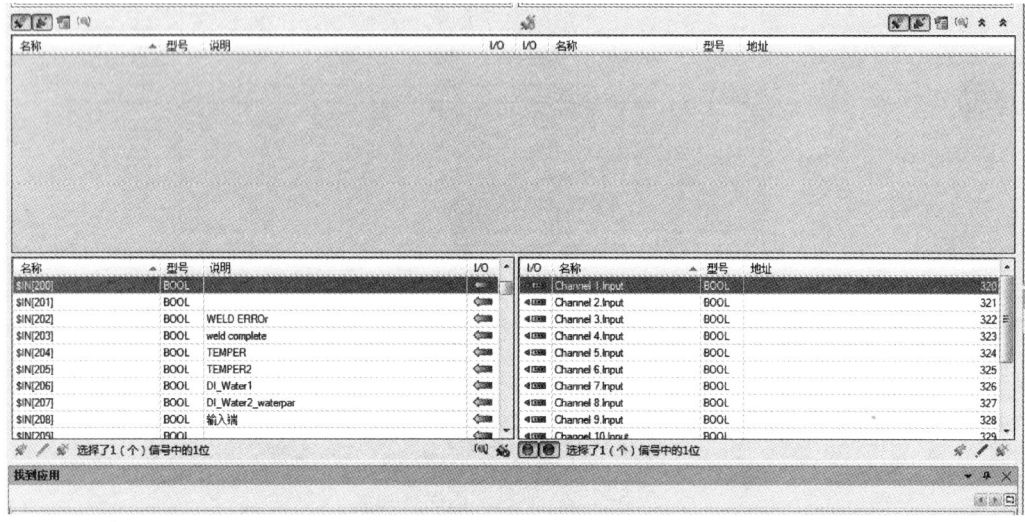

图 3-134 输入端口窗口

（4）选择左右两边需要关联的点，点击下方中间的连接键将外部输入模块与机器人信号进行关联，如图 3-135 所示。

（5）关联后的信号将会变成绿色，把需要关联的外部信号都关联上后，用相同的方法对输出信号进行关联，如果有模拟量信号，用相同的方法进行关联。如果连接错误可以使用上方中间的断开按键进行关联。

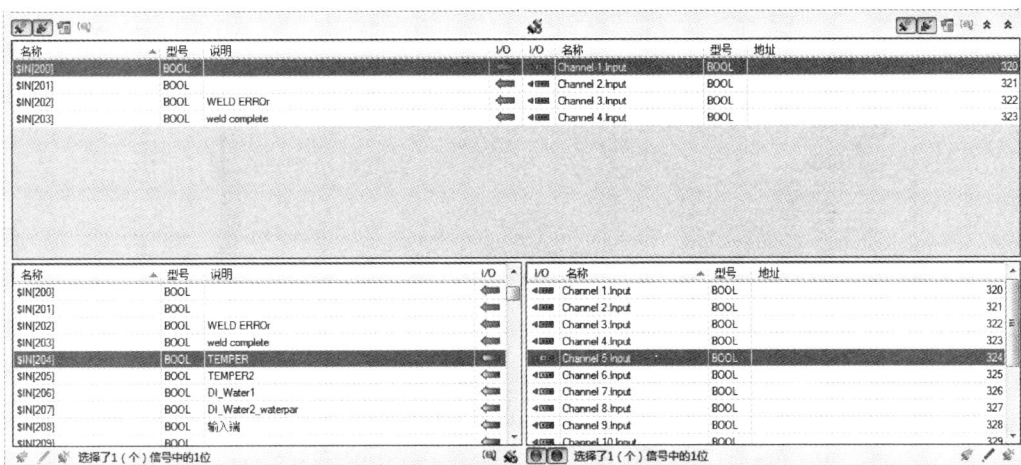

图 3-135　关联输出/输入端口界面

6. 组态

（1）如果这个组态中有外部轴（如焊枪、线性导轨等），那么也需要对外部轴进行组态，如图 3-136 所示。

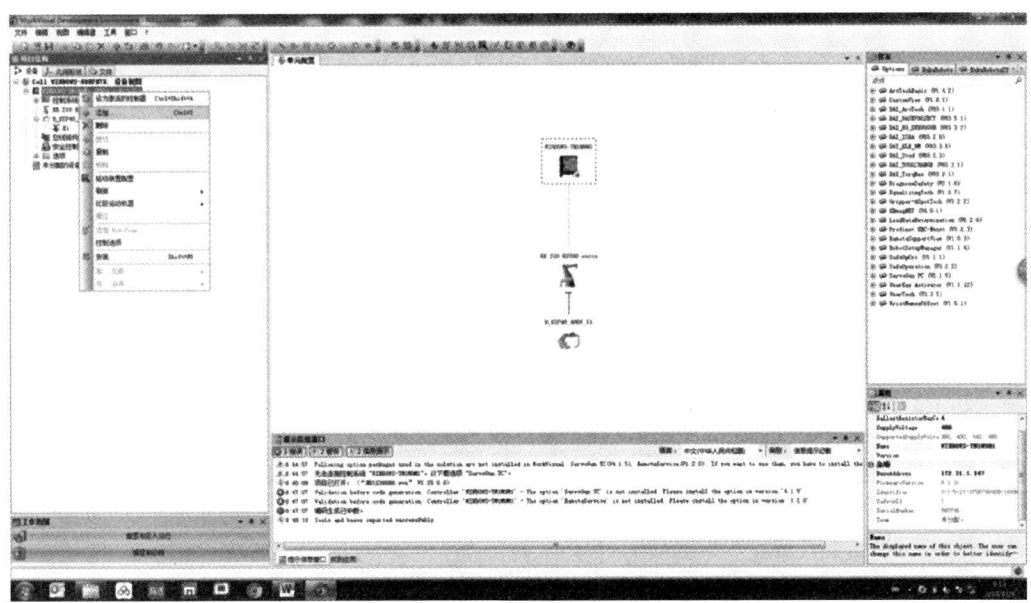

图 3-136　机器人组态界面

（2）右键"项目添加"，如图 3-137 所示。

（3）选择所对应的焊枪电动机或者线性导轨电动机，如图 3-138 所示。

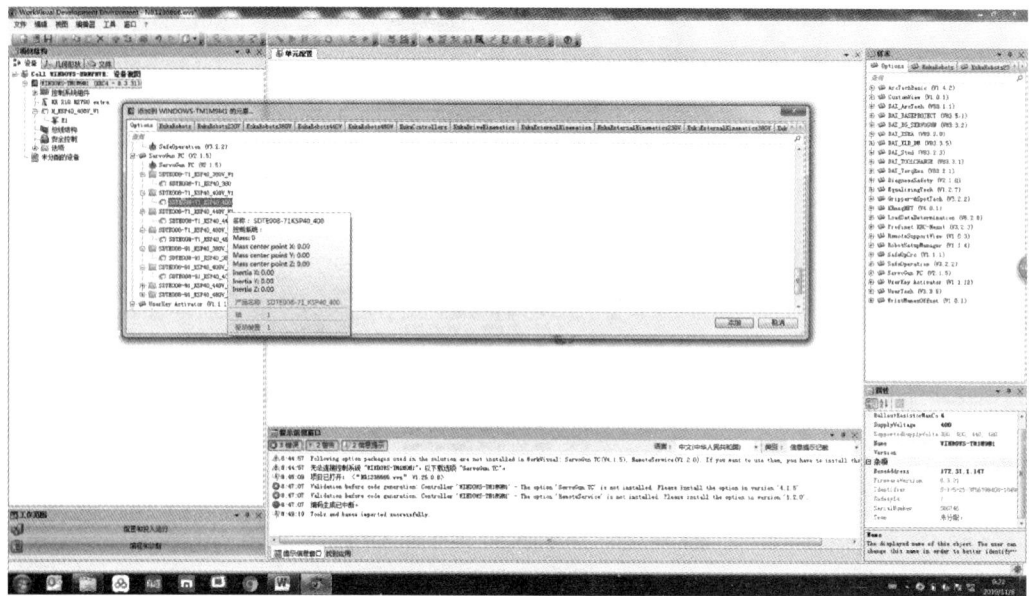

图 3-137 添加外部轴界面

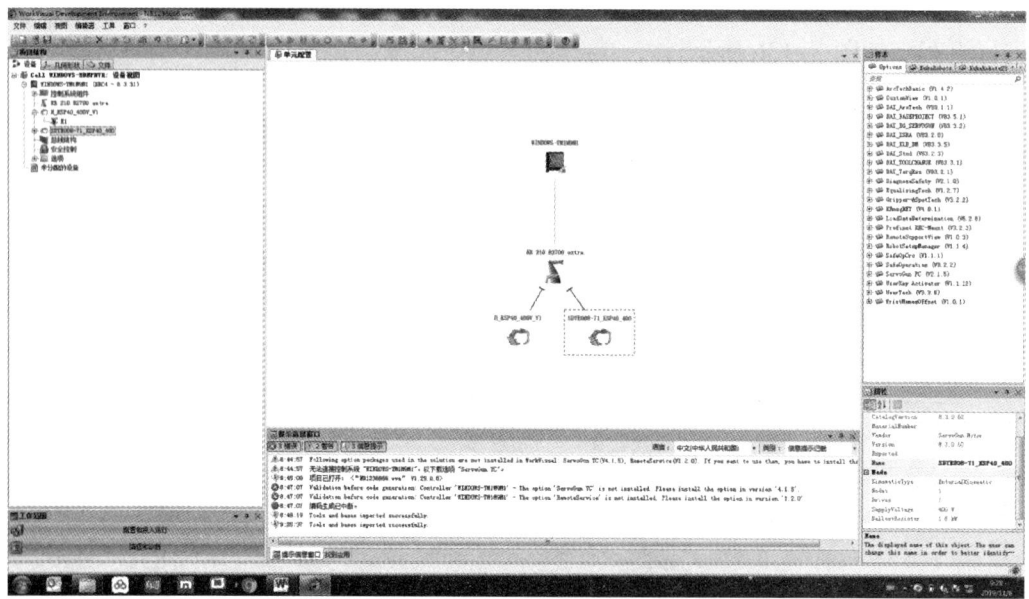

图 3-138 添加外部轴之后界面

（4）安装后，右侧的单元配置中出现焊枪或者导轨，如图 3-139 所示。

（5）双击左侧焊枪或者导轨的轴编号对其参数进行配置，主要配置电动机信息，包括电动机惯性、误差、轴能量等参数，这些参数可以在电动机铭牌上查询到。

7. 关联配置完毕后外部信号的组态基本完成，之后对组态进行编译与安装，如图 3-140 所示。

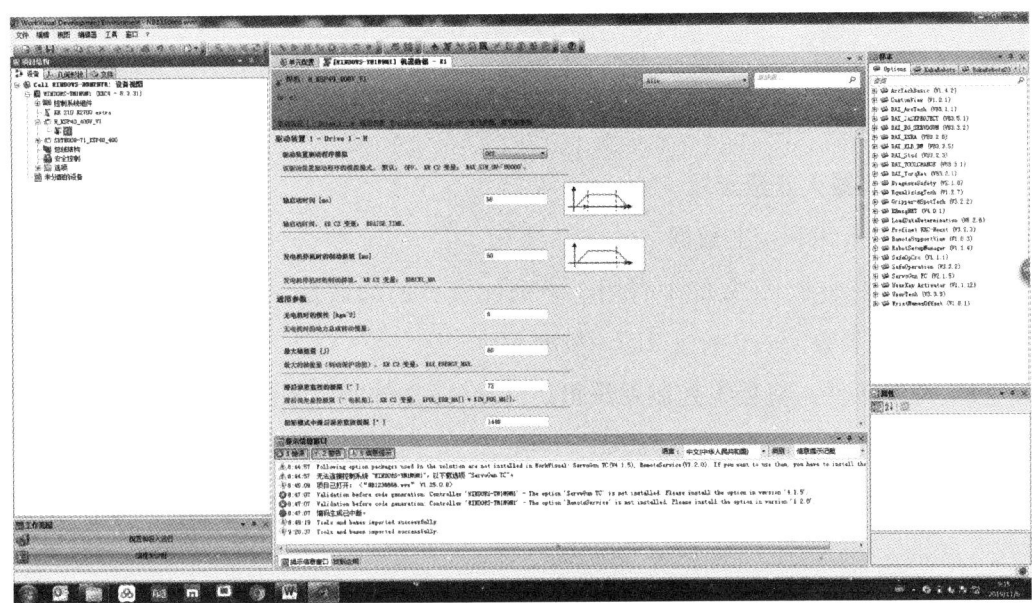

图 3-139　外部轴参数配置界面

图 3-140　选择编译按钮界面

选择"编译"按钮对组态进行编译，如果没有错误，点击左侧"安装"按钮。安装前需要将机器人登入权限修改为"安全维护员"。机器人端和计算机端双向确认后方可安装激活。

8. 信号点的确认：配置完成后需要对配置情况进行确认，"菜单"→"显示"→"输入/输出"，选择之前配置的点位，手动输出并确认点位是否正确。

培训单元四　机器人点焊变量类型及设定

能够设定和使用机器人点焊变量。

1. 点焊机器人变量配置

（1）载入卡钳和校准数据

1）如果在一个 txt 文件中有用于下列配置页面的数据，则可将其载入："配置"→"焊钳参数"→"校准 2P"（校准 5P）。

2）首要条件：机器人控制系统可访问该 txt 文件所位于的驱动器。或已插入了含有此 txt 文件的 U 盘。

3）专家用户组：在主菜单中选择"配置"→"Servo Gun Torque Control"→"载入全部"。

（2）在栏位"选择焊钳"中选择针对需要配置的卡钳载入数据。

（3）导航至 txt 文件并将其标出。

（4）按下"载入"。

2. 保存变量数据

（1）将会出现 1 条安全询问——"是否要覆盖现有数据"。用"是"回答。将载入数据并显示："成功应用数据"。

（2）保持卡钳和校准数据

1）可将焊钳配置页面的数据保存到一个 txt 文件中："配置"→"焊钳参数"→"校准 2P"（校准 5P）。

2）前提条件：专家用户组。操作步骤如下：①如果要保存到 U 盘上，则将 U 盘插入。②在主菜单中选择"配置"→"Servo Gun Torque Control"→"全部保存"。③在栏位选择焊钳中选择所希望的卡钳。在 1 个文件中始终仅可保存 1 个卡钳的数据。④在栏位焊钳说明中将显示所选卡钳的名称，可以更改名称，不会影响"ServoGun"软件中的卡钳名称，仅是 txt 文件中的数据将以此名称保存。⑤导航至所希望的存储位置并将其标记。⑥在栏位选择文件中将显示文件的默认名称，可以更改名称。⑦按下"保存"。将保存数据并显示："已成功保存"。

只有在"WorkVisual"的"ServoGun"编辑器的焊接计时器中的所属选项设为"TRUE"的情况下才会显示此窗口中的栏目。这些数值均来自焊接计时器，它们仅可显示不可编辑。但是，如果配置参数计时器类型设为"TEST"，则可编辑此数值。此时将显示机器人控制系统最后从焊接计时器处接收到的数值。

培训项目 二

焊前准备

培训单元一　机器人点焊工艺操作规程

掌握点焊工艺相关知识及工艺调整操作规程。

1. 点焊基本术语

（1）电阻焊

电阻焊是工件组合后，通过电极施加压力，利用电流流过接头的接触面及邻近区域产生的电阻热进行焊接的方法。

（2）熔核

两工件由棒状铜合金电极压紧后通电加热，在工件之间生成椭球状的熔化核心，切断电流后该核心冷凝形成熔核。

（3）熔深

熔核在单板上的熔化高度称为熔深。

（4）焊透率

熔核在单板上的熔化高度与板厚的比值称为焊透率。

（5）点距

相邻两个焊点的中心距离称为点距。

（6）边距

熔核中心到搭接板边的距离称为边距。

（7）高强度钢板

高强度钢板是在普通碳素钢的基础上加入少量合金元素制成的，具有更高强度的钢板，习惯上把屈服强度为 210~550 MPa 的钢板称为高强度钢板，屈服强度 >550 MPa 的钢板称为超高强度钢板。

（8）关键焊点

关键焊点指在车身中起对各个关键件的承载、连接作用，以及在整车动态或静态工况中承受各个方向的拉应力、压应力、剪切应力，从而对整车安全、性能、可靠性影响非常严重的焊点。

（9）一般焊点

关键焊点以外的其他焊点。

（10）凿检试验

将专用签子插入焊接部件以及邻近焊点的部件之间，施加一个外力后，不破坏零部件，观察焊点的成形质量。

（11）破坏性试验

将专用工具或装置插入焊接部件以及邻近焊点的部件之间，直到零部件彻底分离，观察焊点的成形质量。

（12）试板

点焊前的短条状金属板。

（13）试样/试件

经点焊后的试板组合件。

2. 点焊相关参数对焊点质量的影响

点焊相关参数对焊点质量的影响如图 3-141 所示。

3. 点焊设备与零部件要求

（1）点焊设备要求

1）高强板、镀锌板焊接建议使用中频焊机；3层板组合或总厚度≥4.5 mm 的组合建议使用中频焊机。

2）镀锌零部件的焊接应使用纳米弥散强化铜（氧化铝铜）材质电极/电极帽或复合型电极/电极帽，其他材质零部件焊接可使用铬钴铜材质电极/电极帽。

3）冷却水流速应≥4 L/min，入口冷却水温度应≤30 ℃。

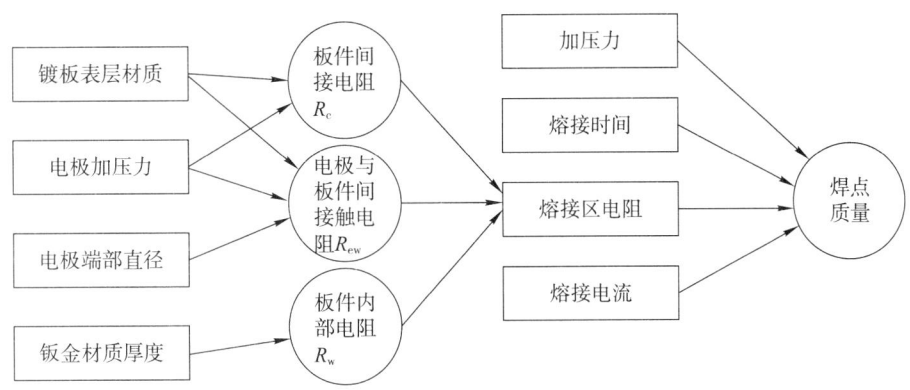

图 3-141 点焊相关参数对焊点质量的影响

（2）零部件可焊性要求

1）点焊单层厚度应≤3 mm，总厚度应≤6 mm，总层数应≤3 层。

2）为避免熔核偏移，两层板焊接时，薄板与厚板厚度比应≥1∶3，3 层板焊接时，侧件的薄厚比应≥1∶2，侧边较薄板与其余 2 层板厚度和的比应≥1∶4。

3）为避免焊钳与零部件搭铁分流，焊钳（电极、导电臂、钳臂）与零部件的理论间隙应≥5 mm，如有必要应对焊钳搭铁部位做绝缘防护。

4）为避免焊点分流，点间距应≥20δ（δ 为 2 层板组合中的薄板厚度，3 层板组合中外层较薄板的厚度），板厚与焊点位置要求见表 3-34。

表 3-34 板厚与焊点位置要求

板厚/mm	最小点距 e/mm			最小边距 b/mm	附图说明
	普板	高强板	镀锌板		
0.5	10	15	20	4.5	
0.8	16	21	26	5.0	
1.0	20	25	30	6.0	
1.2	24	29	34	6.5	
1.5	30	25	40	7.0	
2.0	40	45	50	8.0	
2.5	50	55	60	9.0	
3.0	60	65	70	10.0	

5）为避免焊接飞溅（熔融金属热胀，冲破周边冷金属的束缚而产生的飞溅），当板厚≤1.2 mm 时，焊点（边缘）距零部件边缘应≥1 mm，当板厚＞1.2 mm 时，焊点（边缘）距零部件边缘应≥2 mm（板厚指 2 层板组合中的薄板厚度，3 层板

组合中的外层较薄板厚度)。为方便使用,转换为焊点中心距板边缘的距离,板厚与焊点位置要求可参考表 3-37。

6)为避免电极压力的损耗,零部件组合的板层间隙应≤0.5 mm。

(3)电极与板件垂直度要求

为保证焊点外观质量,避免焊点扭曲问题,应保证焊接时电极与板件垂直。

1)机器人焊接时,焊钳两电极压力载荷方向与制件角度应为 90°(垂直),特殊情况可允许 ±5° 偏差。

2)人工焊接时,焊钳两电极压力载荷方向应与制件目视近似垂直,焊点应无明显的扭曲变形。

3)两电极工作端面啮合良好,如图 3-142a 所示,避免如图 3-142b~d 所示错误状态。

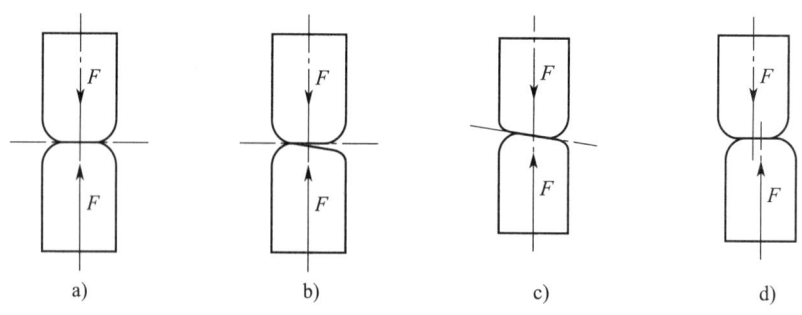

图 3-142 点焊电极工作端面配合情况

a)正确状态,两电极端面啮合,端面与压力载荷线垂直 b)错误状态,两电极端面点接触 c)错误状态,两电极磨偏,端面与压力载荷线不垂直 d)错误状态,两电极目测明显不同心,偏心量≥1 mm 为不合格

(4)分流的影响因素

分流是指焊件组合后通过电极施加压力,利用电流通过接头的接触面及邻近区域产生的电阻热进行焊接的方法。

1)焊点距离对分流的影响

焊点距离越小,板材越厚,材料的导电性越好,分流就越严重,如图 3-143 所示。

2)焊接顺序对分流的影响

焊接顺序对分流的影响如图 3-144 所示,分流率按图示大小排列为图 144c> 图 144b> 图 144a。

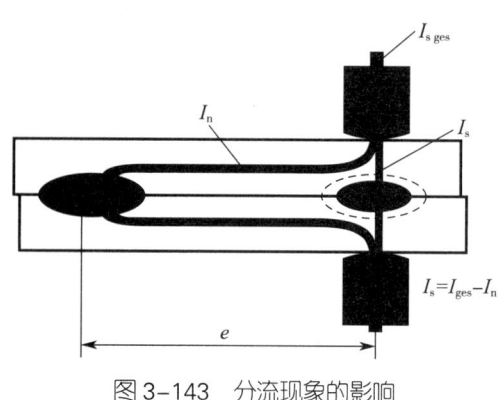

图 3-143 分流现象的影响

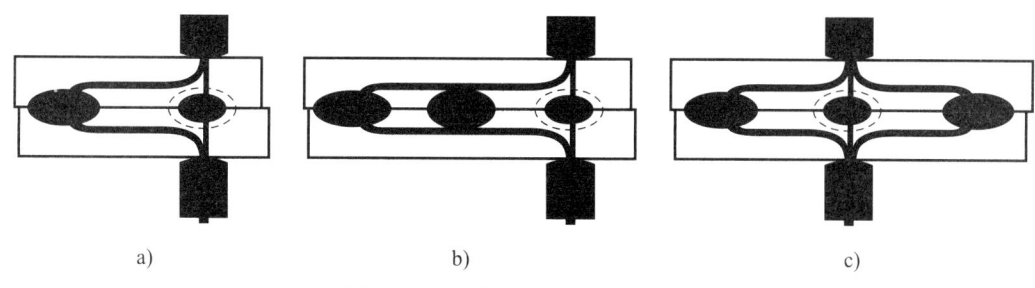

图 3-144 焊接顺序对分流的影响

3）焊件表面状态对分流的影响

焊件表面处理不良时，油污和氧化膜会使接触电阻增大，导致焊接区总电阻增大，分路电阻相对减小，从而使分流增大。另外，电极与工件非焊接区接触，焊件装配不良或装配过紧也会对分流产生影响。

分流过大易引起焊点强度降低；对于单面电阻点焊，则会因局部接触而产生表面过热和飞溅。消除和减少分流的措施如下：

①选择合理的焊点距离。

②严格清理被焊工件表面。

③注意结构设计的合理性。

④对于敞开式焊件，应采用专用电极和电极握杆。

⑤连续电阻点焊时，可适当提高焊接电流。

⑥单面多点焊时，应采用调幅焊接电流波形。

（5）焊接参数选取原则

在机器人点焊工艺中针对不同材料可以选择不同焊接参数，不同工艺采用不同焊接参数，图 3-145 为不同点焊流程。

1）电极压力选取原则

推荐使用较大的电极压力，可有效减少焊接飞溅问题，但是应考虑下列 2 种情况：

① 13 mm 电极帽电极压力应≤2.5 kV，16 mm 电极帽电极压力应≤4.0 kN，20 mm 电极帽电极压力应≤6.3 kN。如使用更高电极压力，需明确证明电极帽在给定的高压力下使用无风险。

②电极压力不宜超出焊钳在 0.5 MPa 输入气压时的额定输出压力。

2）焊接电流/焊接时间选取原则

①镀锌板、高强板焊接推荐使用 2 次脉冲焊接参数或多次脉冲焊接参数。镀

锌件焊接推荐使用带预热特征的 2 次脉冲焊接参数，如图 3-146 所示，高强板焊接推荐使用带后热特征的 2 次脉冲焊接参数，如图 3-147 所示。

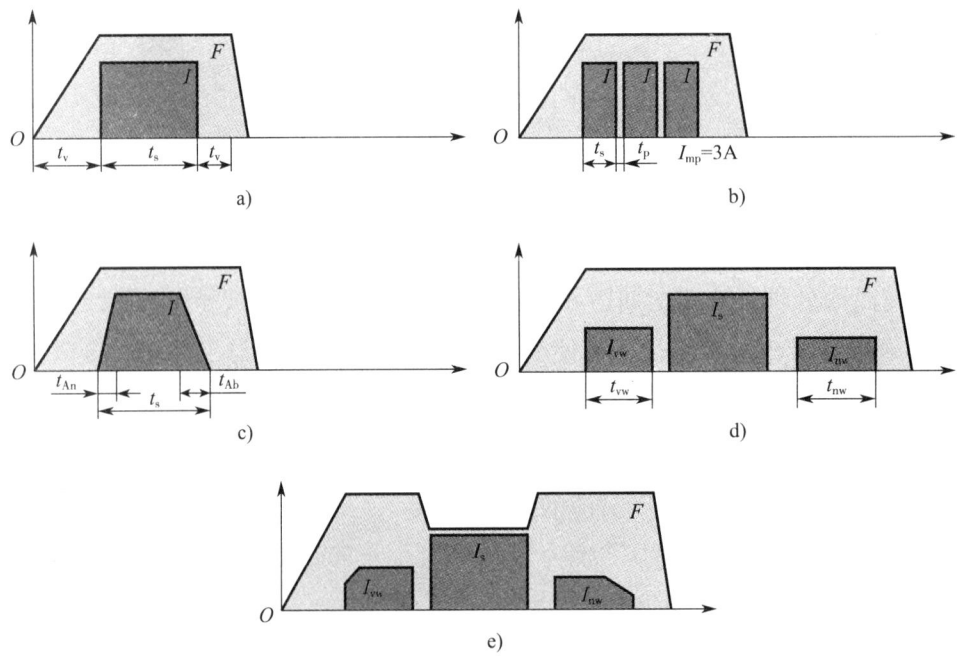

图 3-145 机器人点焊流程

a）单个脉冲焊 b）多脉冲焊 c）电流缓升和缓降的焊接 d）电流控制焊接 e）电流、电压控制焊接

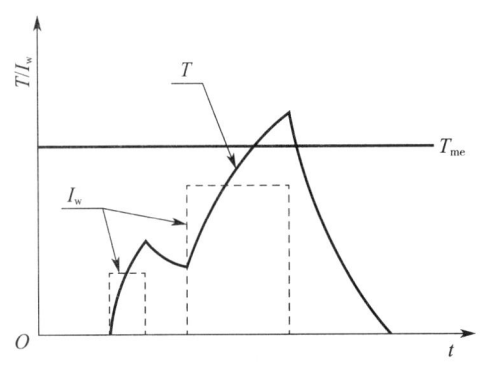

图 3-146 带预热特征 2 次脉冲焊接参数

T—焊接温度 T_{me}—相变温度 I_w—焊接电流 t—时间

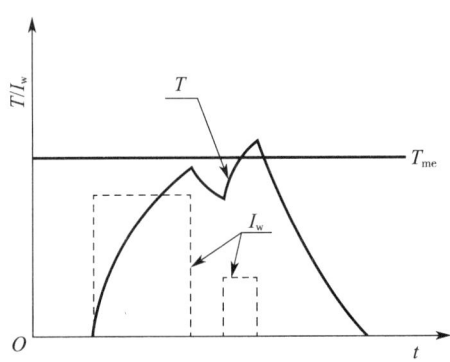

图 3-147 带后热特征 2 次脉冲焊接参数

T—焊接温度 T_{me}—相变温度 I_w—焊接电流 t—时间

以带预热特征 2 次脉冲焊接工艺参数为例，焊接工艺流程如图 3-148 所示。

②在工位节拍满足的情况下，推荐使用软规范（小电流、长时间），以减少焊接飞溅。

③当板厚比较大时，推荐使用硬规范（大电流、短时间），以克服熔核偏移。

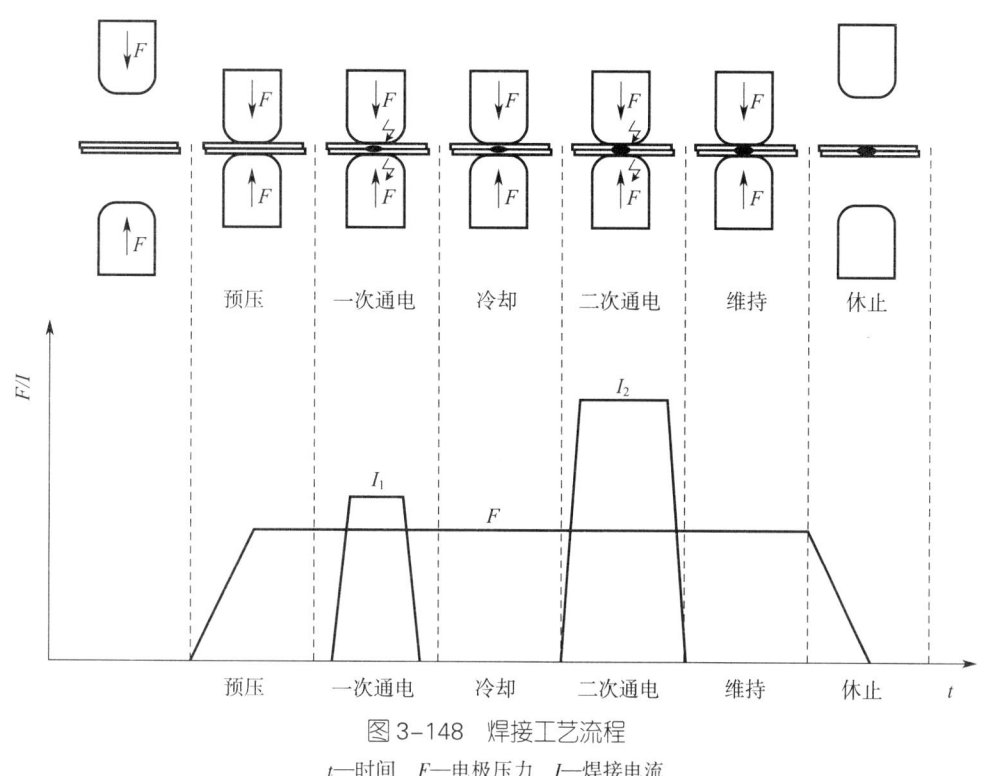

图 3-148 焊接工艺流程

t—时间　F—电极压力　I—焊接电流

3）电极端面直径选取原则

电极端面直径一般为 6~8 mm。在其他焊接参数不变的前提下，电极端面直径偏小，则熔深增大，熔核直径减小；电极端面直径偏大，则熔深减小，熔核直径增大。

当有更大熔核尺寸要求时，需要适当增大电极端面直径或使用更大直径的电极帽。不建议选用异型电极帽，但必要时可选用图 3-149 所示电极帽种类。

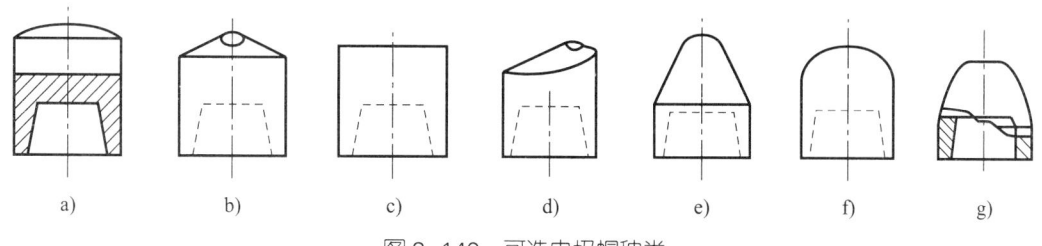

图 3-149 可选电极帽种类

a）A 型电极帽　b）B 型电极帽　c）C 型电极帽　d）D 型电极帽　e）E 型电极帽
f）F 型电极帽　g）G 型电极帽

4）焊接参数经验值

通过合理设定熔接条件可以改善钣金件焊点品质。点焊熔接条件下各个工艺参数的选取（设定）主要与钣金件的板厚有关，表 3-35 根据板厚因素作为熔接工艺参数选取的条件。每种钣金件现在已经有了 1 组相应的熔接工艺参数经验值。

表 3-35 钣金件焊接工艺参数经验数据

焊点总板厚度 / mm	预压时间 / ms	斜坡 / ms	斜坡电流 / kA	焊接时间 / ms	焊接电流 / kA	维持时间 / ms	焊接压力 / kN
1.2	400	0	0	200	9.5	200	2.0
1.3	400	0	0	200	9.5	200	2.1
1.4	400	0	0	200	9.4	200	2.1
1.5	400	0	0	210	9.4	200	2.2
1.6	420	0	0	230	9.3	200	2.2
1.7	420	0	0	240	9.2	200	2.3
1.8	420	0	0	250	9.2	200	2.3
1.9	420	0	0	270	9.1	200	2.3
2.0	420	0	4	350	9.0	200	2.3
2.1	430	0	4	360	9.0	200	2.4
2.2	430	0	4	380	8.9	200	2.4
2.3	430	0	4	390	8.9	200	2.5
2.4	430	0	4	400	8.8	200	2.5
2.5	430	0	4	410	8.8	200	2.6
2.6	440	0	4	430	8.7	200	2.6
2.7	440	0	4	440	8.7	200	2.7
2.8	440	0	4	450	8.6	200	2.8
2.9	440	0	4	470	8.6	200	2.8
3.0	450	60	4	500	8.6	250	3.0
3.1	450	60	4	510	8.6	250	3.1
3.2	450	60	4	530	8.5	250	3.2
3.3	450	60	4	540	8.5	250	3.3
3.4	450	60	4	550	8.5	250	3.4
3.5	450	60	4	560	8.4	250	3.5
3.6	460	60	4	580	8.4	250	3.6
3.7	460	60	4	590	8.4	250	3.6
3.8	460	60	4	600	8.3	250	3.7
3.9	460	60	4	610	8.3	250	3.7
4.0	460	60	4	610	8.3	250	3.8
4.1	470	80	5	615	8.3	300	3.8

针对不同板材搭接的焊接参数条件选择见表3-36。

表3-36 不同板材搭接的焊接参数条件

板材搭接类型	焊接参数	2层板	3层板	备注
异板厚、同材质	电流	薄板侧条件	相加后取平均值	
	时间	相加后取平均值	最大条件	
	压力	薄板侧条件	相加后取平均值	
同板厚、异材质	电流	相加后取平均值	相加后取平均值	
	时间	相加后取平均值	高等级材料条件	
	压力	相加后取平均值	相加后取平均值	
异板厚、异材质	电流	高等级材料条件	相加后取平均值	
	时间	相加后取平均值	高等级材料条件	
	压力	高等级材料条件	相加后取平均值	

（6）常用金属的点焊

1）点焊前的工件清理

点焊前必须进行工件表面清理，以保证接头质量稳定。清理方法分机械清理和化学清理2种。常用的机械清理方法有喷砂、喷丸、抛光、用纱布或钢丝刷清理等。

①低碳钢和低合金钢。低碳钢和低合金钢在大气中的抗腐蚀能力较低，在运输、存放和加工过程中常常用抗蚀油保护。如果涂油表面未被车间的脏物或其他不良导电材料所污染，在电极压力下，油膜很容易被挤开，不会影响接头质量。

钢的供货状态有：热轧，不酸洗；热轧，酸洗并涂油；冷轧。未酸洗的热轧钢焊接时，必须用喷砂、喷丸，或者用化学腐蚀的方法清除氧化皮，可在硫酸及盐酸溶液中，或者在以磷酸为主但含有硫脲的溶液中进行腐蚀，后一种成分可有效地同时进行涂油和腐蚀。

②有镀层的钢板。除了少数外，一般不用特殊清理就可以进行焊接。镀铝钢板则需要用钢丝刷或化学腐蚀清理。带有磷酸盐涂层的钢板，其表面电阻会高到在低电极压力下，焊接电流无法通过的程度。只有采用较高的压力才能进行焊接。

2）镀锌钢板的点焊

镀锌钢板大致分为电镀锌钢板和热浸镀锌钢板，前者的镀层比后者薄。

点焊镀锌钢板用的电极，推荐用2类电极合金。相对点焊外观要求很高时，可以采用1类合金。推荐使用锥形电极形状，锥角120°~140°。使用焊钳时，推荐采用端面半径为25~50 mm的球面电极。

为提高电极使用寿命，也可采用嵌有钨极电极头的复合电极，以2类电极合金制成的电极体，可以加强钨电极头的散热。

镀锌钢板点焊的焊接条件见表3-37。

表3-37 镀锌钢板点焊的焊接条件

镀层种类		电镀锌			热浸镀锌		
镀层厚度/μm		2~3	2~3	2~3	10~15	15~20	20~25
焊接条件	级别	板厚/mm					
		0.8	1.2	1.6	0.8	1.2	1.6
电极压力/kN	A	2.7	3.3	4.5	2.7	3.7	4.5
	B	2.0	2.5	3.2	1.7	2.5	3.5
焊接时间/cyc	A	8	10	12	8	10	12
	B	10	12	15	10	12	15
电流/kA	A	10.0	11.5	14.5	10.0	12.5	15.0
	B	8.5	10.5	12.0	9.9	11.0	12.0
抗剪强度	A	4.6	6.7	11.5	5.0	9.0	13
	B	4.4	6.5	10.5	4.8	8.7	12

3）淬火钢的点焊

由于冷却速度极快，在点焊淬火钢时必然产生硬脆的马氏体组织，在应力较大时会产生裂纹。为了消除淬火组织、改善接头性能，通常采用电极间焊后回火的双脉冲点焊方法，这种方法的第1个电流脉冲为焊接脉冲，第2个电流脉冲为回火处理脉冲，使用这种方法时应注意以下2点：

①两脉冲之间的间隔时间一定要保证使焊点冷却到马氏体转变温度（Ms）以下。

②回火电流脉冲幅值要适当，以避免焊接区的金属重新超过奥氏体相变点而引起二次淬火。

淬火钢的双脉冲点焊焊接参数见表3-38。

表 3-38　25CrMnSiA、30CrMnSiA 钢双脉冲点焊焊接参数

板厚 /mm	电极端面直径 /mm	电极压力 /kN	焊接时间 /cyc
1.0	5.0～5.5	1.0～1.8	22～32
1.5	6.0～6.5	1.8～2.5	24～35
2.0	6.5～7.0	2.0～2.8	25～37
2.5	7.0～7.5	2.2～3.2	30～40

板厚 /mm	焊接电流 /kA	间隔时间 /cyc	回火时间 /cyc	回火电流 /kA
1.0	5.0～6.5	25～30	60～70	2.5～4.5
1.5	6.0～7.2	25～30	60～80	3.0～5.0
2.0	6.5～8.0	25～30	60～85	3.5～6.0
2.5	7.0～9.0	30～35	65～90	4.0～7.0

4）镀铝钢板的点焊

镀铝钢板分为两类，第 1 类以耐热为主，表面镀有 1 层厚 20～25 μm 的 Al-Si 合金 [$w(Si)$=6%～8.5%]，可耐 640 ℃高温。第 2 类以耐腐蚀为主，为纯铝镀层，镀层厚为第 1 类的 2～3 倍。点焊这两类镀锌钢板时都可以获得强度良好的焊点。

由于镀层的导电、导热性好，因此需要较大的焊接电流。并应采用硬铜合金的球面电极。表 3-42 为第 1 类镀铝钢板点焊的焊接条件。对于第 2 类，由于镀层厚，应采用较大的电流和较低的电极压力。耐热镀铝板点焊焊接参数见表 3-39。

表 3-39　耐热镀铝板点焊条件

板厚 /mm	电极球面半径 /mm	电极压力 /kN	焊接时间 /cyc	焊接电流 /kA	抗剪强度 /kN
0.6	25	1.8	9	8.7	1.9
0.8	25	2.0	10	9.5	2.5
1.0	50	2.5	11	10.5	4.2
1.2	50	3.2	12	12.0	6.0
1.4	50	4.0	14	13.0	8.0
2.0	50	5.5	18	14.0	13.0

5）不锈钢的点焊

不锈钢一般分为：奥氏体不锈钢、铁素体不锈钢和马氏体不锈钢 3 种。由于不锈钢的电阻率高、导热性差，因此与低碳钢相比，可采用较小的焊接电流和较短的焊接时间。这类材料有较高的高温强度，必须采用较高的电极压力，以防止产生缩孔、裂纹等缺陷。不锈钢的热敏感性强，通常采用较短的焊接时间、强有

力的内部和外部水冷却,并准确地控制加热时间、焊接时间及焊接电流,以防热影响区晶粒长大和出现晶间腐蚀现象。

点焊不锈钢的电极推荐使用第 2 类或第 3 类电极合金,以满足高电极压力的需要。表 3-40 为不锈钢点焊焊接参数。

表 3-40　不锈钢点焊焊接参数

板厚 /mm	电极端面直径 /mm	电极压力 /kN	焊接时间 /cyc	焊接电流 /kA
0.3	3.0	0.8～1.2	2～3	3.0～4.0
0.5	4.0	1.5～2.0	3～4	3.5～4.5
0.8	5.0	2.4～3.6	5～7	5.0～6.5
1.0	5.0	3.6～4.2	6～8	5.8～6.5
1.2	6.0	4.0～4.5	7～9	6.0～7.0
1.5	5.5～6.5	5.0～5.6	9～12	6.5～8.0
2.0	7.0	7.5～8.5	11～13	8.0～10.0
2.5	7.5～8.0	8.5～10.0	12～16	8.0～11.0
3.0	9～10	10.0～12.0	13～17	11.0～13.0

培训单元二　机器人点焊工装夹具基本知识

掌握机器人点焊工装夹具的基本知识。

1. 机器人点焊工装夹具特点

(1) 点焊夹具

点焊夹具结构简单,可以移动,应以轻巧、灵活为主,定位基准一定要准确。

(2) CO_2 气体保护焊夹具

CO_2 气体保护焊夹具一般以固定式为主,其结构简单。

（3）综合夹具

综合夹具所装夹组件，既有 CO_2 焊，又有点焊。对一些全点焊组件，有些位置不适宜在夹具上点焊，而一些焊点对外观和质量无特殊要求的焊件，如果用 CO_2 焊先在夹具上预焊，则很方便，且夹具设计简单。所以应适当地进行工艺调整达到简化夹具和提高效率的目的。

2. 机器人点焊工装夹具应用案例

中、大型焊接夹具机构庞大、复杂，各部件总成与车身焊接总成之间既相互关联又相互制约和影响。轿车侧围外板机器人点焊夹具如图 3-150 所示。

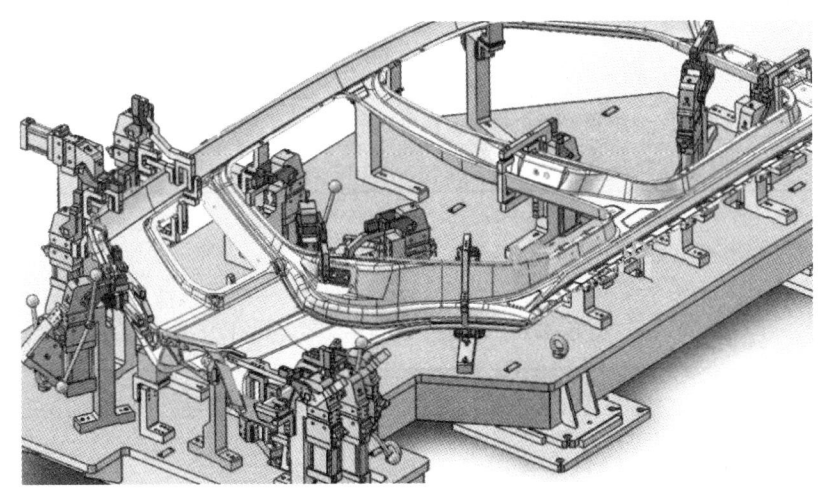

图 3-150　轿车侧围外板机器人点焊夹具

从点焊的夹具结构可以看出，焊接处要留有一定空间使焊钳能够进入。另外，点焊夹具多为气动和电动驱动，由 PLC 或其他控制系统进行控制，以满足汽车生产线自动化作业需求。

培训单元三　伺服焊钳和控制器的检查规范

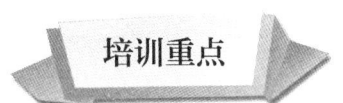

掌握伺服焊钳和控制器的检查规范。

知识要求

1. 伺服焊钳的检查规范

以 OBARA 焊钳为例,焊钳使用前务必进行检查,检查事项见表 3-41。

表 3-41 检查事项

检查部位		规格或标准状态
确认是否漏水	二次导体部分(电极、端子等)、配管部(软管、水嘴)	应无漏水
确认冷却水量		流量应与指定的相同 3.2 L/min
确认压缩空气	气缸部分、配管部分(软管、水嘴)	应无漏气
	空气压力	参阅焊枪装配图(标准 5 kg/cm^2)

各单元检查的重点部位见表 3-42。

表 3-42 各单元检查的重点部位

单元	检查内容
气缸	动作是否流畅 各部分的螺栓、螺母是否松动 是否漏气 行程有无异常 活塞杆有无伤痕
二次侧通电部分	紧固通电部分的螺栓、螺母是否松动 二次导体之间和接地之间的绝缘件有无损坏

2. 控制器检查规范

以小原 ST21 分体式控制箱为例,表 3-43 为控制柜检查规范。

表 3-43 控制柜检查规范

编号	检查项目	检查部位	标准	Y/N	检查设备及工具	定期点检	备注
1	外观	SCR	是否漏水	是、否	目测	每月1次	建议自行点检
		SCR 冷却水管	要求没有破损、开裂	是、否	目测		建议自行点检

续表

编号	检查项目	检查部位	标准	Y/N	检查设备及工具	定期点检	备注
1	外观	SCR 冷却水流量	6 L/min	是、否	流量计	每月1次	建议自行点检
		电源指示灯	电源接通断开，指示灯亮起熄灭	是、否	目测		建议自行点检
		名称、刻印机标贴	参照图纸、作业表	是、否	目测		建议自行点检
2	数据设定	编程器接口	数据正常设定及监控	是、否	目测	每月1次	建议自行点检
3	内部机制	输入输出信号线连接/外观	接头无松动/无破损、无断开	是、否	目测	每月1次	建议自行点检
		接地线连接/外观	接头无松动/无破损、无断开	是、否	目测		建议自行点检
		电源电缆连接/外观	接头无松动/无破损、无断开	是、否	目测		建议自行点检
		控制箱内部	必须保持清洁	是、否	目测		建议自行点检
4	综合判断			是、否			

培训单元四　编写修磨器程序

1. 掌握电极修磨器工作原理、参数设定、修磨器工艺流程和编程逻辑。
2. 编写修磨器程序，实现自动修磨的功能。

1. 电极修磨器工作原理

（1）点焊电极修磨的原理

电极修磨器也称为电极修磨机，在点焊时，电极上通过的电流密度很大，再加上同时作用的压力较大，电极表面就会出现变形，电极极易失去其原有的形状，这样就不能很好地控制焊核的大小。同时，由于电极在焊接过程中受到高温而与车身板件发生合金氧化反应，影响电极的导电性能，点焊时通电电流值就不能得到很好的保证，可能出现虚焊、爆焊等不良焊接，为了消除这些不利因素对焊接质量的影响，必须定期使用电极修磨器对电极进行修磨。电极修磨器分为手工修磨器和自动修磨器。电极修磨器有手工修磨和自动修磨2种。

1）手工电极修磨

将"焊接/调整"开关置于"调整"，先修磨电极侧面1周，然后修磨电极端部平面。电极修磨后要用试板焊接、检验，对焊点质量、电极修磨情况进行检查。

2）自动电极修磨

当机器人点焊达到设定的焊点数量后，机器人会自动调用修磨程序，如普通碳钢材料焊接，每焊接800~1 000点就需修磨1次电极帽，以确保得到良好的焊接质量。

将焊钳电极移动到修磨器的修磨刀头两侧，将上、下两电极夹紧，使上、下电极同时接触修磨器的双面刀片，修磨器的刀头转过一定转数后，将上、下电极端头切削出与刀片形状一致的端面。根据修磨器的工艺流程，规划修磨器的机器人示教点位，如图3-151所示。

电极修磨器及刀头的种类：电器修磨器按转动方式分，有单向旋转和正、反向旋转2种。刀头按切削刃的数量分为单刃刀头和多刃刀头2种。

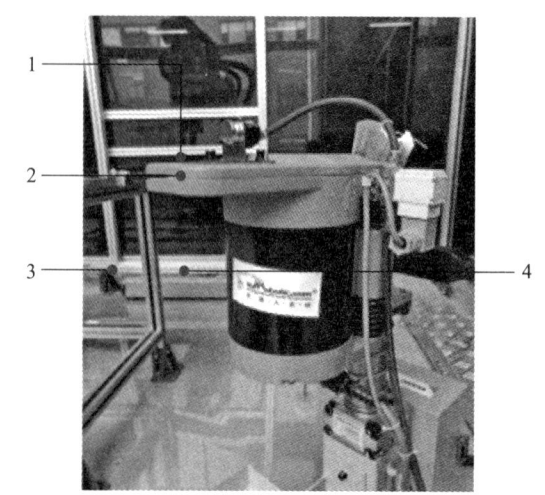

图3-151 修磨器示教点位
1—P_4修磨工作点　2—P_3下电极修磨点　3—P_1避让点
4—P_2修磨临近点

（2）机器人点焊电极修磨器的要点

机器人点焊电极修磨器是靠机器人自动调用修磨程序，将上、下电极移到修磨器刀头两侧，焊钳合口加压，同时修磨器刀头开始旋转，设定切削的时间后，电极端面被修出新表面，压堆变形和表面氧化层都被修掉。机器人修磨程序示教的好坏则直接影响电极修磨的质量。

1）电极的位置和角度

首先将固定电极移到修磨器刀头处，电极端头中心尽量对准刀头中心，与刀头的刀片间要留 5~10 mm 的距离，不能直接接触。然后目视调整焊钳，使电极的轴线尽量垂直于修磨器刀头。其次驱动焊钳可动电极轴，适当移动可动电极接近刀头，同样使可动电极的端头中心尽量对准刀头中心。这样就能保证上、下电极与修磨器刀头对正和垂直，这是电极修磨质量好坏的关键。

2）上、下电极夹紧加压

上、下电极夹紧修磨器刀头加压要适当，加压过小，修磨效果不好，还会引起电极在刀头上振动；加压过大，增加修磨器旋转的阻力，使其旋转缓慢甚至停转，也会对刀片造成损伤。可参照修磨器供货商提供的修磨加压值进行设定。也可在供货商指定的加压范围内进行适当调整，以得到更好的修磨效果。在上、下电极加压前，修磨器应预先开始旋转。

3）修磨时间

当前的修磨器，较少可以直接控制转数，一般是指定修磨时间。通过修磨器设备参数也可大致换算出转数。如果电极变形不严重，修磨转数在 10 r 左右即可修好。设定时只需设定修磨时间即可，修磨时间是指上、下电极夹紧刀头至打开的一段时间。修磨器供货商会提供修磨时间供参考。但在实际操作中，常常会调整修磨时间来达到较好的修磨效果。

（3）电极出现应当修磨的情况

1）电极边沿发毛或端面直径超过 8 mm。

2）电极接触端直径小于 6 mm。

3）电极面不平，有明显凹坑或者太尖。

4）上、下电极错位，修磨电极无法达到理想效果时，可调整电极。

（4）电极帽修磨及更换的注意事项

1）电极修磨时，应保证上、下 2 个接触面对称，偏差不能大于 0.5 mm。

2）电极修磨时，上、下 2 个接触面要平，不能有缝隙产生。

3）电极修磨时，上、下 2 个电极接触面不能过小或过大，修磨时应保证接触面直径为 6~8 mm，电极锥度不小于 45°，可根据现场情况适当调整。

4）更换新电极帽时，电极帽表面应光滑，不能有凸起或者凹坑。

2. 电极修磨器参数设定

（1）磨损检测

电极的磨损检测，分为空打接触动作和传感器检测动作两方面。

1) 空打接触动作

使固定侧（下侧）电极和移动侧（上侧）电极接触，读取该位置。空打接触动作用"SVGUNCL"（空打动作）命令执行。

例如：SVGUNCL GUN#（1）PRESSCL#（1）TWC-A。

GUN#（1）—焊钳序号；PRESSCL#（1）—空打压力文件序号；TWC-A—空打接触动作指定

2) 传感器检测动作

使移动侧（上侧）电极在传感器的检测范围内移动，根据该位置读取的数据，计算移动侧电极的磨损量。传感器检测动作用"SVGUNCL"（空打动作）命令执行，由传感器检测电极位置。

例如：SVGUNCL GUN#（1）PRESSCL#（1）TWC-B。

GUN#（1）—焊钳序号；空打压力文件序号—PRESSCL#（1）；空打接触动作指定—TWC-B

3) 磨损检测举例

空打接触动作和传感器检测动作磨损检测示例如图3-152所示。

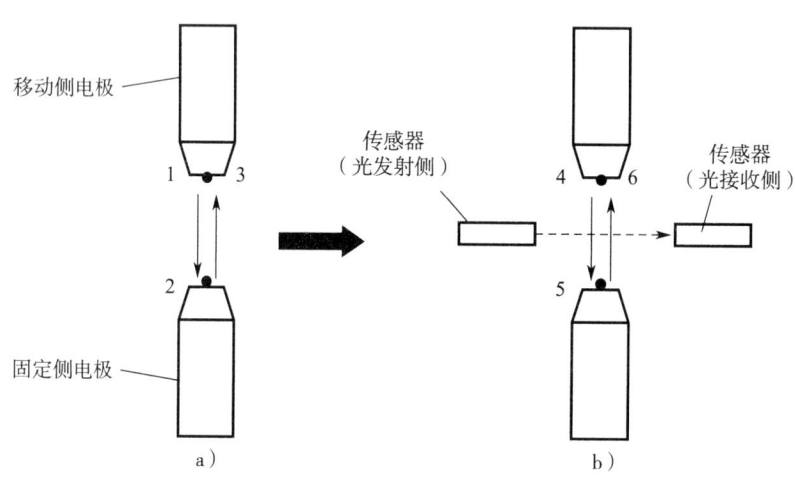

图3-152 磨损检测示例

a）空打接触动作 b）传感器检测动作

程序举例：

空打接触动作程序

"MOVJ"（关节插补）：SVGUNCL GUN#（1）PRESSCL#（1）TWC-A（空打接触动作）；"MOVJ"（关节插补）。

传感器检测动作程序

"MOVJ"（关节插补）：SVGUNCL GUN#（1）PRESSCL#（1）TWC-B（传感器检测动作）；"MOVJ"（关节插补）。

注意：双行程焊钳进行传感器检测动作时，示教时要保证上侧电极通过传感器的检测范围。

（2）焊接诊断界面

焊接诊断界面显示电极的磨损量等内容。可以在此界面设定磨损量的允许值等内容。操作步骤如下：

1）选择主菜单的"点焊"。

2）选择{焊接诊断}，显示点焊诊断界面，如图3-153所示。

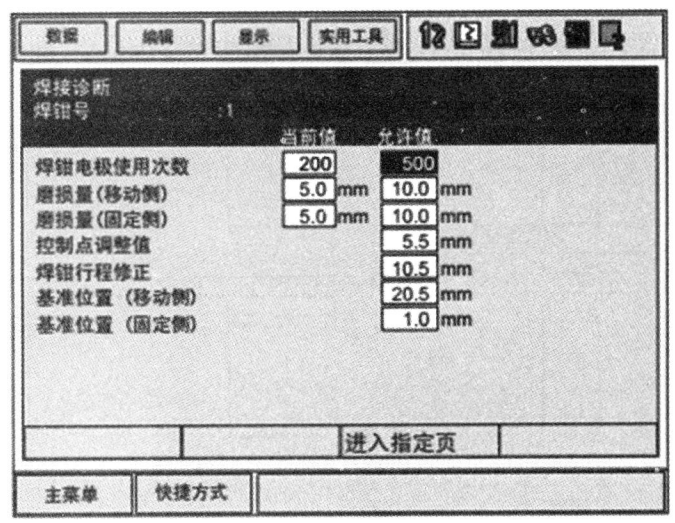

图3-153　点焊诊断界面

焊钳号：表示焊钳的序号，通过翻页键进行序号选择。

焊钳电极使用次数（当前值、允许值）：以"SVSPOT"命令执行的次数作为当前值显示。如果当前值超出允许值，输出要求更换电极信号。

磨损量（移动侧，当前值、允许值）：显示当前的移动侧电极的磨损量。如果当前值超出允许值，输出要求更换电极信号。

磨损量（固定侧，当前值、允许值）：显示当前的固定侧电极的磨损量。如果当前值超出允许值，输出要求更换电极信号。

控制点调整值：表示控制点位置的调整值。

焊钳行程修正：表示焊钳行程修正值。

基准位置（移动侧）：清除基准位置数据后，登录最初检测的位置（来自传感器的信号输入的位置）。在第 2 次以后的检测中，与基准位置的差作为磨损量计算。

基准位置（固定侧）：清除基准位置数据后，登录最初检测的位置（空打时的位置）。在第 2 次以后的检测中，把与基准位置的差作为磨损量计算。

3）用翻页键选择文件号。

4）选择要设定的项目。

5）输入数值后按回车键。

（3）磨损修正

根据电极的磨损量对机器人的动作及焊钳的行程进行修正。进行磨损修正的位置是输入"SVSPOT"命令前登录的程序点。

磨损修正举例如下：

单行程焊钳移动侧磨损量为 3 mm，固定侧磨损量为 5 mm，如图 3-154 所示。

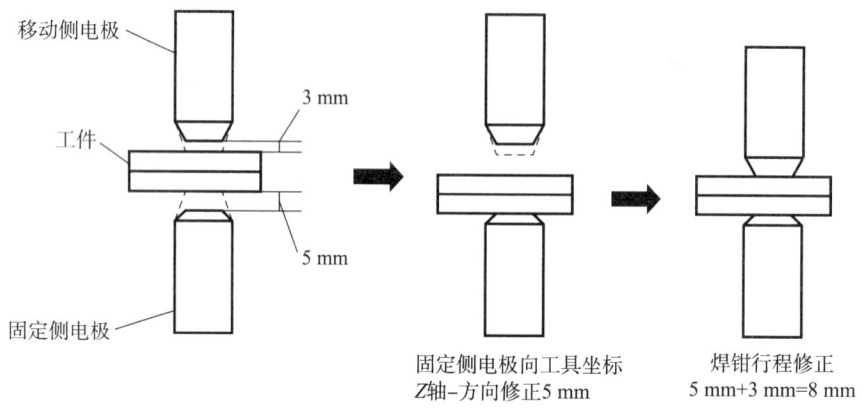

图 3-154 磨损修正示例

程序举例

"MOVJ"（关节插补）；"MOVJ"（对此位置进行磨损修正）：SVSPOT GUN#（1）PRESS#（1）WTM=1 WST=1；"MOVJ"（关节插补）；"MOVJ"（关节插补）。

注意：固定侧电极向工具坐标的 Z 轴 + 方向修正。请正确登录工具的位置、方向。

（4）电极磨损时的位置示教

按已磨损电极的位置示教，可考虑电极的磨损量进行位置登录。

1）示教举例

电极修磨位置示教如图 3-155 所示。

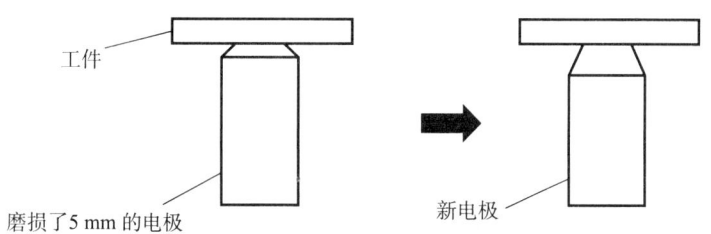

图 3-155 电极修磨位置示教

以上动作中，"SVSPOT"命令前的移动命令有效。如果不是"SVSPOT"命令前的移动命令，不用考虑登录时位置的磨损量。电极修磨需选择无轨迹逼近的焊点，且必须在焊接控制器中设定修磨参数：修磨时间（总循环时间）无焊接电流的循环。如果带电进行修磨，则会导致设备受损。

2）参数

AxP010：磨损修正有效允许值（单位：μm）。设定可有效修正的磨损量的允许值。磨损量不达到允许值时，不进行修正。举例如下：

"AxP010" = 1 000 时，磨损量 ≥ 1 mm：考虑磨损量，登录示教位置；磨损量 < 1 mm：忽略磨损量，登录示教位置。

"AxP014"磨损示教时的表示方法：当"0"位置登录时，显示"已修正"信息；当"1"位置登录时出现选择对话框，"根据磨损量修正吗？是/否"，可做选择。

（5）修磨量的读入

可将磨损量的检测数据读入程序。由于磨损量存储在系统的 D 参数（$D），所以应使用"GETS"命令读入磨损量。

举例：GETS D000 $D030。

把焊钳 1 移动侧磨损量存储到 D000。磨损量与 D 参数关系见表 3-44。

表 3-44 磨损量与 D 参数关系

D 参数	磨损量
$D30	焊钳 1 移动侧（上侧）磨损量
$D31	焊钳 1 移动侧（下侧）磨损量
$D32	焊钳 2 移动侧（上侧）磨损量
$D33	焊钳 2 移动侧（下侧）磨损量

操作名称:电极修磨器的步骤

操作实施步骤

设置修磨参数 ⇨ 编写修磨程序 ⇨ 运行修磨程序 ⇨ 检查修磨结果并进行电极初始化

步骤1:设置修磨参数

1. 选择设置参数模式

焊接控制器开机上电后,通过编程器与焊接控制器进行连接,按F4键进入设置选项,再按F4键选择设置参数模式,此时SET灯常亮说明已切换到设置参数模式,如图3-156所示。

2. 设置参数

回到主菜单,选择TMD参数菜单,通过按edit(F1键)选定修磨程序号,设置修磨时间,按回车键保存参数,如图3-157所示。

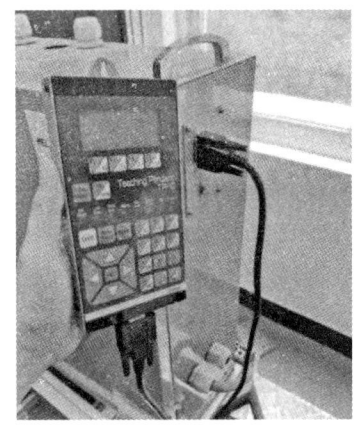

图3-156 焊机编程器与焊机正确连接图

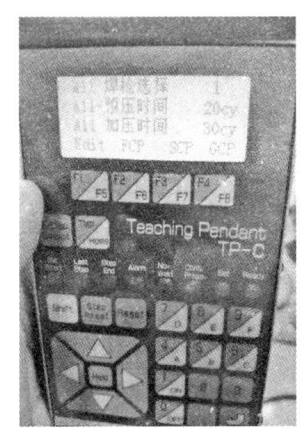

图3-157 焊机参数编辑界面

步骤2:编写修磨程序

1. 先测量修磨铣刀厚度,如图3-158所示。

2. 将卡钳运行至修磨点处(让电极头贴合刀具槽),如图3-159所示。

3. 选择菜单序列如图3-160所示,"指令"→"ServoTech"→"电极修磨",并选择所希望的运动方式。

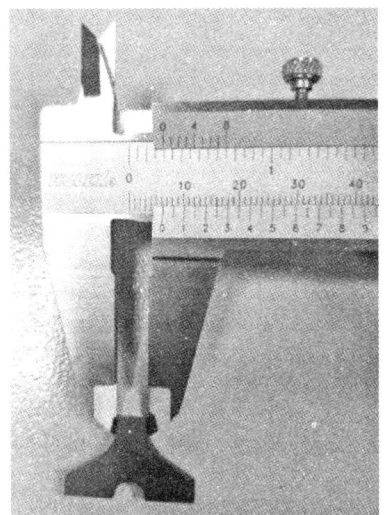

图 3-158 测量修磨铣刀厚度

图 3-159 电极与电极修磨器贴合位置

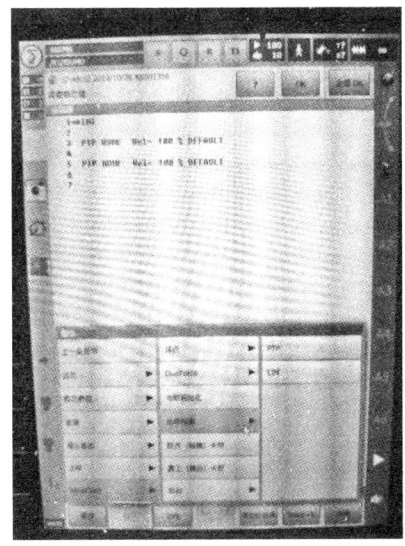

图 3-160 电极修磨器菜单序列

4. 在联机表单中设置修磨动作参数，如图 3-161 所示。

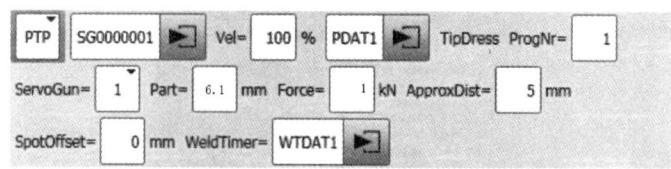

图 3-161 设置修磨动作参数

"PTP"为最快方式到达，"LIN"为直线运行，"Vel"为运行速度。"TipDress ProgNr"为在焊机中设置修磨的程序号，此处选择 1 号。"ServoGun"为需要修磨的焊枪编号，此处选择 1 号枪。"Part"为铣刀厚度（输入之前测量的刀具厚度为 6.1 mm）。"Force"为卡钳的闭合力（此处选择 1 kN，应根据现场实际情况确定闭合力大小）。"ApproxDist"为通过焊接点之间的机器人修正卡钳位置，如当卡钳从一个焊点移动到另一个焊点时若会在板材上留下划痕，则可在此处进行均衡调整。该位置将反向于刀具作业方向进行修正。"SpotOffset"为通过焊接点处的机器人修正卡钳位置，如当原有板材厚度因材料熔化而发生变化，则可在此处进行均衡调整。若为正值则该位置将朝向刀具作业方向进行修正。若为负值则该位置将反向于刀具作业方向进行修正。"WeldTimer"为焊接参数。

5. 选择完参数后按下"指令 OK"即可保存数据。

步骤 3：运行修磨程序

在"T1"模式下低速运行修磨程序，避免机器人发生碰撞。检查完参数与示教位置后，运行修磨程序，卡钳到达修磨位置，卡钳闭合，直到达到设定的作用力。机器人控制系统设定输出端焊接开始，并等待输入端焊接结束，如图 3-162 所示。

图 3-162 电极头修磨工作

步骤 4：检查修磨结果并进行电极初始化

测量电极头直径尺寸是否符合使用条件，且电极头位置是否对中，如不符合条件则返回原点，重新运行修磨程序，需要修磨的电极头如图 3-163 所示；不需要修磨的电极头如图 3-164 所示。

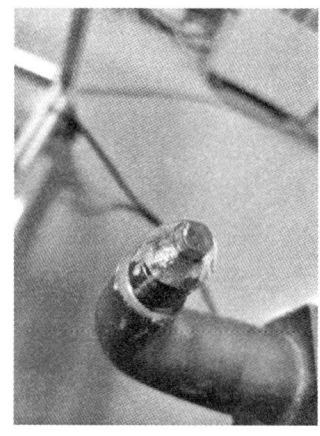

图 3-163　需要修磨的电极头

图 3-164　不需要修磨的电极头

在修磨完电极之后，需要对电极头进行初始化，修正伺服焊钳参数。在完成修磨指令之后，应该在修磨指令之后添加电极初始化指令。选择菜单序列指令 >ServoTech> 电极初始化。如图 3-165 所示。

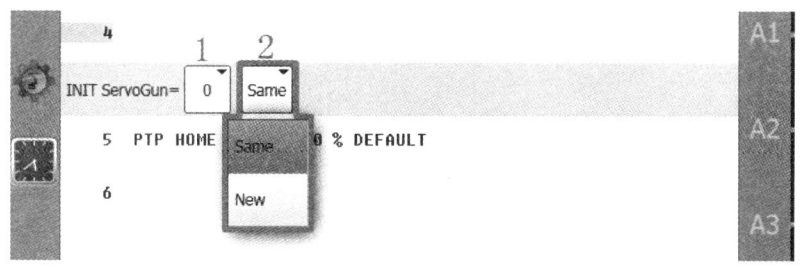

图 3-165　电极初始化指令
1—选择修磨后需要初始化的电极头（选择焊钳编号 1）
2—选择"Same"同一电极（"NEW"为更换新电极后需要初始化焊枪参数），即可完成对焊钳修磨后参数初始化

电极修磨整体程序如下：

DEF Modul（ ）

INI

BASISTECH INI

USER INI

```
PTP HOME    Vel=100% DEFAULT;
PTP SG0000002 Vel=100% PDAT2 Tipdress ServoGun=1 Part=6.1mm Force=1kN
    Comp=0 Trigger=0mm Tool [2] Base [1];
    INIT ServoGun=1 Same;
PTP HOME    Vel=100%: DEFAULT
END
```

培训项目 三

焊接操作

培训单元一 机器人点焊运动控制时序编程规范

掌握点焊工艺编程命令。

1. 示教编程命令

（1）移动命令登录及操作

1）命令的登录

以安川点焊机器人为例，登录移动命令时，一定要登录位置等级（PL=X）、工具号［TOOL#（X）］。

以"主菜单"→"程序"→"程序内容"→回车键的步骤进行移动命令登录，如图3-166所示。

2）前进/后退操作

确认登录在程序里的命令动作时，使用前进/后退键。

前进键：执行全部的登录命令（移

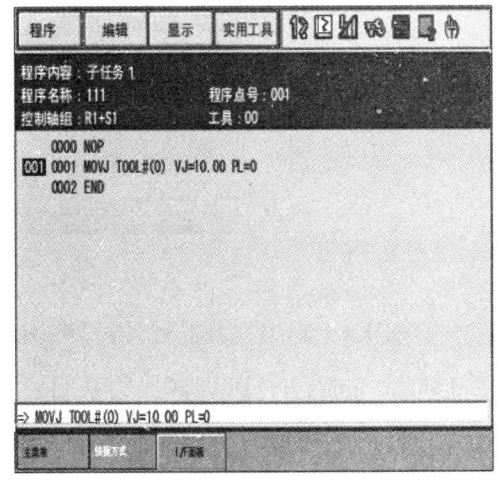

图3-166 命令的登录

动命令和除此之外的其他命令完全没有区别）；后退键：只执行移动命令和"WAIT"命令，不执行除此之外的其他命令。

（2）间隙动作命令（"SVSPOTMOV"）

1）按照"主菜单"→"程序"→"程序内容"的顺序进行选择。

2）按"8"键，编辑缓冲区的显示内容为"SVSPOTMOV"，如图3-167所示。

3）按"插入"后按回车键，显示"SVSPOTMOV"命令的详细编辑界面，如图3-168所示。

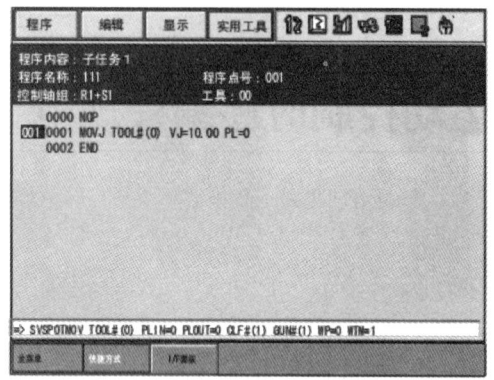

图3-167 编辑指令过程

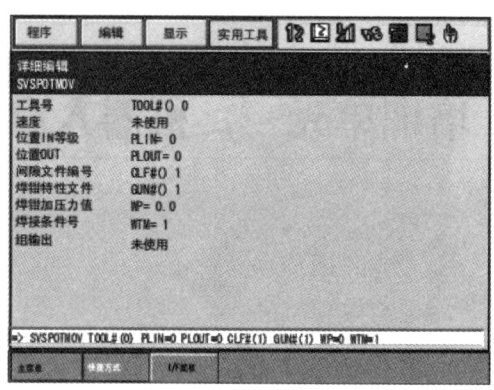

图3-168 "SVSPOTMOV"命令的详细编辑界面

4）把数值输入各项目中，如图3-169所示。

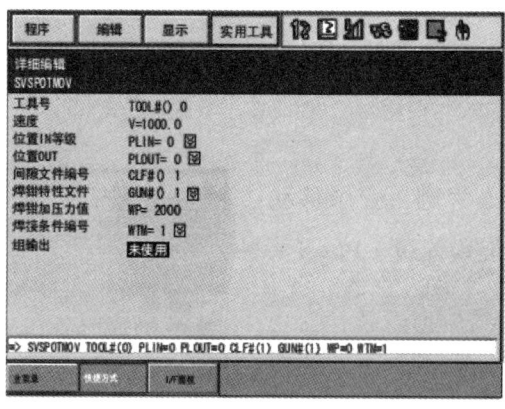

图3-169 输入参数

"TOOL#（0）0"为工具号；"V=1000.0"为间隙动作时的直线动作速度（此例为1 000.0 mm/s）；"PLIN=0"为在打点前的间隙位置的位置等级；"PLOUT=0"为在打点后的间隙位置的位置等级；"CLF#（1）"为间隙文件编号（此例为1号文件）；"GUN#（1）"为焊钳编号（此例使用电动钳1）；"WP=2000"为焊接时的加

压力（此情况用 2 000 N）；"WTM=1" 为焊接条件编号，此例为焊接条件 1。

5）数值输入全部项目后，命令就登录到程序，如图 3-170 所示。

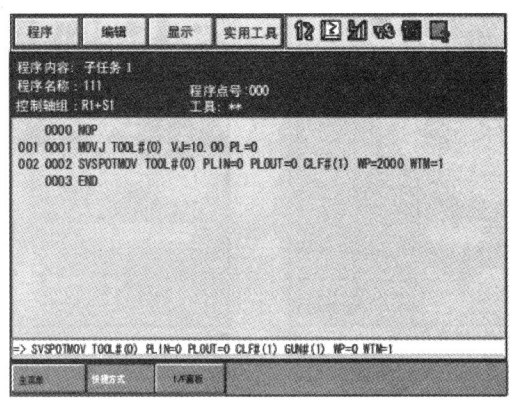

图 3-170　完成指令

（3）空打命令

在空打命令里，有磨损检测命令（"WEAR"）、修磨命令（"CHIPDRS"）、工件把持命令（"WKHLD-ON"）、工件打开命令（"WKHLD-OF"）和修磨判断命令（"DRSCHK"，B3 线以后）。

关于修磨，有可以设定修磨时间等的修磨文件夹。

空打命令操作步骤：

1）第一步：选择"主菜单"→"程序"→"程序内容"，显示程序内容界面，如图 3-171 所示。

2）选择"命令一览"。

显示命令一览，如图 3-172 所示。

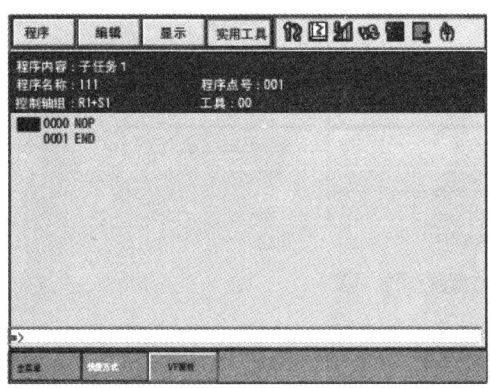

图 3-171　程序内容界面

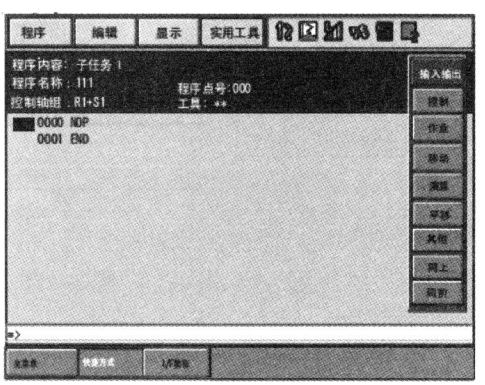

图 3-172　显示命令一览

3）"其他"→选择想登录的命令，如图3-173所示。

4）按回车键，命令就登录在程序里，如图3-174所示。

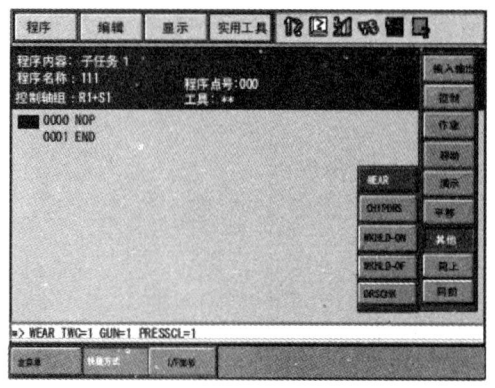

图3-173 其他命令

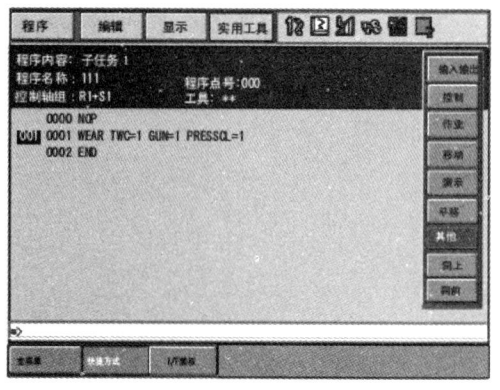

图3-174 完成添加磨损检测命令

2. 点焊焊接参数设定

（1）焊接顺序

点焊过程由预压、焊接、维持和休止4个基本程序组成焊接循环，可根据不同工艺需求，设定焊接顺序。

焊接过程的时序如图3-175所示。

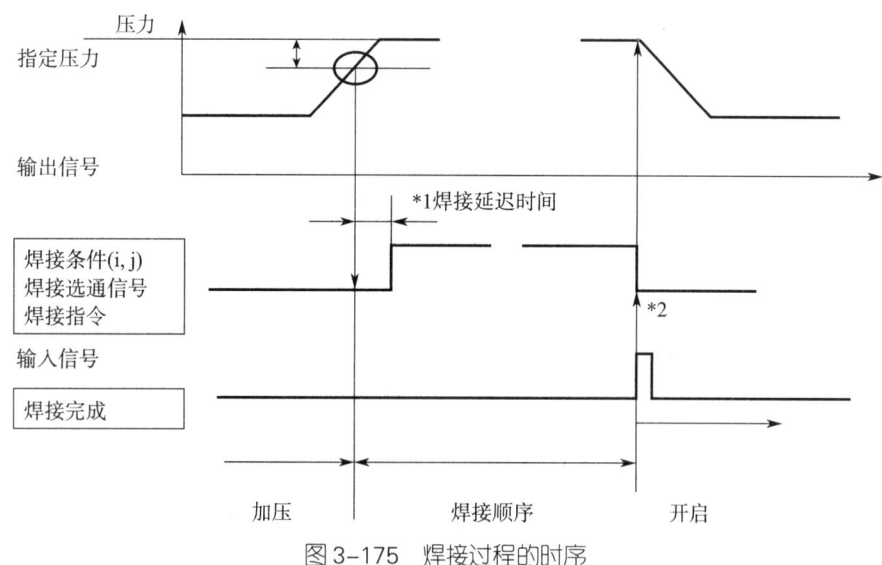

图3-175 焊接过程的时序

焊接延迟时间在"SETUP/Spot Equip"（设定/点焊装置）界面中设定（默认值为0 ms），如图3-176所示。

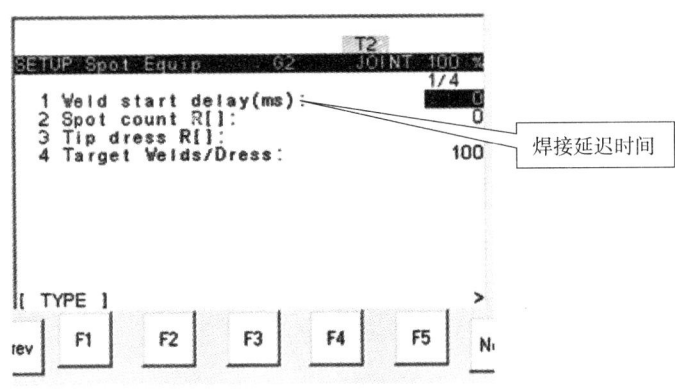

图3-176　焊接延时设置界面

输入焊接完成信号时，输出信号同时被切断，开始开启顺序。开始顺序结束后，执行下一行指令。

（2）手动焊接界面

以下对手动焊接界面显示步骤和设定项目进行说明，如图3-177所示。

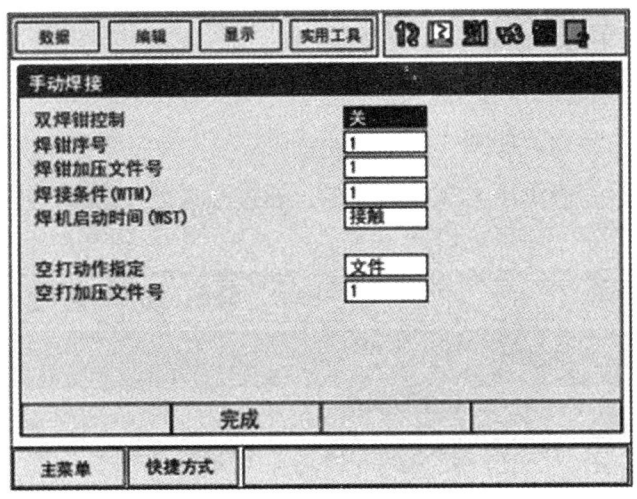

图3-177　手动焊接界面

1）按数值键的"0"（手动焊接）键。

"双焊钳控制"：使用双焊钳时，选择"有"或"无"同时控制功能。

"焊钳序号"：表示焊钳的序号。

"焊钳加压文件号"：表示设定所加压力的文件序号。

"焊接条件（WTM）"：表示设定了焊接条件的焊机序号。

"焊机启动时间（WST）"：表示焊机启动时间，从以下3个条件中选择：

①接触动作：在执行"SVSPOT"命令的同时，启动焊机。为了在加压开始前，使焊机开始动作，有必要在焊机上设预压时间。②一次加压：进行第1次加压的同时，启动焊机。③二次加压：进行第1次加压的同时，启动焊机。

"空打动作指定"：表示空打动作的加压方法。从以下2个条件中选择。①文件：根据空打加压文件指定的内容进行加压。②常量压力：按照指定的"常量压力"值，进行空打。

"空打加压文件号"或"常量压力"：①显示"空打加压文件号"时：表示指定空打加压压力文件的序号。②显示"常量压力"时：表示空打加压压力。

2）选择欲设定的项目。

3）输入数值后按回车键，把光标移到"焊机启动时间（WST）"，按选择键，"接触""一次加压""二次加压"交替显示。把光标移到"空打动作指定"，按选择键，"文件"和"常量压力"交替显示。

（3）压力设定

焊接时的压力，由"SVSPOT"命令选择的压力文件指定。

1）选择主菜单的"点焊"。

2）选择"焊钳压力"。

显示焊钳压力界面，如图3-178所示。

"条件文件号"：表示压力文件的序号，通过翻页键" "进行序号选择。

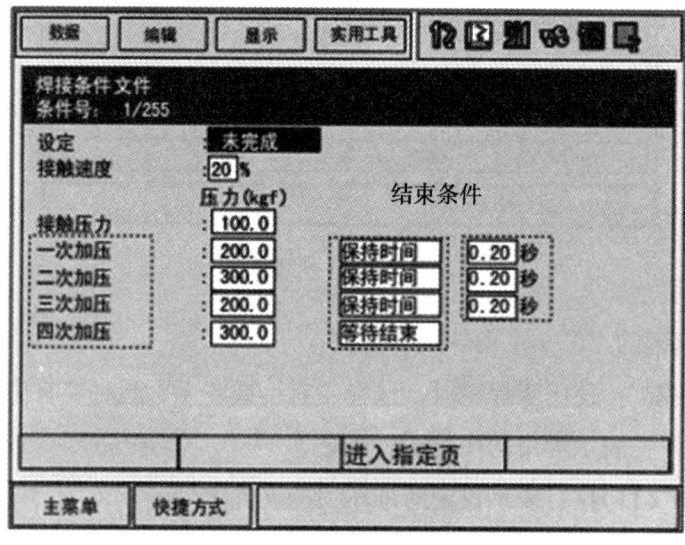

图3-178 焊钳压力界面

"设定":表示压力文件的设定状态。未输入数值的文件显示"未完成",已输入数值的文件显示"完成"。

"接触速度":表示焊钳关闭时电极的动作速度。用焊钳电动机额定转数的百分比(%)表示。

"接触压力":表示电极接触工件时的压力。电极接触工件,在达到接触压力后变为一次压力。

"一次加压~四次加压":显示各阶段的压力。

"一次加压~四次加压结束条件":表示各次压力的结束条件,可选择"加压时间"或"等待结束"。

①选择"加压时间"时:只在指定的时间段施加压力,具体时间在后面项目指定。

②选择"等待结束"时:在得到来自焊机的焊接结束的信号后结束施加压力。

"一次加压~三次加压"选择"等待结束"时,之后的加压条件不显示。

"一次加压~四次加压时间":表示各次加压时间。结束条件为"等待结束"时,此项目不显示。

3)用翻页键" "选择文件号。

4)选择欲设定的项目。

5)输入数值,按回车键,"结束条件"项交替显示"加压时间""等待结束"。

6)把光标移至"设定",按选择键,"设定"的显示从"未完成"变为"完成"。

(4)焊接电流、焊接时间的设定

焊接电流及焊接时间等参数在焊接控制器上设定。

(5)空打压力的设定

按下示教编程器的数值键中的"2"/(空打)键。可登录"SVGUNCL"命令:"SVGUNCL GUN# ①","①"为焊钳序号,指定执行空打的焊钳序号,与"SVSPOT"命令使用同一焊钳;"PRESSCL# ②","②"为空打加压文件序号,指定设定空打加压的文件序号,是与"SVSPOT"命令使用的"压力文件"不同的文件,空打时的压力在"SVGUNCL"命令选择的空打加压文件中设定。

1)选择主菜单的"点焊"。

2)选择"空打压力",显示空打压力界面,如图3-179所示。

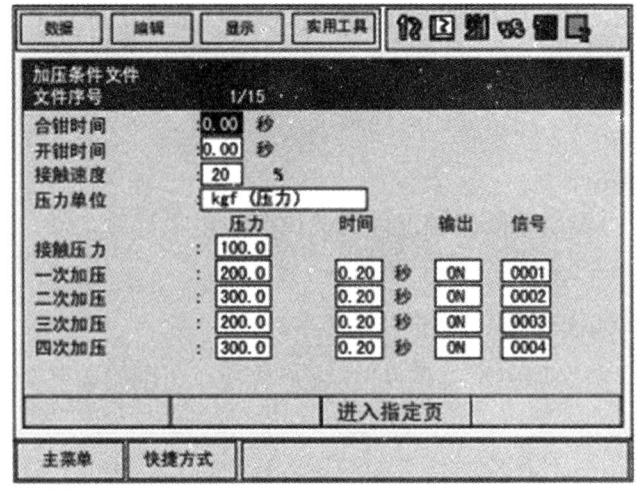

图 3-179 空打加压界面

"文件序号":表示空打加压条件文件序号。通过翻页键" "可以选择序号。

合钳时间:表示从修磨器输出运转信号,到焊钳开始加压的时间。

开钳时间:表示从结束加压,到向修磨器的输出信号为"OFF"的时间。

接触速度:表示焊钳关闭时电极的动作速度,用焊钳电动机额定转数的百分比(%)表示。

压力单位:表示空打加压的单位。可选择"kgf"或"%(力矩)"。

接触压力:表示电极接触工件时的压力。电极接触工件,在达到接触压力后变为一次加压。

"一次加压~四次加压":各阶段的空打压力。

"信号":各空打压力的加压时间。

"输出":是否有与空打压力同步输出的通用输出信号。对修磨器等有同步信号输出时,选择"有"。

"时间":与各空打压力同步输出的通用输出信号的序号。

3)用翻页键" "选择文件序号。

4)选择欲设定的项目。

5)输入数值后按回车键,按选择键,"压力单位"项交替显示"kgf"和"%(力矩)";"输出"项交替显示"有""无"。

操作名称:不锈钢板材机器人点焊示教编程

点焊要求:检查焊缝是否有表面裂纹、烧穿、弧坑、焊瘤、满溢、咬边、表面气孔、表面夹渣、飞溅等缺陷,且焊点直径为 2× 板厚 ±3 mm。

操作实施步骤

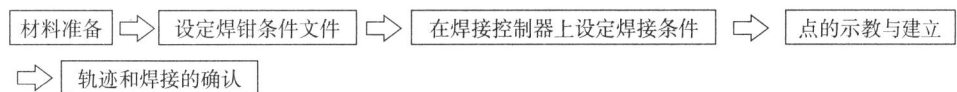

步骤1:材料准备

308 奥氏体不锈钢板焊件尺寸及装配位置如图 3-180 所示。

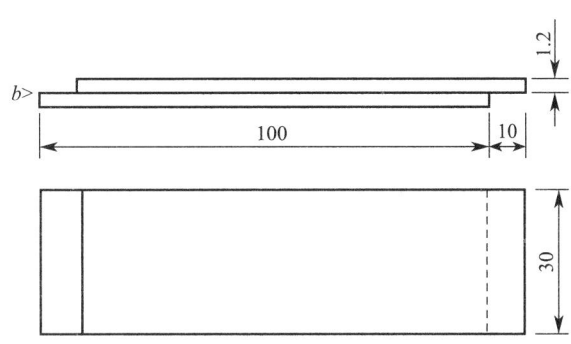

图 3-180 不锈钢焊件尺寸及装配位置

步骤2:设定焊钳条件文件

1. 焊钳号(初始值:1)。

2. 焊钳类型(初始值:单行程)。

3. 焊机号(初始值:1)。

4. 小开检测(初始值:关)。

5. 设定停止时的焊钳状态(初始值:开),如果设定内容和用户系统不同需改变文件内容。

(1)选择主菜单的"点焊"。

(2)选择"焊钳条件",如图 3-181 所示。

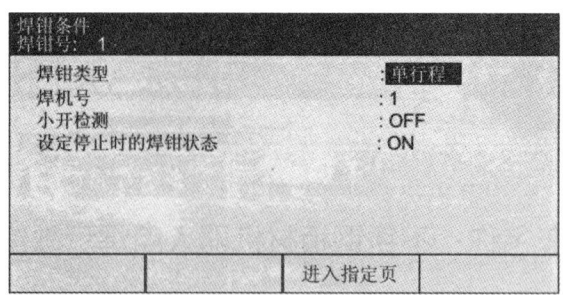

图3-181 显示焊钳条件界面

（3）把光标移到欲设定的项上。

（4）按选择键。

步骤3：在焊接控制器上设定焊接条件

点焊时的焊接电源和焊接时间等参数在焊接控制器上进行设定。

1. 用"SPOT"命令指定设定的焊接条件的编号，例如："WTM=1"。焊接参数设置如图3-182所示。

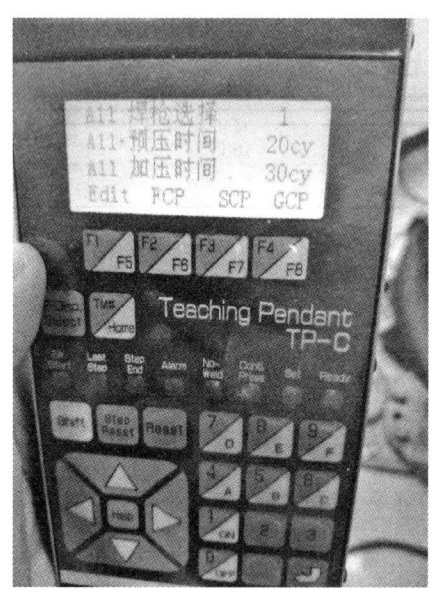

图3-182 焊接参数设置

2. 设定焊接工艺参数。由于308奥氏体不锈钢的电阻率高、导热性差，因此与低碳钢相比，可采用相对较小的焊接电流和较短的焊接时间。不锈钢材料有较高的高温强度，必须采用较高的电极压力，以防止产生缩孔、裂纹等缺陷。不锈钢的热敏感性强，通常采用较短的焊接时间、强有力的内部和外部水冷却，并且要准确地控制加热时间、焊接时间及焊接电流，以防热影响区晶粒长大和出现晶间腐蚀现象。对于板厚为 1.2 mm+1.2 mm 的不锈钢板材，点焊焊接参数见表 3-45。

表 3-45　308 不锈钢板材点焊焊接参数

板材厚度/ mm	电极压力/ kN	通电时间/ ms	保持时间/ ms	休止时间/ ms	焊接电流/ kA	电极端径 /mm
1.2+1.2	5.0	140	140~180	200	7.0~9.0	6.0

步骤 4：点的示教与建立

点焊示教点及轨迹如图 3-183 所示。

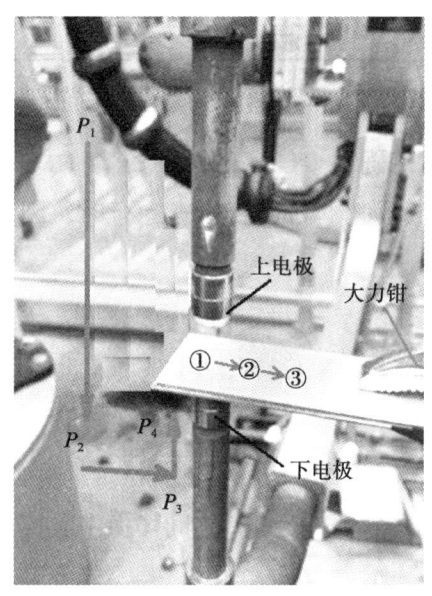

图 3-183　点焊示教点及轨迹

示教时，把焊钳设为开放状态，示教结束后，请用前进、后退键确认轨迹。

1. 程序点 1，设置待机位置的程序点 1，设在与工件、夹具等不干涉的位置。

2. 用轴操作键设定机器人能够进行焊接的姿态，确定焊接姿态（即焊枪需与工件表面垂直）后，按回车键，输入程序点 2，如图 3-184 所示。

```
0000    NOP
0001    MOVJ VJ=25.00
0002    MOVJ VJ=25.00
0003    END
```

图 3-184　程序点 2 编程语句

3. 按手动速度高键或低键，使状态显示区显示中速，如图 3-185 所示。用轴操作键将机器人移到焊接开始位置，按回车键，输入程序点 3，如图 3-186 所示。

图 3-185　中速状态显示

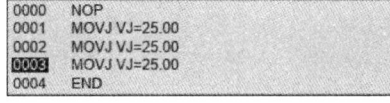

图 3-186　程序点 3 编程语句

按 "."（点焊）键，输入缓冲显示行，显示 "SPOT GUN#（1）MODE=0 WTM=1"，按回车键，输入 "SPOT" 命令，如图 3-187 所示。

> ⇒ **SPOT** GUN#(1) MODE=0 WTM=1

图 3-187　Spot 指令

步骤 5：轨迹和焊接的确认

检查运行是为了确认示教的轨迹，检查运行时，因为不执行 "SPOT" 命令，所以能进行空运行。

1. 把模式旋钮对准 "PLAY"，设定为 "再现模式"。

2. 在主菜单中选择 "实用工具"，再选择 "设定特殊运行"，如图 3-188 所示。

3. 把光标移到 "检查运行" 的设定值上，按选择键，使状态为 "有效"。每按 1 次选择键，状态在 "有效" 和 "无效" 之间切换 1 次，如图 3-189 所示。

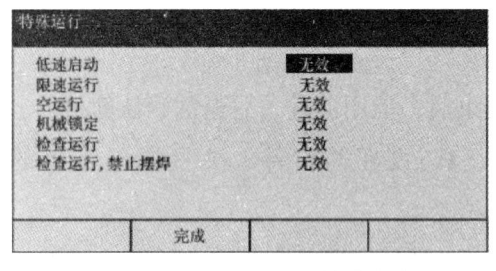

图 3-188　显示特殊运行的设定界面

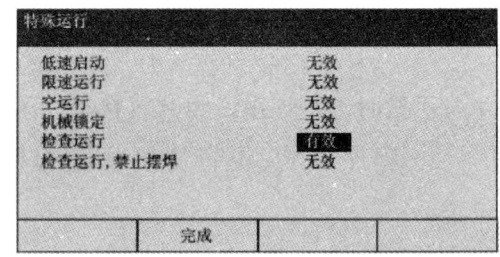

图 3-189　状态值设定界面

4. 确认机器人附近没有人时，再按启动按钮，来确认机器人的轨迹是否正确。

培训单元二　机器人点焊伺服焊钳操作

掌握点焊伺服焊钳的操作及相关设定。

1. 焊钳的操作键

以安川点焊机器人为例，根据点焊用途的使用功能，在示教盒上的数字按钮设定为专用的焊钳操作键，如图3-190所示。

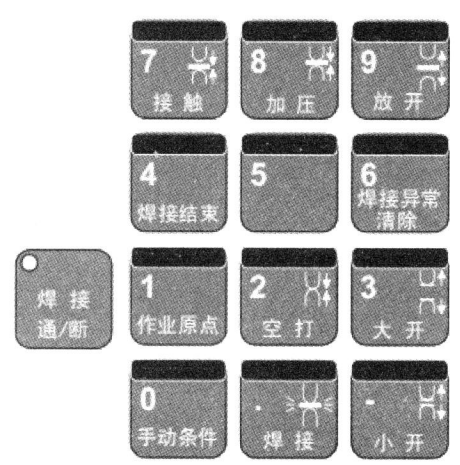

图 3-190　焊钳操作键

焊钳操作键说明见表3-46。

表 3-46　焊钳操作键说明

数字按钮	功能	操作键	操作方法
0 手动条件	显示手动焊接界面		

续表

数字按钮	功能	操作键	操作方法
1 作业原点	显示作业原点位置界面	前进+作业原点	在示教模式，作业原点位置界面，同时按这2个键，机器人移到作业原点位置
- 焊接	在程序中输入"SVSPOT"命令	联锁+焊接	在手动焊接界面，同时按这2个键，执行手动焊接
2 空打	在程序中输入"SVGUNCL"命令	联锁+空打	在手动焊接界面，同时按这2个键，执行空打动作
焊接通/断	实施焊接通/断	联锁+焊接通/断	同时按这2个键，对焊接通/断信号执行"ON"或"OFF"
- 小开	第1次按此键，显示小开位置设定界面，第2次以后按此键，可以选择小开位置序号	联锁+小开	同时按这2个键，移动侧电极移动到被选定的小开位置
3 大开	第1次按此键，显示大开位置设定界面，第2次以后按此键，可以选择大开位置序号	联锁+大开	同时按这2个键，移动侧电极移动到被选定的大开位置
6 焊接异常清除	实施焊接异常清除	联锁+焊接异常清除	同时按这2个键，焊接异常清除信号输出
4 焊接结束	试运行时，执行"SVSPOT"命令的焊接等待状态中	联锁+焊接结束	同时按这2个键，输入虚拟的焊接结束信号
7 接触	执行接触动作	联锁+接触	同时按这2个键，执行接触动作
8 加压	执行加压动作	联锁+加压	在手动焊接界面，同时按这2个键，执行加压动作
9 放开	执行放开电极的动作	联锁+放开	同时按这2个键，执行放开电极的动作

2. 伺服焊钳的打开 / 关闭

伺服焊钳的打开和关闭按以下步骤进行：

（1）使机器人处于可以示教状态。

（2）按外部轴切换键，使外部轴切换键的指示灯亮。

（3）按手动速度的高键或低键，状态区显示低速。

（4）按 S+ 键或 S- 键，伺服焊钳进行"打开动作"或"关闭动作"。

培训单元三　伺服焊钳特性文件及设定内容

掌握如何设置伺服焊钳特性文件。

1. 焊钳特性文件

以安川点焊机器人为例，示教盒焊钳特性文件界面如图 3-191 所示。

"焊钳序号"：表示要使用的焊钳序号。当焊钳在 2 把以上时，用翻页键 " " 选择焊钳序号。

"设定"：显示焊钳特性文件的设定状态。没有输入设定值的文件显示"未完"，输入设定值的文件显示"完成"。

"焊钳类型"：表示焊钳的类型。可选择"C 型焊钳""X 型焊

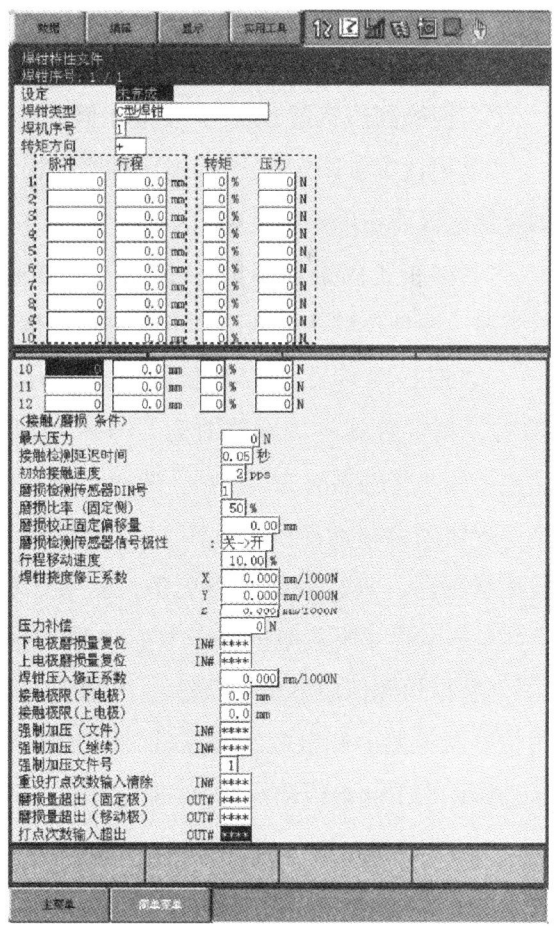

图 3-191　焊钳特性文件界面

钳（单行程）""X 型焊钳（双行程）"。

"焊机序号"：表示安装的焊机号。

"转矩方向"：指定焊钳轴电机的压力方向。当电机编码器数值增加方向与焊钳的加压方向相同时，选择"正"；反之选择"负"。

"脉冲"与"行程"转换：表示焊钳轴电机编码器脉冲值与焊钳张开度的关系。与指定焊钳张开度对应的脉冲值，可通过其数值的插补计算获得。

"转矩"与"压力"转换：表示焊钳轴电机的转矩与电极压力的关系。与指定压力对应的转矩值可通过这些数值的插补计算获得。

"最大压力"：输入焊钳的最大压力。若压力文件指定的压力超过最大压力值，加压时就会发生报警。

"接触检测延迟时间"：表示在输入"SVSPOT"命令及"SVGUNCL"命令后，从接触动作开始到接触检测开始的延续时间。

"初始接触速度"：在输入"SVSPOT"命令及"SVGUNCL"命令后，为检测接触加压点、焊钳轴电机需要到达的速度。

"磨损检测传感器 DIN 号"：表示磨损检测用传感信号的直接输入序号。

"磨损比率（固定侧）"：表示在磨损检测动作（TWC-C）检测到的磨损量中，固定侧电极所占的磨损比率。

"磨损校正固定偏移量"：表示与磨损补偿同时进行的固定侧电极的偏移量。打点时，要使位移始终朝一个方向进行，请进行值的置换。

"磨损检测传感器信号极性"：表示磨损检测传感器的信号极性。通常为"ON"，当电极到达传感器时为"OFF"，选择"ON"→"OFF"。通常为"OFF"，当电极到达传感器时为"ON"，选择"OFF"→"ON"。

焊钳闭合移动速率（下侧）[只有选择 X 型焊钳（双行程）时显示]：当电极发生磨损后，焊钳会闭合得更多，此项表示在此情况下，下侧电极的动作比率。上侧电极动作：下侧电极动作为 4∶6 时，即输入为 60%。

"磨损检测传感器信号极性"[仅在选择 X 型焊钳（双行程）时显示]：表示使用传感器检测上侧电极的磨损量时，上侧电极通过传感器时的动作比率。上侧电极动作：当下侧电极动作为 7∶3 时，输入 70%。

"行程运动速度"：指定执行焊接命令（"SVSPOT"命令）时，向焊接开始行程（"BWS"标签指定值）运动的速度。

"焊钳挠度修正系数":设定与 1 000 N 压力对应的焊钳臂挠度的补偿量。

"压力补偿":向上加压时,设定与向下加压时的压力差。

"下电极磨损量复位":通过指定的通用输入,把焊接诊断界面的"固定极磨损量的当前值"归零。

"上电极磨损量复位":通过指定的通用输入,把焊接诊断界面的"移动极磨损量的当前值"归零。

"焊钳压入修正系数":设定与每 1 000 N 压力时对应的焊钳轴压入量。

"接触极限(下电极)":设定在执行加压命令时,固定侧电极在接触检测位置上的允许范围。

"接触极限(上电极)":设定移动侧电极在执行加压命令时、接触检测位置的允许范围。

"强制加压(文件)":用指定的通用输入进行空打加压动作。按照"强制加压文件号"指定的空打压力文件的压力,在文件指定的加压位置加压。加压后断开压力。

"强制加压(继续)":通过指定的通用输入进行空打加压动作。按照"强制加压文件号"指定的空打压力文件的压力进行。信号"ON"为加压,信号"OFF"为停止加压。

"强制加压文件号":指定强制加压时使用的空打加压文件号。

"重设打点次数输入清除":用指定的通用输入清除打点次数。

"磨损量超出(固定极)":测量磨损量后,若"固定极磨损量当前值"超过"固定极磨损量允许值",指定的通用输出启动("ON")。

"磨损量超出(移动极)":测量磨损量后,若"移动极磨损量当前值"超过"移动极磨损量允许值"时,指定的通用输出启动("ON")。

"打点次数输入超出":执行"SVSPOT"命令后,若"打点次数当前值"超过"打点次数允许值",指定的通用输出启动("ON")。

2. 伺服焊钳参数设置

(1)"脉冲→行程"转换数据的输入

要想用"mm"指定焊钳的张开度,需要对焊钳特性文件进行设置,输入焊钳轴电机编码器的脉冲值与焊钳张开度(mm)的关系值,数据可输入到 8 个点。焊钳特性文件设置界面如图 3-192 所示。

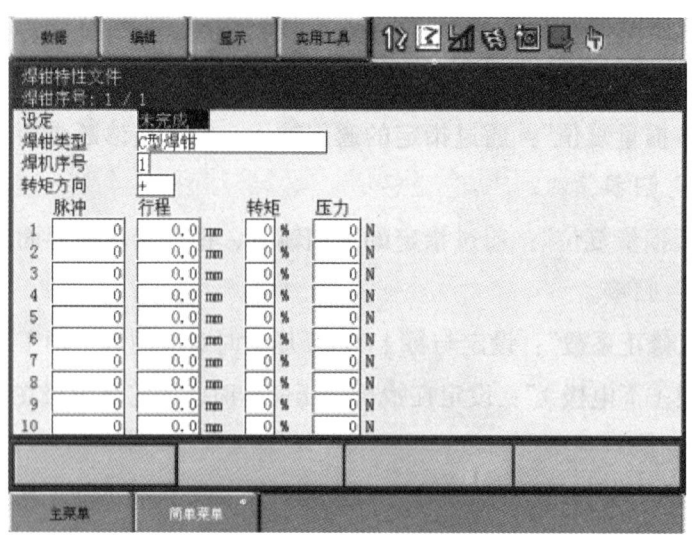

图3-192 焊钳特性文件设置界面

1)用示教编程器进行微动作,设定适宜的焊钳张开度。从示教盒读取焊钳轴电机编码器的脉冲值。

2)8个点可重复上述的步骤(通过机械图纸,根据二者关系求出8个点的数据)。

3)将获得的8组数据输入焊钳特性文件的"脉冲→行程转换"中。

(2)"转矩→压力"转换数据的输入

"转矩→压力"转换数据,需要输入焊钳轴电动机的转矩(%)和压力(N)的关系。按照以下步骤操作。数据可输入到8个点。

1)在空打压力文件设定压力。压力单位请用转矩(%)进行指定。

2)把"SVGUNCL"命令登录到程序。用步骤1)指定设定的空打压力文件。

3)执行程序,用压力表测量焊钳压力。

4)改变压力,重复上述步骤1)~3),测量转矩与压力的8组数据。

5)把得到的8组数据输入焊钳特性文件"转矩→压力"转换中。

注意:焊钳特性文件未进行指定时,不能加压。最初加压时,请在焊钳特性文件设定临时值。

(3)解除加压力

焊钳加压力是限制在"焊钳特性"文件里的"最大加压力"以下的。进行焊钳加压力调整时,如果需要在最大加压力以上加压时,可根据接触加压设定暂时解除限制。焊钳加压力解除的操作步骤如下:

1)选择"主菜单"→"系统信息"→"安全"设定为管理模式。
2)选择"主菜单"→"点焊"→"焊钳特性"。
3)把光标移动到"解除加压力",按住选择键输入数值,如图 3-193 所示。

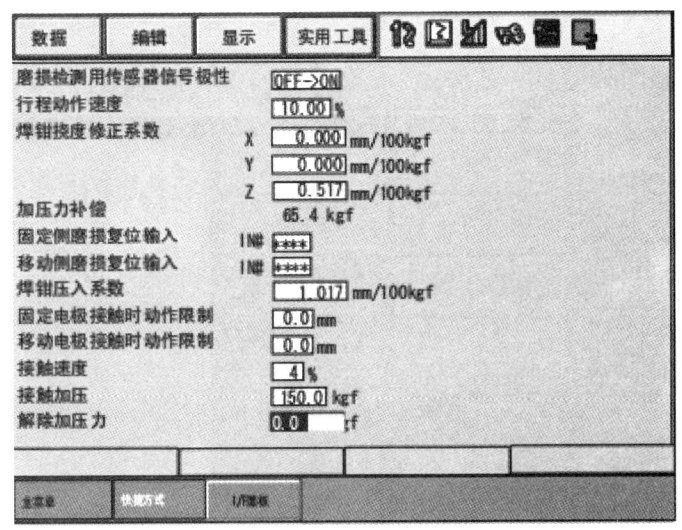

图 3-193 参数设置

4)把光标移动到"设定"里,按住选择键,设定由"未完成"编程"完成"。

输入解除加压时的限制加压力的计算式如下:

(限制加压力)=(最大加压力)+(解除加压力)+(转矩限制加算值)…

式中 最大加压力——焊钳特性文件夹内的设定值,N;

解除加压力——焊钳特性文件内的设定值,N。

输入 0 以外的数值到解除加压力时,信息显示"加压力极限解除中"。设定 0 为解除加压力时,加压力就按照原来限制为"最大加压力"。

技能要求

操作名称:焊钳特性文件设定

操作实施步骤

进入设置界面 ⇨ 焊钳特性设置 ⇨ 选择焊钳号 ⇨ 选择焊钳类型 ⇨ 输入数值

步骤1：进入设置界面

选择"主菜单"中的"点焊"。

步骤2：焊钳特性设置

1. 选择"焊钳特性"，如图3-194所示。

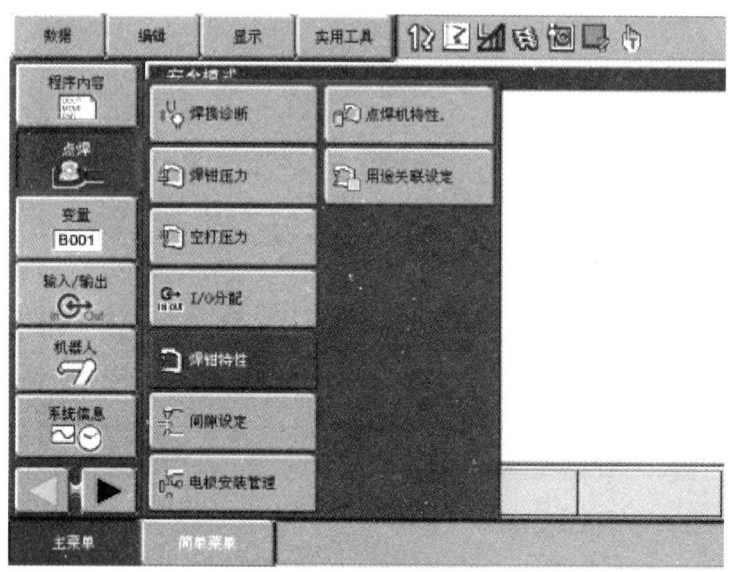

图3-194　选择焊钳特性

2. 显示焊钳特性参数设置界面，如图3-195所示。

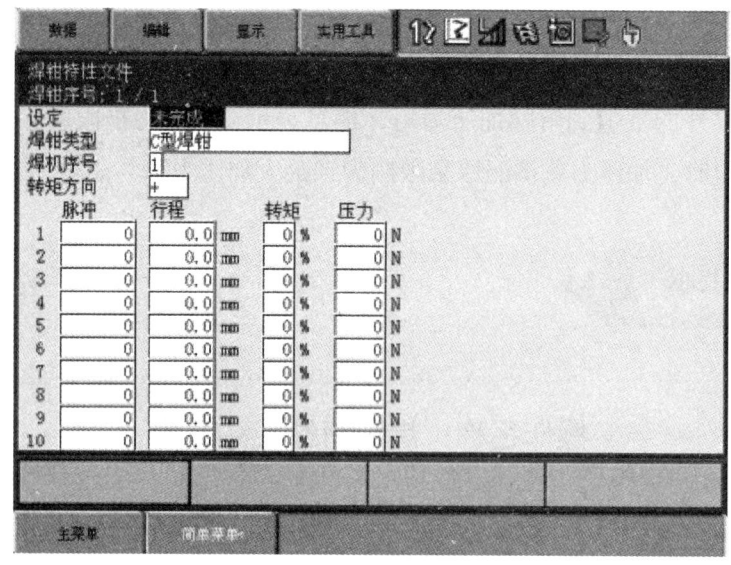

图3-195　焊钳特性参数设置界面

步骤 3：选择焊钳序号

用翻页键选择焊钳序号，如图 3-195 所示。

步骤 4：选择焊钳类型

如果选择的是"焊钳类型"，按选择键后，显示"C 型焊钳""X 型焊钳（单行程）""X 型焊钳（双行程）"，如图 3-196 所示。

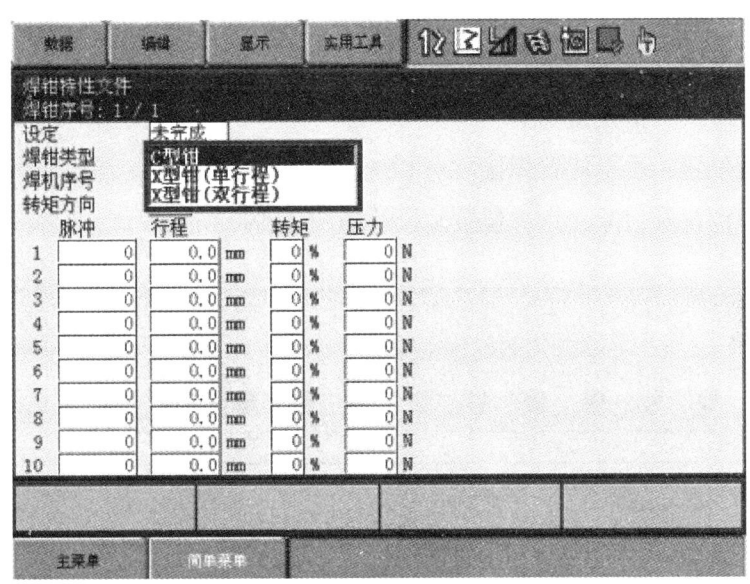

图 3-196　选择焊钳类型

步骤 5：输入数值

输入"脉冲""行程""转矩""压力"数值后，按回车键保存。

培训单元四　机器人多层板点焊示教编程

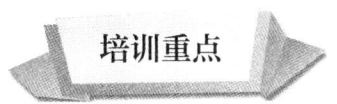

掌握机器人多层板点焊示教编程。

1. 机器人多层板点焊示教编程要领

（1）工件准备及技术要求

1）焊件结构和尺寸：平板焊件的结构和尺寸如图3-197所示。

2）焊件材料：Q235钢板2块，尺寸为330 mm×80 mm×1 mm。

3）接头形式：搭接接头。

4）焊接位置：水平位置焊接。

5）点焊位置及尺寸：点焊位置及尺寸如图3-197所示。

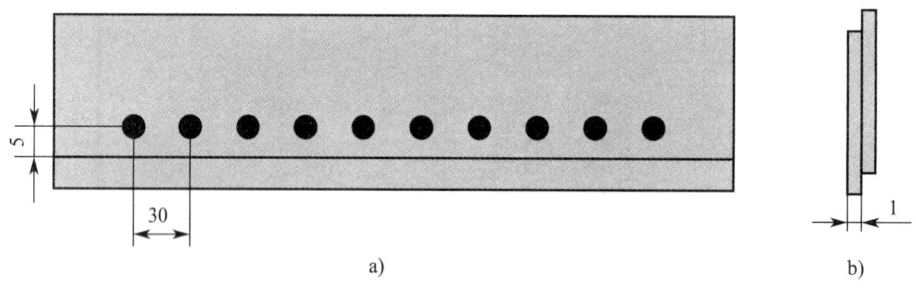

图3-197 点焊位置及尺寸（mm）
a）主视图 b）左视图

6）技术要求

①点焊完成后，焊点不允许出现焊穿、虚焊、裂纹、毛刺等缺陷。

②破坏后的焊点熔接面积不应小于电极接触面积的80%。

③焊点压痕的凹陷深度应不大于板厚的20%（0.2 mm）。

④焊点周边不允许有气孔或缩孔存在。可允许个别焊点中心存在直径不大于焊核直径10%的气孔或缩孔，允许数量为1个。

⑤焊点的位置、数量应符合产品图样的要求，焊后变形（焊点扭曲）不大于20°。

⑥内部要求为焊核形状规则、均匀，无超标的裂纹或缩孔等内部缺陷，无热影响区组织脆化和内应力。

（2）设备选用

电阻焊机器人（FANUC system R-30iA）、焊接电源/伺服焊枪（GWS 2D C1B）、电动钢刷等辅助工具。

2. 机器人电阻点焊焊接工艺分析

（1）材料焊接性：产品材料为 Q235 钢，属于常用低碳钢，焊接性较好。

（2）下料工艺：选用压力机下料，其优点是效率高、质量好。

（3）焊件装配：焊件为搭接接头，选用气压定位装配夹具进行装配，可提高焊接质量及效率。装配前焊件表面必须清理干净，无油、锈，平整，无变形。

（4）焊件的电阻点焊参数与编程要点

1）电阻点焊参数。

2）机器人运动轨迹分析。

3）焊嘴距离条件的设定。

3. 编程操作

机器人编程与操作的主要步骤为伺服焊枪的初始化设置→I/O 信号设置→程序指令编制→调试→运行程序。

由于伺服焊枪的初始化设置及 I/O 信号设置前面已介绍过，这里只重点介绍编程过程，具体步骤如下：

（1）焊接条件的设定

1）焊嘴距离条件的设定

①按 DATA 键显示数据，选择"Distance"，按 ENTER 键。

②在焊嘴距离条件一览界面中将第 1 行（"No.1"）中"Gun"的数值设定为"5"，"Robot"的数值设定为"1"。

③按 F4（DETAIL）键将焊嘴距离条件中的"SD"和"ED"属性均设定为"CNT50"。

2）加压条件的设定

①按 DATA 键→F1（TYPE）键，选择"Pressure"。

②按 F4（DETAIL）键，将"Weld Pressure"（压力值）的数值设定为"2.6"。

③将"Part Thickness"（工件厚度）的数值设定为"1"。

（2）程序指令编制

（3）示教位置

1）在"G1"模式下，通过"TP"上的点动键将固定侧焊嘴移动到工件的第 1 个焊点位置。

2）按 SHIFT 键 +F2（SPOT，点焊）键记录第 1 个焊点位置。

3）重复步骤 1）和步骤 2），依次移动至第 2～第 10 个焊点位置，并按 SHIFT 键 +F2（SPOT）键记录每个焊点的位置。

（4）运行程序

按 SHIFT 键 +FWD 键开始执行程序。

操作名称：低碳钢多层板机器人电阻点焊

操作实施步骤

工件准备 ⇨ 机器人电阻点焊工艺分析 ⇨ 编程示教 ⇨ 运行点焊程序 ⇨ 焊后检查

步骤1：工件准备

1. 焊件结构：平板焊件的结构如图 3-198 所示。

2. 焊件材料：Q235 钢板 3 块，尺寸为 120 mm × 40 mm × 1 mm。

3. 接头形式：搭接接头。

4. 焊接位置：水平位置焊接。

5. 电阻点焊位置及尺寸：电阻点焊位置及尺寸如图 3-199 所示。

图 3-198 平面薄板

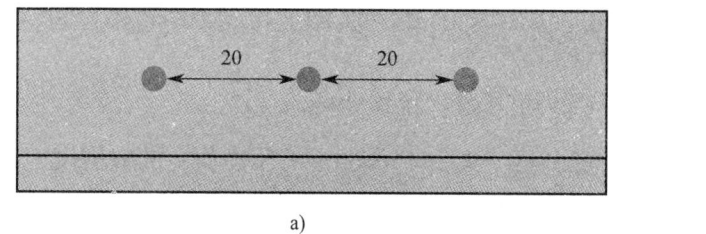

图 3-199 电阻点焊搭接情况与焊点位置
a）主视图　b）左视图

步骤2：机器人电阻点焊工艺分析

1. 工艺要求

（1）电阻点焊完成后，焊点不允许出现焊穿、虚焊、裂纹、毛刺等缺陷。

（2）破坏后的焊点熔接面积不应小于电极接触面积的 80%。

（3）焊点压痕的凹陷深度应不大于板厚的 20%（0.2 mm）。

（4）焊点周边不允许有气孔或缩孔存在。可允许个别焊点中心存在直径不大于焊核直径 10% 的气孔或缩孔，允许数量为 1 个。

（5）焊点的位置、数量应符合产品图样的要求，焊后变形（焊点扭曲）不大于 20°。

（6）内部要求为焊核形状规则、均匀，无超标的裂纹或缩孔等内部缺陷，无热影响区组织和力。

（7）相对两层板，三层板或多层板焊接存在着更多有待解决的问题：由于总体板厚的增加、界面的增多所引起的工件内部电阻及接触电阻的明显增大，2 个接触面上同时形核，而且分流、绕流、喷溅现象十分严重，可采用下列措施：焊前对试样的表面进行较严格的清理；选择合理的焊点间距及焊接顺序；加大焊接电流来补偿由于分流所减小的电流有效值；提高装配质量等。

（8）设备选用：电阻焊机器人（KUKA KR C4）、焊接电源/伺服焊枪、台钳等辅助工具。

2. 材料焊接性

Q235 钢属于常用低碳钢，焊接性较好。

3. 焊件装配

焊件为搭接接头，装配前焊件表面必须清理干净，无油、锈，平整，无变形。

4. 焊件的电阻点焊工艺参数与编程要点

（1）电阻点焊工艺参数

机器人点焊参数根据板厚选择相应的点焊工艺参数，点焊采用板材厚度为 3 mm，根据点焊经验参数表选择预压时间为 450 ms，焊接电流为 8.6 kA，焊接时间为 500 ms，维持时间为 250 ms，电极压力为 3 kN。见表 3-47。

表 3-47 焊接工艺参数

焊点总板厚度/mm	预压时间/ms	斜坡/ms	斜坡电流/kA	焊接时间/ms	焊接电流/kA	维持时间/ms	焊接压力/kN
1+1+1	450	60	4	500	8.6	250	3

通过上板获得预设的参数，选定相应的焊枪，将其输入至焊接控制柜，并且将参数保存到焊接工艺参数组 1，如图 3-200 所示。

（2）机器人运动轨迹设计

根据图 3-201 中位置进行顺序焊接。

图 3-200　焊接工艺参数输入界面

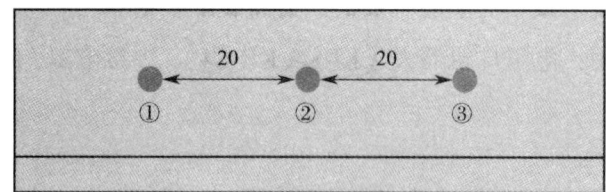

图 3-201　焊点轨迹顺序图（mm）

步骤 3：编程示教

1. 检查电极头

在开始点焊之前，先检查电极头是否需要修磨，如图 3-202 所示。图 3-202 中电极不需要修磨。

图 3-202　电极头检查

2. 安全点示教

根据实际现场，在对机器人点焊的过程中，主要对 3 种点位进行示教：安全点、焊点位置和原点。

先对安全点进行示教，注意焊枪与周围的间距，进行安全点的示教，如图 3-203 所示，安全点主要设置在焊点的垂直方向上，且与工件保持一定距离，主要保证在进行点焊前，焊枪不会与周围物体或工件发生碰撞，即在进入和退出焊点前后都需要设置安全点，保证工艺能够完整进行，主要使用"PTP"或者"LIN"运动指令来实现，确认到达安全点位置之后，点击指令"OK"，即可保存当前位置，如图 3-204 所示。

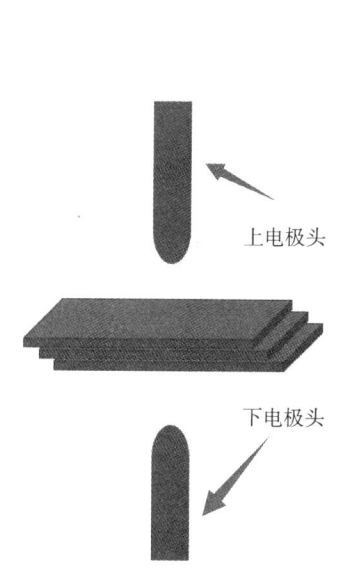

图 3-203 安全点位置进行示教

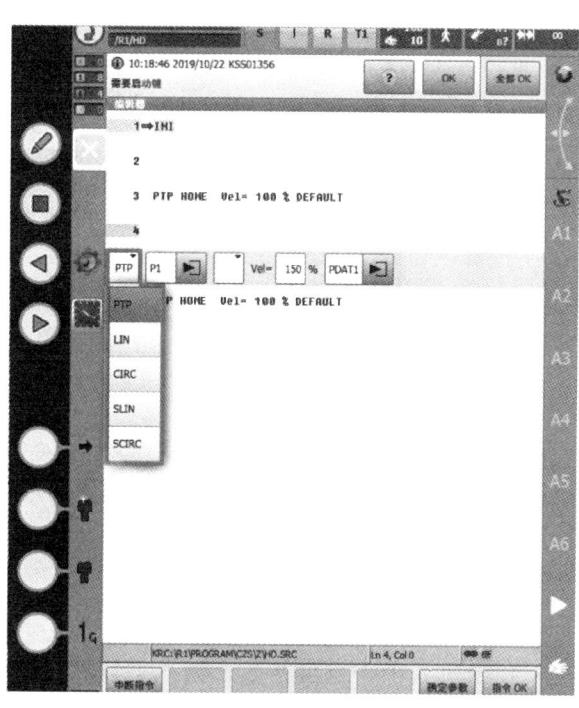

图 3-204 使用"PTP"指令

3. 焊接点示教

（1）示教焊接点位置

在进行完安全点的示教之后，需要对焊点进行示教，如图 3-205 所示，即将伺服焊钳移动至下电极，与工件接触。

（2）焊接参数设定

在焊枪到达焊点位置后，选择菜单序列"指令"→"ServoTech"→"spot"→"PTP"，如图 3-206 所示。

图 3-205 焊点示教位置

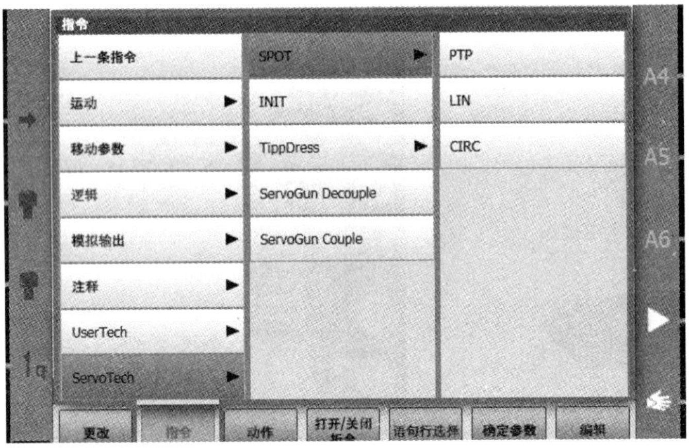

图 3-206 菜单序列表

在联机表单中设置参数,输入参数后点击"保存"确定,如图 3-207 所示。

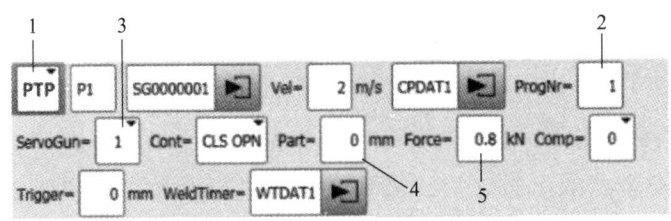

图 3-207 点焊"PTP"指令参数示意图

1—运动方式选择"PTP" 2—"progNR"选择焊机上设置好的焊接参数的编号"1"
3—"ServoGun"选择焊枪号"1" 4—"Part"设置待焊接工件的总厚度为 3 mm
5—Force 配置焊钳的最大夹紧力设置为 1 kN,其他参数默认即可

4. 焊钳回到原点位置

在确定焊点位置参数后，先示教安全点，再回到原点位置（即为 HOME 点位置），如图 3-208 所示，保证不会与焊钳发生干涉。

图 3-208　焊钳原点位置

步骤 4：运行点焊程序

1. 在示教完成后，选择"T1"模式进行试运行，保证程序能够安全运行，且能对焊枪轨迹进行微调，能够优化点焊效率，按"▶"运行，如图 3-209 所示。

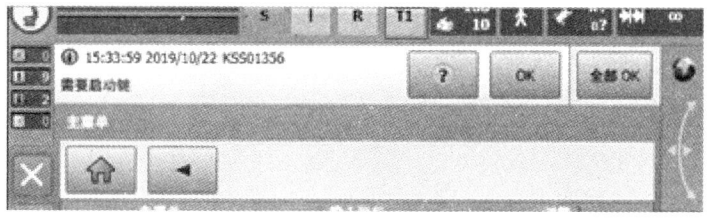

图 3-209　设置"T1"模式进行试运行

2. 在程序试运行之后，即可直接运行点焊机器人进行点焊，焊接结果如图 3-210 所示。

图 3-210　点接结果

步骤 5：焊后检查

在完成点焊之后，需要对焊点质量进行检查。

1. 对外观进行检查，如图 3-211 所示，观察是否有发白现象或者不合格的焊点。

图 3-211　可疑焊点

2. 接着对可疑焊点进行撕裂试验，即用台钳将 3 层板一端固定住，另一端用夹具焊好的 3 层板撕开，如图 3-212 所示，焊点未发生脱落，即焊点为好焊点。

图 3-212　撕裂实验

3 层板点焊程序如图 3-213 所示（不同版本工艺包点焊指令有所不同）。

```
 1   DEF threeSpot ( )
 2 ⊞ INI
 3
 4 ⊞ PTP HOME  Vel= 100 % DEFAULT
 5 ⊞ PTP P2  Vel=100 % PDAT2 Tool[1]:grip Base[1]
 6 ⊞ PTP SG0000002 Vel=100 % PDAT2 ServoGun=1 Cont=CLS OPN Part=3 mm Force=1 kN Comp=0 Trigger=0 mm Tool[1]:grip Base[1]
 7 ⊞ PTP P3  Vel=100 % PDAT4 Tool[1]:grip Base[1]
 8 ⊞ PTP SG0000002 Vel=100 % PDAT2 ServoGun=1 Cont=CLS OPN Part=3 mm Force=1 kN Comp=0 Trigger=0 mm Tool[1]:grip Base[1]
 9 ⊞ PTP P5  Vel=100 % PDAT5 Tool[1]:grip Base[1]
10 ⊞ PTP SG0000002 Vel=100 % PDAT2 ServoGun=1 Cont=CLS OPN Part=3 mm Force=1 kN Comp=0 Trigger=0 mm Tool[1]:grip Base[1]
11 ⊞ PTP P6  Vel=100 % PDAT6 Tool[1]:grip Base[1]
12 ⊞ PTP HOME  Vel= 100 % DEFAULT
13
14   END
```

图 3-213　3 层板点焊程序

培训项目 四

焊后检查

培训单元一　机器人点焊焊件表面缺陷基本知识

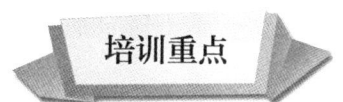

掌握机器人点焊工艺缺陷分析。

质量好的焊点,无论从外观还是从点核内部来看均没有缺陷。焊点外表面平整,无表面烧伤及烧穿缺陷,电极压痕不深(无裂纹、黏附的电极金属、飞溅、边缘胀裂)且圆(板间间隙一般以不大于两外侧板平均厚度的10%为限,表面压坑深度一般不超过板厚的10%)。从内部看,应有尺寸合适的熔核。熔核应是很致密的铸造组织,核内不应有缩孔、疏松、裂纹等缺陷。

1. 焊点直径标准要求

测量焊缝强度的最重要指标是焊点直径。根据相关标准,对于不锈钢点焊接头,各种板厚组合的直径要求都有所不同。如果焊缝的直径太小,则焊缝的强度可能不够,主要是由于焊接电流太小或供电时间太少;如果焊点直径太大,焊点会出现变形,焊点的疲劳强度也会变弱,这主要是焊接参数太大引起的。点焊焊点熔核直径要求见表3-48。

表 3-48 点焊焊点熔核直径要求

序号	最小板厚 d_{min}/mm	最小熔核直径 D_{min}/mm	序号	最小板厚 d_{min}/mm	最小熔核直径 D_{min}/mm
1	0.80	3.1	6	2.00	5.0
2	0.85	3.2	7	2.25	5.3
3	0.90	3.3	8	2.50	5.5
4	1.00	3.5	9	2.75	5.8
5	1.20	3.8	10	3.00	6.1

当板厚不同时，根据最小板厚确定焊点熔核直径 D；3 层及 3 层以上的按次薄板确定焊点最小熔核直径，熔核直径是指 2 个结合面上的连接宽度，如图 3-214 所示。

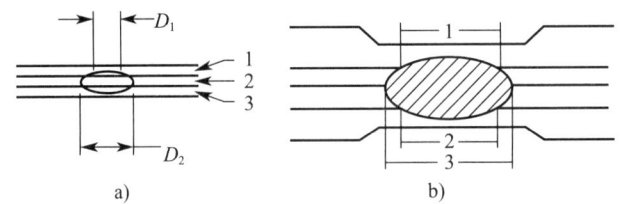

图 3-214 3 层及 3 层以上板焊点熔核直径示意图

2. 点焊缺陷产生的原因及消除方法

（1）收缩孔

对冷加工的不锈钢材料，点焊时最常见的缺陷是发生收缩孔的现象。用于车身的不锈钢材料是经过冷加工的不锈钢板，具有非常高的表面硬度和收缩率。

产生收缩孔的主要原因：如果电极没有足够压力，焊缝的熔融金属从外部向内部硬化时，不会有效地挤压收缩孔，致使收缩孔形成。

解决收缩孔方法：通过增加电极的压力，或是延长焊接后的保压时间。

（2）飞溅

飞溅是指电极压力将点核周围的塑性环压破而发生液体金属溢出，如图 3-215 所示。

飞溅的形式主要有表面飞溅和内部飞溅，对焊点的外观和质量影响很大。引起这种现象的原因主要是过高的电流、较长的焊接时间、较小的电极压力、较大的工件间隙、焊点距离工件边缘太小、未完全清洁工件表面等。如果在点焊过程中有 3 个飞溅产生，必须停止焊接作业，对飞溅原因进行具体分析，并在继续焊接工作之前进行点焊试验。

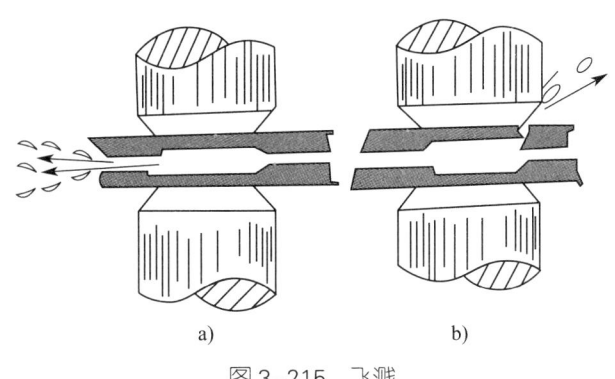

图 3-215 飞溅
a) 内飞溅 b) 外飞溅

在点焊的过程中出现飞溅的主要原因如下：

1) 工件间隙过大。一般用于焊接的工件是薄板，可弯曲和压制零件，当有较多的工件折弯数量时，必须提供焊点的尺寸以保证工件匹配。对刚度小和具有大量焊点的工件焊接时，其点焊顺序应科学合理，如从中心到周边点焊、间隔跳跃点焊。

2) 未完全清洁工件表面。切割工件时，油污、铁屑等杂质会残留在工件表面，必须在点焊前清洁工件与工件和电极之间的接触面。焊接时，当电极上有磨损或污垢时，必须仔细观察电极接触面的状态，如电极盖或电极前端，应对电极盖及时更换或研磨成形。

3) 较小的电极压力。当使用点焊设备时，会逐渐改变气缸等部件的状态，如果飞溅现象多次出现，对其他因素排除后，用压力计和电流表等设备检测电极压力。

4) 焊点距离工件边缘太小。

解决飞溅的方法：飞溅现象大多与焊接方法有关，应改进焊接参数，清洁工件表面。如果工件有间隙，则需要对工件的位置、焊钳和焊接程序及时检查和修正。

(3) 未熔合

未熔合对焊接接头强度影响比较大，尤其对焊点的疲劳强度影响最大。产生的原因通常供热不足。

解决未熔合方法：可以通过增加焊接电流、电极压力或焊接时间来实现。

(4) 弱焊（虚焊）

评估焊接接头质量的一个重要指标是接头强度，对于接头强度和外观质量来说过高或过低都有不同程度的影响。根据相关标准要求，焊缝的熔透率应为 20%～80%。

焊接电流、焊接时间、电极压、电极材料、电极形状等因素对熔透率的影响比较大。熔透率过高是由焊接电流、焊接时间和电极压力过高引起的，熔透率过低是由焊接电流、焊接时间、电极压力过低引起的。上电极和下电极的不相容材料也会引起过度穿透。上电极是钨铜，下电极是铬铜，钨铜有较高的硬度、其散热比较慢，导致母材与上电极接触，横向熔透率过高。

产生弱焊的原因：电压过低，磁性材料溅入焊机二次回路；点距过小；焊接电流小，电极压力大；电极端面直径大；电极表面磨损、压堆；焊接时间不足，焊接规范太强。

解决弱焊的方法：对产品进行设计时，对不锈钢坯料应尽可能满足其最大厚度比例，根据焊接经验，其最大厚度比为：板材总厚度/外侧板厚度≤5；有效使用改变电极头的形状和更换电极材料等技术方法。

（5）焊点过烧

有铬碳化物沉积在点焊接头的过烧表面，这对未涂覆的不锈钢材料的质量有很大影响。

过烧产生的原因：焊接电流过大；电极压力不足；通电时间过长；电极冷却条件差；加热时间过快。

由焊接时间过长和焊后冷却时间过短引起的过烧现象，应对适用于点焊设备的冷却水循环、保护气体的流速定期检查，或优化焊接参数，以及尽可能使用 Ar 保护。

（6）焊点压痕深

焊点压痕深产生的原因：通电时间过长；电极压力不足；焊接电流过大；焊点严重过热；喷射严重；焊接装配间隙大；电极太尖（电极端面直径过小）。

正常焊点表面的电极压痕深度不应超过板厚的 20%。应适当减少焊接规范强度。

（7）焊点外观质量不良

产生焊点外观质量不良的原因：由电极与工件之间的接触面磨损引起的，电极盖或研磨电极必须及时更换；②镰状突起，主要是由电极不垂直于工件，或者 2 个电极的轴不同引起的，必须改变焊点，或调整 2 个电极的同轴度；焊接时压痕太深，主要是由于不合理的焊接工艺参数，电极压力过大引起的。对于没有涂层要求的城市车辆不锈钢外壳，通常要求材料上的电极槽不超过可见表面厚度的 10%。

3. 焊点外观质量检查项目及内容

焊钳与夹具干涉；焊接件料边不足；焊钳上、下电极不垂直等原因引起的焊点外观质量不良。

培训单元二　机器人点焊焊核断面试样制备及焊点质量检测

1. 电阻点焊接头无损检测方法。
2. 掌握机器人点焊焊核端面试件制备方法，焊件缺陷检验设备的使用方法，测量知识。

1. 试件检验前的准备工作

检查焊缝是否有表面裂纹、烧穿、弧坑、焊瘤、满溢、咬边、表面气孔、表面夹渣、飞溅等缺陷，检查判定标准是否符合缺陷评定标准；焊缝段数、尺寸等是否符合工艺文件要求。

（1）焊缝进行外观检验前，应将妨碍检验的氧化物、飞溅等清理干净。

（2）外观检验应在无损探伤检验之前进行。

（3）外观检验可用目测、5~10倍的放大镜及专用检具（如焊口检测器）进行检查。

（4）焊缝外表面缺陷可用渗透探伤等方法进行检查。

良好焊点评价标准为：焊点位置正确，焊点四周呈圆形；焊核大小符合要求，无一级缺陷；打点位置钣金无明显变，焊点中心无明显下凹；焊点表面及焊点周围区域无裂纹、焊穿、针孔、飞溅及毛刺，如图3-216所示。图3-217为焊点扭曲变形。

图 3-216 好焊点

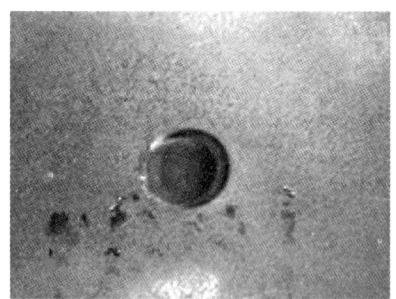
图 3-217 焊点扭曲变形

2. 力学性能检测

通过力学性能检测能够得到各种定量数据，如力学性能、熔核尺寸、缺陷性质、耐腐蚀性等。力学性能检测是取得接头质量定量数据的主要手段。

（1）试验片制作

拉伸试验片规格需严格按照标准进行裁切，否则极有可能造成试验结果与实际情况不相符。依照点焊作业标准准备标准试验片，试验片规格要求见表 3-49。

表 3-49 试验片规格要求

板厚 d/mm	宽度 W/mm	长度 L/mm
<0.8	20	75
$0.8 \leq d < 1.3$	30	100
$1.3 \leq d < 2.5$	40	125
$2.5 \leq d < 3.5$	50	150
$3.5 \leq d < 4.4$	50	150
$4.4 \leq d < 5.0$	50	150

拉伸试验片制作如图 3-218 所示。

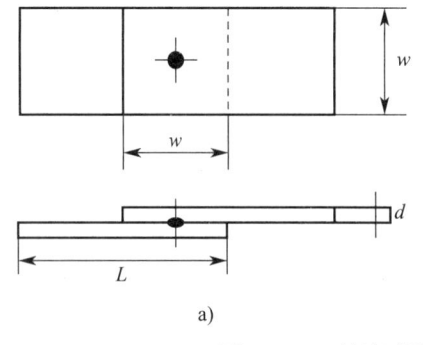

图 3-218 拉伸试验片制作

a）拉伸试验片尺寸　b）拉伸试验片实物

（2）检验方法

1）焊点拉伸试验（检查熔核拉伸强度）

材料的拉伸试验是研究材料力学性能的最基本试验，如图3-219所示。通过拉伸试验，可以测定材料在常温、静载条件下的强度和塑性指标，了解材料受力与变形的关系，为生产中评定材质、强度计算及合理设计提供科学依据。

焊点拉伸试验用于测试焊点强度，强度在拉力试验机上得出，试验片焊接后通过拉伸试验将焊点剪切强度依照母材拉伸强度进行对比，焊点剪切强度不可低于工艺文件要求。

图3-219 拉伸试验

2）拉伸试验试验机操作方法

①开启试验机主机，选用与试样配套的夹具并正确装在对应夹具座中，调整好上、下限位挡圈；装配500 N传感器和夹具，设置好限位挡圈位置，确保横梁在安全的行程内移动。

②打开试验机操控软件，联机选择对应的500 N量程传感器，使试验机上下运行一段距离，观察有无异常。

③打开试验机操控软件，选择拉伸试验方案，设定方案参数，并查看是否符合要求。

④准备样品，测量试样尺寸、厚度等需要的相关参数。

⑤把试样夹持到上夹具中心位置，且夹持长度不小于夹块高度的2/3，但不应超出夹块的高度。

⑥通过手控盒调整横梁位置，把试样调整到下夹具可以正确夹持的位置，先不要夹紧；软件清零，并夹紧试样下端；点"回零"或通过手控盒上的微动或慢动键调节，消除夹持力（力值显示为0～2 N），再将位移清零（此夹持力不能使用"清零"操作直接清除）。

⑦按运行键开始试验。

⑧观察试验过程（试验员不要随便进入试验空间或离开试验现场，以免发生意外事故）；等试样断裂后取下试样；如还有试样，重复③～⑦；按"参数"进入参数填写窗口，输入键输入试样基本参数，点"保存"；按"结果"进行自动计算，点"保存"；点主菜单"试验报告"下的"报告预览"，选择对应的报告模板

出报告；做完试验，关闭软件，关闭试验机、计算机，再切断总电源。

3. 电阻点焊接头无损检测方法

无损检验是以不损坏产品使用性能为前提的检测方法，可以推广到每个零件的每个焊接接头，因此是保证产品安全的最可靠手段。对电阻焊接头进行非破坏性检测可使用：目视检测、密封性检测以及施加规定载荷下的接头强度检测等；一些物理检测方法，即 X 射线检测、超声检测、满流检测、磁粉检测等。

电阻点焊接头无损检测方法主要包括：脱脂（仅用于表面裂纹）、超声检验、宏观检验、X 射线检测等方法。

（1）超声检测

点焊的超声检测是从焊接结构的最后界面，多重反射检测和零件连接处反射的中间回波（图 3-220）。对于正确的焊点和有缺陷的焊点，从完整厚度反射的回波系列的长度、信号衰减以及中间回波的幅值和位置之间是有差别的，从而鉴别出有缺陷的焊点。超声波束的有效直径应该等于熔核的直径。

（2）射线检测

射线检测能有效地发现焊接区的裂纹、夹杂、未焊透、缩孔等缺陷，如图 3-221 所示。射线检测的主要原理是当射线照在工件上，工件对射线的吸收作用使得射线强度衰减，胶片的明暗程度发生变化，故可通过射线衰减程度判断工件是否有内部缺陷，从而评价焊接质量，在电阻焊接头中也可用来发现裂纹、缩孔、内部飞溅等。点焊及缝焊接头一般用于薄板结构，除少数热敏感性强的合金钢和有色金属外，较少出现裂纹，其他缺陷对强度影响较少。而影响强度最敏感的熔核大小一般用射线检测。

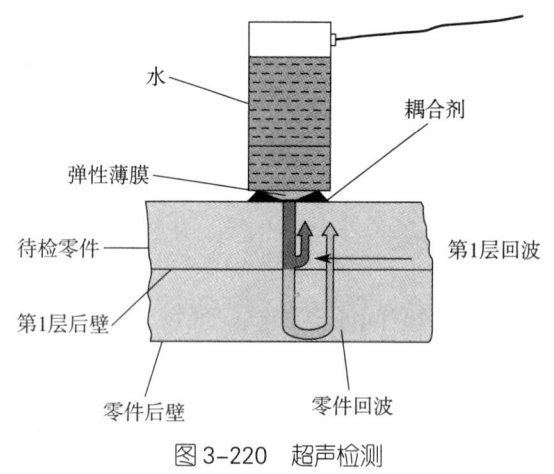

图 3-220 超声检测

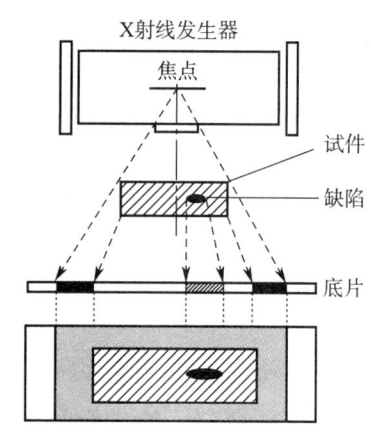

图 3-221 射线检测示意图

职业模块 三

机器人激光焊

培训项目 一

示教编程

培训单元 激光焊机器人系统高级设定

掌握激光焊机器人系统高级设定的步骤及方法。

1. 激光焊机器人状态设定

机器人状态主要包括手动设定状态、自动运行状态、位置坐标设定状态、参数设定状态、数值默认状态等。

（1）手动设定状态

手动设定状态主要是应用示教器对机器人的一些运动参数进行设定，改变机器人现行运行状态，也称示教状态。

（2）自动运行状态

自动运行状态是对示教编程进行运行，将机器人从"Tech"状态转换成"Auto"状态即可实现自动运行状态的设定。

（3）位置坐标设定状态

对机器人的 TCP 位置坐标进行设定，可以在不同坐标系下对位置坐标进行设定。

（4）参数设定状态

参数设定状态主要是对焊接参数进行设定，在示教编程过程中可以对各项焊接参数进行设定,其中包括焊接路径、焊接速度、激光扫描方式、激光离焦量的设定。

(5)数值默认状态

数值默认状态主要是一些系统原始设定的初始值,打开相应的系统数值的默认界面,可以实现对系统初始值的设定,其中就包括示教编程中的空走速度的设定。

2. 激光焊机器人与外部系统通信

激光焊机器人可以与机器人控制器和激光发生器以外的辅助设备进行通信,通过特殊指令接收与发出信号来实现对气源开关、热丝－送丝机构、急停、安全门、水冷机等主要的外部设备控制,其中与气源开关、热丝－送丝机构通信是激光焊要求的,与安全门的通信为满足安全操作必备。如果配有自动焊接夹具,还可以编写通信指令,调用并控制夹具动作。

培训项目 二　焊接准备

培训单元一　调整机器人激光焊焊接参数

掌握根据工艺评定调整机器人激光焊焊接参数的步骤及方法。

1. 激光焊焊接参数

影响激光焊的 3 个主要因素有光束特性（激光能量、光斑尺寸和模式、波长）、焊接特性（焊接速度、焦点、接头几何尺寸、间隙）和保护气体特性（气体成分、保护方式），如图 3-222 所示。

激光焊分为连续激光焊和脉冲激光焊，本节主要介绍连续激光焊。

连续激光焊的焊接参数包括激光束功率 P、焊接速度 v、光斑直径 d、焦点距离 ΔF、保护气体的种类及流量。

（1）激光束功率

激光束功率通常指激光器的输出功率。熔深随激光束功率的提高而增大，对于不同的材料，激光束功率与熔深的关系有差异。根据焊接母材的激光功率与熔深关系试曲线，按所要求的熔深大致确定所需的激光束功率。

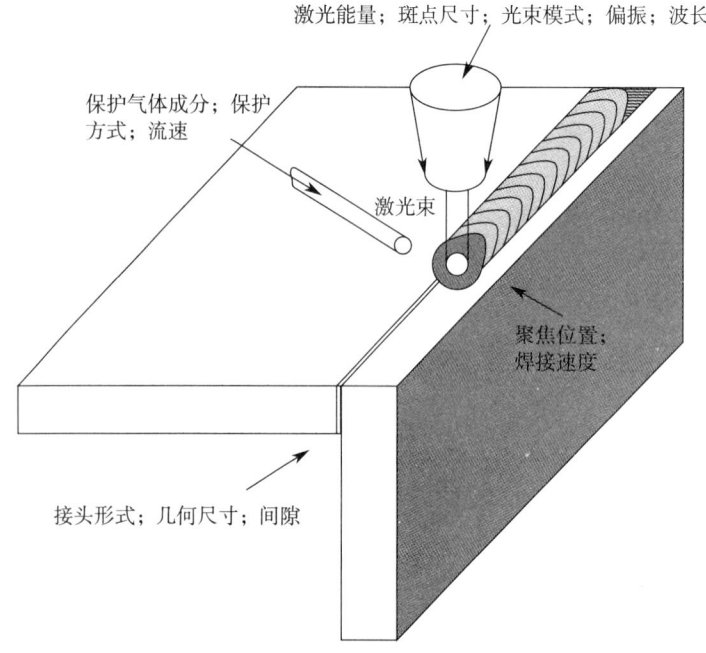

图 3-222 激光焊的主要影响因素

（2）焊接速度

不同材质的焊接母材的焊接速度与熔深之间也有一定的对应关系。随着焊接速度的提高，熔深明显减小；而当焊接速度超过一定值后，再提高焊接速度对熔深的影响逐渐减弱。这就是说，激光焊的熔深主要取决于激光束的功率，在较高的焊接速度下仍可实现深熔焊接。

（3）光斑直径

实现高效深熔激光焊的条件是激光束焦点上的功率密度必须大于 105 W/cm^2。通常可以采用 2 种方法提高功率密度：提高激光束的功率；缩小光斑的直径。功率密度与激光功率成正比，而与光斑的直径的平方成反比。因此缩小光斑直径具有更好的效果。

（4）离焦量

离焦量是指工件表面离激光焦点的距离。工件表面在焦点以内时为负焦距；反之为正焦距。焦点距离不仅影响焊件表面激光束光斑的大小，而且也影响光束的入射反射，因而对熔深和焊缝形状产生较大的影响。焦距对熔深、熔宽和焊缝横截面积有直接的影响。当焦距缩小到某一数值后，焊缝熔深发生突变，即为产生穿透的小孔建立了必要条件。

2. 接头形式和间隙

激光深熔焊接时接头的设计应有利于匙孔的形成，操作者应掌握激光焊典型的接头形式。

对接接头激光焊接时，接头的间隙不能过大（以免光束直接从间隙穿过），即间隙应小于光束直径。对于大间隙的焊缝，可采用旋转光束焊接，但是容易产生焊漏或未填满等缺陷，比较好的方式是采用填丝焊。如果是激光焊接搭接镀锌板时，有易挥发物质锌，在焊接过程中产生大量的高压蒸气，造成严重的气孔，因此必须在两板之间留一定尺寸的间隙，促进蒸气的散失。

3. 保护气体种类及流量

激光焊中的保护气体，除了保护焊缝金属免受有害气体的侵袭外，还有抑制等离子云形成的作用。在高功率密度激光焊过程中，金属被加热汽化，在熔池上方形成金属蒸气云，在强电磁场的作用下发生解离，形成等离子体。某些保护气体也可能被解离、扩大，并形成等离子云。它具有较高的吸收系数，相当于一种屏障，会吸收部分激光而使熔深减小，熔宽增大。保护气体一般采用 Ar、He 等，He 具有最好的抑制等离子云形成的效果。在 He 中加入少量的 Ar 或 O_2，可进一步提高熔深。保护气体流量对熔深也有一定的影响，熔深随着流量的增大而增大，但过大的保护气体流量会造成熔池表面下陷，严重时还会产生烧穿现象。

技能要求

操作名称：激光焊机器人工艺调整操作规程

操作实施步骤

分析工艺要求，确定机器人激光焊工艺方案 ⇨ 进入激光焊接机器人设定系统设置工艺参数
⇨ 记录焊接质量情况和评定结果

步骤1：分析工艺要求，确定机器人激光焊工艺方案

对产品设计及要求进行分析，机器人激光焊工艺方案的确定基于以下3个方面：

1. 制定激光器系统参数

根据工件的板厚或接头形式，确定激光焊接方法，对接焊时，薄板（0.5～

3 mm）采用激光热导焊工艺方法，厚板（>5 mm）采用激光深熔焊工艺方法。对于薄板搭接或者薄板卷边接头，也可采用深熔焊。根据不同的激光焊接方法制定激光焊焊接参数，连续激光焊与脉冲激光焊焊接参数设置有很大区别，这取决于所选激光器类型（目前脉冲激光器较为流行）。

2. 合理配置机器人系统

机器人系统的设置和路径规划是激光机器人焊接系统的第 2 个重要模块，是焊接操作运动系统。依据焊接结构，合理选择坐标系，制定焊接顺序，优化焊接路径，示教并编译程序。

3. 辅助系统配置

辅助系统配置包括选择夹具定位装置、保护气体的选择与作用位置、填充材料的供给系统设置等。

步骤 2：进入激光焊接机器人设定系统设置工艺参数

激光焊接机器人工艺参数设定主要包括机器人系统工艺参数和激光器工艺参数的设定，激光器工艺参数设定包括激光功率、激光斑点直径、焦距、脉宽等参数的设定；机器人系统工艺参数设定主要包括焊接路径规划与示教、焊接速度调整等。

激光器工艺参数设定流程如图 3-223 所示。

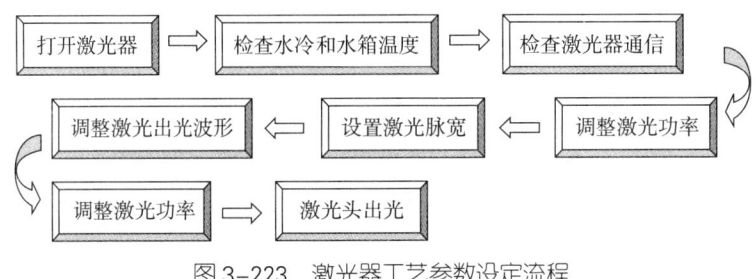

图 3-223　激光器工艺参数设定流程

机器人系统工艺参数设定如图 3-224 所示。

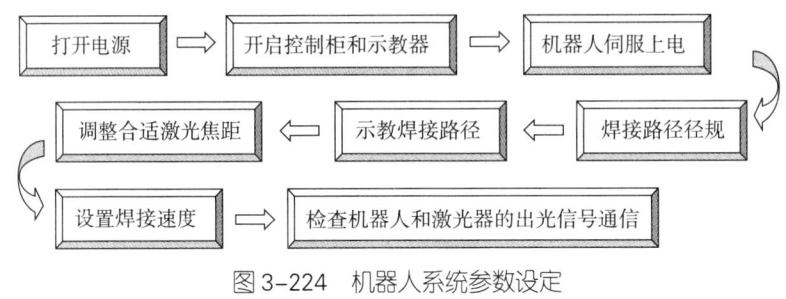

图 3-224　机器人系统参数设定

打开示教器,进入激光焊接机器人界面(松下),按照上述步骤设置各参数,如图3-225所示。

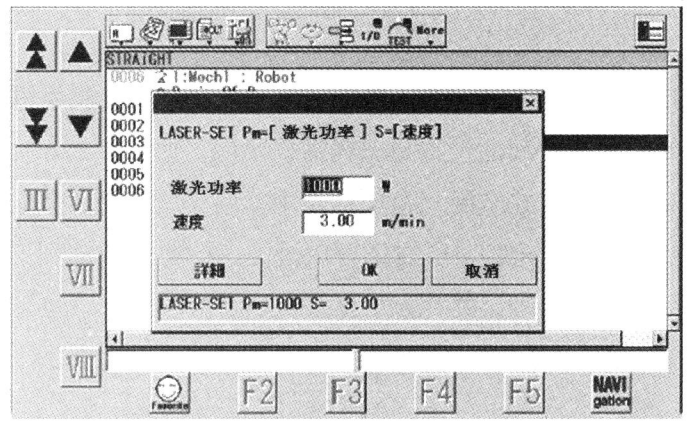

图3-225 激光机器人系统界面

步骤3:记录焊接质量情况和评定结果

激光焊结束后,对获得的焊接接头进行记录,记录内容包括焊缝成形、焊缝外观尺寸、焊接缺陷等。同时对结果进行评定,即把当前的记录结果分别与设计要求和相应标准对比,用"合格"与"不合格"来判断。满足工艺规定的焊缝视为合格,焊缝尺寸超差或者直接外观缺陷的定为不合格。

评定结果可以作为调整激光机器人焊接参数的反馈和参考。

培训单元二 激光焊机器人工装夹具的调整

掌握激光焊接机器人工装夹具调整的步骤及方法。

激光机器人焊接工装夹具基本知识。

激光焊接由于光斑直径小,焊缝宽度很窄,将对工装夹具的定位精度提出更高的要求,焊接工装夹具对激光焊接更为重要。

1. 焊件的定位原则

(1)物体的空间自由度

一个尚未定位的工件,其位置不确定。为了使焊件在夹具中得到要求的确定位置,应先研究物体在空间的位置是怎样被确定的。如图3-226所示,将未定位的工件用长方体表示,放在空间直角坐标系中,用 X、Y、Z 3个互相垂直的坐标轴来描述工件位置的不确定性。长方体可以沿 X、Y、Z 轴移动到不同的位置,也可以绕 X、Y、Z 轴自由转动,共有6个自由度。

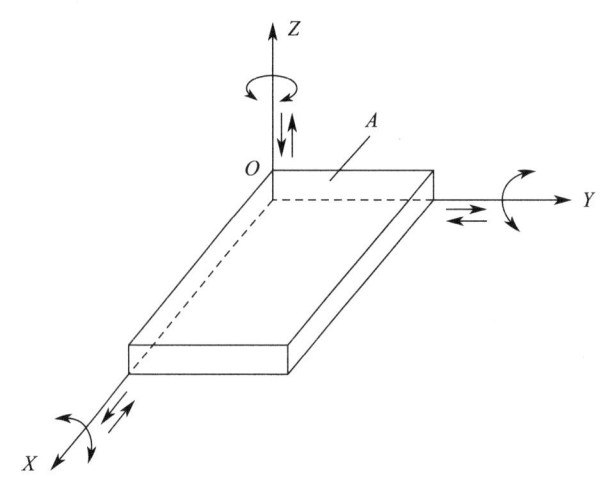

图3-226 物体的自由度

工件要正确定位首先要限制工件的自由度,这6个自由度被限制了,则物体在空间的位置就完全被确定了,所以自由度也是决定物体空间位置的独立参数。

(2)六点定位原则

从几何学中知道,3个点可以决定1个平面,可以代表1个支承平面。用3个定位支承点4、5、6代替支承平板B,同时也把挡铁1、2、3作为定位支承点,从而1个定位支承点平均消除了1个自由度。因此,确定物体的空间位置,就需要按图3-227中布置的6个支承点消除物体活动的6个自由度,这种用适当分布的6个支承点限制工件6个自由度的原则称为"六点定位原则"。

2. 激光焊接夹具的特点与要求

(1)激光焊接夹具定位的特点

激光焊接的特点是工件定位精度高,其定位精度与激光束的焦深、激光功

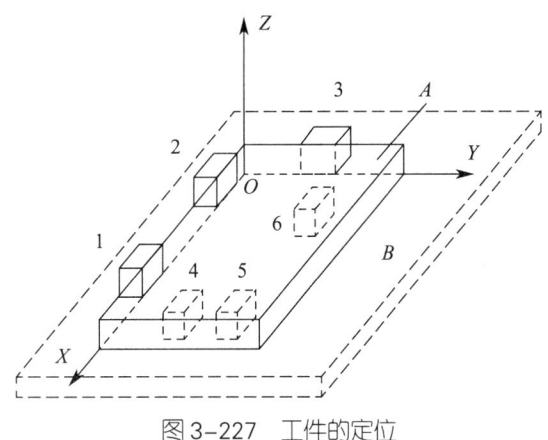

图 3-227 工件的定位

率、焊接速度、接头几何形状等有关。焦深是影响焦点直径变化的函数，随着焦深的减小，焊接质量（反映在最大焊接速度、熔深和热影响区尺寸等方面）对工件定位精度的要求也越高。通常光斑直径的增加不能超过 5%。光斑尺寸越大，焊缝宽度就越大，这对薄板搭焊形成良好的焊接熔核尤其有利，定位精度可适当放宽。

焊接工件的定位情况主要取决于以下因素：待焊工件的加工公差与装配公差；激光束与工件操作的重复性、稳定性及加工精度；工装夹具的稳定性、精确性和重复性。

（2）激光焊工件装夹设计的影响因素

1）多次装夹产生的磨损可能会导致焊接接头的装配间隙。因此，夹具最好采用耐磨钢，可增加夹具寿命并能保证定位与装夹精度。

2）装夹热敏感工件（如传动件）时，释放残余应力会导致工件变形，因此建议设计带有散热片的夹具。散热片可安装在夹具表面，也可安装在某局部位置。若夹具散热对控制变形有明显作用，还可对夹具进行水冷。

3）设计夹具和定位工具时应尽量避免产生偏心和力矩，否则会由于装卡不平衡而导致焊接裂纹的产生。

4）焊接精密工件时采用压入配合的焊接接头，可降低对装卡和定位的要求。

5）设计夹具形状时，要考虑到可能会有保护气管及抑制等离子体的保护装置，全熔透焊接中管口要通入焊道背面。

6）设计对接与搭接接头全熔透焊接的工装夹具时，要注意整个焊缝背面的清洁问题。

3. 激光机器人焊接夹具的类型

目前,用于激光机器人焊接的夹具通常为柔性夹具和组合夹具。

(1) 柔性焊接夹具

柔性焊装夹具是能适应不同产品或同一产品不同型号规格的一类焊装夹具。可以柔性地自由组合、三维组合焊接工装系统,可以适应不同的焊接、机械加工和检测工件。较少的几套夹具系统即可代替传统的高成本专用工装。对于多品种、小批量的个性化制造可以反复使用,节约研制和生产成本。

(2) 组合夹具

组合夹具是由可循环使用的标准夹具零部件或专用零部件组装成易于连接和拆卸的夹具。它是在夹具完全模块化和标准化的基础上,由一整套预先制造好的标准元件和组件,针对不同工件对象迅速装配成各种专用夹具,这些夹具元件相互配合部分的尺寸具有完全互换性。夹具使用完毕再拆散成元件和组件,因此是一种可重复使用的夹具系统。

组合夹具分为槽系组合夹具与孔系组合夹具2种,机器人焊接常用的是孔系组合夹具。

1) 槽系组合夹具

槽系组合夹具是指元件上制作有标准间距的相互平行及垂直的T形槽或键槽,通过键在槽中的定位,就能确定各元件在夹具中的准确位置,元件之间再通过螺栓连接和紧固。

2) 孔系组合夹具

孔系组合夹具是指夹具元件之间的相互位置由孔和定位决定,而元件之间用螺栓或特制的定位夹紧销栓连接。图3-228为孔系组合夹具。

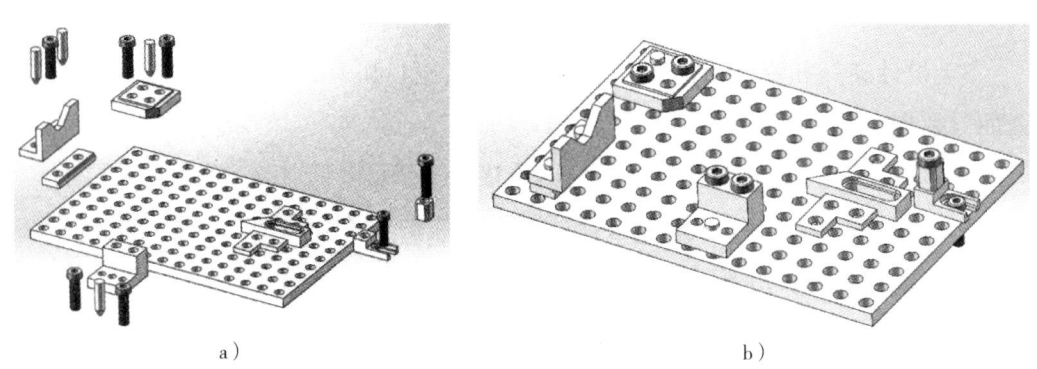

图3-228 机器人用孔系组合夹具
a) 分拆图夹具 b) 与底板装配图

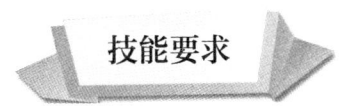

操作名称：调整激光焊机器人工装夹具

操作实施步骤

激光焊接工装夹具的定位与固定 ⇨ 激光焊接工装夹具的检查 ⇨ 激光焊接工装夹具的调整

步骤 1：激光焊接工装夹具定位与固定

分别以平板对接和管板角接为例，介绍激光焊工装夹具的定位与固定。

1. 平板对接深熔焊

平板对接激光焊定位如图 3-229 所示。板对接激光深熔焊时，建议不要将工件直接放在平台上，否则穿透板底部的激光会将平台表面烧损，可将工件放置在加工有凹槽的支撑板上。划线平行于槽的中轴线，尺寸为 A 板宽度，作为板 A 的定位基准，对齐后利用压板预压固定，A 板在平面上的 3 个自由度被限制，同时 3 个转动自由度也被限制，然后放置 B 板，两者对正贴合后，留 0.1 mm 的间隙，用塞尺来保证，然后用压板固定，限制其 6 个自由度。夹具消除了工件的 6 个自由度，不能平移，也不能绕坐标轴转动，工件实现了定位。

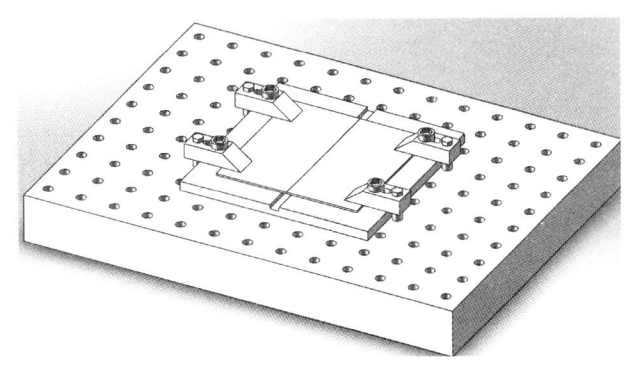

图 3-229　平板对接激光焊夹具

2. 管板角接激光焊

管板角接激光焊定位如图 3-230 所示。将底板置于平台上，用划针在板的中线画出十字线，在管的 4 个象限点上画出标试点，然后与十字线对正，组合管板，用激光点焊方式进行定位焊，点固直径上的 2 个点即可。然后将组件以正交形式置于平台上，用压板紧固，实现定位与固定。

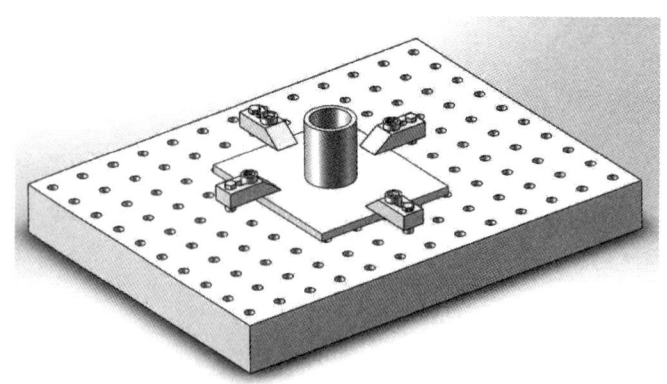

图 3-230 管板角焊激光焊定位与固定

步骤 2：激光焊工装夹具的检查

工件被初步定位后，要根据接头形式选择适合的固定件形式，核对不同类型的压板、压块及铰链压紧装置是否齐全。最为重要的检查定位组合尺寸是否满足图样要求，检查的内容还包括定位的基准、零件的间隙、压紧装置是否与机器臂干涉及有无影响激光的可达性。

步骤 3：激光焊工装夹具的调整

工装定位尺寸等检查如有误差，要及时进行调整，调整划线基准的对齐性，保证焊件的组合尺寸及组合间隙准确无误后，重新压紧固定，等待激光焊。

培训单元三　机器人激光焊脉冲调制信号调整

掌握机器人激光焊脉冲调制信号调整的步骤及方法。

激光器脉冲信号检查规范知识。

1. 激光焊脉冲波形

除了连续能量之外,脉冲能量是激光能量的另一种重要的能量形式。脉冲激光焊可用于焊接高反射率材料(如高脉冲 CO_2 激光焊接铜、铝等),脉冲周期较短的激光可保证热输入较小,减小工件的焊接变形,这对于变形敏感的材料尤为重要。大多数焊接应用都要求脉冲重叠,以确保获得连续的焊缝或者密封焊缝。脉冲激光波形如图 3-231 所示。其中,P 为功率,T 为周期,T_p 脉冲宽度,T_b 为脉冲间歇时间,P_b 为基底功率。

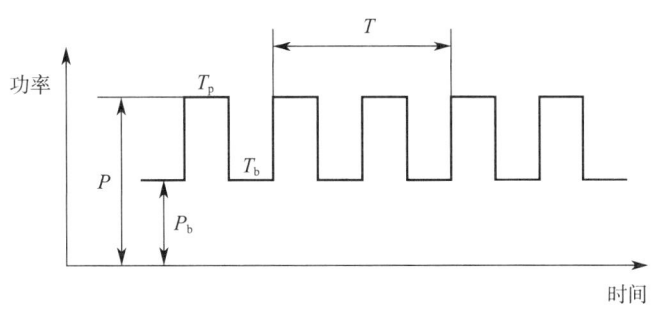

图 3-231 脉冲功率波形

2. 激光焊脉冲参数

采用脉冲形式时,激光功率是以平均功率定义,而不是脉冲功率定义。脉冲激光有以下几个主要参数:

(1)脉冲频率

脉冲频率 f 是 1 个周期 T 中脉冲的数量。如果采用脉冲激光焊,那么脉冲频率、平均焊点直径和焊接速度必须相互匹配,才能达到所需的重叠度。对于非密封焊接,重叠度越低,焊接速度越高,不过焊道表面比较粗糙。一般来说,重叠度越大,焊道表面越光滑,但焊接速度也相应降低。

(2)脉冲能量

在现有的脉冲 CO_2 激光器和脉冲 Nd:YAG 激光器中,单位脉冲能量、脉冲峰值功率以及脉冲宽度(即激光的脉冲时间)都是非常关键的参数。单位脉冲能量 E_p 与激光平均功率 P_{ave} 及脉冲频率 f 的关系为

$$E_p = \frac{P_{ave}}{f}$$

(3)峰值功率

单位脉冲峰值功率 P_p 是单位脉冲能量 E_p 与脉冲宽度 T_p 之比,即

$$P_\text{p} = \frac{E_\text{p}}{T_\text{p}}$$

对于给定的单位脉冲能量,较短的脉冲宽度可以产生较高的峰值功率。不过峰值功率过高时,会产生咬边或气孔,因为过高的峰值功率将导致材料中某些元素蒸发逸出熔池。通常,高峰值功率更适合匙孔焊接,可形成较大的熔深,而且传入到工件周围的热量也较少;深而窄的匙孔焊接对工件的装配要求也更高。

(4)脉冲宽度

脉冲宽度 T_p 是指单个脉冲的持续时间,增大脉冲时间会降低峰值功率,这种情况一般用于热传导焊接,形成的焊缝几何尺寸宽而浅,对工件的装配要求不高,尤其适合薄件和厚件的搭接焊。较低的峰值功率密度会导致多余的热输入量,而且接头对激光的反射也较严重。

脉冲激光焊与连续激光焊相比,调节参数较多,焊接过程控制也更为复杂。

3. 激光焊脉冲参数关系与调制

脉冲调制主要指脉冲本身参数(幅度、宽度、相位)随信号发生变化的过程,脉冲幅值随信号变化,称为脉冲振幅调制;脉冲宽度随信号变化,称为脉宽调制。

通常,按改变脉冲参数的不同,把脉冲分为脉幅调制和脉宽调制等。

对于激光发生器,脉幅所代表的是激光功率,脉宽是指1个脉冲的持续时间。激光脉冲信号调制是指某个激光脉冲参数变化时,其他参数随之变化并表现出的相互约束关系。

平均功率一定,调节脉冲宽度1个参数,频率、峰值功率等都会按照某种关系随之确定,所以,脉冲激光通常调节功率和脉宽2个参数。

操作名称:机器人激光焊脉冲调制信号调整

操作实施步骤

进入激光控制器脉冲调制信号界面 ⇨ 对脉冲信号进行设置 ⇨ 对脉冲调制信号进行检查验证

步骤1：进入激光控制器脉冲调制信号界面

打开激光控制器，进入脉冲信号界面，如图 3-232 所示。

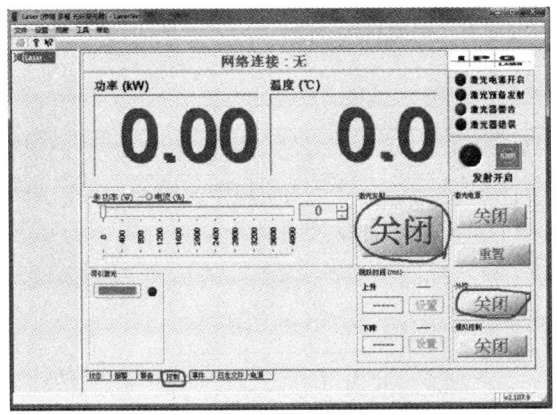
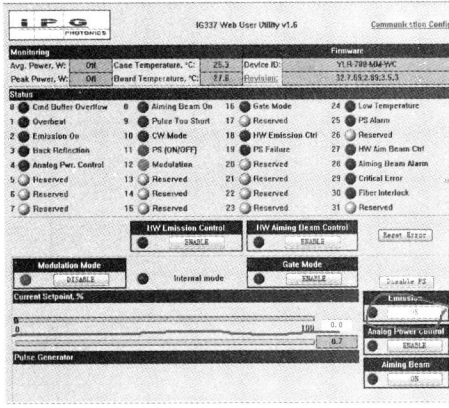

a)　　　　　　　　　　　　　　　b)

图 3-232　激光控制器界面

步骤2：对脉冲信号进行设置

打开激光控制器，进入脉冲信号界面，见表 3-50。

表 3-50　脉冲参数设置指令

Line	命令字	参数1	参数2	描述
1	OUT	SO	LOW	设置同步输出低电平
2	SPT	1 000	2 000	激光功率达 2 000 W，时间为 1 s
3	EXTPWR	ANALOG	—	切换到模拟量控制
4	OUT	SO	HI	设置同步输出高电平
5	WAIT	TIME	500	延时 500 ms
6	OUT	SO	LOW	设置同步输出低电平
7	SPT	200	500	激光功率达 500 W，时间为 0.2 s
8	WAIT	TIME	500	延时 500 ms
9	GOTO	LINE3	SILOW	同步输入低电平跳转到行 3
10	SYOP	—	—	程序结束

步骤3：对脉冲调制信号进行检查验证

对脉冲信号进行设置后，可通过输出的波形进行检查，上面编程的波形如图 3-233 所示。

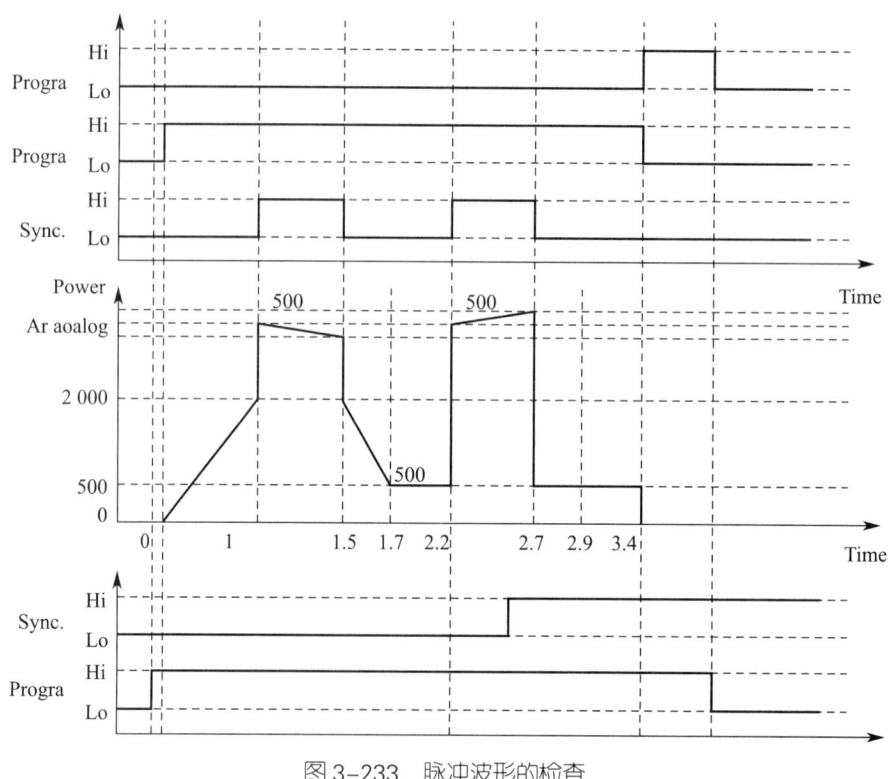

图 3-233 脉冲波形的检查

可以根据需要选择脉冲个数、脉宽,从而决定脉冲能量、能量密度、频率等相关的脉冲参数。

培训项目 三

焊接操作

培训单元一 激光机器人深熔焊编程及焊接

掌握激光机器人深熔焊程序编写及焊接的操作步骤与方法。

机器人厚板激光深熔焊编程规范。

1. 激光机器人焊接系统组成

激光机器人焊接系统由机器人与激光器合成,并分别由机器人控制器示教编程,控制机器人本体运行,激光参数由激光发生器调制,最后两者进行通信,实现同步运行。激光机器人焊接系统如图3-234所示。

2. 激光器参数及编程

激光的参数通过激光发生器来设置,对于连续激光器,可设置激光功率、离焦量、焊接速度、光斑直径等主要参数;对于脉冲激光器,设置脉冲参数,脉冲调节实行一元化调节,平均功率一定的情况下,脉冲个数、单个脉冲能量、脉冲宽度之间保持一定的关系,只要设置1个参数,其他参数随之确定,一般只设置脉宽。根据工件和结构进行参数输入。

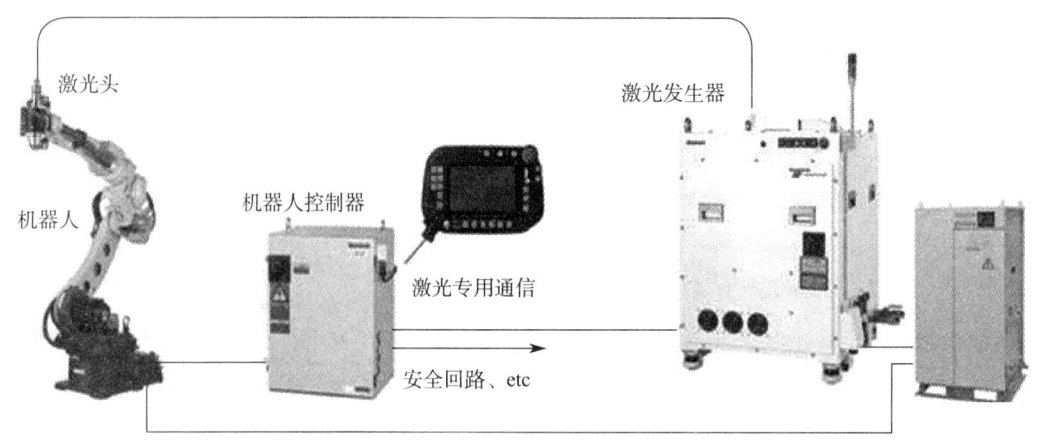

图 3-234　激光机器人焊接系统

3. 激光机器人系统焊接通信

焊接的启动需要机器人与激光器的通信，机器人示教编程与激光器参数设置完成后，两者通信触发焊接信号，进行激光机器人焊接，可在示教器内完成。

操作名称：I形坡口板对接机器人激光深熔焊

操作实施步骤

进入编程界面 ⇨ 示教编程 ⇨ 示教程序检查 ⇨ 运行程序进行机器人激光深熔焊

步骤1：进入编程界面

1. 新建程序

以KUKA激光机器人为例，在目录结构中选定要在其中建立程序的文件夹，例如文件夹程序（不是在所有的文件夹中都能建立程序），点击新建。仅限于在专家用户组中窗口选择模板将自动打开，选定所需模板并用"OK"确认。输入程序名称，并点击"OK"确认，如图3-235所示。

2. 程序界面

进入程序界面如图3-236所示。

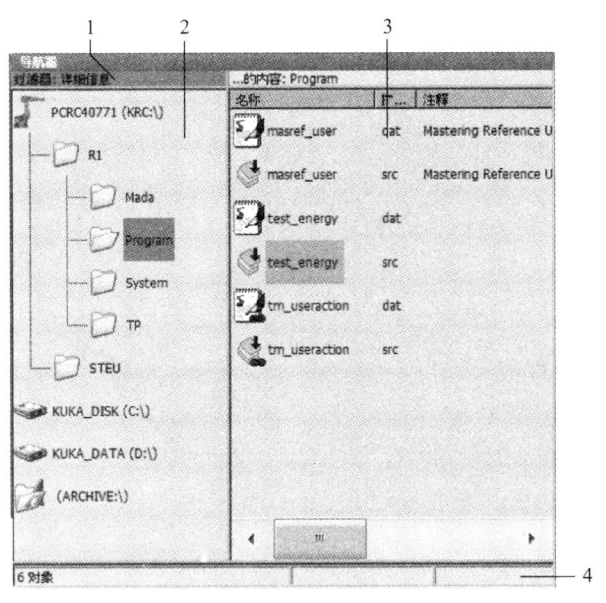

图 3-235 新建程序

1—标题 2—目录结构 3—文件清单 4—状态行

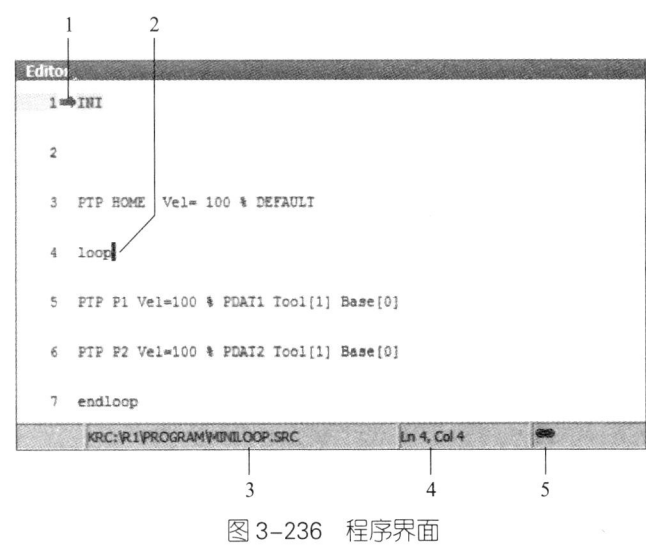

图 3-236 程序界面

1—语句指针 2—光标 3—程序的路径和文件 4—程序光标的位置 5—程序已被锁定

步骤 2：示教编程

已知条件：对有 2 块厚度为 10 mm 的 16Mn 钢板，尺寸为 300 mm × 200 mm × 10 mm，现采用光纤激光焊接机器人对 2 块板进行焊接，接头为平板对接焊，不开坡口。运行参数：机器人速度为 39 mm/s，激光功率为 7 500 W，激光偏转角度为 15°，焊点光束直径为 3.2 mm。激光路径如图 3-237 所示。

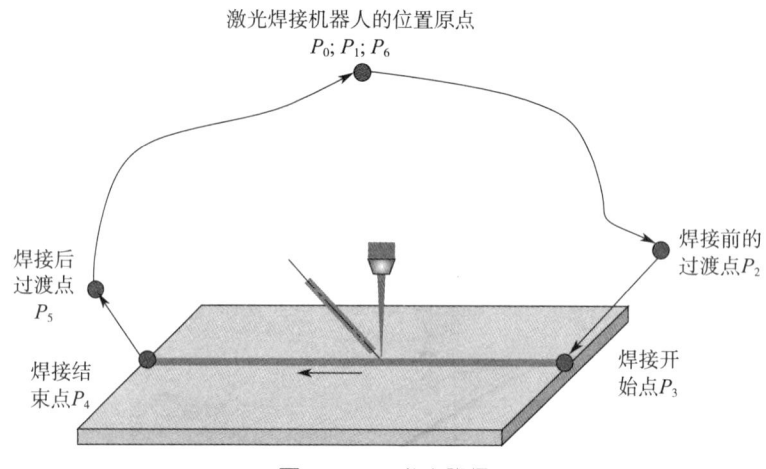

图 3-237 激光路径

1. 机器人示教编程

DEF lixingyu（）程序名

INI

LaserNum=1 调用激光器程序号

PTP HOME Vel=100% DEFAULT；机器人 HOME 点

LIN P2 Vel=0.1m/s CPDAT1：Precitec Base［0］；焊接前的过渡点 P_2

LIN P3 Vel=0.039m/s CPDAT1 Tool［1］：Precitec Base［0］；起始焊点

laser_start（）调用出光程序

LIN P4 Vel=0.039m/s CPDAT2 Tool［1］：Precitec Base［0］；焊接结束点

laser_end（）调用关光程序

FOLD WAIT Time=15sec；等待 15 s

LIN P5Vel=0.1m/s CPDAT1：Precitec Base［0］；焊接后的过渡点 P_5

FOLD PTP HOME Vel=100% DEFAULT；返回 HOME 点

END 程序结束

2. 激光器参数设定

进入激光程序编辑器界面，输入激光功率 7 500 W，并调整激光波形，如图 3-238 所示。另外，示教之前要确定激光焦距，通过测量来获得焦距数值。

步骤 3：示教程序检查

对示教编程后的路径进行检查，采用正跟踪使机器人按照编程路径空走，检查是否有错误或者干涉等现象。同时可对激光焊焊接参数数据进行检查，若出现误差则修改程序。

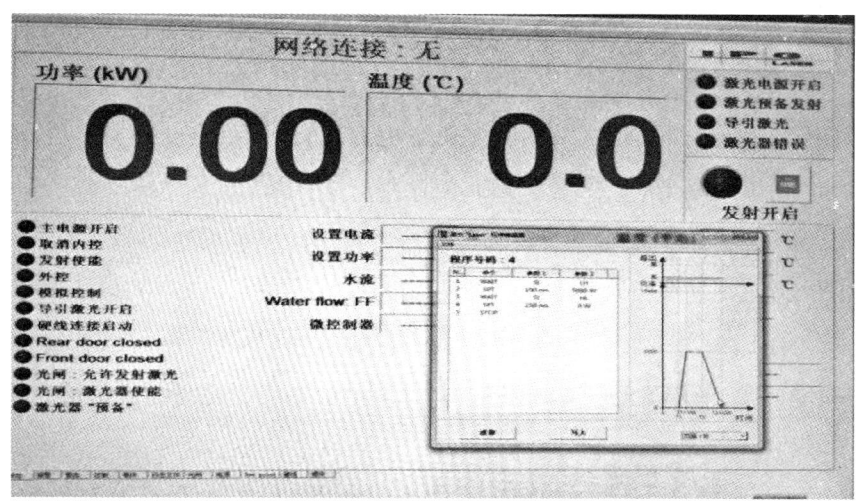

图 3-238 激光参数与波形设置

步骤 4：运行程序进行机器人激光深熔焊

操作者撤离到安全区，将钥匙转到"AUTO"状态，按伺服 ON 按钮，点击"启动"，运行程序，使机器人与激光器通信，完成机器人激光深熔焊，获得满意的激光焊接头。

培训单元二　机器人激光脉冲焊编程操作

掌握运用激光器脉冲指令进行编程操作并进行焊接的步骤及方法。

激光器脉冲编程规范。

1. 激光脉冲编程指令

激光程序结构简称"LP"，决定脉冲波形的特征。每个激光程序由散列的表格组成。第 1 列表示命令字，第 2、3 列为命令参数。程序最长为 100 行（由激光器内部存储器所决定）。程序编号最大为 50。激光程序指令描述为以下几项：

（1）"STOP"

"STOP"为停止出激光，给伺服电机上电，运行机器人程序。并且"B10–End of program"输出高电平。

（2）"SPT"

"SPT"为固定功率变化时间（2个点之间线性插值），命令的第2个参数表示激光功率，第1个参数表示其功率变化时间。此命令参数选项可以选择设置固定值（"FIXED"或"FBUS"）。时间参数为"Fieldbus"中变化时间设定值。

（3）"SPR"

"SPR"为功率变化速度，此命令类似于前命令"SPT"，只是第1个参数不同，其指定功率变化速率。"SPR"所有的参数可以使用固定（"FIXED"或"FBUS"）。时间参数为"Fieldbus"协议中功率变化速率设定值。

（4）"WAIT"

"WAIT"为等待时间，等待下列时间之一：同步输入（电平下降边沿）、同步输入（电平上升边沿）、同步输入低电平、同步输入高电平时间。该时间可以是固定值（"FIXED"或"FBUS"）。

（5）"GOTO"

"GOTO"为跳转到另一命令行，该命令第1个参数指定要跳转的行号，第二个参数指定跳转条件。若第2个参数为"counter"计数，若初始值为"0"，则无条件跳转，若初始值不为"0"，则每跳转1次，该值减"1"，若为"0"，则不跳转。

（6）"OUT"

"OUT"为设置同步输出信号，设置同步输出高或低电平。第1个参数指定同步输出，第2个参数表示输出电平。

（7）"EXTPWR"

"EXTPWR"为切换到外部控制，此命令执行后，输出功率从外部接口读取。第1个参数指定外部接口类型。此命令停止，可使用命令"1""2""3"或"7"（重新指定不同的外控）。若为"FBUS"，功率值为"Fieldbus"协议中功率字数值或激光器处于"TEST"模式或"Fieldbus"协议中使外部软件能控制"LaserNet"设置值。

（8）"SETCHAN"

"SETCHAN"为选择光闸，第1个参数设置所要使用的光闸通道。只对具有光闸的激光器有效。

2. 激光脉冲指令编程指令的参数设置

激光脉冲编程指令的参数设置及格式规范见表 3-51。

表 3-51 激光编程指令的参数设置及格式规范

#	命令字名称	参数1	参数2	描述
1	STOP	—	—	无参数
2	SPT	0~5 000 Or FBUS	0~max power Or FBUS	参数1：时间 /ms 参数2：功率 /W
3	SPR	0~5 000 Or FBUS	0~max power Or FBUS	参数1：功率变化速率 /(W·ms^{-1}) 参数2：功率 /W
4	WAIT	SI	LOW	等待同步输入低电平
		SI	HIGH	等待同步输入高电平
		SI	LH	等待同步输入上升沿
		SI	HL	等待同步输入下降沿
		Time	0~65 534 Or FBUS	延时 /ms
5	GOTO	Line0~99	SI LOW	如果探测到同步输入低电平，跳转指定行
		Line0~99	SI HIGH	如果探测到同步输入高电平，跳转指定行
		Line0~99	0~32 767	计数跳转次数
6	OUT	SO	LOW	同步输出低电平
		SO	HIGH	同步输出高电平
7	EXTPWR	ANALOG		切换到模拟控制接口
		FBUS		切换到"Fieldbus"协议中模拟控制接口
8	SETCHAN	通道 1~N	—	选择光学通道（必须具备关闸）

技能要求

操作名称：不锈钢管角接机器人激光焊的示教编程

任务描述

已知：现有 1 块厚度为 10 mm 的不锈钢板，尺寸为 200 mm × 200 mm × 10 mm，不锈钢管直径为 40 mm，壁厚为 5 mm，长为 50 mm，现采用光纤激光焊接机器人进行管板焊接，运行参数：焊接速度为 40 mm/s，激光功率为 7 500 W，激光偏转角为 45°，焊点光斑直径为 3.2 mm。

操作实施步骤

进入编程界面示教编程 ⇨ 进入激光器脉冲焊接工艺参数设定 ⇨ 程序编辑及修改 ⇨ 运行程序进行不锈钢管角接机器人激光焊

步骤 1：进入编程界面示教编程

激光发生器冷机、激光头用冷机、机器人的电源都启动，打开配电箱开关，将激光器装置前面的开关"ON"，信号灯全部亮灯，将其前面的钥匙开关 1 置于"ON"，按下复位按钮，执行机器人程序，按下示教器伺服 ON 按钮。

单击"NAVI gation"，进入"LASER-SET"激光机器人焊接导航界面，如图 3-239 所示。

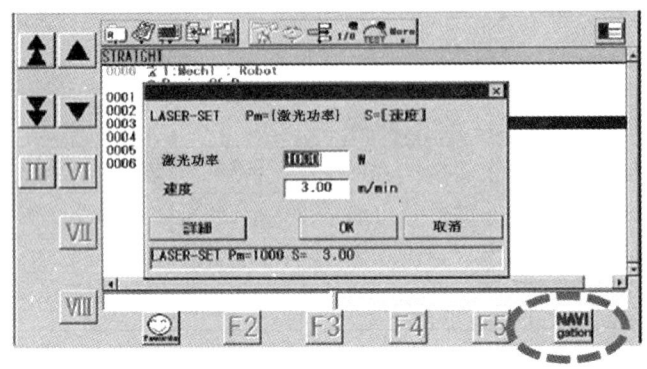

图 3-239 激光机器人焊接导航界面

步骤 2：进入激光器脉冲焊接工艺参数设定

进入激光器脉冲焊接工艺参数设定界面，根据焊件材料和尺寸进行激光焊接参数的设定，输入"Pm［主功率］""Pb［基底功率］""FRQ［频率］""Wd［脉冲幅］""S［速度］"的数值，如图 3-240 所示。

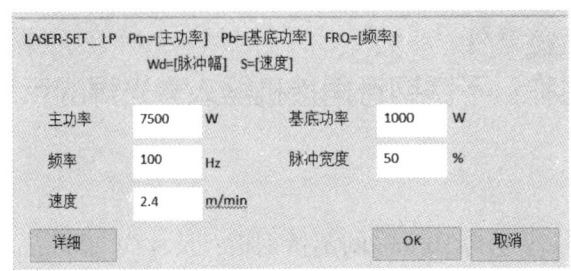

图 3-240 激光脉冲焊接参数设置

步骤3：程序编辑及修改

机器人示教路径如图3-241所示。采用前后圆弧逼近整圆的方法，采用圆弧在 P_5 点（同一点）登录的方法实现连续焊接，使得激光行走路径更贴近焊缝。

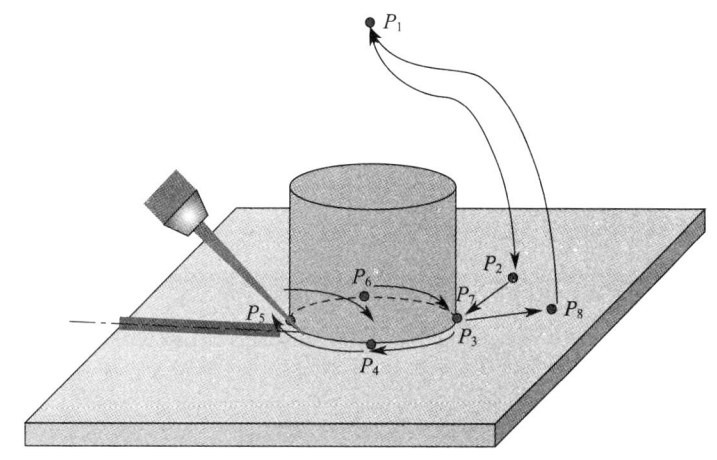

图3-241 机器人示教路径

1. 程序编辑（松下机器人）

1：Mech1：Robot

Begin Of Program

MOVEP　P001，10.00m/min，

MOVEP　P002，10.00m/min，

OUT 01#（1：01#0001）=ON

MOVEC　P003，10.00m/min，

LASER-SET Pm=3500 S=6.00

TREPANNING_SET ORIGIN_POSITION

LASER-SET_LP Pm=1000 Pb=1000 FRQ=500 Wd=50　S=3.00

LASER-ON　LaserStart1　PROCESS=0

MOVEC　P004，10.00m/min，

MOVEC　P005，10.00m/min，

MOVEC　P006，10.00m/min，

MOVEC　P007，10.00m/min，

LASER-OFF　LaserEnd1　PROCESS=0

MOVEP　P005，10.00m/min，

OUT 01# (1: 01#0001) =OFF

MOVEP   P008, 10.00m/min,

MOVEP   P009, 10.00m/min

End   Of   Program

2. 激光焦点调节

在主界面中使用"GUIDE"调节激光焦点，引导光单元开光打开，发出1道直线。打开激光位置引导光"ON"，使光点落在直线上，调节使焦距确定，如图3-242、图3-243所示。

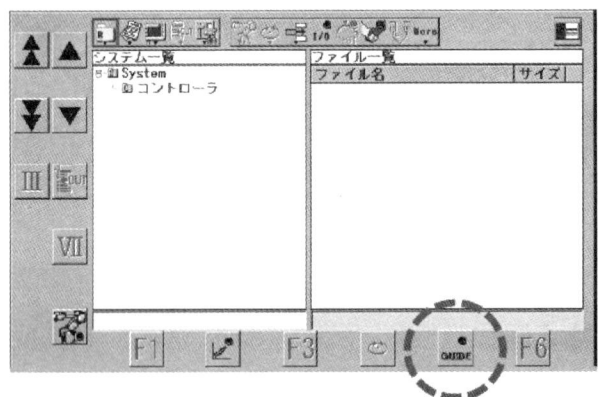

图3-242　引导光

图3-243　激光调焦

步骤4：运行程序进行不锈钢管角接机器人激光焊

操作者撤离到安全区，示教器切换到"AUTO"状态，伺服上电，点击"启动"按钮运行程序，执行机器人脉冲激光焊。

培训项目 四

焊后检查

培训单元一 机器人激光焊焊缝表面缺陷产生原因

掌握分析机器人激光焊焊缝表面缺陷产生原因。

机器人激光焊焊缝表面缺陷基本知识。

1. 激光焊焊缝表面缺陷

机器人激光焊过程中,激光焊焊接参数等设置不当,会产生不理想的焊缝,甚至会出现焊接缺陷,有缺陷的焊缝及接头将报废处理,因此焊接缺陷是影响激光焊接质量的体现。区别于电弧熔化焊,激光焊的缺陷分为表面缺陷和内部缺陷,与焊缝成形最直观的是表面缺陷,本节以表面缺陷为主。焊缝表面缺陷主要包括裂纹、气孔、未焊透、未熔合、咬边、焊缝超高、错边、下垂、表面下塌、飞溅等,下面逐一进行介绍缺陷的概念和表现形式。

2. 激光焊焊缝表面缺陷主要形式

(1)裂纹

裂纹分为纵向裂纹和表面弧坑裂纹,如图 3-244 所示。激光焊加热和冷却速度非常快,加热区与周围金属之间的温度梯度大,容易形成纵向裂纹,沿焊缝纵截面分布。在激光点焊或者其他激光焊结束时焊缝的收光端部容易出现弧坑裂纹，呈放射状。

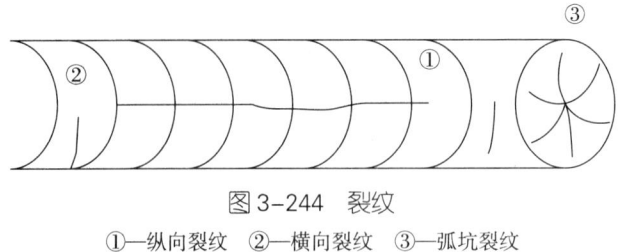

图 3-244　裂纹

①—纵向裂纹　②—横向裂纹　③—弧坑裂纹

（2）气孔

激光焊的过程冷却速度过快，匙孔外围的金属没有充分时间回填，将会出现收缩气孔。表面气孔是暴露在焊缝表面的气孔，一般很少出现，气孔大多数情况下出现在焊缝内部。当金属凝固时氢在液态金属中的溶解度下降，匙孔中急剧蒸发的金属蒸气在熔池快速冷凝时，会产生尺寸稍小的内部气孔，如图 3-245 所示。

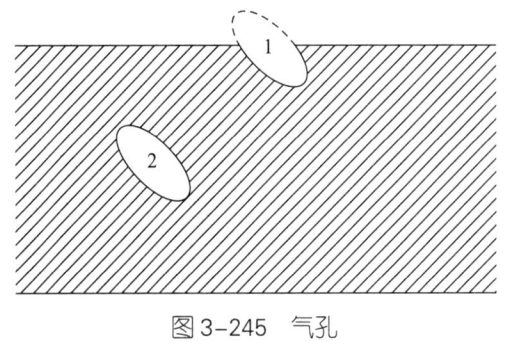

图 3-245　气孔

（3）咬边

焊接时出现沿焊缝边沿低于母材表面的凹槽状缺陷称为咬边。激光高速焊时，由于焊接速度很快，焊缝两侧的金属没有被很好熔化，同时熔化金属受表面张力的作用容易聚集而对焊趾部位的润湿性不好，形成固液态剥离，凝固后出现咬边，如图 3-246 所示。

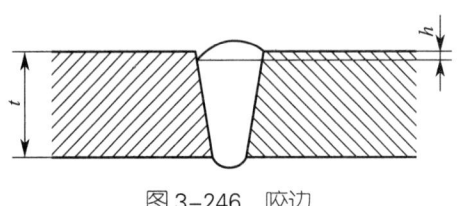

图 3-246　咬边

（4）未焊透

单面焊接时，接头根部未完全焊透的现象称为未焊透，如图 3-247 所示。产生的未焊透原因主要是激光功率低、焊接速度过高、激光光束偏离焊缝中心线等，薄板焊接中，如果夹具对焊缝背面的散热程度大，也会出现未焊透。

图 3-247　未焊透

（5）焊缝超高

激光填丝焊接时，熔池内填充材料过多造成焊缝过高，如图 3-248 所示。

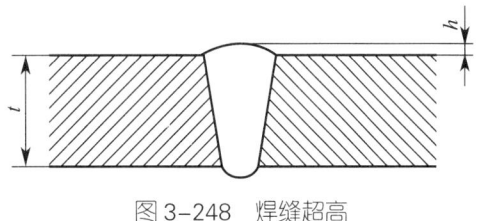

图 3-248　焊缝超高

（6）表面下塌

下塌是激光焊中一个明显的现象。焊缝表面出现的中心下塌现象是金属气化产生的反冲力把液态金属推向焊点表面，而在冷却过程中表面堆积金属快速凝固来不及完全回填形成的。金属急剧蒸发和飞溅造成的材料损失是形成中心下塌的主要原因，如图 3-249 所示。

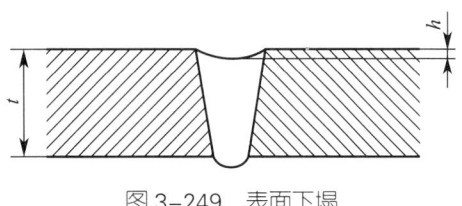

图 3-249　表面下塌

（7）错边

由于 2 个焊件没有对正造成板的中心线平行偏差，形成同侧板面出现高低差，如图 3-250 所示。

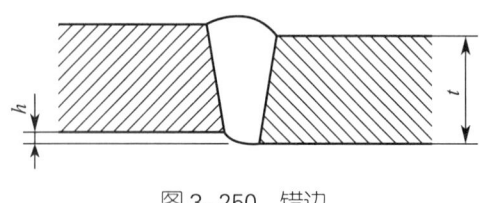

图 3-250 错边

（8）飞溅

当激光焊完成后，有些工件或材料表面上会出现很多金属颗粒，金属颗粒附着在工件表面，既影响外观，又影响使用。产生飞溅的原因在于焊件表面存在污物或者镀锌层等，会造成金属蒸气的扰动。薄板焊接时，焊缝背面出现金属飞溅较为常见，金属蒸气从下方喷出及液态金属堆积造成飞溅，如图 3-251 所示。

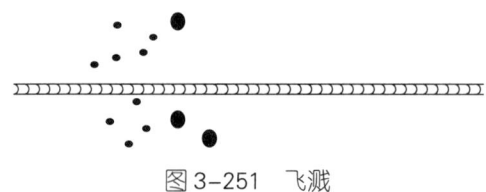

图 3-251 飞溅

操作名称：机器人激光焊焊缝表面缺陷评判

操作实施步骤

检查、测量、记录焊件表面缺陷的类型 ⇨ 根据测量结果逐项分析 ⇨ 判断焊缝表面缺陷产生原因及解决方法

步骤1：检查、测量、记录焊件表面缺陷的类型

机器人激光焊后，对焊接试件的焊缝要进行焊后检查，检查位置为激光焊焊缝表面，检查内容为激光焊焊缝的表面缺陷，检测工具包括放大镜、焊缝检测尺、游标卡尺、直尺等工具。

首先观察激光焊缝表面，是否具备完整性，判断有无缺陷；其次根据各缺陷定义，判断所出现的缺陷类型；测量缺陷的实际尺寸，并记录数据；整理数据，列表归纳。

步骤2：根据测量结果逐项分析

一个焊接接头通常应针对各种类型缺陷分别进行评估。激光焊缝不同于电弧焊焊缝，缺陷类型属于高能束焊接缺陷领域，每种缺陷的质量等级限值见表3-52。

测量焊缝出现的表面缺陷，数据与所规定的不同等级要求限值做对比分析，缺陷质量等级分为一般D、中等C、严格B 3个等级。如果所测数据在各等级限值内，即为合格，如果超出限值，则为缺陷超差或者判废。激光焊接焊缝表面缺陷及等级限值应符合《电子束及激光焊接接头缺欠质量分级指南 第1部分：钢》（GB/T 22085.1—2008）。

表3-52 激光焊接焊缝表面缺陷的质量等级限值

序号	缺陷名称	说明	缺欠质量等级限值		
			一般D	中等C	严格B
1	裂纹		允许局部弧坑裂纹	不允许	不允许
2	气孔		l 或 $h \leq 0.5\,t$ 且 ≤ 5 mm，$f \leq 6\%$	l 或 $h \leq 0.4\,t$ 且 ≤ 3 mm，$f \leq 2\%$	l 或 $h \leq 0.3\,t$ 且 ≤ 2 mm，$f \leq 0.7\%$
3	咬边		$h \leq 0.15\,t$ 且 ≤ 1 mm	$h \leq 0.1\,t$ 且 ≤ 0.5 mm	$h \leq 0.05\,t$ 且 ≤ 0.5 mm
4	未焊透		$h \leq 0.15\,s$ 且 ≤ 1 mm	不允许	不允许
5	焊缝超高		$h \leq 0.2$ mm + $0.3\,t$ 且 ≤ 5 mm	$h \leq 0.2$ mm + $0.2\,t$ 且 ≤ 5 mm	$h \leq 0.2$ mm + $0.15\,t$ 且 ≤ 5 mm
6	表面下塌		$h \leq 0.3\,t$ 且 ≤ 1 mm	$h \leq 0.2\,t$ 且 ≤ 0.5 mm	$h \leq 0.1\,t$ 且 ≤ 0.5 mm

续表

序号	缺陷名称	说明	缺欠质量等级限值		
			一般 D	中等 C	严格 B
7	错边		$h\leqslant 0.25\,t$ 且 $\leqslant 3$ mm	$h\leqslant 0.15\,t$ 且 $\leqslant 2$ mm	$h\leqslant 0.1\,t$ 且 $\leqslant 2$ mm
8	飞溅		允许与否取决于具体应用条件		

步骤3：判断焊缝表面缺陷产生原因及解决方法

激光焊接焊缝产生上述缺陷的原因多为组合不准确、激光焊焊接参数设置不合理、施焊不稳定等，应掌握有代表性的焊接缺陷的产生原因。

1. 裂纹

对于深熔焊，采用优化的脉冲波形控制金属凝固过程的冷却速度、降低内部应力是抑制裂纹产生的有效方法。

调节夹具，降低焊缝的横向拘束度也会减小纵向裂纹的概率，弧坑裂纹概率较大，调整激光参数，在焊接结束设置中，不能立即关闭激光，延长激光出光时间，维持弧坑有一定的熔化量，弧坑裂纹也可降低。

2. 表面气孔

适当降低焊接速度，增加气体从熔池析出的时间，也可增加匙孔周围金属的回填时间，降低冷却速度，是解决表面气孔或缩孔的主要手段。

3. 咬边

对接焊时，激光光束尽量垂直入射工件表面，激光角度偏斜过大容易使熔化金属与未熔化金属润湿不好，造成咬边。降低焊接速度可降低咬边的可能性。

4. 未焊透

未焊透主要是激光功率不足引起的，焊接速度过大也会产生未焊透。增大激光功率、降低焊接速度，脉冲焊时增加脉冲能量，降低脉冲个数可提高激光功率，从而增加用于熔化金属的热量，增大熔深。在其他参数不变条件下，采用负离焦量，也可以增加熔深。

5. 焊缝超高

在填丝激光焊时，提高焊接速度或降低送丝速度可减少焊丝的熔化量，可以解决焊缝的超高现象。

6. 表面下塌

焊接速度过慢,或者激光功率过大,采用负离焦时,工件表面材料熔化蒸发量大,造成表面下塌,尤其在激光自熔、不填丝焊接情况下。增加焊接速度,降低激光功率,提高离焦量等措施可降低表面下塌。

7. 错边

焊件组合是对正结合面,调整焊接夹具,提高试件组合的精度,可以消除错边缺陷。

8. 飞溅

焊件正面飞溅一般是材料表面污物引起的,焊前认真清理和清洗待焊处表面,去除氧化物、杂质、油、锈、污物等会大大减少激光焊的飞溅。焊件背面飞溅多出现在薄板激光焊中,降低激光功率或者增大焊接速度、增大离焦量可防止激光穿透试件背面引起的高温金属蒸发,从而降低飞溅。

培训单元二　机器人激光焊焊缝断面试样、测量焊缝断面尺寸

掌握制备机器人激光焊焊缝断面试样、测量焊缝断面尺寸的方法和步骤。

机器人激光焊焊件断面试样制备方法、激光焊缝的测量知识。

1. 焊件断面试样的制备方法

焊缝的横截面尺寸是反映焊接成形的主要指标,可以显示熔深、熔宽、表面下塌及焊透等情况,对于调整和优化激光焊焊接参数有重要的参考意义。

（1）取样

焊缝截面尺寸的观测是通过接头截面试验实现的，因此需掌握截面试样的截取与制备。取样是金相试样制备的第1道工序，若取样不当，则达不到检测目的，取样的部位要避开焊缝起始端和收尾端各20 mm，尽量在焊接稳定、均匀的区段，试样的大小距焊缝轴线至少各10~15 mm为宜，厚度10 mm以上，方便镶嵌或者机械夹持，每个接头一般取3个试样，在观测焊缝截面尺寸时取其平均值。取样位置如图3-252所示。

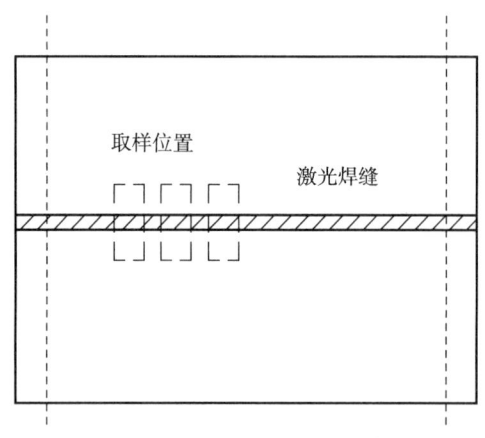

图3-252　焊件取样位置

取样可采用线切割、等离子或激光切割、火焰切割和机械加工（锯、车、铣等）等方法进行，其中火焰切割表面较为粗糙，在磨制时需要较长时间，机械加工有时要去除大量的材料，同样耗时较长。线切割与激光切割表面平整，磨制工作量小，易保证试样的平面度，建议采用。

（2）镶嵌

当所取的试样尺寸过小、形状不规则或者不易手持保证其平面时，可采用镶嵌的方法，得到尺寸适当、外形规则的试样。在镶嵌前，已经取样的棱边适当倒圆角，防止在磨制中划破砂纸和抛光织物，避免试样在抛光时飞出造成安全事故。

常用的镶嵌方式有机械夹持法和塑料镶嵌法。

1）机械夹持法

机械夹持法中常见的机械夹持器如图3-253所示，夹具可以根据试样尺寸自行设计，材料可选用低、中碳钢，硬度应略高于试样，以免磨制时产生倒角。如果一次同时磨制多个试样，应采用铜、铝等薄片（0.5~0.8 mm）作为垫片，以便隔开试件，且其电极电位要高于试样。

2）塑料镶嵌法

塑料镶嵌法有 2 种：一种是利用环氧树脂等物质在室温下进行镶嵌，另一种是在专门的镶嵌机上进行镶嵌。目前可采用冷镶嵌法，配合固化剂，搅拌均匀，使之呈黏稠状，将试件浇灌在固定形状的空间内，常采用圆形或方形的胶圈或壳体作为边界，辅助成形，便于手持磨制，如图 3-254 所示。

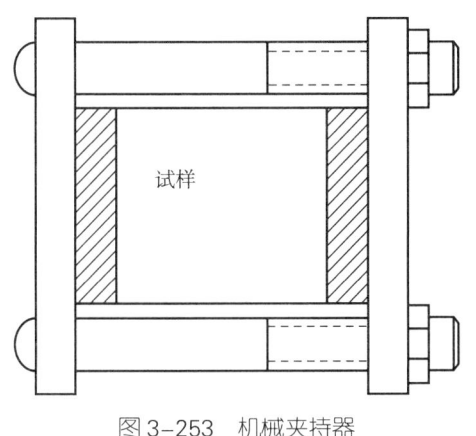

图 3-253 机械夹持器

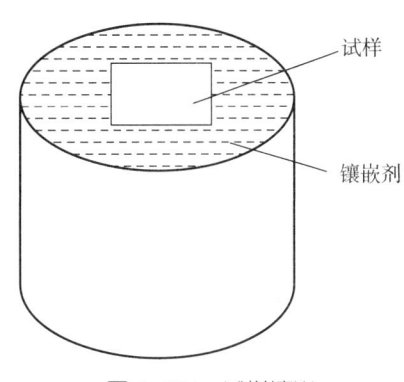

图 3-254 试样镶嵌

（3）磨光与抛光

焊缝截面试样经过切取、镶嵌后，还需进行磨光、抛光等操作，才能获得表面平整光滑的磨面。磨光分粗磨和细磨。粗磨是在取样形成的表面粗糙时才进行的工序，可在砂轮机上修整。如果采用线切割或激光切割方法取样，可不必粗磨。细磨是制备试样的关键，在由粗到细的不同粒度号金相砂纸上进行，常用的金相砂纸粒度号有 280、320、400、600、800、1000、1200、1600 等，数字越大，粒度越细。细磨时当磨面上磨痕一致时，更换细一号砂纸，旋转 90° 与旧磨痕垂直，继续细磨直至旧磨痕消失、新磨痕均匀一致后再更换下一个细一号砂纸。每次更换砂纸时必须将试样洗净、擦干。

抛光是金相试样磨制的最后一道工序，目的在于消除试样细磨时磨面上留存的细微划痕，获得平整、无痕且光亮的镜面。抛光方式包括机械抛光、电解抛光、化学抛光等。当前应用得最广的是机械抛光。焊接中焊缝试样常采用机械抛光，它是在专用的金相抛光机上进行的，喷上抛光剂，对细磨后的试样表面进行抛光，抛光剂中的抛光微粉是颗粒极细的磨料，颗粒直径为 0.3～6 μm，其粒度有 W7、W5、W3.0、W2、W1.5、W1.0、W0.5 等。抛光粉嵌入抛光布间隙中，被织物纤维所固定，露出部分刃口，在抛光盘旋转时产生切削作用。

（4）金相的显示

最后就是金相组织的显示，通常采用化学显示法，将抛光好的试样磨面浸入化学试剂中或用化学试剂擦拭试样磨面，显示显微组织。

对于焊接接头，表征焊缝截面轮廓及尺寸的金相称为焊缝的宏观形貌，钢铁材料常采用4%的硝酸酒精溶液作为腐蚀剂。

2. 激光焊缝的测量

激光光斑直径为 0.5~1 mm，相比于熔焊焊缝，激光焊焊缝一般更细窄。

离焦量可以改变入射到工件表面光斑直径的大小，对于焊缝形状、熔深和横截面尺寸有较大影响。当焦点位于工件较深位置时，得到 V 形焊缝；焦点位于工件表面下 1 mm 时，得到截面两侧平行的焊缝，另外还有"钉头"焊缝。无论对于何种类型焊缝，焊缝截面尺寸的测量都要避开上、下表面不均匀成形区，然后测量焊缝深度方向上、中、下部位的熔宽，熔深则取焊缝上、下表面最大长度值，如图 3-255 所示。

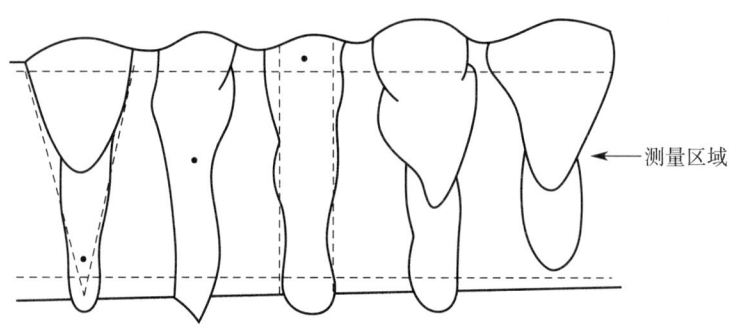

图 3-255 焊缝断面的测量

操作名称：制备机器人激光焊接焊缝断面试样、测量焊缝断面尺寸

操作实施步骤

制备机器人激光焊焊缝断面试样 ⇨ 测量焊缝断面尺寸

步骤1：制备机器人激光焊焊缝断面试样

按照图 3-256 所示流程进行焊缝断面试样的制备。

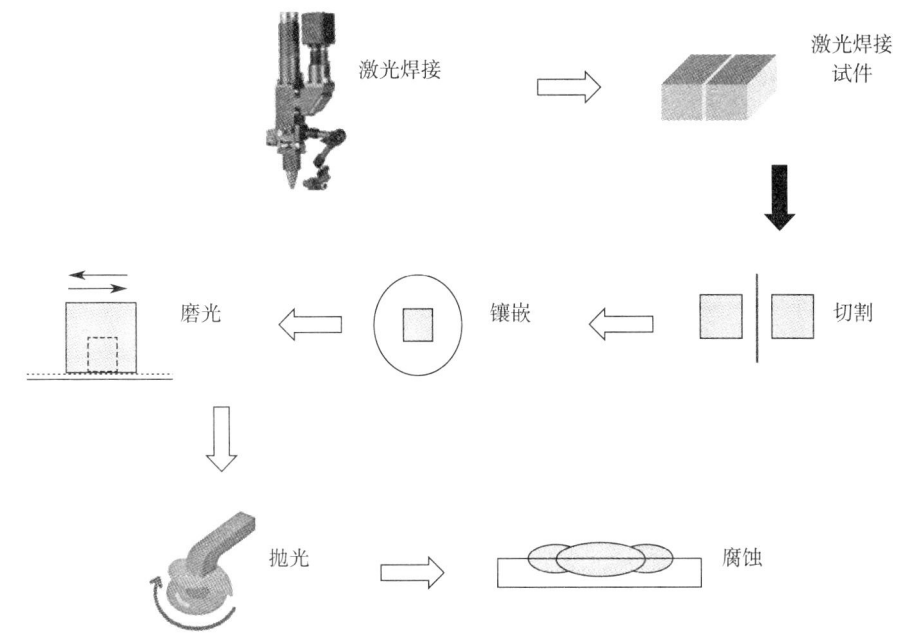

图 3-256 焊缝断面试样制备流程

1. 取样

焊接接头按照标准位置取样，采用线切割方式。

2. 镶嵌

采用冷镶嵌法对试样进行镶嵌，凝固几小时后待磨制。

3. 磨制试样

采用金相砂纸进行表面磨光，砂纸目数由低到高。240～1 200即可。金相砂纸和磨制操作如图3-257所示。

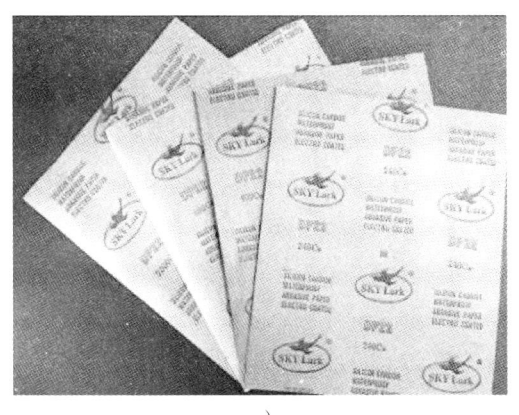

a)

b)

图 3-257 磨制试样

a）金相砂纸　b）磨制操作

4. 抛光磨面

利用金相抛光机对磨制好的试样,进行抛光,抛光布选择呢子材质,同时向抛光机喷弱流自来水,如图 3-258 所示。

5. 腐蚀观察面

采用质量分数为 4% 的硝酸酒精作为腐蚀剂,用滴管滴在焊缝及热影响区表面,铺展均匀,持续 25 s 左右,用水冲净,吹风机吹干,便可观察测量。

步骤 2:测量焊缝断面尺寸

对经磨制→抛光→低倍腐蚀后的接头试样进行焊缝轮廓的尺寸测量,采用钢直尺(精度为 0.5 mm)、游标卡尺等长度测量工具,如图 3-259 所示。

图 3-258 抛光

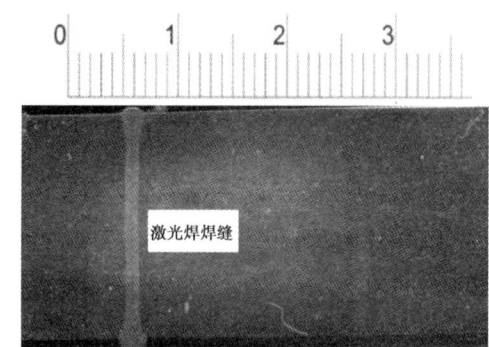

图 3-259 焊缝断面测量

试件上、下表面各 1 mm 的区域不在测量范围,激光焊焊缝宽度测量上、中、下 3 处,取 3 个数值的平均值,作为该试件的焊缝宽度。熔深取焊缝中心沿整个厚度的数值,目前更为精确的测量方式是在数字显微镜下观察,利用其测量软件对图像进行长度标定。